TI 杯全国大学生电子设计竞赛系列教材

电子系统设计
——基础与测量仪器篇

王贞炎 编 著

电子工业出版社
Publishing House of Electronics Industry
北京·BEIJING

内 容 简 介

本书是电子设计系列教材中的基础和测量仪器篇，侧重电路硬件，特别是模拟电路系统的基础和电学参量的测量。书中包含大量实用的电路单元，既有必要的理论推导，也给出了许多设计和装调经验，并涉及了一些现代电路系统设计相关的主题，如电源完整性概念和单电源设计技术，最后结合全国大学生电子设计竞赛赛题列举了一些电路测量系统的设计和制作案例。全书共 8 章，主要内容包括信号和连接、基本元器件及应用、信号与系统基础、运算放大器及应用、其他器件及应用、基本电学量的测量原理、常用电路单元模块、经典赛题案例。

本系列教材可作为高等学校电类专业电子系统综合设计相关课程的教材，也可作为电路系统创新、创业及竞赛活动的培训教材，还可供相关领域的工程技术人员学习、参考。

图书在版编目（CIP）数据

电子系统设计. 基础与测量仪器篇 / 王贞炎编著. —北京：电子工业出版社，2021.5
TI 杯全国大学生电子设计竞赛系列教材

ISBN 978-7-121-36863-9

Ⅰ. ①电… Ⅱ. ①王… Ⅲ. ①电子系统—系统设计—高等学校—教材 ②电子测量设备—高等学校—教材
Ⅳ.①TN02 ②TM93

中国版本图书馆 CIP 数据核字（2019）第 118181 号

责任编辑：王羽佳　　特约编辑：武瑞敏
印　　刷：三河市鑫金马印装有限公司
装　　订：三河市鑫金马印装有限公司
出版发行：电子工业出版社
　　　　　北京市海淀区万寿路 173 信箱　邮编　100036
开　　本：787×1092　1/16　印张：24　字数：614.4 千字　黑插：1
版　　次：2021 年 5 月第 1 版
印　　次：2021 年 5 月第 1 次印刷
定　　价：75.00 元

凡所购买电子工业出版社的图书，如有缺损问题，请向购买书店调换。若书店售缺，请与本社发行部联系，联系及邮购电话：(010) 88254888，88258888。
质量投诉请发邮件至 zlts@phei.com.cn，盗版侵权举报请发邮件至 dbqq@phei.com.cn。
本书咨询联系方式：(010) 88254535，wyj@phei.com.cn。

序 一

全国大学生电子设计竞赛是电子信息类在校大学生的重点学科竞赛。美国德州仪器公司（TI）经过与众多竞赛指导教师及任课老师的多次交流，基于提升大学生专业基础课学习质量及理论联系实际的能力为总目的，商定以高校教师为主体推出了《TI 杯全国大学生电子设计竞赛系列教材》。该系列第一期先行出版 4 本教材，书目及关联的重点大学如下：

- 《电子系统设计——基础与测量仪器篇》——华中科技大学
- 《电子系统设计——电源系统篇》——武汉大学
- 《电子系统设计——信号与通信系统篇》——西安电子科技大学
- 《电子系统设计——测量与控制系统篇》——东南大学

在上述 4 本教材出版之际，本人认为教材的定位正确，教材内容实属学生应扎实掌握的知识。同时，教材的出版以及高校的使用也体现了国际高科技公司与国内高校较深层次的合作。德州仪器、各高校以及电子工业出版社之间的合作是一件共赢的善事，其目的在于通过各方的共同努力培养和提升大学生的素质与能力，值得社会的肯定和支持！

在本人提笔书写之际，已阅读了即将出版的 4 本教材的章节目录，本人认为教材内容均属各专业基础学科应掌握的内容且较为全面。在 4 本教材的内容构架中均涉及了近年来的典型电赛题目解析，虽然全国大学生电子设计竞赛绝对不会沿用任何公开或过往的题目，但这部分内容恰恰也说明了该系列教材以结合实际为目的。希望使用教材的老师和同学们能够将更多的精力放在掌握教材中所讲授的基础知识上面，最终以灵活的方式解决实际问题。

最后，也希望《TI 杯全国大学生电子设计竞赛系列教材》的后续工作能够顺利开展和落实，不断以相关的前沿科技补充教材内容，使教材持续地发挥正面作用。

王越谨识

序 二

  2021 年是德州仪器（TI）大学计划在中国的第 25 个年头。关于 TI，相信大部分正在阅读这本教材的老师或同学都不会感到陌生。过去的 20 多年中，TI 在中国的 600 多所大学里建立了超过 3000 个数字信号处理、模拟和微控制器实验室，每年都有超过 30 万名学生通过 TI 的实验室及各类活动进行学习和实践。而你可能也曾在教材中、竞赛上或实验室中与 TI 邂逅。

  一直以来，教育都是 TI 关注的重点。2016 年，TI 与教育部签署了第三个十年战略合作备忘录，其中包括在未来十年中全面支持由教育部倡导的全国大学生电子设计竞赛，TI 将通过提供资金、软硬件开发工具、实验板卡与样片、技术培训和专业工程师指导等方式帮助大学生参与竞赛，增强创新意识和设计能力。事实上，早在 2008 年，TI 与全国大学生电子设计竞赛便结下了不解之缘，在对省级联赛超过十年的赞助中，TI 通过提供创新的产品和技术，激励了一批又一批的参赛学生，并帮助培养了数万名电子工程领域的专业人才。

  为了给参赛学生提供一个拓展国际视野的平台和机会，TI 还邀请了全国大学生电子设计竞赛 TI 杯的获奖队伍前往美国得克萨斯州参观位于达拉斯的 TI 总部。在那里，他们不仅了解了半导体行业的最新技术，还与 TI 的技术专家相互学习交流。此外，TI 还将为部分成绩优异的获奖队伍提供实习机会，帮助他们将学习与实践相结合，为未来的研究和工作打下坚实基础。

  教育也许是我们一生中能收到的最好的礼物。希望同学们能够充分利用老师们精心编写的全国电子设计竞赛系列教材，迎接 2021 年的竞赛。同时，也欢迎同学们登录由 TI 和组委会联合设立的全国大学生电子设计竞赛培训网（www.nuedc-training.com.cn），使用更多的学习资源。期待在竞赛中看到同学们将自己掌握的知识加以实践、应用和创新，更期待看到同学们举起2021 年的 TI 杯，在全国大学生电子设计竞赛平台上绽放光彩。

德州仪器（TI）副总裁兼中国区总裁

前　言

笔者自 2003 年开始参加全国大学生电子设计竞赛培训，于 2005 年参加全国大学生电子设计竞赛获得一等奖，然后在华中科技大学电工电子科技创新中心担任助教，再留校担任电工电子科技创新中心专职指导教师至今，与全国大学生电子设计竞赛已有 17 年之缘。笔者自幼痴迷电子技术，从第一次拿起烙铁焊接电路至今已有 28 年。然而，每次为刚刚学到了新东西而沾沾自喜过后，总会觉得，原来自己不懂的还有很多，入门电子技术 28 年，所知或许不过皮毛。"吾生也有涯，而知也无涯"，希望同学们要谦虚好学，"以有涯随无涯，殆已！"也希望同学们学而有所成时，能学以致用，为自己、为国家、为人类社会创造价值。

这次应全国大学生电子设计竞赛官方合作伙伴——美国德州仪器公司（以下简称"TI"）大学计划部的邀请，与另外三所高校的三位前辈老师一起，以电子设计竞赛为出发点，撰写电子系统设计系列教材，倍感压力与责任，唯恐不能倾尽所学，但无奈自己水平有限且有碍于本书篇幅限制，能与读者分享和一同学习的知识还有很多，只希望这本书能帮助读者牵起电子技术世界的一根线索，真正浩如烟海的知识，还需要读者自己去求索、去实践。

本书主要内容是电子系统设计的基础知识和电学量的测量方法，为适应高校电子设计竞赛培训早于相关专业课的现状，书中内容尽量不依赖于《模拟电子技术》和《数字电子技术》等课程的内容，而是将其中与现代电子系统设计相关的原理和内容总结提炼供读者学习。本书不深入探讨半导体器件内部的原理，而重在使读者掌握元器件外部特性和应用电路。当然，希望读者以此书入门后，还要认真系统地学习相关课程，夯实基础。

学习本书要求读者具有一定的电路理论基础，需要掌握基尔霍夫节点电流和环路电压定律、戴维南定理和诺顿定理、交流电路的相量分析法。限于篇幅，本书的重心在模拟电路，未涉及系统的数字电路内容，遇到数字电路相关内容不能理解时，读者应另行参考相关书籍。微处理器系统（MCU、MPU、FPGA 及软核等）及其软件也是现代电子系统设计中必不可少的内容，这部分内容已有很多适合初学者学习的书籍和公开资料，本书也不会涉及。

本书第 1 章主要介绍信号和连接的相关知识，并例举了一些笔者在学生培训和一些项目研发中用到的线缆、连接件供读者参考。本章还介绍信号完整性的初步知识，并着重介绍电源完整性的知识，特别是后者，很容易被初学者忽视，是限制初学者实践水平提升的重要障碍，望读者予以重视。

第 2 章主要介绍一些基本元器件和应用电路，除介绍基本特性之外，还重点讲述一些对电路实现有着重要影响的特性。对于晶体管应用电路，书中也给了一定篇幅，虽然当前模拟电路系统设计看似是运算放大器（以下或简称运放）的天下，但运放不是万能的，在一些能用运放完成的需求中，与精妙的晶体管电路实现相比，用运放实现往往也不是最优的。希望读者不要忽视培养自己晶体管电路设计的能力。

第 3 章是为后续章节展开而加入的内容，但笔者相信，它非常有用。这一章首先非常浅显地概括了信号与系统及传输函数的概念，让读者建立起复频域分析的概念，掌握最基本的复频域分析方法，以应对后续章节的学习，至于其来源、数学原理、局限性等，希望读者能在相关专业课程中再系统地进行学习。

第4章讲述模拟电子系统设计中最为重要的元器件——运算放大器，在简要讲述其基本原理后，重点放在了它的各种应用电路的分析和设计上，并对运放电路的稳定性和对实际电路有着重要影响的非理想特性做了较为详细的讲解。

第5章主要介绍一些在电子系统设计中不可或缺的其他器件，包括基本的光电器件、乘法器、锁相环、ADC和DAC等，在介绍基本原理之后，重点也放在它们的应用电路设计和实现上。

第6章主要介绍基本电学量的测量原理，是第8章电子设计竞赛赛题案例讲解的重要基础。

第7章以电路集锦的形式例举了一些在电子系统设计和电子设计竞赛中常用的和可重用性较高的电路单元模块。

第8章介绍6个往年全国大学生电子设计竞赛赛题作品制作的案例，方案和电路基本都是从一等奖作品中提炼出来的，大多数基本原理在前面章节都已涵盖，本章的主要作用是给读者一个参考。

由于作者水平有限，成书仓促，必有谬误，望大家批评指正！

书中的一些习惯和其他一些希望读者知悉的内容如下：

① 为了便于示意和描述，一些电路图中的元器件符号在国标符号的基础上增加了一点示意性元素。例如，"ϕ" 表示输出交流信号的电压源，"ϕ" 表示输出脉冲信号的电压源。

② 文中一些电路图（特别是最后两章）截取自一些不同软件的画面，部分软件中使用了非国标元器件符号，如 ANSI 电阻符号："—〜〜—"，一些元器件的标号也与国标不同，如集成电路使用 "U"、三极管使用 "Q" 或 "T"、二极管使用 "D" 等。

③ 一些元器件密集的电路图中，因空间限制，电阻、电容和电感值省略了单位，但保留了必要的国际单位制词头，电阻单位为 "Ω"，电容单位为 "F"，电感单位为 "H"。

④ 许多文献资料特别是器件的数据手册中，电压量均以字母 "V" 表达，但在本书的算式中，为与电压单位伏特 "V" 区分，一般会将代表电压量的字母替换为 "U"。

⑤ 书中一些配图截取自国外厂商的元器件数据手册，一些图中包含英文单词或短句，请读者自行查阅（多数在正文中也会提及），现在常用的许多元器件产自国外，其数据手册和第一手资料大多为英文，阅读英文技术资料是电子设计者必备的能力。

⑥ 书中提到电路设计调试的经验，常会用到"略大于""略小于"等措辞，需要注意的是，如果是在对数刻度情景下（如讨论频率响应、稳定性等时），"略大于""略小于"可能大到数倍或小到几分之一，不应局限为正负百分之几或百分之几十。

⑦ 本书在很多地方给出了设计公式或设计用的方程，在相应的电路设计时，可能需要做复杂的计算或方程求解，笔者希望电路设计者备有能够求代数方程组数值解的计算器，如 TI-83 或更好的，如果有具备符号计算系统的计算器或会使用 Mathematica、Maple、MATLAB Symbolic Math Toolbox 等符号计算软件则更好。

非常感谢 TI 大学计划部对本书的支持，也非常感谢他们对全国大学生电子设计竞赛的大力支持。笔者认为，全国大学生电子设计竞赛是当今高校本、专科电类专业最权威、最客观公正和最重学科基础的竞赛，也是在全国电子行业内最具影响力的大学生竞赛，必能在各方努力和支持下，继续促进电类学科高等教育的发展，引导越来越多的学生成为优秀的电子工程师和研究者。

非常感谢电工电子科技创新中心肖看老师对我的大力支持！全书内容大纲、案例筛选都是在肖看老师的帮助和指导下完成的。学生制作的部分案例和许多模块案例也是在肖看老师指导下完成的。

感谢电工电子科技创新中心许多同学参与了书中案例的设计、制作和验证，包括 2014 级吴玉婷、陈耀斌、马良博、冯家祥、吴吉祥，2015 级高鹏恩，2016 级裘建东，2010 级王德君，2012 级谭昌忍，2013 级胡雪欣、李琪、龙彦伯等。此外，还有众多参赛学生的作品方案被书中借鉴或提及，无法一一例举，一并感谢！

感谢电气学院实验教学中心尹仕老师及其他同事对我的理解与支持！

感谢 TI 大学计划部谢胜祥工程师在我写作本书期间对我的支持和鼓励！

感谢我的父母和妻子在我写书期间对我的理解、支持和无微不至的照顾。感谢我的妻子帮我修正了后两章中的许多电路图，并做了部分电路的仿真验证。感谢家中喵喵在我一人在家"闭关"赶稿时的陪伴和适时的休息提醒。

王贞炎

2021 年 1 月

目　　录

第 1 章

信号和连接

1.1　线材和电缆

1.1.1　导线直径和电流

通常任何导线都有电阻。导线中流过电流便会发热，从而使温度升高，电流越大发热功率越大。另外，导线温度越高，导线与环境温差（准确来说是温度场中的梯度）也会越大，散热也会越快。发热和散热会在一定温度下达到平衡，电流越大，平衡点温度越高。如果一定电流引起的导线温升恰好可以容忍(不导致材料熔化、起火、电阻率显著变化或机械强度降低等)，那么，可以认为这个电流便是该导线在此环境下能流过的最大电流。

同材质导线的截面积与其中允许通过的最大电流大致是成正比的，因此可以用电流密度（单位截面积允许通过的电流）表征该材质导线的过流能力。注意，这并不是一个严谨准确的值，它与很多其他因素有关，如环境温度和空气对流情况，导线包皮熔点、燃点等。对于铜导线，这个值通常为 $4 \sim 10 \mathrm{A}/\mathrm{mm}^2$，密集的漆包线绕组因散热不利通常只能取下限甚至更低，而聚四氟乙烯、硅橡胶等高耐热包皮材料的导线通常可取上限甚至更高。对于铝导线，一般取铜导线的 $1/3 \sim 1/2$。

根据电流密度，在电路设计中可按电流数值根据表 1-1 选取导线直径。

表 1-1　导线直径和电流

电流/A	铜导线(按 5A/mm² 计)			铝导线(按 2A/mm² 计)		
	截面积/mm²	直径/mm	约合美制线号 AWG	截面积/mm²	直径/mm	约合美制线号 AWG
0.050	0.010	0.113	37	0.025	0.178	33
0.075	0.015	0.138	35	0.0375	0.219	31
0.100	0.020	0.160	34	0.050	0.252	30
0.150	0.030	0.195	32	0.075	0.309	28
0.200	0.040	0.226	31	0.100	0.357	27
0.300	0.060	0.276	29	0.150	0.437	25
0.500	0.100	0.357	27	0.250	0.564	23
0.750	0.150	0.437	25	0.375	0.691	21
1.000	0.200	0.505	24	0.500	0.798	20

电流/A	铜导线(按 5A/mm² 计)			铝导线(按 2A/mm² 计)		
	截面积/mm²	直径/mm	约合美制线号 AWG	截面积/mm²	直径/mm	约合美制线号 AWG
1.500	0.300	0.618	22	0.750	0.977	18
2.000	0.400	0.714	21	1.000	1.128	17
3.000	0.600	0.874	19	1.500	1.382	15
5.000	1.000	1.128	17	2.500	1.784	13
7.500	1.500	1.382	15	3.750	2.185	11
10.000	2.000	1.596	14	5.000	2.523	10

表 1-1 中，美制线号 AWG 是业界常用的导线直径/截面积规范，它与导线直径的换算关系为

$$AWG = -20\lg\left(\frac{d}{25.4\text{mm}}\right) - 10 \qquad (1\text{-}1)$$

AWG 18 号线直径约为 1mm，17 号线截面积约为 1mm²。线号每增大/减小 6，直径大约减半/增倍；线号每增大/减小 3，截面积大约减半/增倍。

1.1.2　导线结构种类

外层覆盖有绝缘包皮的导线称为绝缘导线，裸露的导线称为裸导线。常用的导线大多为绝缘导线。

大多数导线中的导体均为圆柱截面，长丝状。根据导线中的丝状导体的数量又分为单股导线（见图 1-1）和多股导线（见图 1-2），多股导线中的导体数量（股数）从数股至上千股不等。

图 1-1　单股导线

图 1-2　多股导线

在相同的总截面积条件下，单股导线较硬、韧性差，常用于固定布线；多股导线较软、韧性好，常用于需要弯折移动的布线。另外，由于高频信号的趋肤效应，传输高频大电流时，相同总截面积的多股导线优于单股导线。在许多要求严格的高频大电流场合中，甚至会使用数百、上千股相互绝缘的导线（漆包线）绞合在一起传输同一个高频电流，以最大限度地降低趋肤效应的影响，这样的股间绝缘导线称为多股丝包线或利兹线，如图 1-3 所示。

导线的绝缘包皮一般为塑料、橡胶或绝缘漆。塑料包皮最为常见的是聚氯乙烯，也有性能更稳定且耐高温的聚四氟乙烯；橡胶包皮一般为氯丁橡胶，橡胶包皮较塑料包皮韧性好，适

用于经常需要弯折的场合，也有更为柔韧且耐高温的硅橡胶。

塑料或橡胶包皮一般较厚，往往近似于导体的半径；而绝缘漆包皮则非常薄，只是一层或数层涂层，常见的材料是聚氨酯或聚酰胺，涂敷绝缘漆的导线又称为漆包线，一般用于电感、变压器、电机等电磁元件的绕组。若要除去绝缘漆以便锡焊或连接，则可使用专用脱漆剂，也可使用刀刮、砂纸打磨等方法。常见漆包线的直径从 0.05mm 到数毫米不等。图 1-4 所示为一段一端已除去绝缘漆的漆包线。

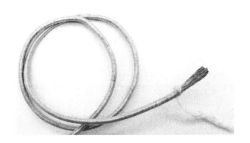

图 1-3 多股丝包线（利兹线）

图 1-4 一段一端已除去绝缘漆的漆包线

1.1.3 电缆

不考虑大地和电磁辐射等因素，单根导线是无法传递电能或信号的。电缆一般由多根导线组合而成，用于传递电能、一个或多个信号。

常见的电缆有多芯护套电缆和多芯扁平电缆（简称"排线"）。多数电缆中的各"芯"是相同的，也有的电缆中的各"芯"是不同的形态甚至形成子电缆，称为复合电缆。

多芯护套电缆是将多根绝缘导线组合在一起并在最外层套上一层绝缘护套，简称多芯电缆，芯数最少为 2，多至数十，如图 1-5 所示。有的多芯护套电缆内还会填充一些益于强度、抗拉能力、韧性甚至外观圆整度的其他材料，如钢丝、尼龙丝等。

一般多芯护套电缆内的多股导线平行放置，有的多芯护套电缆内的导线会两两紧密绞合，每对绞合在一起的导线称为双绞线，双绞线抗共模干扰能力强，回路分布参数也会更稳定一些，常用于传递高频差分信号。图 1-6 所示为 5 类网线，其中有 4 对双绞线。

图 1-5 多芯护套电缆（12 芯）

图 1-6 5 类网线（双绞线）

为抵御外界电磁干扰或防止电缆向外辐射干扰，在多芯护套线中加入一层起屏蔽作用的导体则称为屏蔽电缆，屏蔽层一般为编织铜网，要求较高的场合还会增加铝膜或铜膜屏蔽层。

图 1-7 所示为音频信号传输中常用的双芯屏蔽电缆，用于传输双声道音频。图 1-8 所示的双芯屏蔽电缆中还增加了铝膜和尼龙丝。

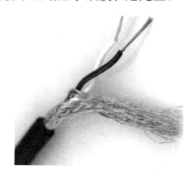

图 1-7　双芯屏蔽电缆 1　　　　　　　图 1-8　双芯屏蔽电缆 2（带有铝膜和尼龙丝）

多芯扁平电缆（排线）将多根绝缘导线并排排列在一个平面上，图 1-9 所示为常见的节距（相邻导线中心到中心的距离）1.27mm 的排线。也有使用柔性印制电路板制成的柔性扁平电缆（Flexible Flat Cable，FFC），其厚度往往可小至 0.1mm，通常节距为 0.4～1.27mm，常用于高密集度 PCB 间的连接，如图 1-10 所示。

图 1-9　节距 1.27mm 的排线（多芯扁平电缆）　　　图 1-10　24 芯 0.5mm 节距的柔性扁平电缆

在高频领域，信号波长已小到与电路系统尺度可比拟的程度，简单的导体连接并不能很好地传递信号，往往需要采用同轴电缆来传递信号，同轴电缆中的芯导体被固定在外围屏蔽导体的正中央，其分布参数确定、阻抗均一。图 1-11 所示为同轴电缆。常见的同轴电缆直径为 1mm 至十几毫米。

RG-316（外径 2.5mm）　　　　　　　RG-178（外径 1.8mm）

图 1-11　同轴电缆

1.1.4　绝缘

无论电缆、接插件还是元器件，都需要关注它所能耐受的最大压差，超过这个电压可能导致绝缘体（包括空气）击穿或对器件造成不可逆的损害。常温常压下空气的击穿场强约为 3MV/m，用于电缆、元器件的绝缘的塑料、橡胶的击穿场强通常都大于 15MV/m。

对于电缆，通常都会给出耐压；对于自制电路板上的走线，则需要使用空气的击穿场强来计算。在 PCB 上，导线和元器件焊点通常是有棱角的，形成的电场并不是匀强的，精确计算各个空间位置的场强是不现实的，通常可以用较保守的经验值 500kV/m = 500V/mm 来估算。

$$d = \frac{u_{max}}{500V/mm} \tag{1-2}$$

温度和湿度对空气的击穿场强也有一定影响，温度越高击穿场强越小，湿度越高击穿场强越大，不过在通常元器件的工作温度范围（−55℃～125℃）和无结露/雾风险的湿度下，做保守估算时均可以忽略。

1.2　常用接插件

接插件包含接线端子和各种插座插头，种类、形式繁多，这里仅例举在小型电路系统内部常用的几种。

1.2.1　接线端子

接线端子焊接在 PCB 上，通过直接夹持导线与外界互联。图 1-12 所示为常用的几种接线端子，它们均用螺丝紧固的方式夹紧导线，适合用于较大电流的板间连接，导线夹入前应剥皮，多股导线最好搪锡。节距有 2.54mm、3.81mm 和 5.08mm 等，引脚数为一至数十个，每个引脚可承受的持续电流通常为 10～20A。

弹簧压紧式的接线端子如图 1-13 所示，节距有 2.54mm、3.81mm 和 5.08mm 等，它们较螺丝紧固式的接线端子更利于快速接线，但可承受的电流稍小一些。

图 1-12　螺丝紧固的接线端子　　　　　图 1-13　弹簧压紧式的接线端子

1.2.2　接插端子

接插端子包括插座和插头，用于板间连接。

最典型的是排针和杜邦（Dupont）插孔。杜邦插孔分为管壳和端子两部分，使用时需将端子与导线压接，而后套入管壳内。杜邦管壳内的端子数为一至数十个，有单排也有双排，还有使用排母和杜邦针的组合。杜邦端子（孔和针）、排针和排母如图 1-14 所示。

杜邦端子与导线的连接可使用专用的冷压端子钳（俗称"杜邦钳"）完成，无须焊接，冷压端子钳的内窝会使得端子尾部的侧翼向内卷曲压紧导线，如图 1-15 所示。与杜邦端子连接的导线宜采用多股绝缘导线，允许通过的电流通常在 1A 以下。

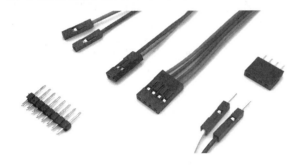

图 1-14　杜邦端子（孔和针）、排针和排母　　　　图 1-15　压接前和压接后的杜邦端子

用于板间连接的插座是"XH-2.54"插座和"2510"插座，其节距通常为 2.54mm，此外也有 2mm、1.27mm、1mm 等不同的节距种类。它们均有一定的防脱结构，拔出比插入困难，适用于不会重复插拔的连接。它们的插头与杜邦插孔类似，也分为管壳和端子两部分，端子与导线连接同样也有专用的冷压端子钳。2510 插座和管壳、XH-2.54 插座和管壳、压接好的 XH-2.54 端子如图 1-16 所示。

对于更密集的多芯扁平电缆（排线），也有专门的压线插头和配套插座，最典型的是简易牛角座和配套插头，一般是双排，节距为 2.54mm，配合节距为 1.27mm 的排线使用，也有节距 1.27mm 可配节距 0.635mm 排线的品种。简易牛角座、配套插头和压接好电缆的插头，如图 1-17 所示。

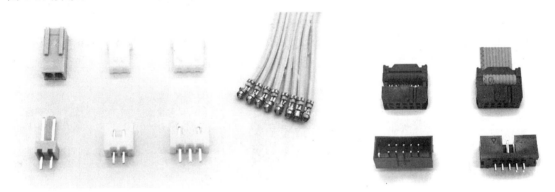

图 1-16　2510 插座和管壳、XH-2.54　　　　图 1-17　简易牛角座、配套插头和压接好
插座和管壳、压接好的 XH-2.54 端子　　　　　　　　　　电缆的插头

将对应芯数的排线不必剥皮，置入压线插头的线槽中，如图 1-18 所示，然后利用专用的排线压接钳或小型台虎钳将压线插头压紧，插头中的导体便会刺破排线的绝缘皮与线芯接触。

对于柔性扁平电缆（FFC），也有专用的插座，通常为表面贴装，如图 1-19 所示，常用于高密集度的电子设备中。

图 1-18　将排线置入压线插头的线槽中

图 1-19　FFC 专用的插座和线

1.2.3　板对板连接器

板对板连接器用于直接连接两块电路板，排针和排母配合是最常用的板对板连接。常见的排针和排母有单排、双排及三排，节距一般为 2.54mm，也有 2mm、1.27mm 和 1mm，通常为 1×40 针、2×40 针和 3×40 针。根据安装角又分为竖直和直角，常称为"直"和"弯"，使用时根据需要剪切出所需的针数。图 1-20 所示为几种不同的排针和排母，自下而上分别为直单排针、直单排母、直双排针、直双排母、弯双排针和弯双排母。除直插封装之外，排针和排母也有表面贴装型。

对于更密集的场合，也有节距为 0.8mm、0.65mm、0.5mm，甚至 0.4mm 的表面贴装板对板连接器，如日本广濑（Hirose）的 FX6 系列（节距为 0.8mm）、DF12 系列（节距为 0.5mm）、DF40 系列（节距为 0.4mm）。图 1-21 所示为 DF12 系列的一对插座和插头。

图 1-20　几种不同的排针和排母

图 1-21　DF12 系列的一对插座和插头

对于板对板连接器，通常还需要关注其堆叠高度，即连接后两个 PCB 之间的间距，2.54mm 节距的直排针和直排母的堆叠高度一般为 10.9mm，1.27mm 节距的直排针和直排母的堆叠高度一般为 5.5mm，表面贴装的高密集度板对板连接器的堆叠高度则因不同的型号系列从 1mm 至 20mm 不等。

1.2.4　卡和插座连接器

卡和插座连接器主要有 IC 插座和连接小型子电路板的卡式插座（如内存条插座、SD 卡插座、Mini PCIe 插座等）。图 1-22 所示为几种用于 DIP 封装 IC 的插座。

图 1-22　几种用于 DIP 封装 IC 的插座

1.2.5　射频连接器

射频连接器的插头一般与同轴电缆连接，插座则焊接于 PCB 上，在小型电路系统内部常用的射频连接器有 SMA、SMB、SMC、MCX、MMCX、U.FL/IPX 等，如图 1-23 所示。

射频插头与同轴电缆的连接也有专用的冷压钳，但同轴电缆的内芯通常要依赖锡焊。

1.3　电源连接和去耦

图 1-23　SMA、MMCX 和 U.FL/IPX 射频连接器

电源对电路的重要性不言而喻。但初学者对电源网络连接的重要性往往认识不够，与信号传递有信号完整性问题一样，供电网络同样有电源完整性问题。

任何用电单元，如一个 IC，消耗电流并不是直流，而是随着其工作状态或输入、输出信号的变化而有变化，对于处理高速信号的 IC，其耗电电流同样是高速变化的动态电流。

图 1-24 所示为包含两个电路板和各自两个 IC 的供电拓扑。

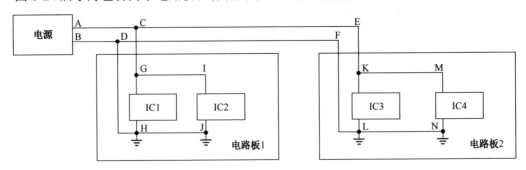

图 1-24　包含两个电路板和各自两个 IC 的供电拓扑

对于动态的耗电电流，导线连接不仅有直流电阻，而且有更不可忽略的电感，等效供电电路如图 1-25 所示。

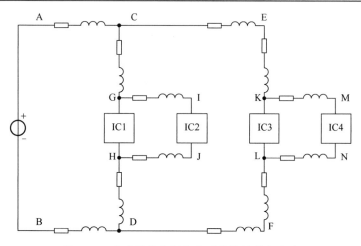

图 1-25　考虑导线电阻和电感的等效供电电路

可以看到，这个等效供电电路非常复杂，如果假定电路板上的地走线足够粗壮或使用完整的铜平面（这点在 PCB 上通常可以做到），则可将电路板中地走线上的电阻和电感忽略，如图 1-26 所示。

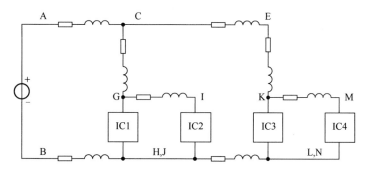

图 1-26　忽略电路板中地走线上的电阻和电感的等效供电电路

电源至电路板之间通常以电缆连接，数十厘米长的电缆的电感便可达 1μH，常规尺寸的电路板上的走线电感也能达到 10nH 量级。

如果先忽略电路板内的细节，仅考虑电源至两个电路板的连接，则等效供电电路如图 1-27 所示。

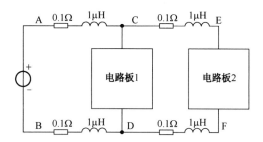

图 1-27　不考虑电路板内部细节的等效供电电路

先仅考虑电路板 1，一方面，假如其耗电电流有 100mA 的动态变化，则首先两个 0.1Ω 的直流电阻上将一共出现 20mV 的电压差，显然这个电压差直接影响着电路板 1 的供电电压，使其突然下降 20mV，其次两个 1μH 的电感上也会出现电压差 u_L。另一方面，电路板 1 的耗电电流波动导致的电缆上的电压差，还会影响电路板 2 的供电电压，因为它们共享了一段电缆，这种相互影响也称为"电源耦合"。

具体到电缆上的电感，这个电压差与动态电流的斜率相关，斜率越大（变化越快），电压差越大，根据电感的 $u-i$ 关系，则

$$u_L = L \cdot \frac{\mathrm{d}i}{\mathrm{d}t} \tag{1-3}$$

为使大家有一个直观概念，假定 u_L 不超过 0.1V，而 $\Delta i = 100\mathrm{mA}$，并将上述微分关系简化为线性关系，则

$$u_L \approx \frac{L \cdot \Delta i}{\Delta t} = 1\mu\mathrm{H} \cdot \frac{0.1\mathrm{A}}{\Delta t} < 0.1\mathrm{V} \tag{1-4}$$

这要求：$\Delta t > 1\mu\mathrm{s}$。

这意味着如果电路板 1 的耗电电流波动周期小到 1μs 量级，则通过电缆供电的电压将出现 0.1V 的波动；或者说，使用数十厘米长的电缆给电路板供电，无法满足微秒级的动态供电电流需求。

因此，可以通过在电路板上的供电电源入口处增加电容来解决这个问题，如图 1-28 所示。从抑制自身供电电压波动的角度，这个电容可以称为电源滤波电容，从抑制自身与其他电路板之间的电源耦合影响的角度，这个电容还可以称为电源去耦电容。

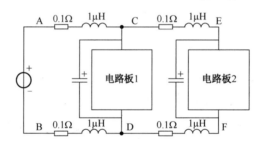

图 1-28　增加电源滤波/去耦电容的板间供电电路

电容的动态阻抗小，它平常存储着电荷，在电路板需要动态电流时，将由这个电容提供电流。

如果使用的电容容量为 C，根据电容的 $u-i$ 关系，则

$$i_L = C \cdot \frac{\mathrm{d}u}{\mathrm{d}t} \tag{1-5}$$

简化为线性关系，则在 1μs 时间内，提供 100mA 电流，其压降为

$$\Delta u_C = \frac{i \cdot \Delta t}{C} = \frac{100\mathrm{mA} \cdot 1\mu\mathrm{s}}{C} \tag{1-6}$$

如果要充分抑制因电缆电感导致的电压波动，则应使 $\Delta u_C \ll 0.1\mathrm{V}$，则

$$C \gg 1\mu\mathrm{F}$$

以上分析可总结为：从电源到电路板的供电电缆无法满足电路板 μs 量级的动态电流消耗，需要在电路板上使用数十法拉至上百微法拉的电源滤波/去耦电容为电路板提供 μs 量级的动态电流。对于耗电电流动态（斜率）更大的电路板，滤波电容还应等比加大。对于较大尺寸的电路板，还需要在不同的区域布置多个电源滤波/去耦电容。

再来考虑电路板内的细节，因为滤波电容的加入，可以认为电路板入口处的电压供给足够理想了，如图 1-29 所示。

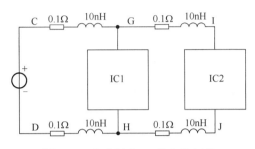

图 1-29 电路板内 IC 供电的细节

与上述电源到电路板间类似，IC1 的动态电流将在电路板走线上的电阻和电感上产生压降，既影响自身的供电电压，也影响 IC2 的供电电压。与上述电源至电路板的供电拓扑的分析一样，可以得出以下结论。

电路板上的走线，通常无法满足 IC 上 1ns 量级的动态耗电电流，因而，需要在靠近 IC 的电源引脚处和地之间布置 $C \gg 1nF$ 的电源滤波/去耦电容来满足 IC 的 ns 量级动态电流消耗。如果一个 IC 有多个距离较远的电源引脚，那么需要每个电源引脚布置一个电容，至少数个靠近的电源引脚布置一个电容。

当然，如果 IC 本身是处理低速信号，并不会有快速动态的电流消耗，那么可省略引脚附近的电源滤波/去耦电容。对于模拟 IC，可以以其信号带宽来界定低速与否；对于数字 IC，则需要以其上升沿和下降沿时间来界定，而不是数字信号的频率。

对于双电源供电的系统，正负电源对地均应布置电源滤波/去耦电容。

最后一个值得注意的问题是，限于实际电容的非理想因素，这些电源滤波/去耦电容并不是越大越好，越大的电容，其寄生的串联电感也越大，并不能响应高频电流需求。在当前的电容工艺下，通常使用 10μF~10mF 电容作为整块电路板的电源滤波/去耦电容，使用 1nF~1μF 电容作为 IC 引脚附近的电源滤波/去耦电容。当工作频率高时，应使用较小容量的电容（高频响应好）；当耗电电流大时，则应使用大容量的电容。如果耗电电流大且工作频率高时，那么可以使用不同大小的电容并联作为电源滤波/去耦电容。

因而，良好的电源回路结构，如图 1-30 所示。其中，所有供电电缆最好两股紧靠在一起或形成双绞，以降低回路面积，减小回路电感。

电源用来应付整个电路系统的直流电源消耗和 ms 量级的动态电流消耗。电路板上的大滤波/去耦电容用来应付电路板上 μs 量级的动态电流消耗。而 IC 附近的小滤波/去耦电容则用来应付 IC 的 ns 量级的动态电流消耗。

最后，需要注意的是，许多书籍资料（包括本书）在介绍一些应用电路时，为了绘图简洁，常常会忽略电路中的电源滤波/去耦电容，如果要实现这些电路，那么一定不能忘记合理地增加电源滤波/去耦电容。

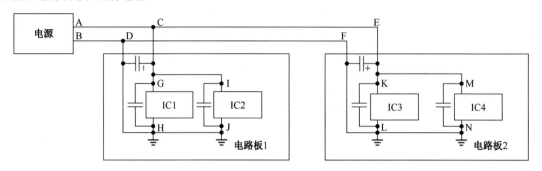

图 1-30　电源回路结构

1.4　信号及其传递

1.4.1　单端信号和地

电子电路中一般使用随时间变化的电压来表达信号，电压（电势）是一个相对概念，自然界中并没有绝对的电势零点，信号的电压一般也要有一个相对参考，在电路中，大多数信号以同一个节点的电压为参考，这个节点称为地（Ground，GND），是电路中人为定义的电势零点。以地为参考的信号，除公共的地之外，只需要一根导线便能传递，称为单端信号。

单端信号以地为参考，动态信号在传递过程中，回路中必然存在动态的电流，对于纯阻性负载，电流正比于信号电压；对于有电抗的负载，电流与信号电压还存在相位关系。无论如何，电流必须形成闭合回路，"地"作为公共参考，并在实际电路中设计为低阻抗路径时，这些回流的电流必然以"地"作为回流路径，源端流出电流时，电流会从地流回源端；源端流入电流时，电流会从地流回末端，如图 1-31 和图 1-32 所示。其中，电容均为电源滤波/去耦电容。

图 1-31 所示为单电源系统中单端动态信号的电流路径，图 1-32 所示为双电源系统中单端动态信号的电流路径。通过 1.3 有关电源去耦的介绍，读者应能了解到，动态信号传递的动态电流（或者电流中的高频成分）主要也是由电源去耦电容提供的，如果电源完整性不好，就遑论信号完整性了。

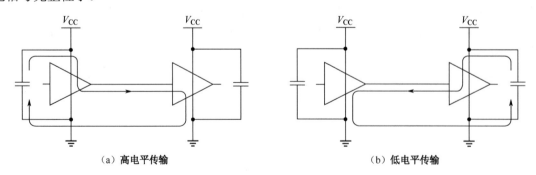

（a）高电平传输　　　　　　　　　　　（b）低电平传输

图 1-31　单电源系统中单端动态信号的电流路径

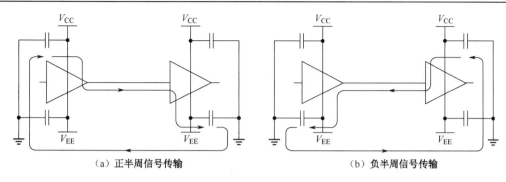

（a）正半周信号传输　　　　　　　（b）负半周信号传输

图 1-32　双电源系统中单端动态信号的电流路径

　　实际电路中，导线既有直流电阻，也有串联电感，还有等效对地的电容（并联电容）。在常规尺寸的低速电路中（如信号频率 1MHz 以下），串联电感和并联电容可以忽略；而在较高速的电路中，串联电感和并联电容则不能忽略，不过大多数高速电路的信号源阻抗都较小，往往可以忽略并联电容的作用。因而，在高速电路中，任何一个单端信号的传递路径都至少可以等效为如图 1-33 所示的电路。

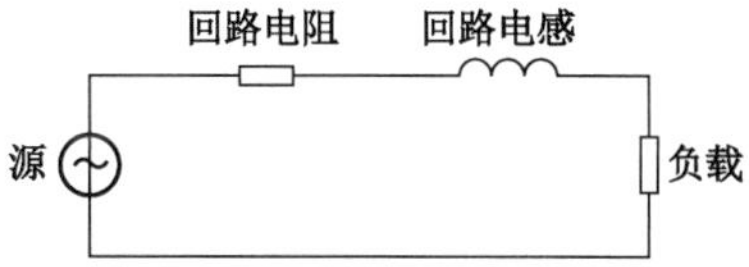

　　其中，直流电阻即导线的电阻，而电感则是整个闭环电流路径（包含地回流路径）的电感，如果要使信号顺利传递，则电感的感抗越小越好。

图 1-33　信号传递路径中的电阻和电感

　　为使回路电阻和感抗尽量小，以便高速信号顺利传递，回路圈围成的面积应尽量小。除信号传递路径之外，源端器件和末端器件的电源去耦路径均会贡献回路电阻和感抗，在布局布线时都需要考虑。

　　在 PCB 上，"地"路径一般通过完整的地平面或铺地来实现，地平面或铺地的完整性对信号回路电阻和感抗的影响至关重要，如图 1-34 所示。图 1-34（a）中，PCB 正面布置信号线，反面则有完整的，用作地的铜平面，根据电磁场理论，高频回流电流必然会集中在贴近信号线的地方，此时整个电流环路感抗最小；而图 1-34（b）中的地平面则被意外割去了一块，回流电流不得不绕行这一块空缺区域的边缘，使得回路路径增加、面积增加，电阻和感抗增大，不利于高频信号的传递。

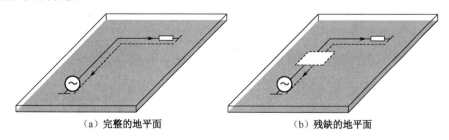

（a）完整的地平面　　　　　　　　（b）残缺的地平面

图 1-34　PCB 上的信号与电流回流

　　在板间连接时，信号导线和回流地导线最好处于同一电缆中，并尽量靠拢，如图 1-35 所示。图 1-35（a）回路面积很大，回路感抗大，不利于高频信号传递；而图 1-35（b）则回路面积小，回路感抗小，有利于高频信号传递。

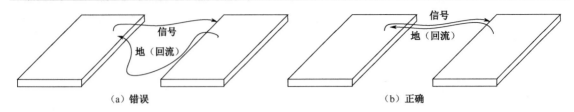

图 1-35　板间信号与电流回流

如果需要使用多芯电缆传递多个高速信号，则可增加地线以利于信号传递。以排线为例，如图 1-36 所示。图 1-36（a）保证了每一个信号线均有一个与之相邻的地线用于信号电流的回流；而图 1-36（b）则进一步降低了相邻信号间的串扰。

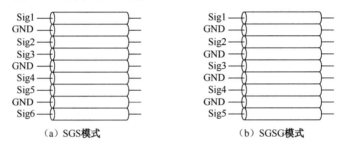

图 1-36　在排线中分布多个地以利于多个高速信号传递

1.4.2　串扰

两条靠近且平行的导线间存在着互感和电容，这会导致两条导线相互间产生耦合串扰，即两条导线产生的信号相互干扰。如果两条平行导线足够长，并且间距足够小，产生串扰是不可忽略的，如图 1-37 所示。

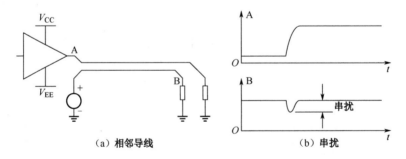

图 1-37　相邻导线间的串扰

一方面，两条导线的间距 D 及附近地平面与它们的距离 H 对串扰有直接影响：

$$串扰 \propto \frac{1}{1+(D/H)^2} \tag{1-7}$$

另一方面，信号频率越高，串扰越严重，在低频信号传递的场合，往往可以忽略串扰影响；而在传递高频信号时，则不能忽略，这也是计算机外部总线越来越多地使用少量导线进行高速串行传输的重要原因之一。

通常情况下，要增加导线间的距离并不容易，对于信号密集的数字总线更是这样，因此在信号线间插入地线是较好的方法，如图 1-36（b）所示。

1.4.3　集总系统和分布系统

信号在导线、PCB 中的传输速度是有限的，对于相对介电常数 ε，或者分布电感线密度和分布电容线密度分别为 l（单位为 H/m）和 c（单位为 F/m）的导线，信号传输速度（相速度）v_{pr} 为

$$v_{pr} = \frac{c_0}{\sqrt{\varepsilon}} = \frac{1}{\sqrt{lc}} \tag{1-8}$$

其倒数 t_{pr} 称为传播延迟。

$$t_{pr} = \sqrt{lc} \tag{1-9}$$

通常电缆或 PCB 走线中的信号传播速度为光速的 $\frac{1}{3} \sim \frac{2}{3}$。

对于一条长为 X，传播速度为 v_{pr} 的导线，信号在其中传播需要的时间为

$$t = X/v_{pr} \tag{1-10}$$

如果线上传播的信号的电压摆率为 S_r（单位为 V/s），在长度 X 的导线两端，将出现电压差：

$$\Delta v = S_r t = \frac{S_r X}{v_{pr}} \tag{1-11}$$

这个电压差将可能造成信号在传输时发生反射，形成信号振铃甚至自激振荡，造成信号无法较好地被末端接收。

对于频率为 f、幅值为 A 的正弦信号 $u(t)$：

$$S_r(t) = \frac{d\left(A\sin\left(2\pi ft\right)\right)}{dt} = 2\pi fA\cos\left(2\pi ft\right) \tag{1-12}$$

电压摆率在 $t = 0$ 时最大，为 $2\pi fA$，那么，最坏情况下：

$$\Delta v = \frac{S_r X}{v_{pr}} = \frac{2\pi fAX}{v_{pr}} \tag{1-13}$$

$$\frac{\Delta v}{A} = \frac{2\pi fX}{v_{pr}} \tag{1-14}$$

如果这个比值很小，使得在系统需求中可以忽略，那么便不需要考虑信号在该导线中的传输效应，这样的信号连接称为集总连接；否则，称为分布连接。尺度小到使得 $\Delta v/A$ 可以忽略的系统称为集总系统；否则称为分布系统。

对于模拟信号，一般需要利用式（1-14）考虑信号中所有有效的频率分量，以决定系统是否为分布系统。通常满足

$$X \ll \frac{v_{pr}}{2\pi f_{MAX}} \tag{1-15}$$

的系统称为集总系统；否则称为分布系统。其中，f_{MAX} 为有用信号中最高频成分的频率。

对于数字信号，一般是考虑其跳变沿的 10%~90% 上升或下降时间（两者一般相等），对于一个上升时间为 T_r 的信号，通常认为其频带上限为

$$f = \frac{1}{2T_r} \tag{1-16}$$

那么满足

$$X \ll \frac{v_{pr} T_r}{\pi} \tag{1-17}$$

的数字系统称为集总系统；否则称为分布系统。

在常规尺度的电路中，集总系统通常信号频率较低，此时传递信号以导体连接即可。而在分布系统中，情况将变得非常复杂，需考虑源端、末端的阻抗及导体的分布电抗参数，不合理的阻抗和分布参数将导致信号反射、振荡，使得末端不能很好地获得信号。信号能否较好地从源端传到末端的问题称为信号完整性问题。

1.4.4 传输线和阻抗匹配

在分布系统中传递信号，需要导线具备均匀稳定的分布电感和分布电容参数，此时的导线称为均匀传输线。

如果导线的分布电感的线密度 l、分布电容的线密度 c、分布电阻的线密度 r 和分布电导的线密度 g 在整个长度上保持不变，则该导线称为均匀传输线，定义其特征阻抗：

$$Z_0 = \sqrt{\frac{r + j\omega l}{g + j\omega c}} \tag{1-18}$$

它与信号的频率成分有关。在 r 和 g 较小时，则

$$Z_0 \approx \sqrt{l/c} \tag{1-19}$$

基本上它是一个纯电阻，并且与信号的频率成分无关，此时传输线称为无耗传输线。

根据传输线理论，如果要想信号在传输线两端均不发生反射，则驱动源的输出阻抗和末端负载的输入阻抗均应等于 Z_0，称为阻抗匹配。

因而，在分布系统中传递信号应按图 1-38 所示电路使用传输线连接。

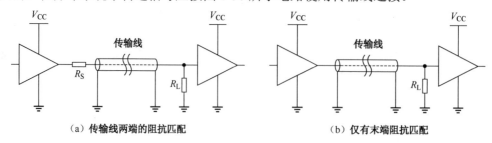

（a）传输线两端的阻抗匹配　　　　　　　　（b）仅有末端阻抗匹配

图 1-38　传输线和阻抗匹配

图 1-38 中，R_S 为源端匹配电阻，显然应将源端（或者前级电路）的输出电阻考虑在内；R_L 为末端匹配电阻，显然也应将末端（或者后级电路）的输入电阻考虑在内。通常，前级输出电阻较小，电路中往往应串入一个电阻，使得两者串联值等于 Z_0，而后级输入电阻较大，电路中往往应对地接入一个电阻，使得两者并联值等于 Z_0。

图 1-38（a）所示的连接电路显然会造成末端信号幅度衰减为源端的一半，通常这是无法避免的，不过在要求不高时，也可以省略源端匹配电阻，如图 1-38（b）所示。

在 PCB 上可以用微带线或带状线实现均匀传输线，如图 1-39 所示。板间连接则常用同轴电缆，它们的特征阻抗与其几何参数、导体和介质的性质都有关系，最常用的特征阻抗为 50Ω。

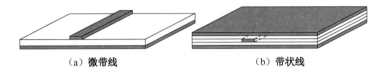

（a）微带线　　　　　　　　　　　　（b）带状线

图 1-39　PCB 上的传输线

在高频电路领域阻抗匹配有时会更为复杂，因为前后级的输出、输入阻抗常常是复数，为使信号功率传递最大化，需要插入 LC 电路使前级输出阻抗与匹配网络输入阻抗共轭，匹配网络输出阻抗与后级输入阻抗共轭，这方面内容读者可参阅高频电路相关书籍，这里不做介绍。

1.4.5　差分信号

单端信号的良好传递严重依赖"地"路径，对于更高速、要求更高的信号，与其他单端信号一起共享参考地，可能并不能保证信号的完整性。这时，差分信号往往能够满足要求，差分信号使用两根导体传递两个电平互补的电压或电流，这两个互补的电压或电流称为 P 相（同相）和 N 相（反相），合称为一个差分对，差分信号的实际值被表达为 P、N 两相之差，称为差模电压，即

$$v_\mathrm{D} = v_\mathrm{P} - v_\mathrm{N} \tag{1-20}$$

两者互为参考，无须"地"参与，两者自身构成电流回流路径，通常差分信号也是高频信号，需要阻抗匹配。图 1-40 所示为典型的差分信号动态电流路径，带有末端匹配电阻的差分信号电流在末端主要通过阻抗匹配电阻流过，末端器件内的动态电流路径并未画出（通常是晶体管结电容充放电路径），信号电流回路并不包含"地"。

差分信号中 P、N 两相的平均值称为共模电压，即

$$V_\mathrm{CM} = \left(v_\mathrm{P} + v_\mathrm{N}\right) / 2 \tag{1-21}$$

共模电压一般为常量或变化不大，并且接收端都会设计为只关注差模电压而对共模电压不敏感。

在 PCB 上，差分对紧贴在一起布线，在电缆中两者一般紧靠在一起或相互缠绕形成双绞，如果受到干扰，则 P、N 两相干扰几乎一致，只会影响共模电压而不会影响差模电压，因而具有较好的抗干扰能力。

当信号要求不那么高时，也可以将一组信号共享一个电平固定的参考（除地之外），称为伪差分，这个固定的参考一般记为 V_REF。上述使用两个互补电压传递的差分信号，又称为真差

分，与伪差分相对。伪差分信号表达的有效信号为 $v_D = v_{SIG} - v_{REF}$ 。

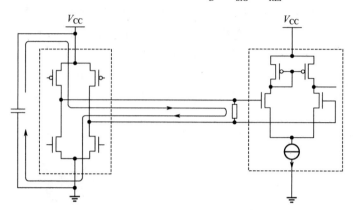

图 1-40　典型的差分信号动态电流路径

在模拟电路中，也常有非高频差分信号，主要用于在单电源系统中表达双极性（有正有负的）信号。

第 2 章
基本元器件及应用

本章介绍一些常用器件及其外在特性（在电路中的表现），并侧重介绍在实际电路设计和应用中可能遇到的重要非理想特性和限制。

2.1 元器件的值分布

最常用的 3 种无源器件是电阻器、电容器和电感器，电阻、电容和电感值一般都跨越八九个数量级，如电阻从数十毫欧姆至数兆欧姆，电容从数皮法至数毫法。在现实中，因为误差的相对性，且为了降低品种的数量，一般采用等比数列制造不同数值的组件，常用的公比有 $10^{1/6}$、$10^{1/12}$、$10^{1/24}$、$10^{1/96}$，对应称为 E6、E12、E24、E96，它们在每个十进制量级中分别产生等比分布的 6、12、24、96 个数值。表 2-1 所示为 E6、E12 和 E24 分布值。它们均保留两位有效数字，由精确的等比数列近似而来（注意，并不是严格的四舍五入）。

表 2-1 E6、E12 和 E24 分布值

E6	E12	E24	$10^{1/24}$ 数列	E6	E12	E24	$10^{1/24}$ 数列
1.0	1.0	1.0	1.000	3.3	3.3	3.3	3.162
		1.1	1.101			3.6	3.481
	1.2	1.2	1.212		3.9	3.9	3.831
		1.3	1.334			4.3	4.217
1.5	1.5	1.5	1.468	4.7	4.7	4.7	4.642
		1.6	1.616			5.1	5.109
	1.8	1.8	1.778		5.6	5.6	5.623
		2.0	1.957			6.2	6.190
2.2	2.2	2.2	2.154	6.8	6.8	6.8	6.813
		2.4	2.371			7.5	7.499
	2.7	2.7	2.610		8.2	8.2	8.254
		3.0	2.873			9.1	9.085

事实上，等比分布也意味着"等相对误差"。通常 E6 分布用来制造相对误差 ±20% 以内的组件，E12 和 E24 则对应着 ±10% 和 ±5%，这样，所有值的偏差上下限构成的区间都会稍有重叠，覆盖整个范围。例如，E12 中 3.3，±10% 的区间是 [2.97,3.63]，其前一个值 2.7 的区间

下限是 2.97，而后一个值 3.9 的区间上限是 3.51。这意味着任意值总能落到任何分布的某个标称值和误差确定的范围以内。

E96 分布通常对应误差 ±1%，较常见于电阻值。表 2-2 所示为 E96 分布值，3 位有效数字，均为等比数列值四舍五入而得。需要注意的是，也常有使用 E24 分布值而误差 ±1% 的电阻。

表 2-2 E96 分布值

序号	值	序号	值	序号	值	序号	值	序号	值	序号	值	序号	值	序号	值
01	1.00	13	1.33	25	1.78	37	2.37	49	3.16	61	4.22	73	5.62	85	7.50
02	1.02	14	1.37	26	1.82	38	2.43	50	3.24	62	4.32	74	5.76	86	7.68
03	1.05	15	1.40	27	1.87	39	2.49	51	3.32	63	4.42	75	5.90	87	7.87
04	1.07	16	1.43	28	1.91	40	2.55	52	3.40	64	4.53	76	6.04	88	8.06
05	1.10	17	1.47	29	1.96	41	2.61	53	3.48	65	4.64	77	6.19	89	8.25
06	1.13	18	1.50	30	2.00	42	2.67	54	3.57	66	4.75	78	6.34	90	8.45
07	1.15	19	1.54	31	2.05	43	2.74	55	3.65	67	4.87	79	6.49	91	8.66
08	1.18	20	1.58	32	2.10	44	2.80	56	3.74	68	4.99	80	6.65	92	8.87
09	1.21	21	1.62	33	2.15	45	2.87	57	3.83	69	5.11	81	6.81	93	9.09
10	1.24	22	1.65	34	2.21	46	2.94	58	3.92	70	5.23	82	6.98	94	9.31
11	1.27	23	1.69	35	2.26	47	3.01	59	4.02	71	5.36	83	7.15	95	9.53
12	1.30	24	1.74	36	2.32	48	3.09	60	4.12	72	5.49	84	7.32	96	9.76

2.2 电阻器

2.2.1 电阻值

电阻器有两个端口，最主要的两个参数是电阻和功率。图 2-1 所示为电阻器的符号。

图 2-1 电阻器的符号

电阻单位为欧姆（Ω），常用的电阻值从数毫欧姆至数兆欧姆。理想电阻器上流过的电流与两端压差成正比，电阻值定义为压差瞬时值与电流瞬时值的比值：

$$R = u / i \tag{2-1}$$

实际电阻器的电阻值与温度有关，一般标称值为常温下的电阻值，通常温度范围内，电阻值的变化大致与温度变化成正比，比例系数称为温度系数，即

$$\beta = \frac{\Delta R}{\Delta T} \tag{2-2}$$

温度系数一般为数十 ppm 至上千 ppm，并且一般为正，即温度越高，电阻值越大，也有负温度系数的电阻。

2.2.2 耐受功率和电压

电阻器的耐受功率是初学电路设计者容易忽视的一个重要参数，电阻器本质上将电能转

换为内能，其瞬时发热功率为

$$p = i^2 R = \frac{u^2}{R} \tag{2-3}$$

其温度是自身发热功率和工作环境决定的散热功率的平衡点，如果发热功率过大，自身温度过高，则将导致材料特性变化，致使电阻值超出标称范围，甚至造成不可逆的损坏。

电阻器一般会标注在特定工作条件下（一般为常温、常规焊接、空气被动对流）所能耐受的最大功率，并留有裕量。注意，电阻器的耐受功率是一个在时间上平均的概念。短时地超出标称功率工作并不会导致问题，时长取决于电阻器的热容量和散热条件。质量大体积大的电阻器热容量大，短时较大功率产生的内能将不会使温度升高太多；而质量小体积小的电阻器热容量小，能够耐受超出标称功率的时间会短很多，具体可根据实际情况估算。

例如，英制 0603 的表面贴装电阻（体积为 $1.6\text{mm} \times 0.8\text{mm} \times 0.5\text{mm}$），质量为 1mg 左右，热容量约为 $1\text{mJ} / \text{K}$，在十倍于标称的 100mW 功率下，温升数十摄氏度需要的时间在数十毫秒，因此脉宽 10ms、峰值 1W、平均值小于等于 100mW 的工作功率不会导致其损坏。而功率数十瓦特甚至上百瓦特的电阻器，往往可承受数秒至数十秒十倍于标称值的功率。

电阻器的耐压有时也是需要考虑的，体积小的电阻器两端不能施加较高电压，否则会导致电场击穿。电阻器的耐压通常会在生产厂商提供的数据手册中给出。

2.2.3　实际电阻器的等效电路

实际电阻器会引入一些非理想参数，图 2-2 所示为实际电阻器的等效电路。其中，L_S 为等效串联电感（ESL），C_P 为等效并联电容（EPC）。

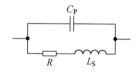

图 2-2　实际电阻器的等效电路

它是一个两端口复阻抗网络，其复阻抗为

$$Z = \frac{R + j\omega L_S}{1 + j\omega R C_P + \omega^2 L_S C_P} \tag{2-4}$$

在高频电路及开关电源电路的设计中 ESL 和 EPC 有时不可忽略。容易想象，电阻器体积越小，其 ESL 和 EPC 越小。电阻值对 ESL 和 EPC 的影响不大，电阻器的体积对它们有较明显的影响。

表 2-3 所示为 Vishay 公司的几种表面贴装电阻的 ESL 和 EPC（数据源于 Vishay 公司技术笔记）。

表 2-3　Vishay 公司的几种表面贴装电阻的 ESL 和 EPC

英制尺寸	ESL	EPC	尺寸
0201	$\approx 0.02\text{pH}$	$\approx 20\text{fF}$	$0.6\text{mm} \times 0.3\text{mm} \times 0.2\text{mm}$
0402	$\approx 2\text{pH}$	$\approx 30\text{fF}$	$1.0\text{mm} \times 0.5\text{mm} \times 0.3\text{mm}$
0603	$\approx 30\text{pH}$	$\approx 40\text{fF}$	$1.6\text{mm} \times 0.8\text{mm} \times 0.5\text{mm}$

而轴向引线直插封装的电阻器的 ESL 和 EPC 则可达 nH 和数百 fF。

以 Vishay 公司的某款英制 0603 片式表面贴装 $1\text{k}\Omega$ 电阻为例，其 ESL 约为 30pH，EPC 约

为 40fF，其阻抗模和阻抗角与频率的关系如图 2-3 和图 2-4 所示。

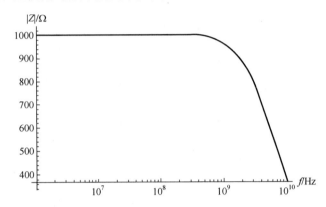

图 2-3　某款英制 0603 片式表面贴装 1kΩ 电阻的阻抗模与频率的关系

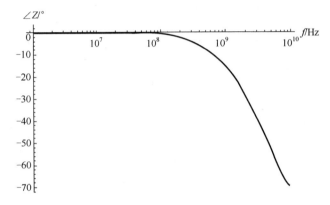

图 2-4　某款英制 0603 片式表面贴装 1kΩ 电阻的阻抗角与频率的关系

可以看到，在信号频率为数百兆赫兹时，它的阻抗偏离纯阻性已经很明显了。

2.2.4　特殊电阻器

特殊电阻器，是对温度、压力、光强、电压等特别敏感的电阻。

对温度敏感的电阻称为热敏电阻，在一定的温度范围内具有良好的线性电阻-温度特性，可用于温度测量。

对压力敏感的电阻最典型的是电阻式应变片，常与发生弹性形变的机械结构组合用于力的测量。

对光强敏感的电阻称为光敏电阻，其电阻与接受面上的光照度有关，大多数光敏电阻在无光照时电阻为 1MΩ 以上，而室内照明条件（100lx 以上）时，电阻可小于 10kΩ。光敏电阻除了有对可见光敏感的，也有对红外敏感或紫外敏感的。光敏电阻的响应时间相对其他两种光敏器件（光敏二极管和三极管）慢，一般在 ms 量级，光敏二极管和三极管则分别在 ns 量级和 μs 量级。

也有标称值为 0 的"电阻"，一般在印制电路板上用作跳线（跨越印制线路的导线）。

2.2.5　电阻器的封装

小功率电阻器最常见的封装是轴向引线的直插封装（AXIAL）和片式表面贴装（SMD Chip）。几种直插电阻实物图如图 2-5 所示，几种贴片电阻实物图如图 2-6 所示。

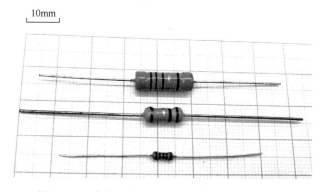

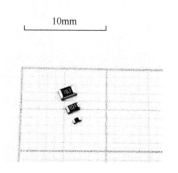

图 2-5　几种直插电阻实物图（从上到下依次为
AXIAL-1.0、AXIAL-0.7 和 AXIAL-0.4）

图 2-6　几种贴片电阻实物图
（从上到下依次为英制 0805、0603 和 0402）

它们的耐受功率与尺寸直接相关。AXIAL-0.4（实体略短于 0.4 英寸）金属膜电阻功率一般为 1/4W，碳膜电阻功率一般为 1/8W；AXIAL-0.3 的金属膜和碳膜则分别为 1/8W 和 1/16W。

片式表面贴装（以下简称贴片）的电阻现在应用更多，一般为陶瓷基底，金属膜工艺，其尺寸规格很多，一般对应的功率如表 2-4 所示。

表 2-4　片式表面贴装（贴片）电阻的尺寸规格和额定功率

尺寸规格		长/mm	宽/mm	额定功率（一般）
英制	公制			
01005	0402	0.4	0.2	1/32W
0201	0603	0.6	0.3	1/20W
0402	1005	1.0	0.5	1/16W
0603	1608	1.6	0.8	1/10W
0805	2012	2.0	1.2	1/8W
1206	3216	3.2	1.6	1/4W
1210	3225	3.2	2.5	1/3W
1812	4532	4.5	3.2	1/2W
2010	5025	5.0	2.5	1/2W
2512	6432	6.4	3.2	1W

英制 0603 及以上的贴片电阻，E6、E12、E24 分布，会在表面印刷 3 位数字（或有字母）以表示其电阻值。前两位 $(d_0 d_1)$ 为有效数字，后一位 d_2 为 10 的幂次，表达电阻值 $(10d_0 + d_1) \times 10^{d_2} \Omega$。例如，"123"为 12kΩ、"510"为 51Ω。对于小于 10Ω 的电阻，则以字母"R"表示小数点，如"9R1"表示 9.1Ω、"R47"表示 0.47Ω。

对于英制 E96 分布的贴片电阻，则由两位数字和一位字母表示电阻值，前两位 (d_0d_1) 为表 2-2 中的序号，代表的有效值为表中对应值的 100 倍，如 "02" 代表有效值 102，后一位为字母表示的 10 的幂次，如 "A" 代表 10^0、"B" 代表 10^1、"C" 代表 10^2，依此类推；而 "X" 代表 10^{-1}、"Y" 代表 10^{-2}。例如，"68X" 代表 49.9Ω、"51D" 代表 $332k\Omega$。

对于直插电阻器，一般采用色环代表电阻值，E96 分布，或者 E24 分布 ±1% 的电阻，采用 3 位色环代表 3 位有效值（值范围为 [100,999]），一位色环代表 10 的幂次，一位色环代表允许偏差（有些电阻会省略这一位），共 5 环（或 4 环）。其他 ±5% 及更大的电阻，则采用两位色环代表两位有效数字（值范围为 [10,99]），一位色环代表 10 的幂次，一位色环代表允许偏差（有些 ±20% 的电阻会省略这一位）。色环的颜色代表的值和 10 的幂次如表 2-5 所示。例如，5 环 "黄紫黑红棕" 表示 $47k\Omega$ 允许偏差 ±1%。

表 2-5　色环的颜色代表的值和 10 的幂次

颜色	代表值	代表 10 的幂次	代表允许偏差
银	—	0.01	±10%
金	—	0.1	±5%
黑	0	1	—
棕	1	10	±1%
红	2	100	±2%
橙	3	1k	—
黄	4	10k	—
绿	5	100k	±0.5%
蓝	6	1M	±0.25%
紫	7	10M	±0.1%
灰	8	100M	±0.05%
白	9	1G	—

2.3　电容器

2.3.1　电容值

电容器有两个端口，最主要的两个参数是电容和耐压。图 2-7 所示为电容器的符号。

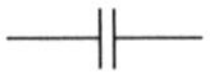

图 2-7　电容器的符号

电容单位为法拉（F），常用的电容值从数皮法拉至数毫法拉。电容器累积流经它的电流（电荷），形成压差，可以以电场形式暂存电能。电容值定义为电荷对电压的导数，即

$$C = \frac{\mathrm{d}q}{\mathrm{d}u} = \frac{i\mathrm{d}t}{\mathrm{d}u} \tag{2-5}$$

电容器阻碍它两端压差的变化，使其不能突变。

电容器中存储的能量为

$$Q = \frac{1}{2}Cu^2 \tag{2-6}$$

如果对电容施加交流电流 $I_0 \cos(\omega t)$，两端的交流电压为

$$U_C = \frac{1}{C}\int_0^t I_0 \cos(\omega\tau)\,\mathrm{d}\tau = \frac{I_0}{\omega C}\cos\left(\omega t - \frac{\pi}{2}\right) \tag{2-7}$$

相量形式为

$$Z_C = \frac{U_C}{I_C} = \frac{I_0 \angle -\dfrac{\pi}{2}}{\omega C I_0 \angle 0} = \frac{1}{\mathrm{j}\omega C} \tag{2-8}$$

Z_C 为电容的复阻抗，其中 $\mathrm{j} = \sqrt{-1}$ 为虚数单位。

实际电容器的电容值一般选用 E12 或 E24 分布，允许偏差为 10% 或 5%，也有少数精密电容器，可做到 1% 以下的偏差。

2.3.2　耐受电压

电容器的一般结构为两个极板中夹高介电常数的介质，当极板电压过高时，会导致特性改变，甚至发生击穿。电容器一般会标称最大工作电压，类似上述的 E6、E12 等分布值，电容器的耐压也有一套常用的值：4V、6.3V、10V、16V、25V、35V、50V、63V、100V、160V、250V、450V、630V、1000V 等。

电压过高导致介质击穿甚至损坏发生时间极短，可以认为是瞬时的，因而电容器的耐压是一个瞬时概念，任何时刻都不能让电容器两端压差超过标称的耐压。

相同材料工艺制造的电容器，在容量和耐压接近工艺极限时，体积越大容量越大，体积越大耐压越大，具体多大封装多大容量的电容器耐压能到多少，需要查阅生产厂商提供的数据手册。

在有些电路设计中也是需要考虑工作电压对电容量的实时影响，许多体积小但容量较大的电容器，在两端压差接近耐压时，电容值甚至会下降至标称值的一半以下，具体情况也需要查阅生产厂商提供的数据手册。

2.3.3　实际电容器的等效电路

实际电容器因极板形状、介质漏电等因素，也会引入一些非理想电路参数，主要有 ESR（等效串联电阻）、ESL（等效串联电感）和 EPR（等效并联电阻）。图 2-8 所示为实际电容器的一种等效电路。

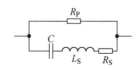

图 2-8　实际电容器的一种等效电路

其复阻抗：

$$Z = \frac{R_P(\mathrm{j}\omega^2 C L_S + \omega C R_S - \mathrm{j})}{\mathrm{j}\omega^2 C L_S + \omega C (R_P + R_S) - \mathrm{j}} \tag{2-9}$$

因 R_p 通常很大，至少在兆欧姆以上，在做采样保持、峰/谷值检测等电路时可能需要考虑，而在分析高频特性时一般可将其忽略。

$$Z = \frac{j\omega^2 CL_S + \omega CR_S - j}{\omega C} = R_S + j\left(\omega L_S - \frac{1}{\omega C}\right) \tag{2-10}$$

其中，$\omega L_S - \dfrac{1}{\omega C} = X_C$ 是其电抗，而 $-\dfrac{1}{\omega X_C} = C_{eqv}$ 称为等效电容。

R_S 与 $|X_C|$ 之比称为耗散因子 D，其倒数称为品质因素 Q，即

$$D = \frac{1}{Q} = \frac{R_S}{|X_C|} \tag{2-11}$$

如果 ESL 极小，则 $D \approx \omega CR_S$。

阻抗的辐角也称为耗散角，即

$$\theta = \arctan\frac{X_C}{R_S} \tag{2-12}$$

理想电容器的耗散因子为 0，而品质因子趋于无穷大。

图 2-9 和图 2-10 所示分别为日本村田制作所生产的某型号英制 0603 片式表面贴装的 100nF 电容器的阻抗模和阻抗角随频率变化的曲线。其 ESR 约为 $20\text{m}\Omega$，ESL 约为 300pH。

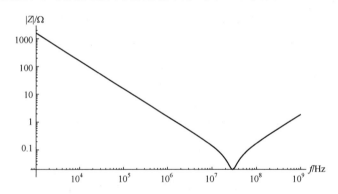

图 2-9　某型号英制 0603 片式表面贴装的 100nF 电容器的阻抗模随频率变化的曲线

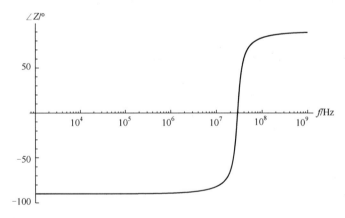

图 2-10　某型号英制 0603 片式表面贴装的 100nF 电容器的阻抗角（耗散角）随频率变化的曲线

注意，图 2-9 中阻抗模曲线采用对数-对数坐标绘制，理想电容器的阻抗模与频率的关系在对数-对数坐标中应为斜率为 –1 的直线。

从图 2-10 中可以看出，在频率达到 10MHz 时，其特性变得不理想，而在约 30MHz 之后，甚至表现成一个电感。在 30MHz 时，电抗为零，这个频率

$$f = \frac{\omega}{2\pi} = \frac{1}{2\pi\sqrt{L_S C}} \qquad (2\text{-}13)$$

称为该电容的谐振频率。

电容的 ESR 和 ESL 与电容的材料工艺体积均有关，大多数陶瓷介质的电容 ESR 在 100mΩ 以下，ESL 在 1nH 以下，而大体积的电解电容 ESR、ESL 均会较大，有的接近 1Ω 和数十纳亨。具体数值应参阅生产厂商提供的数据手册，也可使用 RLC 测试仪、阻抗测试仪或矢量网络分析仪测试。

2.3.4 电容器的种类和封装

电容器首先可分为无极性电容和有极性电容，无极性电容两个端子不区分极性，工作时两端电压差的绝对值小于标称的耐受电压即可，而有极性电容会标注端子的正负极，要求正极电压大于负极电压，且不超出标称的耐受电压。

无极性电容根据介质材料又可分为：真空、空气电容；玻璃电容、云母电容；陶瓷电容（根据具体的材料工艺又有 NP0、Y5V、X7R 等）；薄膜电容，包括纸膜电容、聚合物薄膜电容（包括聚丙烯、各种聚酯等），通常在薄膜介质上做金属镀层形成极板，也称为金属化薄膜电容。

有极性电容分为：电解电容，极板间使用液态或固态电解质，包括铝电解电容、钽电解电容、铌电解电容；超级电容，容量可比上述常规电容高出千倍，一般用于短时储能（相对于可充电池的"长时储能"），并不作为常规电路元件使用。

上述各种电容器中，目前最为常用的是陶瓷电容、电解电容（铝电解、钽电解）和聚合物薄膜电容。

图 2-11～图 2-15 所示为几种不同种类、不同封装的电容实物。

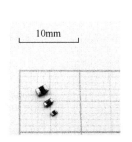

图 2-11 几种贴片 MLCC 电容实物图
（从上到下依次为英制 0805、0603 和 0402）

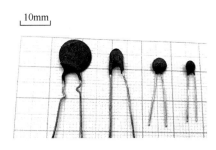

图 2-12 几种直插陶瓷电容实物图

图 2-13 几种铝电解电容
实物图（直插和贴片）

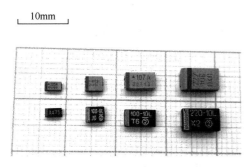

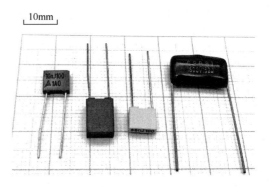

图 2-14　几种贴片钽电解电容实物图　　　　图 2-15　几种聚合物薄膜电容的实物图

不同材料种类的电容制成的电容容量耐压是不一样的，表 2-6 所示为当今（根据 2018 年搜集的数据整理）工艺条件下常见的几种电容器的容量范围、耐压范围和在常规尺寸下的最大容量耐压积。

表 2-6　常见的几种类型电容器的容量范围、耐压范围和在常规尺寸下的最大容量耐压积

种　　类	常见容量范围	常见耐压范围	最大容量耐压积
陶瓷（贴片）	1pF～100μF	4V～1kV	≈1mFV
陶瓷（直插）	1pF～10μF	10V～10kV	≈1mFV
聚合物薄膜	100pF～100μF	10V～10kV	≈5mFV
固态钽电解电容	100nF～1mF	4V～50V	≈10mFV
铝电解电容	1μF～1F	4V～500V	≈10FV
超级电容	100mF～1kF	2V～5V	≈2kFV

不同材料种类的电容的 ESR、ESL 特性和温度特性也不一样。表 2-7 所示为常见几种不同类型的实际电容器的温度稳定性和耗散因子对比，详细值需要具体参考生产厂商的数据手册。在这几种电容中 NP0 陶瓷电容、云母电容比较适合高频电路，往往可用于信号频率 100MHz 以上的电路中，聚丙烯薄膜电容、X7R 陶瓷电容高频特性也不错，一般可用在频率高至数兆的信号处理中，Y5V 陶瓷电容、铝电解电容则不宜用于高频。

表 2-7　常见几种不同类型的实际电容器的温度稳定性和耗散因子对比

种　　类	示例电容的容量	耗散因子@1kHz	耗散因子@100kHz	耗散因子@1MHz	标称温度范围内的温度稳定性
NP0 陶瓷电容	1nF，50V	—	—	0.001	±1%
X7R 陶瓷电容	100nF，50V	—	0.01	0.2	±20%
Y5V 陶瓷电容	10μF，16V	0.02	0.1	—	+20%，−80%
云母电容	1nF，100V	—	—	0.0005	±2%
聚丙烯薄膜电容	100nF，100V	—	0.005	0.1	±2%
固态钽电解电容	100μF，16V	0.2	—	—	±20%
铝电解电容	100μF，16V	1	—	—	±20%

贴片多层陶瓷电容与贴片电阻的封装规格一致，此处不再赘述。

贴片钽电解电容则有另一套常用的尺寸规格，以 KEMET 公司制定的规格最为常用，如表 2-8 所示。

表 2-8　贴片钽电解电容器的常用尺寸规格（数据源于 2016 年 KEMET 数据手册）

规　格	长	宽	厚	最大容量耐压积
S	3.2	1.6	1.2	100μFV
A			1.6	600μFV
T	3.5	2.8	1.2	400μFV
B			1.9	1mFV
U	6.0	3.2	1.5	1mFV
C			2.5	2.2mFV
W	7.3	4.3	1.5	1mFV
V			2.0	3.3mFV
D			2.8	3.5mFV
E			3.6	4.7mFV

铝电解常见的有直插和贴片两种（参见图 2-13），其尺寸规格繁多，这里不再赘述。其他直插封装的电容尺寸规格也很多，不再赘述。

2.4　电感器

2.4.1　电感值

电感器有两个端口，最主要的两个参数是电感和耐受电流。图 2-16 所示为电感器的符号。

图 2-16　电感器的符号

电感单位为亨利（H），常用的电感值从数纳亨利至数亨利。电感器以磁场形式暂存电能，它对两端施加的电压积分形成电流，电感值可定义为伏秒积对电流的导数。

$$L = \frac{u\mathrm{d}t}{\mathrm{d}i} \qquad (2\text{-}14)$$

电感器阻碍流经它的电流的变化，使其不能突变。

电感器中存储的能量为

$$e = \frac{1}{2}Li^2 \qquad (2\text{-}15)$$

如果对电感施加交流电流 $I_0\cos(\omega t)$，两端的交流电压为

$$U_0 = L\frac{\mathrm{d}}{\mathrm{d}t}\big(I_0\cos(\omega t)\big) = \omega L I_0 \cos\left(\omega t + \frac{\pi}{2}\right) \qquad (2\text{-}16)$$

相量形式为

$$Z_{\mathrm{L}} = \frac{U_{\mathrm{L}}}{I_{\mathrm{L}}} = \frac{\omega L I_0 \angle \frac{\pi}{2}}{I_0 \angle 0} = \mathrm{j}\omega L \tag{2-17}$$

为电感的复阻抗。

实际电感器的电感值一般采用 E12 或 E24 分布。

2.4.2　耐受电流

电感器一般由磁芯和其上绕制的线圈构成，电流过大，会导致磁芯磁饱和或线圈发热，都可能导致特性变坏或损坏。磁饱和的影响几乎是瞬时的，而发热影响则需要一点时间。一般电感器会标称最大工作电流，有的电感器还会标称两个电流：瞬时电流（或称峰值电流 I_{Peak}）和均方根电流（I_{RMS}）。前者对应于磁饱和影响，而后者对应于发热影响。

电感器的耐受电流没有形成一套常用的值，不同厂商生产的不同型号的电感器都会有不一样的取值，具体需查阅器件手册或选型指南。

2.4.3　实际电感的等效电路

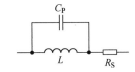

图 2-17　实际电感器的一种等效电路

实际电感也有一些非理想因素，主要是等效串联电阻（ESR）和等效并联电容（EPC）。图 2-17 所示为实际电感器的一种等效电路。

其复阻抗：

$$Z = \frac{\omega^2 L C_{\mathrm{P}} R_{\mathrm{S}} - \mathrm{j}\omega L - R_{\mathrm{S}}}{\omega^2 L C_{\mathrm{P}} - 1} = R_{\mathrm{S}} + \frac{\mathrm{j}\omega L}{1 - \omega^2 L C_{\mathrm{P}}} \tag{2-18}$$

与电容类似地，电抗 $X_{\mathrm{L}} = \dfrac{\omega L}{1 - \omega^2 L C_{\mathrm{P}}}$，有品质因素：

$$Q = \frac{1}{D} = \frac{|X_{\mathrm{L}}|}{R_{\mathrm{S}}} \tag{2-19}$$

如果 EPC 极小，则 $Q \approx \omega L / R_{\mathrm{S}}$。

理想电感器的品质因素应趋于无穷大，而实际中常用的电感器最多到上百个。而且实际电感器，特别是采用磁芯制成的电感器，磁芯特性受频率影响较大，一个电感器只有在一定的信号频率范围内，才具备标称的电感值和 Q 值。

在工作频率 $f = \dfrac{\omega}{2\pi} = \dfrac{1}{2\pi\sqrt{LC_{\mathrm{P}}}}$ 时，阻抗模趋于无穷大，此频率称为电感的谐振频率。

图 2-18 和图 2-19 所示分别为线艺公司（Coilcraft）某英制 0603 贴片绕线电感的阻抗模和阻抗角随频率变化的曲线。其中，ESR 约为 0.81Ω，EPC 约为 0.8pF。

与电容类似地，在对数-对数坐标系下，理想电感的阻抗模与频率的关系应为斜率为 1 的直线。可以看出，在 200kHz～100MHz 区间，它的阻抗模特性较为理想，而在频率超过 100MHz时，其特性已变得不理想，在 300MHz 之后，甚至表现得像一个电容，其谐振频率约为 190MHz。

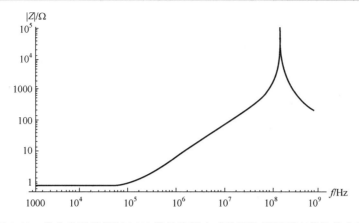

图 2-18　线艺公司某英制 0603 贴片绕线电感的阻抗模随频率变化的曲线

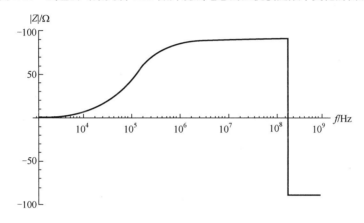

图 2-19　线艺公司某英制 0603 贴片绕线电感的阻抗角（损耗角）随频率变化的曲线

2.4.4　电感器的类型和封装

本节主要介绍线圈式电感器，根据电感线圈中的磁介质（磁芯）可分为空心电感和磁芯电感，而磁芯种类繁多，主要分为铁氧体和合金两大类。铁氧体类有锰锌铁氧体和镍锌铁氧体等，合金类主要有硅钢、铁镍合金、坡莫合金、铁硅铝合金和铁粉等。表 2-9 所示为几种常见的磁芯的初始磁导率和制成电感时常用的工作频率范围（以变压器或常规特征阻抗下的 LC 滤波器为例）。

表 2-9　几种常见的磁芯的初始磁导率和制成电感时常用的工作频率范围

种　类	初始磁导率范围	适合工作频率范围
空气	1	10kHz~10GHz
硅钢	1500	50Hz~1kHz
铁镍合金	50~150	50Hz~1kHz
坡莫合金	10~500	1~100kHz
铁硅铝合金	20~150	10~500kHz

续表

种　　类	初始磁导率范围	适合工作频率范围
铁粉	5~100	100kHz~100MHz
锰锌	500~15000	10kHz~10MHz
镍锌	10~1500	100kHz~100MHz

　　成品的贴片电感器也有与前述贴片电阻器相同的封装，小型贴片封装的电感器主要用于高频与小信号电路中，部分也可用于小功率电源变换电路中。除此之外，还有许多体积较大的表贴封装，主要用于较大功率的电路中（如电源变换电路和高频大功率放大器）。图 2-20 和图 2-21 所示为几种不同的电感器实物图。直插封装的电感器尺寸规格较多，这里不再赘述。

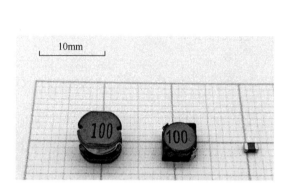

图 2-20　几种贴片电感器实物图

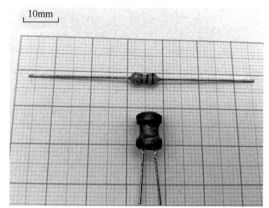

图 2-21　几种直插电感器实物图

2.4.5　自制电感器

　　自制电感器是比较容易的，在许多需要准确设计频率的场合，往往无法通过既有的成品电容和电感搭配出所需的频率，可以自制任意电感值的电感器与既有的成品电容搭配。

　　首先，需要根据所需的工作频率，选择制作空心电感或使用磁芯绕制，导线一般用漆包线。

　　如果选择使用磁芯，可根据

$$L = \mu_0 \mu_i \frac{N^2 A_e}{l_m} \tag{2-20}$$

估算需要绕制的匝数，其中 $\mu_0 = 4\pi \times 10^{-7} \mathrm{H/m}$ 为真空磁导率；L 为电感量（H）；μ_i 为磁芯的初始磁导率（相对）；N 为线圈匝数；A_e 为磁芯的磁路截面积（$\mathrm{m^2}$）；l_m 为平均磁路长度（m）。通常这些参数可查阅具体型号磁芯的数据资料得到。

　　以环型镍锌铁氧体为例，表 2-10 所示为常见几种牌号的环形镍锌铁氧体磁芯的规格，图 2-22 所示为环形镍锌铁氧体磁芯示意。

表 2-10 常见几种牌号的环形镍锌铁氧体磁芯的规格

材料牌号	外径 /mm	孔径 /mm	高 /mm	有效磁路长度 l/mm	有效磁路截面积 A_e/mm^2	初始磁导率 μ_i	电感系数 A_L / nH	饱和磁通密度 B_{sat} / T
NGO-5	10	6	5	24.1	9.8	5	2.55	0.06
NXO-20	10	6	5	24.1	9.8	20	10.2	0.20
NXO-100	10	6	5	24.1	9.8	100	51.1	0.33
NXO-400	10	6	5	24.1	9.8	400	204	0.32
NXO-10	13	7	5	29.5	14.5	10	6.18	0.30
NXO-200	13	7	5	29.5	14.5	200	124	0.24
NXO-1000	13	7	5	29.5	14.5	1000	618	0.3

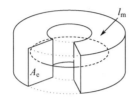

图 2-22 环形镍锌铁氧体磁芯示意

电感量与线圈匝数的平方成正比，对于未知初始磁导率的磁芯，也可先绕制数匝，测量出电感值之后，再根据平方正比关系估算所需的匝数。

因为表 2-10 中的磁芯初始磁导率和尺寸已知，所以还列出了用于计算电感值更直接的参数——电感系数。

$$A_L = \mu_0 \mu_i \frac{A_e}{l_m} \qquad (2\text{-}21)$$

定义为每平方匝的电感值，因而

$$L = N^2 A_L \qquad (2\text{-}22)$$

对于使用拼接磁芯制成的电感，可以设计有气隙，如果气隙总长 l_g，则

$$A_L = \mu_0 \mu_i \frac{A_e}{l_m + \mu_i l_g} \qquad (2\text{-}23)$$

图 2-23 所示为使用环形镍锌铁氧体磁芯绕制的 69μH 电感器。

如果选择制作空心电感，一般使用漆包线绕成直螺线管，如图 2-24 所示。

空心电感的计算比使用磁芯的电感复杂，单层的空心电感可使用以下经验公式估算。

$$L = k \mu_0 N^2 \frac{\pi d^2}{4l} \qquad (2\text{-}24)$$

其中，d 和 l 分别为图 2-24 所示螺线管的直径和长度；k 为主要与 l/d 相关的经验系数，当 $k \approx 0.9 - e^{-0.5 - l/d}$，且 $l/d \in [0.5, 4]$ 时，可使得估算的 L 与实际值偏差 ±5% 以内。

因实际制作时非理想因素很多，上述无论使用磁芯电感还是绕制空心电感，如果需要准确的电感值，在根据估算匝数绕制完成后均需要精确测量后再调整。精确测量可使用 LCR 测

试仪、Q 表等仪器或自行使用一些间接测量方法（如谐振法）。

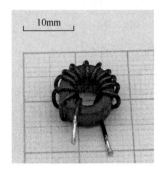  

图 2-23　使用环形镍锌铁氧体磁芯绕制的 69μH 电感器　　　　图 2-24　直螺线管（单层空心电感）

对于空心电感，可先按 1.1～1.2 倍电感值紧密绕制，而后一边测量一边将线圈整体拉长一点（拨稀疏一点）使得电感达到需要的值。

另外，还需要考虑电感的饱和电流，使得它大于电感工作电流的瞬时最大绝对值，使用磁芯绕制的电感的饱和电流可以通过下式计算。

$$I_{\text{sat}} = \frac{N B_{\text{sat}} A_{\text{e}}}{L} = \frac{B_{\text{sat}} A_{\text{e}}}{N A_{\text{L}}} = \frac{B_{\text{sat}} l_{\text{m}}}{N \mu_0 \mu_{\text{i}}} \tag{2-25}$$

其中，B_{sat} 为磁芯材料的饱和磁通密度（磁感应强度），表 2-10 中也有列出，有些确定尺寸的磁芯也会给出最大安匝数 = $B_{\text{sat}} l_{\text{m}} / (\mu_0 \mu_{\text{i}})$，便于计算。对于空心电感，不必考虑磁饱和问题。

除饱和电流之外，线圈漆包线本身的过流能力也需要考虑，应依 1.1.1 节内容选取合适直径的漆包线。

2.5　RLC 电路

2.5.1　RC、RL 充放电电路

图 2-25 所示为 RC 充放电电路。

设电容上的电压为 $u(t)$，根据 KVL，有

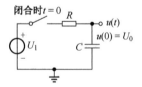

$$u(t) + R \frac{C \mathrm{d} u(t)}{\mathrm{d} t} = U_1 \tag{2-26}$$

如果有初始状态 $u(0) = U_0$，则

图 2-25　RC 充放电电路

$$u(t) = U_1 + (U_0 - U_1) \mathrm{e}^{-\frac{t}{RC}} \tag{2-27}$$

其中，R、C 之积称为时间常数 $\tau = RC$。电路经过 τ 时间之后电容上电压的变化量将为总变化量的 63%；经过 5τ 时间将约为 99.3%；经过 10τ 时间将约为 99.996%。

事实上，充电和放电在数学上没有区别，只取决于 U_0 和 U_1 的大小关系。

RC 充放电电路在电路设计中比较常见，此公式在后续章节中也会用到。更广泛地，如果：U_0 是电容电压在初始时刻的值（以任意对于电路分析有帮助的时刻为初始时刻均可）；U_1 是

假设充放电条件不变，电容能持续充放电无穷长时间，电容电压能达到的极限值，那么此式都是适用的。在实际电路中，往往需要合理利用戴维南等效原理来转换电源和回路电阻到图 2-25 所示的形式。

图 2-26 所示为 RL 充放电电路。

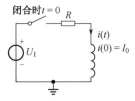

图 2-26　RL 充放电电路（忽略 $t<0$ 时电感初始电流回路）

设电感上的电流为 $i(t)$，根据 KVL，有

$$\frac{L\,\mathrm{d}i(t)}{\mathrm{d}t} + Ri(t) = U_1 \tag{2-28}$$

如果有初始状态 $i(0)=I_0$，则

$$i(t) = \frac{U_1}{R} + \left(I_0 - \frac{U_1}{R}\right)\mathrm{e}^{-\frac{Rt}{L}} = I_1 + (I_0 - I_1)\mathrm{e}^{-\frac{Rt}{L}} \tag{2-29}$$

可与电容充放电类比理解。

2.5.2　阻抗、导纳和串并联

阻抗是相量形式下元件交流电压和交流电流之比，是复数，单位为欧姆，其实部称为电阻，虚部称为电抗。

$$Z = R + \mathrm{j}X = |Z|\angle\phi_Z = |Z|\cdot e^{\mathrm{j}\phi_Z} = |Z|\sin\phi_Z + \mathrm{j}|Z|\cos\phi_Z \tag{2-30}$$

阻抗的倒数称为导纳，是相量形式下元件交流电流和交流电压之比，单位为西门子，其实部称为电导，虚部称为电纳。

$$Y = \frac{1}{R+\mathrm{j}X} = G + \mathrm{j}B = \frac{R}{R^2+X^2} + \mathrm{j}\frac{-X}{R^2+X^2} = \frac{1}{|Z|}\angle-\phi_Z \tag{2-31}$$

在电路中，元件串联，总阻抗等于各元件阻抗之和，或者总导纳的倒数等于各元件导纳的倒数之和；元件并联，总导纳等于各元件导纳之和，或者总阻抗的倒数等于各元件阻抗的倒数之和。

因而，电阻串联：$R = R_1 + R_2 + \cdots$。

电阻并联：$\dfrac{1}{R} = \dfrac{1}{R_1} + \dfrac{1}{R_2} + \cdots$。其中，对于两个电阻并联：$R = \dfrac{R_1 R_2}{R_1 + R_2}$。

电容串联：$\dfrac{1}{\mathrm{j}\omega C} = \dfrac{1}{\mathrm{j}\omega C_1} + \dfrac{1}{\mathrm{j}\omega C_2} + \cdots$，即 $\dfrac{1}{C} = \dfrac{1}{C_1} + \dfrac{1}{C_2} + \cdots$。

电容并联：$\mathrm{j}\omega C = \mathrm{j}\omega C_1 + \mathrm{j}\omega C_2 + \cdots$，即 $C = C_1 + C_2 + \cdots$。

电感串联：$j\omega L = j\omega L_1 + j\omega L_2 + \cdots$，即 $L = L_1 + L_2 + \cdots$。

电感并联：$\dfrac{1}{j\omega L} = \dfrac{1}{j\omega L_1} + \dfrac{1}{j\omega L_2} + \cdots$，即 $\dfrac{1}{L} = \dfrac{1}{L_1} + \dfrac{1}{L_2} + \cdots$。

2.5.3　串联分压电路

在电路中，常常串联电阻"分压"，或者衰减信号，如图 2-27 所示。

在后级输入阻抗趋于无穷大的前提下，分压输出

$$u_o = R_2 i_{R_2} = \frac{u_o R_2}{R_1 + R_2} \tag{2-32}$$

但此电路在信号频率较高时，并不适用，因为电阻器的 EPC 在高频时可能会发挥主导作用，以 2.2.3 节介绍的 Vishay 公司的 0603 贴片电阻为例，其 EPC 约为 40fF，在信号频率 100MHz 时，其容抗的绝对值：$|Z_C| = 1/(2\pi \times 10\text{MHz} \times 40\text{fF}) \approx 40\text{k}\Omega$，此时如果要分压准确，必然要求 $R_1 = R_2 \ll 40\text{k}\Omega$。例如，取到 1kΩ 以下，而如果 R_1、R_2 太小，则可能对前级不利。因而在信号频率很高时，电阻分压不适用。

对于交流信号，还可以使用电容分压，如图 2-28 所示。

图 2-27　串联电阻分压

图 2-28　串联电容分压

同样，在不考虑后级输入阻抗的前提下，分压输出

$$U_o = \frac{1}{j\omega C_2} I_{C_2} = \frac{1}{j\omega C_2} \frac{U_i}{1/(j\omega C_1) + 1/(j\omega C_2)} = \frac{U_i C_1}{C_1 + C_2} \tag{2-33}$$

如果有多个电容串联分压，则各个电容上的电压正比于电容值的倒数。

在实际电路中，极少使用电感分压，因为电感会将电路中可能存在的直流成分短路。

2.6　无源滤波器

电容器、电感器和电阻器可构成简单的滤波器。所谓滤波器，是指可以让包含不同频率成分的电压信号中的特定范围的频率成分通过，而消耗掉其他频率成分的电路。电容器和电感器本身不耗能，消耗掉的频率成分是通过电阻转换为内能消耗掉的。这些由电容、电感和电阻构成的滤波器本身不需要额外提供电源，称为无源滤波器。

2.6.1　一阶 RC 滤波器

考虑图 2-29 所示电路，如果输入信号 $U_1 \angle 0$，则输出信号为

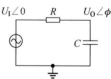

图 2-29　一阶 RC 低通滤波器

$$
\begin{aligned}
U_O \angle \phi &= \frac{U_I \angle 0}{Z_R + Z_C} \cdot Z_C \\
&= U_I \angle 0 \cdot \frac{1/(j\omega C)}{R + 1/(j\omega C)} \\
&= U_I \angle 0 \cdot \frac{1}{1 + j\omega CR}
\end{aligned}
\tag{2-34}
$$

定义增益关于角频率 ω 的函数

$$
A(\omega) = \frac{U_O \angle \phi}{U_I \angle 0} = \frac{1}{1 + j\omega CR}
\tag{2-35}
$$

因而

$$
\begin{cases}
\dfrac{U_O}{U_I} = |A(\omega)| = \left| \dfrac{1}{1 + j\omega CR} \right| \\[3mm]
\phi = \angle A(\omega) = \angle \dfrac{1}{1 + j\omega CR}
\end{cases}
\tag{2-36}
$$

即输出信号幅值和输入信号幅值之比为 $A(\omega)$ 的模，$|A(\omega)|$ 也称为该电路的幅频响应，输出信号相对输入信号的相移为 $A(\omega)$ 的辐角，$\angle A(\omega)$ 也称为该电路的相频响应。

虽然上述计算是针对单一频率的信号，但是因这个 RC 电路的线性时不变性质，在输入信号为多个不同频率和相位成分之和时，该电路的输出等价于多个电路分别对各个成分处理后再作和。理解这点需要学习线性信号与系统相关知识，将在第 3 章进行简单介绍。

图 2-29 所示电路的幅频特性（$|A(\omega)|$）和相频特性（$\angle A(\omega)$），如图 2-30 和图 2-31 所示（取 $R = 1\text{k}\Omega$，$C = 1\mu\text{F}$ 时）。

注意，在幅频特性中，横纵坐标均为对数坐标；在相频特性中，横坐标为对数。

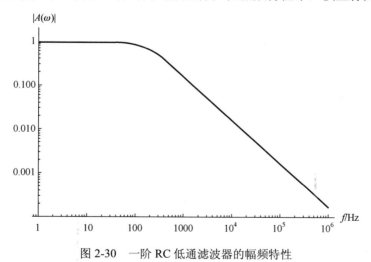

图 2-30 一阶 RC 低通滤波器的幅频特性

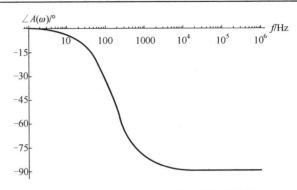

图 2-31　一阶 RC 低通滤波器的相频特性

可以看出，在频率较低时，$\left|A(\omega)\right|$ 接近 1，即输出信号相对输入信号幅度没有衰减，而在频率较高时，$\left|A(\omega)\right|$ 持续减小，呈负指数关系（对数坐标系中的直线表达 $\lg y = k\lg x + b$，即 $y = 10^b x^k$，而图中 $k<0$ ）。$\left|A(\omega)\right|$ 随频率衰减的"斜率"恰好为"十分之一每十倍频"。

这种可通过低频信号而衰减高频信号的电路称为低通滤波器。

对于相位，在频率较低时，$\angle A(\omega)$ 接近 0°，即输出信号相对输入信号没有相移，而在频率较高时，$\angle A(\omega)$ 接近 -90°，即输出信号相位滞后 90°。

在 $\omega = \omega_{\mathrm{c}} \overset{\mathrm{def}}{=} 1/(RC)$，即

$$f = f_{\mathrm{c}} \overset{\mathrm{def}}{=} \frac{1}{2\pi RC} \tag{2-37}$$

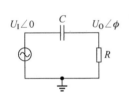

图 2-32　一阶 RC 高通滤波器

时，$\left|A(2\pi f_{\mathrm{c}})\right| = \sqrt{1/2}$，$\angle A(2\pi f_{\mathrm{c}}) = -45°$，称 ω_{c} 和 f_{c} 为该低通滤波器的截止频率。在截止频率处，输出信号的幅度为输入信号的 $\sqrt{2}/2$，输出信号的相位较输出信号滞后 45°。

图 2-32 所示电路，与上述低通滤波器特性"相反"，它通过高频信号，衰减低频信号，称为高通滤波器，图 2-33 和图 2-34 所示为它的幅频特性和相频特性曲线（取 $R = 1\mathrm{k}\Omega$，$C = 1\mu\mathrm{F}$ 时）。

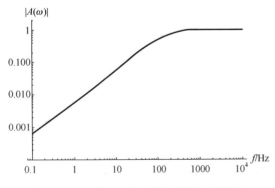

图 2-33　一阶 RC 高通滤波器的幅频特性

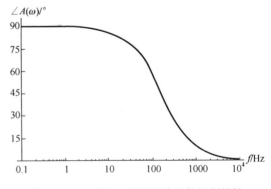

图 2-34　一阶 RC 高通滤波器的相频特性

其 $A(\omega)$：

$$A(\omega) = \frac{j\omega CR}{1 + j\omega CR} \tag{2-38}$$

截止频率同样为

$$f_{c} = \frac{1}{2\pi RC} \tag{2-39}$$

在截止频率处，输出信号幅度为输入信号的 $\sqrt{2}/2$，输出信号的相位较输入信号超前 45°。

上述低通滤波器和高通滤波器的增益函数 $A(\omega)$ 的分母均为 $1 + j\omega CR$，$A(\omega)$ 有一个极点（分母为零的点），它们称为"一阶"滤波器。

值得注意的是，图 2-29 和图 2-32 所示的滤波器中提供输入信号的电压源是理想的（内阻为 0Ω）且输出未接任何负载（负载阻抗无穷大），这也是该滤波器的重要特征。它们表明这样的滤波器要求前级输出阻抗为 0Ω，而后级输入阻抗无穷大，如果不满足，则其幅频、相频响应也不成立。

图 2-35 所示为带有负载的一阶 RC 低通滤波器。图 2-36 所示为等效后的带有负载的一阶 RC 低通滤波器。

考虑图 2-35 所示的电路。计算这个电路的截止频率需要考虑后级负载电阻，可根据诺顿等效和戴维南等效原理将其转换为图 2-36 所示电路后，才能形成与图 2-29 所示电路一致的结构，才能用式（2-37）进行计算。

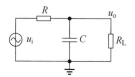
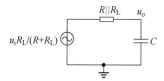

图 2-35　带有负载的一阶 RC 低通滤波器　　　　图 2-36　等效后的带有负载的一阶 RC 低通滤波器

因而实际上其截止频率为

$$f_{c} = \frac{1}{2\pi(R \parallel R_{L})C} \tag{2-40}$$

同时根据图 2-36 的等效电路，它本身对信号有 $R_{L}/(R + R_{L})$ 倍率的衰减。

再如，带有前级输出电阻的一阶高通滤波器如图 2-37 所示。

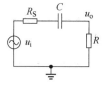

图 2-37　带有前级输出电阻的一阶高通滤波器

可以直接使用复阻抗计算

$$u_{o} = \frac{u_{i}}{R_{S} + \dfrac{1}{j\omega C} + R}R = \frac{j\omega CR}{1 + j\omega C(R + R_{S})} \tag{2-41}$$

其截止频率为

$$f_c = \frac{1}{2\pi(R + R_S)C} \tag{2-42}$$

对信号有 $R/(R + R_S)$ 倍率的衰减。

2.6.2 LC 带通滤波器

图 2-38 所示电路为简单的 LC 带通滤波器。
其增益为

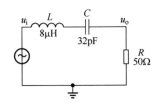

图 2-38 简单的 LC 带通滤波器

$$A(\omega) = \frac{j\omega RC}{1 + j\omega RC - \omega^2 LC} \tag{2-43}$$

L 和 C 在 $\omega = \omega_0 = 1/\sqrt{LC}$，即 $f = 1/(2\pi\sqrt{LC})$ 时，阻抗模

相等、方向相反，串联起来阻抗和为 0，此时输出应完全与输入一致，电路有最大增益 1。

$$\omega_0 = \frac{1}{\sqrt{LC}} \tag{2-44}$$

称为滤波器的中心频率，也称为谐振频率。
引入归一化角频率：

$$\Omega \overset{\text{def}}{=} \omega/\omega_0 \tag{2-45}$$

阻尼系数为

$$\zeta \overset{\text{def}}{=} \frac{R}{2}\sqrt{\frac{C}{L}} \tag{2-46}$$

式（2-43）可简化为

$$A(\Omega) = \frac{2j\zeta\Omega}{1 + 2j\zeta\Omega - \Omega^2} \tag{2-47}$$

图 2-39 和图 2-40 所示为不同 ζ 下该电路的幅频曲线和相频曲线。

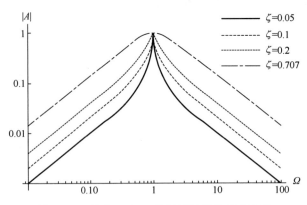

图 2-39 不同 ζ 下 LC 带通滤波器的幅频曲线

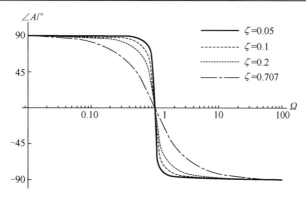

图 2-40　不同 ζ 下 LC 带通滤波器的相频曲线

定义幅频曲线值为 $\sqrt{2}/2$ 的两个频率点为其两个截止频率 ω_l 和 ω_h，则

$$\begin{cases} \omega_l = \omega_0 \left(\sqrt{\zeta^2 - 1} - \zeta \right) \\ \omega_h = \omega_0 \left(\sqrt{\zeta^2 - 1} + \zeta \right) \end{cases} \tag{2-48}$$

定义 $\omega_h - \omega_l$ 为滤波器的带宽，则

$$\omega_h - \omega_l = \omega_0 2\zeta \tag{2-49}$$

2ζ 也称为滤波器的归一化带宽，即

$$\Delta \omega_n = 2\zeta = \frac{\omega_h - \omega_l}{\omega_0} \tag{2-50}$$

$1/(2\zeta)$ 也称为滤波器的品质因素，即

$$Q \stackrel{\text{def}}{=} \frac{1}{2\zeta} = \frac{1}{\Delta \omega_n} = \frac{\sqrt{L/C}}{R} \tag{2-51}$$

如果已知滤波器的中心频率 ω_0、品质因素 Q（可由带宽计算）和 R，则可根据式（2-44）和式（2-51）求得 L 和 C。

$$\begin{cases} L = \dfrac{QR}{\omega_0} \\ C = \dfrac{1}{QR\omega_0} \end{cases} \tag{2-52}$$

图 2-38 所示电路实际上是一个中心频率约为 10MHz、带宽为 1MHz 的带通滤波器。

2.6.3　多阶 LC 滤波器

图 2-41 所示为二阶 LC 低通滤波器。注意，其中源端输出电阻为 R_S，负载电阻为 R_L。

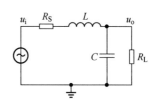

图 2-41　二阶 LC 低通滤波器

可以计算出其增益函数为

$$A(\omega) = \frac{1}{1 + \dfrac{R_S}{R_L} + j\omega\left(\dfrac{L}{R_L} + CR_S\right) - \omega^2 LC} \tag{2-53}$$

在分母中，ω 的最高幂次为 2，因而该滤波器称为二阶滤波器。

令截止角频率为

$$\omega_0 = \sqrt{\frac{1}{LC} \cdot \frac{R_S + R_L}{R_L}} \tag{2-54}$$

归一化角频率为

$$\Omega = \omega / \omega_0 \tag{2-55}$$

阻尼系数为

$$\zeta = \left(\frac{\sqrt{L/C}}{2R_L} + \frac{R_S\sqrt{C/L}}{2}\right) \cdot \sqrt{\frac{R_L}{R_S + R_L}} \tag{2-56}$$

式（2-53）可转化为

$$A(\Omega) = \frac{R_L / (R_S + R_L)}{1 + 2j\zeta\Omega - \Omega^2} \tag{2-57}$$

在不同的阻尼系数下，二阶低通滤波器幅频和相频响应如图 2-42 和图 2-43 所示。注意，图 2-42 中的幅频曲线是经过归一化的[将增益乘以了 $(R_S + R_L)/R_L$]。

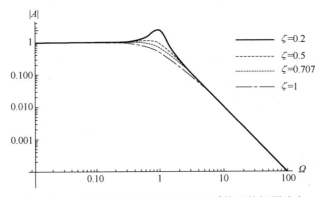

图 2-42　二阶低通滤波器在不同阻尼系数下的幅频响应

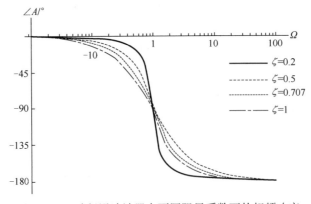

图 2-43　二阶低通滤波器在不同阻尼系数下的相频响应

从图 2-43 中可以看出，在信号频率大于截止频率之后，二阶滤波器的增益随频率增加而衰减，相对于前面介绍的一阶 RC 滤波器更快，在对数-对数坐标中，其斜率正好是一阶 RC 滤波器的两倍，为"百分之一每十倍频"。相位在截止频率处和远大于截止频率处也正好为前述一阶 RC 滤波器的两倍，分别为 –90° 和 –180°。

在 LC 带通滤波器中，ζ 或 $Q = 1/(2\zeta)$ 决定了通带带宽，但在低通滤波器中，并不是这样，从图 2-42 中可以看出，当 $\zeta = Q = 1/\sqrt{2}$ 时，该低通滤波器的幅频响应最为理想。

在 $\zeta = Q = 1/\sqrt{2}$ 时，如果已知 R_S、R_L（要求 $R_S \leqslant R_L$）和 ω_0，则可根据下面的公式计算 L 和 C。

$$\begin{cases} L = \dfrac{R_S + R_L \pm \sqrt{R_L^2 - R_S^2}}{\sqrt{2}\omega_0} \\[3mm] C = \dfrac{R_S + R_L \mp \sqrt{R_L^2 - R_S^2}}{\sqrt{2}R_L R_S \omega_0} \end{cases} \tag{2-58}$$

如果要求 $\zeta = Q = 1/\sqrt{2}$，且 $R_S > R_L$，则可用图 2-44 所示电路（二阶 LC 低通滤波器）。

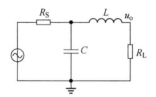

图 2-44 二阶 LC 低通滤波器（电容在前）

计算和推导过程从略，结论为

$$\begin{cases} L = \dfrac{R_S + R_L \pm \sqrt{R_S^2 - R_L^2}}{\sqrt{2}\omega_0} \\[3mm] C = \dfrac{R_S + R_L \mp \sqrt{R_S^2 - R_L^2}}{\sqrt{2}R_L R_S \omega_0} \end{cases} \tag{2-59}$$

与上述二阶 LC 低通滤波器类似，图 2-45 所示为三阶 LC 低通滤波器，它有两种形式；图 2-46 所示为四阶低通滤波器，同样有两种形式。如需更多阶，以此类推即可。如果需高通滤波器，则将 L 和 C 互换位置即可。

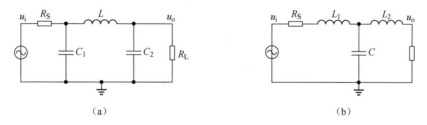

（a） （b）

图 2-45 三阶 LC 低通滤波器

多阶 LC 滤波器的组件参数求解复杂，这里从略，多阶 LC 滤波器的设计也较为复杂，一般使用计算机软件工具来辅助设计。

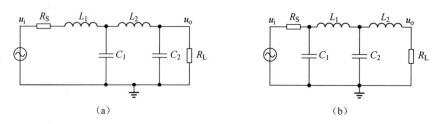

（a）　　　　　　　　　　　　　（b）

图 2-46　四阶 LC 低通滤波器

2.7　陶瓷振子和晶体振子

陶瓷振子和晶体振子是利用陶瓷或晶体材料的压电效应和机械特性制成的，常用于振荡器和窄带滤波器的器件，也称为陶瓷谐振器和晶体谐振器，晶体振子简称晶振。它们一般有两个端子，电路符号如图 2-47 所示。

它们的实际原理这里不介绍，在电路设计中需要了解的参数主要是工作频率，对于电路设计，只需了解它们的等效电路。图 2-48 所示为陶瓷振子和晶体振子的等效电路。

图 2-47　振子的电路符号　　　　　　　图 2-48　陶瓷振子和晶体振子的等效电路

其复阻抗为

$$Z = \frac{\mathrm{j} - CR\omega - \mathrm{j}LC\omega^2}{-\omega(C_\mathrm{P} + C + \mathrm{j}C_\mathrm{P}CR\omega - LC_\mathrm{P}C\omega^2)} \tag{2-60}$$

图 2-49 和图 2-50 所示分别为村田制作所某 2.00MHz 陶瓷振子的复阻抗模和阻抗角曲线，该陶瓷振子 $L \approx 1.7\mathrm{mH}$，$C \approx 4\mathrm{pF}$，$C_\mathrm{P} \approx 21\mathrm{pF}$，$R \approx 44\Omega$。

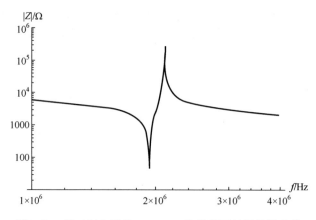

图 2-49　村田制作所某 2.00MHz 陶瓷振子的阻抗模曲线

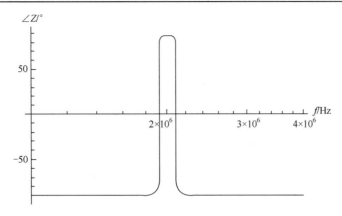

图 2-50　村田制作所某 2.00MHz 陶瓷振子的阻抗角曲线

　　振子阻抗模最小时的频率称为其谐振频率 f_r，最大时的频率称为其反谐振频率 f_a，因为 R 对两者的影响极小，不考虑 R 时：

$$\begin{cases} f_r = \dfrac{1}{2\pi\sqrt{LC}} \\[2mm] f_a = f_r\sqrt{1 + C/C_P} \end{cases} \tag{2-61}$$

　　在谐振频率下，L 或 C 的电抗与 R 之比称为品质因数。

$$Q = \dfrac{1}{2\pi f_r CR} \tag{2-62}$$

　　振子的 Q 极大程度上决定了振子用作振荡器的频率稳定度和用作滤波器时的带宽，陶瓷振子的 Q 值一般在数百至上千，而晶体振子的 Q 值则往往高达数十万。

　　表 2-11 所示为几款陶瓷振子和晶体振子的主要参数。

表 2-11　几款陶瓷振子和晶体振子的主要参数

	标称频率/Hz	L / H	C / F	R / Ω	C_P / F	Q
陶瓷振子	455k	4.7m	28p	8.8	315	138
	2M	1.7m	4p	44	21p	470
晶体振子	32.768k	6.8k	3.5f	33k	1.4p	42k
	8M	180m	2.2f	155	4.48p	59k

2.8　变压器

　　变压器由同一个磁芯上的两个或多个绕组构成，其符号如图 2-51 所示。图中，从左至右分别为有两个绕组的铁芯变压器、有两个绕组的磁芯变压器、有两个绕组其中一个带有中间抽头的磁芯变压器和有 3 个绕组的磁芯变压器。

　　图 2-52 所示为有两个绕组的变压器两个绕组分别称为原边和副边，原边和副边没有本质区别。在实际中，通常将靠近电源或信号源的一侧称为原边，负载一侧称为副边。

变压器不但在电力传输和电源变换方面应用广泛，而且在信号处理和传输方面也有广泛应用。图 2-53 所示为用于信号变换和小功率电源变换的微型变压器，图 2-54 所示为两个小型工频变压器。

图 2-51　变压器的符号

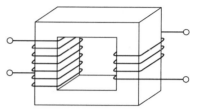

图 2-52　有两个绕组的变压器

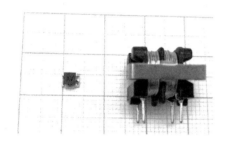

图 2-53　用于信号变换和小功率电源变换的
微型变压器

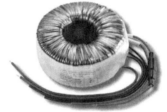

图 2-54　两个小型工频变压器

实际变压器并没有形成一套规范的型号或参数值分布，一般需要根据电路需要具体设计制作，当然也有厂商会制造一些适用于通用电路场合中的变压器，并赋予特定的型号。

实际应用变压器需要关注以下一些重要参数（以两绕组为例）。

（1）容量（视在功率），各绕组最大电流，工作频率/频段。

（2）匝数比 $a = N_\mathrm{P} / N_\mathrm{S}$，原边线圈和副边线圈的匝数比。

（3）原边电感 L_P 和副边电感 L_S，$\sqrt{L_\mathrm{P} / L_\mathrm{S}} = a$。

（4）耦合系数 $k = M / \sqrt{L_\mathrm{P} L_\mathrm{S}}$，或者漏感因子 $\sigma = 1 - k^2$，其中 M 为互感。

（5）原边和副边线圈的直流电阻 R_P 和 R_S，由线圈直流电阻导致的功率损耗常称为"铜损"。

（6）磁芯损耗，在工频变压器中常称为"铁损"，一般可等效为原边并联电阻 R_C。

大部分情况下，只需要关注工作频率、匝数比和电感，要求较高时可能需要考虑耦合系数；在大功率场合还需要关注容量、电流，要求较高时可能需要考虑铜损和铁损。

为了在电路设计过程中计算实际变压器的作用，首先需要定义理想变压器，理想变压器的磁芯磁导率无穷大，完全耦合无损耗，因而：$L_\mathrm{P} \to \infty$ 和 $L_\mathrm{S} \to \infty$；$U_\mathrm{P} : U_\mathrm{S} = N_\mathrm{P} : N_\mathrm{S} = \sqrt{L_\mathrm{P} : L_\mathrm{S}} = a$；副边负载 Z_L 等效到原边负载 $Z_\mathrm{L}' = a^2 Z_\mathrm{L}$。

在此基础上，可以有实际变压器的等效电路，如图 2-55 所示。

进一步地，可以将理想变压器继续等效，形成图 2-56 所示的等效电路。

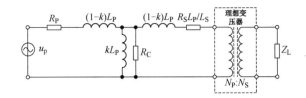

图 2-55　实际变压器的等效电路 1

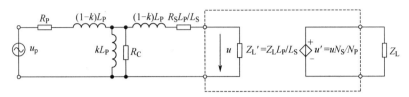

图 2-56　实际变压器的等效电路 2

2.9　二极管

2.9.1　二极管的主要特性

二极管由单个 PN 结构成，有两个端口：正极（或阳极，A）和负极（或阴极，K）。图 2-57 所示为二极管的符号，主要特性是单向导电，电流只能从正极流向负极，电路中的大多数二极管均依赖此特性工作，也有不少依赖二极管的其他特性工作，如反向击穿特性、结电容特性等。

A ▬▬▶◀▬▬ K

图 2-57　二极管的符号

实际的二极管有许多特性和参数，这些特性在某些电路设计中不能忽略，分别有以下几种。

正向电压（U_F）：正向导通时，二极管会"吃掉"一定电压，或者说并非给二极管一个正向电压它就能导通，而是还需要达到正向压降，正向压降并非一个明确的值，大多定义为二极管在正向流过约 1/10 的最大连续耐受电流（额定电流）时的压降，许多二极管还会给出不同正向电流时的压降。硅二极管的正向压降为 0.7V 左右，肖特基二极管的正向压降为 0.3V 左右，锗二极管的正向压降为 0.2V 左右，但现在锗二极管已很少见到。

正向电流：二极管能正向连续流过的最大电流，除此之外，很多二极管也会给出不同脉宽和占空比下能承受的最大脉冲电流。

反向电流：理想二极管在施加反向电压时，电流为零，实际二极管在施加较小的反向电压时，仍然会有微小的电流流过，大多数二极管的数据手册会给出反向电压为反向击穿电压的十分之一至一半之间的一些值时的电流，也称为反向漏电流。

反向击穿电压（U_{BR}）：在反向电压达到反向击穿电压时，反向电流会急剧增加。

对于一个二极管，正反向（击穿）电压和正反向电流并没有明确的值，通过图 2-58 所示的二极管 1N4148 的伏安特性曲线可以更好地理解，其手册上通常标称的最大正向电流 150mA，正向压降 0.7V，反向击穿电压 75V。注意，为了示意清楚，坐标轴上的刻度并不是均匀的。

温度对这些参数也会有影响。例如，温度升高时，正向电压会增大，并且在一定范围内线性良好，常常可用来做温度测量。图 2-59 所示为二极管 1N4148 的正向电压与温度的关系曲线簇。从图 2-59 中可以看出，当正向电流为 1mA 时，正向压降呈现负温度系数，斜率约为 $-2\text{mV}/\text{℃}$；当温度升高时，相同反向电压下反向漏电流也会越大。

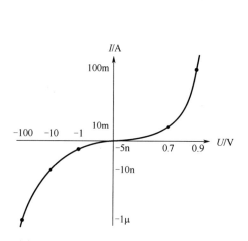

图 2-58　二极管 1N4148 的伏安特性曲线

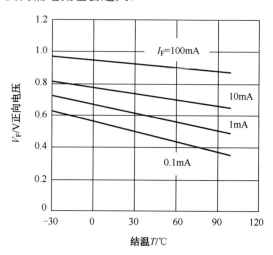

图 2-59　二极管 1N4148 的正向电压与温度的
关系曲线簇（图片来自 Vishay 数据手册）

二极管的正向电流和正向电压的关系可用下式表达。

$$I_{\text{F}} = I_{\text{S}}\left(\text{e}^{\frac{U_{\text{F}}}{nV_{\text{T}}}} - 1\right) \tag{2-63}$$

其中，I_{S} 为反向饱和电流，在 pA 至 μA 之间，不同类型的二极管差异较大；n 为发射系数（又称为 PN 结理想因子），通常为 $1\sim 2$；V_{T} 为温度电压。

$$V_{\text{T}} = \frac{kT}{q} \approx 26\text{mV}（常温下） \tag{2-64}$$

其中，$k \approx 1.36\times 10^{-23}\,\text{J}\cdot\text{K}^{-1}$ 为玻尔兹曼常数；$q \approx 1.6\times 10^{-19}\,\text{C}$ 为单位电荷；T 为开氏温度。

结电容：在二极管的 PN 结中也存在电容，包括在正向偏置（施加正向电压）时起主导作用的扩散电容和在反向偏置时起主导作用的势垒电容。扩散电容一般较势垒电容大很多。

反向恢复时间：当二极管偏置电压从正向转换为反向时，理想情况应该是电流迅速变为零，但由于 PN 结电荷的存在或结电容的存在，结电容需要快速放电并反向充电，将产生短时的较大反向电流，这个电流经过一段时间才能减小到可以接受的程度，这段时间称为反向恢复时间。如图 2-60 所示，二极管从正向偏置突然变为反向偏置时，电流的变化。

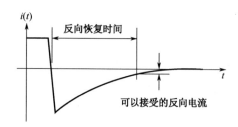

图 2-60　反向恢复时间示意

反向恢复时间与实际二极管的正向电流、反向电压、截止瞬间的回路阻抗有很大关系，在数据手册中一般会注明详细的测试条件。

普通硅整流二极管的反向恢复时间在微秒量级，肖特基整流二极管在 10ns 量级，小信号开关二极管在纳秒量级。

反向恢复时间在一些较高频率的电路中不能忽略，如开关电源电路中、信号检波、峰/谷值检测等电路中。

表 2-12 所示为几种型号的二极管的主要特性参数。

表 2-12　几种型号的二极管的主要特性参数（常温下）

型号	类型	标称 正向压降	标称 正向电流	反向电流 举例	标称 击穿电压	结电容	反向恢复时间
1N4007	普通整流管	1.1V @1A	1A	−5mA @−1kV	−1kV @−5mA	15pF @0V	<30μs
1N5817	肖特基二极管	0.45V @1A	1A	−1mA @−20V	−20V @−1mA	125pF @0V	<30ns
1N4148	高速开关管	0.67V @5mA	150mA	25nA @−20V	−75V @−5μA	4pF @0V	<10ns
BAP51-04W	射频开关管	0.95V @50mA	50mA	−100nA @−50V	−50V @−100nA	0.4pF @0V	<1ns

2.9.2　稳压二极管

稳压二极管是利用二极管的反向击穿特性制成的可用于产生较稳定电压源的二极管。二极管的反向击穿有雪崩击穿和齐纳击穿两种，5.6V 以上的稳压二极管主要依赖雪崩击穿，而5.6V 以下的稳压二极管主要依赖齐纳击穿。虽然对于 5.6V 以上的稳压二极管有些名不副实，但是所有的稳压二极管通常也称为齐纳二极管。

稳压二极管正常工作时处于反向击穿状态，与普通二极管相比，一般还应关注另一个重要参数——最大功耗，即稳压电压和最大反向电流之积。

图 2-61 所示为稳压二极管的典型应用电路。

负载 R_L 上的电压将大约为稳压二极管的标称稳压值，即其反向击穿电压。但是，使用这个电路必须满足以下两个条件。

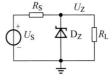

图 2-61　稳压二极管的典型应用电路

（1）对串联电阻的要求：$U_S - R_S I_{L,MAX} \geqslant U_Z$，其中 $I_{L,MAX}$ 为负载的最大工作电流。这个条件可直观地理解为：假如稳压二极管不存在，负载最大电流工作时，获得电压要不小于所需的电压。

（2）对稳压二极管功率的要求：$P_Z / U_Z \geqslant (U_S - U_Z) / R_S - I_{L,MIN}$，其中 P_Z 为稳压二极管的最大功耗，$I_{L,MIN}$ 为负载的最小工作电流。

当然，电阻的功耗也是需要考虑的问题。

稳压二极管与负载并联，其工作可理解为：通过调节自身消耗的电流，使 R_S 上的电流基本不变，R_S 的压降基本不变。这种通过与负载并联，调节自身电流消耗来达到稳压目的的电路称为并联稳压电路。

5.6V 以上的稳压二极管还可以作为噪声源，稳压二极管在雪崩击穿时，其反向压降会有较明显的噪声，噪声有效值可达毫伏级，经过宽带放大器放大后可用于一些电路测试场合或用于真随机数产生。雪崩击穿的电压噪声为白噪声，不过因结电容的存在，带宽一般只能达到数十兆赫兹。

2.9.3　变容二极管

变容二极管利用二极管反向偏置时，势垒电容随反向电压变化而变化的特性制成。其结电容受电压控制，常用于可控振荡、频率调制、可控滤波等电路中。图 2-62 所示为变容二极管的符号。

图 2-63 所示为日立公司生产的型号为 1SV324 的变容二极管的电容-反向电压曲线。从图 2-63 中可以看出，其电容受反向电压控制可在 7～80pF 范围内变化。

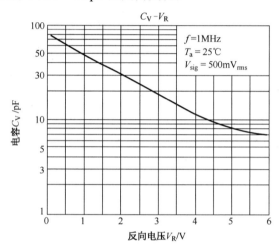

图 2-62　变容二极管的符号　　　　图 2-63　日立公司生产的型号为 1SV324 的变容二极管的
电容-反向电压曲线

如果将变容二极管应用于一阶 RC 滤波器，则形成可控截止频率的滤波器，如图 2-64 所示。当 V_C 在–6V 至 0V 之间变化时，该低通滤波器的截止频率可由约 200kHz 变化至约 2.3MHz。

值得注意的是，输出信号也是直接施加在变容二极管上的，对其实时电容也是有影响的，这个影响会导致输出信号失真，因而该电路要求输出信号足够小，峰峰值最好不超过 1V，否则信号失真将会很明显。

如果信号并不包含很低频率的成分，则还可使用图 2-65 所示的正电压控制电路。

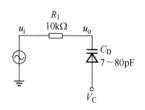

图 2-64　使用变容二极管的压控滤波器

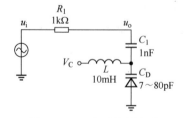

图 2-65　正电压控制电路

在图 2-65 中，控制电压作为直流电压（准确地说是一个变化率很小、频率很低的电压）通过一个较大的电感器施加到变容二极管上，而输出的交流信号则由一个额外的电容 C_1 连通至变容二极管。实际上与 $R_1 = 1\text{k}\Omega$ 构成滤波器的电容值为 $C_1 = 1\text{nF}$ 和 C_D 的串联值 $C_1 C_D / (C_1 + C_D)$，范围为 $7 \sim 74\text{pF}$，对应滤波器频率范围为 $2.15 \sim 23\text{MHz}$。

变容二极管的一些其他应用在后续章节也会有涉及。

2.9.4　二极管的封装

二极管的直插封装有 DO35、DO41 等，贴片封装有 SOD80、SOD123、DO214、SOT23-3 等。

图 2-66 所示为几种常见二极管的封装。至于具体封装的尺寸，读者可参考具体器件的数据手册。

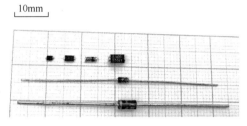

图 2-66　几种常见二极管的封装

也有一个封装中有两只二极管共阴、共阳或串联在一起，如 SOT23-3 封装的 BAT54A、BAT54C、BAT54S，还有只包含单只二极管的型号 BAT54，如图 2-67 所示。

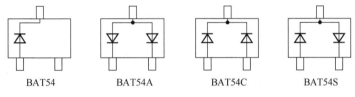

图 2-67　单个封装内的多只二极管

2.10　二极管的典型应用

仅由二极管和 R、L、C 可以构成很多实用的电路单元。

2.10.1　整流滤波电路

图 2-68 所示为半波整流滤波电路。它将交流电压源转换为电压较为稳定的脉动直流源。

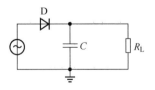

图 2-68　半波整流滤波电路

其输出电压的峰值为输入交流电压的峰值减去二极管的正向压降。二极管承受的最大反向电压约为输入交流电压峰值的两倍。在二极管截止期间，由滤波电容 C 为负载 R_L 供电，为了使输出电压纹波尽量小，电容应满足

$$C \gg \frac{2I_\text{o}T}{U_\text{o}} \tag{2-65}$$

其中，U_o、I_o 分别为输出电压和输出电流；T 为交流电压的周期。

图 2-69 所示为全波整流滤波电路。同样，将交流电压源转换为电压较为稳定的脉动直流源。

其输出电压的峰值为输入交流电压峰值减去两倍的二极管正向压降。二极管承受的最大反向电压约为输入交流电压的峰值。为了使输出电压纹波尽量小，电容应满足

$$C \gg \frac{I_o T}{U_o} \tag{2-66}$$

其中，U_o、I_o 分别为输出电压和输出电流，T 为交流电压的周期。

半波整流滤波电路仅利用了交流电的正半周期，但输入侧和输出侧可以有公共节点（如共地），全波整流滤波电路利用了交流电的两个半周，但输入侧和输出侧不能有公共节点。如果以图 2-69 输出侧的地为共同参考，忽略滤波电容的作用，整个全波整流电路的工作波形如图 2-70 所示。

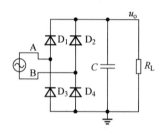

图 2-69　全波整流滤波电路

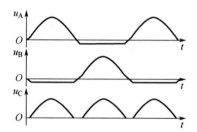

图 2-70　共同参考下的全波整流电路的工作波形

整流滤波电路最重要的应用之一是从市电获得较稳定的直流电源，一般在输入侧会有变压器用于电压变换和隔离。如果使用带有中心抽头的变压器，则可以有图 2-71 所示的全波整流滤波电路和图 2-72 所示的双电源整流滤波电路。

这个全波整流滤波电路只利用了副边绕组 1 的正半周和副边绕组 2 的负半周，与图 2-69 所示的全波整流滤波电路相比，它节省了两只二极管，但要求变压器副边多出一倍匝数，不过副边两个绕组交替工作，可以使用截面积更小的漆包线获得同样的过流能力。

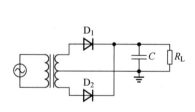

图 2-71　带变压器中心抽头的全波整流滤波电路

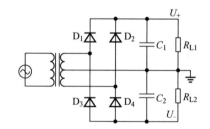

图 2-72　双电源整流滤波电路

2.10.2　倍压整流和电荷泵

图 2-73 所示为二倍压整流电路。交流电压负半周时 D_1 导通、D_2 截止，电容 C_1 充电，左

负右正，峰值为交流电压峰值减去二极管正向压降；正半周时，D_1 截止、D_2 导通，电容 C_2 被 C_1 电压和输入电压之和充电，持续多个周期后将得到接近输入交流电压峰值两倍的电压。

图 2-74 所示为多倍压整流电路。在 C_2、C_3、C_4、C_5、…上将获得接近输入交流电压峰值的 2、3、4、5、…倍的电压。

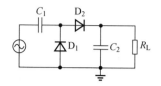

图 2-73　二倍压整流电路

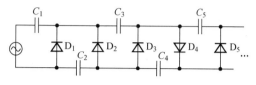

图 2-74　多倍压整流电路

上述二倍压整流电路和多倍压整流电路要求输入源为双极性。图 2-75 所示为迪克森电荷泵倍压电路，下方两个输入是相位相反的单极性脉冲，方便使用振荡电路驱动而获得高电压输出。

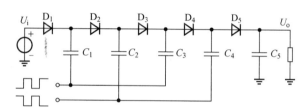

图 2-75　迪克森电荷泵倍压电路

容易知道，如果不考虑二极管正向压降，电路中二极管的个数即为输出电压与输入电压之比。

2.10.3　限幅

二极管（包括稳压二极管）可以很方便地用来限制信号幅度，图 2-76（a）所示的电路，可以将信号限制在 0.7V 以下，图 2-76（b）则可将信号限制在 –0.7V 以上，图 2-76（c）则可将信号限制在 ±0.7V 以内。

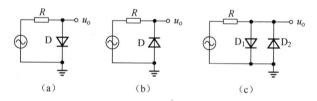

（a）　　　　　　　（b）　　　　　　　（c）

图 2-76　普通二极管限幅

图 2-77（a）所示电路使用了稳压二极管，它可将信号限制在 –0.7V 至 U_Z 之间，图 2-77（b）使用两个稳压二极管反相串联，可将信号限制在 ±（0.7V + U_Z）之间，两个稳压二极管反相串联还可以画成图 2-77（c）中的简化符号，此时可直接标注包含正向压降在内的 D_Z。

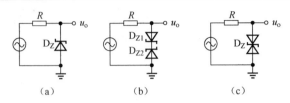

图 2-77　稳压二极管限幅

上述限幅电路的参考电压都是地，如果换作任意电源电压，则限制的范围也随之改变。

实际应用时，除二极管的响应时间需根据信号频率合理选取之外，电路中的电阻，应根据工作频率合理选取。如果信号频率很低，可取得大一些；如果信号频率较高，则应考虑信号通过电阻对二极管结电容和电路分布电容充放电的时间，通常这些电容合计可达 10pF 甚至更高，应使得电阻和电容的乘积，即时间常数远小于信号周期。不过电阻太小也容易导致信号电流过大。二极管限幅电路通常工作频率不超过 10MHz。

2.10.4　调幅检波

半波整流电路也可作为调幅检波电路，用于从调幅信号中检出其包络。图 2-78 所示为典型的调幅检波电路。

一般调幅信号载频较高，如中波调幅为 500kHz～1.6MHz，检波电路中的二极管应选用反向恢复较快的。

电路中的电阻用于保证输入信号包络衰减时，输出电压能快速衰减，它与电容 C 决定的时间常数 $\tau = RC$，应远大于载波周期且远小于调制信号周期。例如，语音信号（最高 3.4kHz）调制到 455kHz，则 $2.2\mu s = RC = 294\mu s$，图 2-78 所示的 R 和 C 值正是为此设计的。

倍压整流电路也可用于调幅检波，如图 2-79 所示。

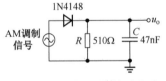

图 2-78　典型的调幅检波电路

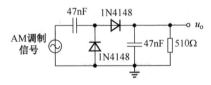

图 2-79　二倍压检波电路

2.10.5　高频开关

高速开关二极管还可用于构成高频开关，如图 2-80 所示，可通过 U_C 电压控制高频信号能否通过电路。在图 2-80 中，元件参数是按照信号频率约为 1MHz 设计的。

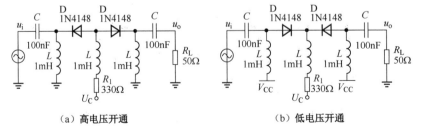

图 2-80　二极管高频开关电路

其中，电感用于为二极管提供偏置电压而隔绝信号，电容用于通过信号而隔绝二极管的偏置电压。

这个电路要正常工作，要求

$$\frac{1}{\pi R_{L} C} < f_{sig} \tag{2-67}$$

即 RC 高通截止频率小于信号频率，以及

$$2\pi f_{sig} L \gg R_{L} \tag{2-68}$$

即要求电感 L 阻抗模远大于 R_{L}。

控制信号频率 f_{C} 显然必须足够小，以使得控制信号变化后，电感电流有足够时间达到二极管导通时的正向电流，或者从正向电流减到接近零，即要求

$$f_{C} L \ll R \tag{2-69}$$

另外，为保证开关开通期间，二极管保持正向导通，要求电感上的电流大于负载上的最大瞬时电流，对于图 2-80（a），有

$$\frac{U_{C}}{R_{1}} > i_{RL,max} \tag{2-70}$$

对于图 2-80（b），有

$$\frac{V_{CC} - U_{C}}{R_{1}} > i_{RL,max} \tag{2-71}$$

2.11　双极结型晶体管

双极结型晶体管（BJT）可构成小信号放大、功率放大、开关等电路，是模拟电路中重要的组件。

BJT 包含两个紧密联系的 PN 结，被分为发射区、基区和集电区 3 个区。它们各自引出端子发射极（E）、基极（B）和集电极（C），发射区和基区间的 PN 结称为发射结，集电区和基区间的 PN 结称为集电结。BJT 根据 3 个区的性质可分为 NPN 和 PNP 两种。图 2-81 所示为 BJT 的符号。

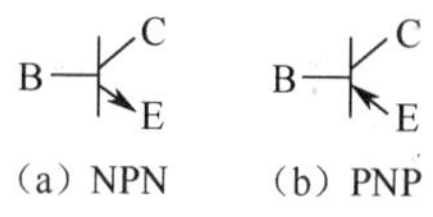

(a) NPN　　(b) PNP
图 2-81　BJT 的符号

BJT 要工作在放大状态，一个必要条件是发射结正偏置且集电结反偏置。对于 NPN 管，要求 $U_{BE} \overset{def}{=} U_{B} - U_{E} > 0$ 和 $U_{CB} \overset{def}{=} U_{C} - U_{B} > 0$；对于 PNP 管，要求 $U_{BE} < 0$ 和 $U_{CB} < 0$。

2.11.1　BJT 的主要特性

在放大状态下，BJT 是一种以基极电流控制集电极和发射极电流的器件。如果每个端口的电流方向按图 2-82 中的定义，BJT 的发射极电流等于基极电流与集电极电流之和。

$$i_{E} = i_{B} + i_{C} \tag{2-72}$$

对于 PNP，i_{E}、i_{B} 和 i_{C} 均为负值，即实际电流方向与图中箭头方向相反。

1. BJT 的输出特性

图 2-83（a）所示为 BJT 的输出特性，即 I_C 与 U_{CE} 的关系曲线。因为 I_C 与 U_{CE} 关系与 I_B 关系很大，所以 BJT 的输出特性一般包含多个不同 I_B 下 I_C-U_{CE} 曲线构成的曲线簇。图 2-83（a）以 NPN 型 BJT 为例，对于 PNP 型，将曲线绕原点旋转180° 至第三象限即可。

在输出特性曲线簇中，可以依据 I_C 和 U_{CE} 划分出 BJT 的 3 个重要工作状态（工作区）。

① 曲线簇的左侧，U_{CE} 非常小，I_C 可以很大，这一区域称为"饱和区"，工作状态称为饱和状态或导通状态。

② 曲线簇的下侧，I_C 非常小，U_{CE} 可以很大，这一区域称为"截止区"，工作状态称为截止状态或关断状态。

③ 曲线簇的其他区域则称为"线性区"或"放大区"，工作状态称为放大状态。

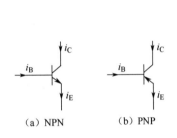

（a）NPN　　　　　（b）PNP

图 2-82　BJT 的电流正方向定义

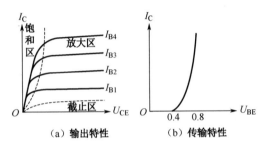

（a）输出特性　　　　（b）传输特性

图 2-83　BJT 的输出特性和传输特性（以 NPN 为例）

2. BJT 的传输特性

传输特性是在一定的 U_{CE} 电压下，I_C 与 U_{BE} 的关系，U_{BE} 在 0.6V 左右变化时，I_C 会依指数关系急剧变化，如图 2-83（b）所示。图 2-83（b）以 NPN 型 BJT 为例，对于 PNP 型，将曲线绕原点旋转180° 至第三象限即可。

3. BJT 的输入特性

输入特性是 I_B 与 U_{BE} 的关系，这个关系非常接近于二极管的正向伏安特性，U_{BE} 在 0.6V 左右变化时，I_B 会依指数关系急剧变化。

4. 静态电流增益

静态电流增益也称直流电流增益，是集电极电流和基极电流之比。

$$h_{FE} = \frac{I_C}{I_B} \tag{2-73}$$

大多数 BJT 的 h_{FE} 为 10～300，小功率的 BJT 的 h_{FE} 往往会较大，同一个 BJT 在集电极电流接近最大允许电流时，h_{FE} 会明显降低。

BJT 的集电极电流 I_C，B-E 电压 U_{BE}，C-E 电压 U_{CE}，基极电流 I_B 还可以近似用下面两个公式（艾伯斯-莫尔模型）表达。

$$\begin{cases} I_C = I_S \cdot e^{\frac{U_{BE}}{V_T}} \left(1 + \dfrac{U_{CE}}{V_A}\right) \\[4mm] I_B = \dfrac{I_S}{h_{FE}} \cdot e^{\frac{U_{BE}}{V_T}} \end{cases}$$

（2-74）

其中，I_S、V_T 和 V_A 均为特性常数，前两个与式（2-63）中描述的二极管的特性常数意义相同，V_A 为厄利效应电压，是输出特性曲线簇在 U_{CE} 较大时的切线的 x 轴截距的相反数，通常为数十伏特至上百伏特。这两个公式总结了上述的输出、输入特性和传输特性。

5．交流电流增益

交流电流增益也称微分电流增益，是在一定的 U_{CE} 条件下，集电极电流微小变化量与基极电流微小变化量之比。

$$\beta = \frac{\partial I_C}{\partial I_B} \approx \frac{\Delta I_C}{\Delta I_B}$$

（2-75）

在 BJT 的输出特性曲线簇中，可以估算这一值，如图 2-84 所示。

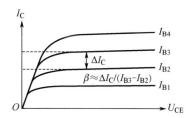

图 2-84　在输出特性曲线簇中估算交流电流增益

交流电流增益是 BJT 放大作用的关键。

除上述特性之外，BJT 还有以下重要参数。

① 最大 C-E 电压：在关断时，集电极和发射极最大能承受的电压。

② 集电极最大电流：在导通时，集电极能流过的最大电流，它与最大 C-E 电压反映了 BJT 在做开关时的最大功率容量。

③ 饱和 C-E 电压：在导通时，集电极和发射极的电压，它与导通时的电流之积即为 BJT 导通时自身的能量消耗。

④ 最大耗散功率：BJT 能消耗的最大功率，BJT 的实时功耗近似等于 $U_{CE} I_C$（不考虑基极电流）。

⑤ 集电结电容 C_C：集电极和基极之间的 PN 结电容。

⑥ 发射结电容 C_E：发射极和基极之间的 PN 结电容。

⑦ 特征频率：随着信号频率的增大，交流电流增益 β 会随之显著下降，在其下降至 1 时的频率，称为特征频率，即 $f_T \approx \dfrac{\beta}{2\pi r_{BE}\left(C_C + C_E\right)}$。

其中大部分是极限参数，在应用设计时，必须确认电路的工作状态不会超出这些极限。

2.11.2　BJT 的等效电路

图 2-85（a）所示为 BJT 在放大状态时的直流等效电路（以 NPN 管为例）。直流等效电路主要用来分析电路的静态工作点（输入信号为零时电路中各节点的电压和各回路的电流），静态工作点是电路能正常工作的基本保障。注意，图 2-85 中的二极管，本书在分析 BJT 小电流电路时，一般取其正向压降为 0.6V，而在大电流电路时，则取其为 0.7V，这里的大小一般以 I_C 是否达到集电极最大工作电流的 1/10 为准。

图 2-85（b）所示为 BJT 在放大状态时的交流等效电路。其中，$r_{BE} = V_T / I_B \approx 26\text{mV} / I_B$（常温下），$r_{CE}$ 可由输出特性曲线估算，一般小信号放大用的 BJT，这个值为数十千欧姆至兆欧姆。交流等效电路主要用来分析电路对有效信号（交流小信号）的放大作用及输入/输出阻抗等。

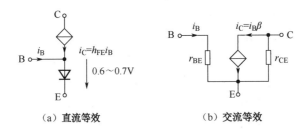

（a）直流等效　　　　　　　（b）交流等效

图 2-85　BJT 在放大状态时的直流等效电路和交流等效电路

2.11.3　达林顿管

两只 BJT 可连接成达林顿管，图 2-86 所示为相同类型的 BJT 构成的达林顿管，图 2-87 所示为不同类型的 BJT 构成的达林顿管，其类型与提供基极的 BJT 相同。

（a）NPN　　　　　（b）PNP　　　　　　　　　　　（a）NPN　　　　　（b）PNP

图 2-86　相同类型的 BJT 构成的达林顿管　　　　图 2-87　不同类型的 BJT 构成的达林顿管

达林顿管的直流电流增益和交流电流增益约为构成它的两只 BJT 的增益之积。

2.12　双极结型晶体管的应用电路

2.12.1　共射极放大电路

图 2-88 所示为最典型的共射极放大电路。

图 2-88 中，输入和输出电容 C_1 和 C_2 用来隔离直流，使电路的工作点不受前级电路和后级电路的影响。事实上，C_1 和 R_1、R_2 及后面电路的输入电阻构成了一阶高通 RC 滤波器，需要选择合适的 C_1 使截止频率低于需要放大的信号中最低频率成分的频率。而 C_2 与前面电路的输

出电阻及负载电阻也构成了一阶高通 RC 滤波器，同样需要选择合适的 C_2 使截止频率低于需要放大的信号中最低频率成分的频率。

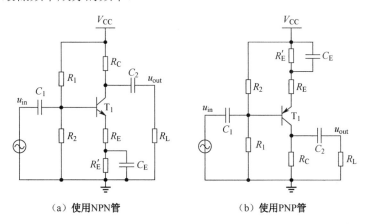

（a）使用NPN管　　　　　　　　（b）使用PNP管

图 2-88　最典型的共射极放大电路

R_1 和 R_2 用来给基极提供偏置电压和电流，并配合 R_C、R_E、R_E' 使集电极在合适的偏置电压下。R_E' 和 C_E 则为电路工作点提供一定的稳定性保障，如果信号中最低频率成分的频率为 f_L，电路增益为 A，C_E 应满足

$$\frac{1}{2\pi f_L C_E} < \frac{R_C \parallel R_L}{A} \tag{2-76}$$

以确保 C_E 对于信号中的低频成分阻抗足够小，不致引起明显增益下降。

如果要进一步提高工作点的温度稳定性，则可以将基极前的电路替换为图 2-89 所示的电路。其中新增的 T_2 与原用作放大的 T_1 型号一致，仅利用其发射结压降的温度特性去抵消 T_1 的温度特性。

图 2-90（a）所示为 NPN 管共射极放大电路的直流等效电路，图 2-90（b）所示为其交流等效电路。

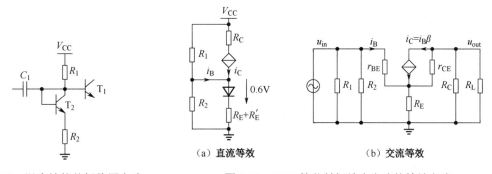

图 2-89　温度补偿基极偏置电路　　　图 2-90　NPN 管共射极放大电路的等效电路

根据交流等效电路，可以计算得到 u_o / u_i，即电路对交流信号的电压增益为

$$A = -\frac{\beta(R_C \parallel R_L)}{r_{BE} + (1+\beta)R_E} \tag{2-77}$$

其中，$R_C \parallel R_L = R_C R_L / (R_C + R_L)$ 表示 R_C 和 R_L 的并联值，本书中认定"$\parallel$"并联运算符优先级低于乘除法，高于加减法。

如果 $R_E \gg r_{BE} / \beta$，则

$$A \approx -\frac{R_C \parallel R_L}{R_E} \qquad (2\text{-}78)$$

大多数需求增益不大时（如小于 10 倍），设计得到的 R_E 都会较大，这个近似程度都比较高。

电路的交流输入电阻为

$$r_{in} \approx R_1 \parallel R_2 \parallel (r_{BE} + \beta R_E) \qquad (2\text{-}79)$$

电路的交流输出电阻为

$$r_{out} \approx \begin{cases} R_C, & R_C \ll r_{CE} \text{或} R_E \gg r_{BE} / \beta \\ r_{CE} \parallel R_C, & \text{其他} \end{cases} \qquad (2\text{-}80)$$

PNP 管共射极放大电路的这些参数与 NPN 管一样。

共射极放大电路的上限工作频率 $f_\beta \approx f_T / \beta$，而共集电极放大电路和共基极放大电路的上限工作频率等于 BJT 的特征频率 f_T。因此相对于共集电极放大电路和共基极放大电路来说，共射极放大电路不适合较高带宽信号的放大。

2.12.2　另外两种常用形式

图 2-91 所示为 BJT 共射极放大电路中最简单的一种，几乎不用调试，增益可达百倍以上，但仅适用于输出信号峰峰值 1V 以下，并且对增益准确性没有要求的场合。其中，R_C 一般取数百欧姆至数千欧姆，而 R_B 取 R_C 的 10~20 倍。

其输入电阻约为 r_{BE}，输出电阻约为 R_C，集电极静态电流为

$$I_C \approx \frac{V_{CC} - 0.6\text{V}}{\dfrac{R_B}{h_{FE}} + R_C} \qquad (2\text{-}81)$$

交流电压增益：

$$A \approx \frac{\beta (R_C \parallel R_L)}{r_{BE}} = \frac{I_C (R_C \parallel R_L)}{V_T} \approx \frac{I_C (R_C \parallel R_L)}{26\text{mV}} \qquad (2\text{-}82)$$

对于较高频率的信号，还可以使用电感替代 R_C，电感的高频阻抗高，可使电路获得很高的增益，同时因电感扼流（抑制电流变化）时的感生电动势，电路输出的电压摆幅可超出电源电压。电感负载的共射极放大电路如图 2-92 所示，这种电路结构在高频宽带放大器中应用广泛。

电感不能太小，要求

$$2\pi f_L L \gg R_L \qquad (2\text{-}83)$$

其中，f_L 为信号中最小频率成分的频率。

R_B 可用于设置 T 的静态工作电流。

$$I_C \approx h_{FE} \cdot \frac{V_{CC} - 0.6V}{R_B} \qquad (2\text{-}84)$$

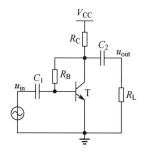

图 2-91 最简单的 BJT 共射极放大电路

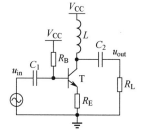

图 2-92 电感负载的共射极放大电路

根据电路需要，I_C 通常为数毫安至数百毫安。而电路的最大输出摆幅约等于静态电流与负载电阻之积。R_E 可用来控制电路增益，一般 $R_E \ll R_L$。此时，电路的电压增益（常温下）为

$$A_u \approx \frac{\beta R_L}{\beta \dfrac{26mV}{I_C} + (1+\beta) R_E} \approx \frac{R_L}{\dfrac{26mV}{I_C} + R_E} \qquad (2\text{-}85)$$

值得注意的是，在 I_C 较大时，分母中 $\dfrac{26mV}{I_C}$ 一项将很小，因而微小的 R_E 将导致增益显著减小。例如，$I_C = 260mA$ 时，0.1Ω 的 R_E 将导致增益减半，而在电路中，发射极回路的导体电阻、BJT 的引脚电阻是很容易达到数十毫欧姆的，因此实际电路能达到的增益一般都小于式（2-85）的计算结果。在高频（数十兆赫兹以上）领域，回路的感抗更不可忽略，增益将进一步降低。

2.12.3 共射极放大电路的设计方法

在当前运算放大器成本已很低的情况下，电路设计中会遇到需要使用 BJT 设计小功率信号放大器的可能性不多，除非是增益准确性要求不高或工作电压、信号电压很大的情况下。

以 NPN 共射极放大电路为例，介绍图 2-88 所示的共射极放大电路的设计方法，条件和要求如下。

（1）电路电源电压 $U = 5V$，负载电阻 $R_L = 600\Omega$。

（2）使用 NPN 型 BJT 型号为 2SC1815，其 $\beta \approx 150$，$h_{FE} \approx 150$。

（3）信号为音频信号（20Hz～20kHz）。

（4）要求带载增益 10 倍，输入电阻约为 600Ω。

设计过程可分为以下几步。

（1）取 U_E' 为电源电压的 $1/10 \sim 1/5$，这里取 0.5V。

（2）为使输出电压摆幅尽量大，取集电极工作点电压 U_C 为 $U_E' + (U - U_E')/2$，这里取 2.8V。

（3）选择合适的 R_C，一般应 $\leqslant R_L$，如果集电极电流允许，可尽量取小一些，可使输出电压摆幅更大，但不应使得集电极电流达到集电极最大允许电流的 $1/2$ 并要留有裕量，这里取 $R_C = 300\Omega$。

（4）计算集电极静态电流 $I_C = \dfrac{U - U_C}{R_C}$，这里为 $2.2\text{V} / 300\Omega \approx 7.3\text{mA}$。

（5）计算 $R_E' \approx \dfrac{U_E'}{I_C} \approx 68\Omega$。

（6）计算基极静态电流 $I_B \approx \dfrac{I_C}{h_{FE}} \approx 49\mu\text{A}$。

（7）计算 $r_{BE} \approx \dfrac{26\text{mV}}{49\mu\text{A}} \approx 510\Omega$（常温下）。

（8）根据式（2-77）计算 $R_E = \dfrac{\beta\left(R_C \parallel R_L\right)}{(1+\beta)A} - \dfrac{r_{BE}}{1+\beta} \approx 16\Omega$。

（9）计算 $U_B \approx U_E' + I_C R_E + 0.6\text{V} \approx 1.2\text{V}$。

（10）计算 R_1 和 R_2：根据基极节点 KCL 方程 $\dfrac{U - U_B}{R_1} - I_B + \dfrac{-U_B}{R_2} = 0$ 和输入电阻 $R_1 \parallel R_2 \parallel \left(r_{BE} + \beta R_E\right) \approx 600\Omega$，可求得 $R_1 \approx 3.09\text{k}\Omega$（E96 取值）和 $R_2 \approx 1.00\text{k}\Omega$。

（11）计算 $C_1 > \dfrac{1}{2\pi f_L r_{in}} \approx 13\mu\text{F}$，可取 C_1 为 $22\mu\text{F}$。

（12）计算 $C_2 > \dfrac{1}{2\pi f_L\left(r_{out} + R_L\right)} \approx \dfrac{1}{2\pi f_L\left(R_C + R_L\right)} \approx 9\mu\text{F}$，取 C_2 为 $22\mu\text{F}$。

（13）计算 $C_E > \dfrac{A}{\left(2\pi f_L\left(R_C \parallel R_L\right)\right)} \approx 398\mu\text{F}$，取 C_E 为 1mF。

因而可得图 2-93 所示的 BJT 音频小信号放大电路，C_1 和 C_2 可采用陶瓷叠层电容，C_E 需要采用电解电容，$1000\mu\text{F}$ 电解电容高频响应差，在 10kHz 以上 ESL 已不能忽略，将导致高频增益减小，因而对其并联一个 $1\mu\text{F}$ 陶瓷叠层电容以改善高频响应。当然，在实际制作电路时，电源去耦电容是不可忽略的，虽然图 2-93 中并未画出。

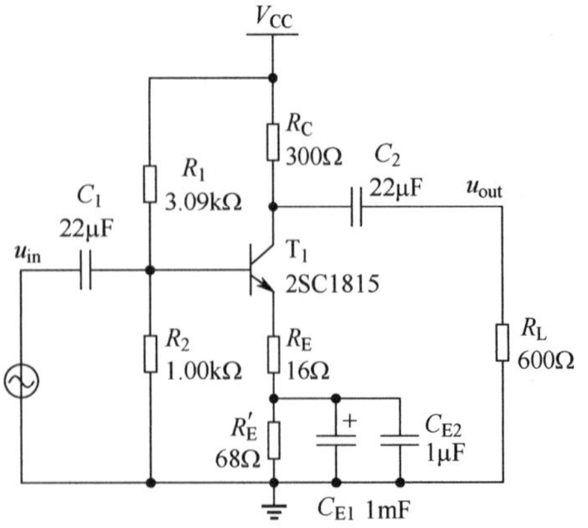

2.12.4　共射极放大电路的仿真设计

2.12.3 节介绍的设计方法非常详细，但也比较烦琐，准确性还严重依赖于获得的器件参数的准确性。本节介绍运用仿真软件来设计共射极放大电路的最简化方法。这个方法的初步计算非常简单，在得到粗略的计算结果后，就可以着手仿真，在仿真中再来调整元件参数以达到较准确的设计结果。当然这要求我们对修改什么元件参数会带来电路特性的什么改变有着明确的认识。

图 2-93　BJT 音频小信号放大电路

仿真软件采用 TI-Tina，是 TI 公司提供的免费仿真软件，下载安装过程比较简单，读者可自行完成。

仍然按 2.12.3 节的设计要求，初步计算的步骤如下。

（1）取 U_E' 为电源电压的 $1/10 \sim 1/5$，这里取 0.5V。

（2）为使输出电压摆幅尽量大，取集电极工作点电压 U_C 为 $U_E' + (U - U_E')/2$，这里取 2.8V。

（3）选择合适的 R_C，一般应 $\leqslant R_L$，如果集电极电流允许，可尽量取小一些，可使输出电压摆幅更大，但不应使得集电极电流达到集电极最大允许电流的 $1/2$ 并要留有足够裕量，这里取 $R_C = 300\Omega$。

（4）计算集电极静态电流 $I_C = \dfrac{U - U_C}{R_C}$，这里为 $2.2V/300\Omega \approx 7.3\text{mA}$。

（5）计算 $R_E' \approx \dfrac{U_E'}{I_C} \approx 68\Omega$。

（6）根据增益要求，估算 $R_E \approx \dfrac{R_C \parallel R_L}{A} \approx 20\Omega$。

（7）计算 $U_B \approx U_E' + I_C R_E + 0.6V \approx 1.25V$。

（8）计算 R_1 和 R_2：忽略基极电流，根据分压关系 $\dfrac{R_1}{R_2} = \dfrac{(U - U_B)}{U_B}$ 和输入电阻 $R_1 \parallel R_2 \parallel \beta\left(\dfrac{26\text{mV}}{I_C} + R_E\right) \approx 600\Omega$，可求得 $R_1 \approx 2.9\text{k}\Omega$ 和 $R_2 \approx 0.96\text{k}\Omega$。

（9）计算 $C_1 > \dfrac{1}{2\pi f_L r_{\text{in}}} \approx 13\mu\text{F}$，可取 C_1 为 $22\mu\text{F}$。

（10）计算 $C_2 > \dfrac{1}{2\pi f_L (r_{\text{out}} + R_L)} \approx 9\mu\text{F}$，取 C_2 为 $22\mu\text{F}$。

（11）计算 $C_E \gg \dfrac{A}{(2\pi f_L (R_C \parallel R_L))} \approx 398\mu\text{F}$，取 C_E 为 1mF。

可以看出，相对于 2.12.3 节的计算过程，在这个粗略的估算中，主要做出了以下两点简略。

（1）认定 $|A| \approx \dfrac{R_C \parallel R_L}{R_E}$，得到的 R_E 与 2.12.3 节的结果偏差 25%。

（2）忽略基极电流对 R_1 和 R_2 分压的影响，因基极电流本来很小，得到的 R_1 和 R_2 与 2.12.3 节的结果偏差不到 7%。

因而后续仿真需要调整以下几个方面。

（1）通过调节 R_1 和 R_2，使得集电极工作点达到预期（具体到此例，为 2.8V），容易知道调小 R_1 或调大 R_2，会使基极电流增大，进而使集电极电流增大，使得 U_C 下降。

（2）通过调节 R_E，使得电路增益为 10，容易知道，减小 R_E 可使得增益增大。

上述两个调整之间也会有相互影响，工作点不对会使得电路放大功能不正常，而调整 R_E 也会对集电极工作点有一定影响。因而一般先检查工作点是否正常，如果 U_C 偏差在 20%之内，可以先调节增益，再来调整工作点，最后检查一下增益；如果 U_C 偏差较大，则应先调整工作

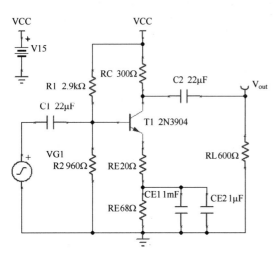

图 2-94　TI-Tina 中的 BJT 音频小信号放大电路

3.31V，误差不算大，因此首先调节增益。

点，再来调节增益，然后检查一下工作点。最后检查增益和工作点如果有较大偏差，则可能需要重复调整一两次。

根据上述粗略计算的结果，在 TI-Tina 中绘制出电路，并设定初始参数，如图 2-94 所示。注意，BJT 使用了 TI-Tina 中内置模型库中的 2N3904，对于共射极放大电路设计来说，与 2SC1815 没有差异。另外，其中的 "—Ｗ—" 符号为 IEEE 标准中电阻符号，与我国和 IEC 采用的标准符号 "—□—" 不同。

首先，启动直流工作点仿真，选择菜单中的 "Analysis" → "DC Analysis" → "Table of DC result"。如图 2-95 所示，在弹出的表格中，找到节点 6（集电极节点）的电压 "VP_6"，为

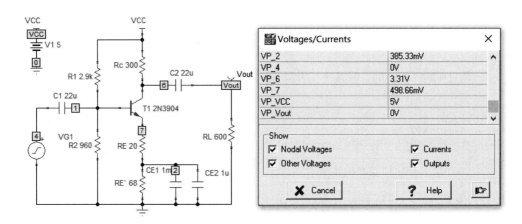

图 2-95　第一次直流工作点分析的结果

可以通过交流分析直接得到放大电路的幅频和相频曲线，选择菜单中的 "Analysis" → "AC Analysis" → "AC Transfer Characteristic"，在弹出的设定对话框中进行设置，如图 2-96 所示。注意，其中的频率上限为 100MHz，使用了 "MEG" 代替 "M"，因为在很多仿真软件中，为避免在计算机不区分大小写时，无法区分 "M"（兆）与 "m"（毫），需要使用 "MEG" 代替 "M"。

单击 "OK" 按钮后，在弹出的仿真结果窗口中，可以看到如图 2-97 所示的曲线。

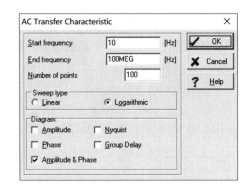

图 2-96　第一次交流分析的设定

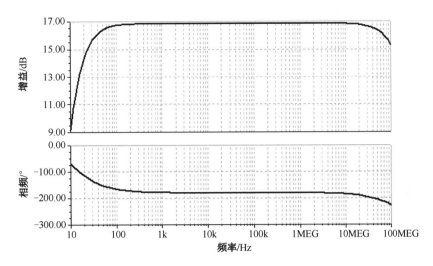

图 2-97　第一次交流分析的结果（幅频和相频曲线）

在带内增益约为 17dB，即 $10^{17/20} \approx 7$ 倍，为调整达到 10 倍，修改 R_E，使其减小到 $20\Omega \times 7/10 \approx 14\Omega$。

重新启动交流分析可知，增益达到 19dB，仍然偏小，两三次调整分析后，取 $R_E = 12\Omega$ 时，增益约为 20dB，即 10 倍。

然后，进行直流工作点分析，得知 U_C 为 3.16V，为使其降低，应增大 R_2 或减小 R_1，经过三五次调整分析后，取 $R_1 = 2.7\text{k}\Omega$ 和 $R_2 = 1\text{k}\Omega$ 时，U_C 为 2.81V，满足要求。

最后，使用交流分析，检查带内增益，发现几乎没有影响。

至此，基于仿真调试的设计过程结束，最终电路如图 2-98 所示。图 2-99 所示为输入 1kHz、100mV 幅值正弦信号时的瞬态仿真结果。

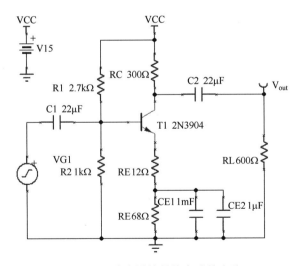

图 2-98　仿真设计最终完成的电路

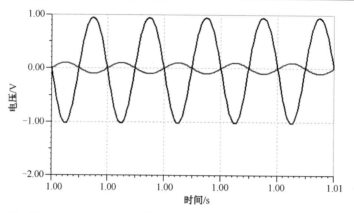

图 2-99   输入 1kHz、100mV 幅值正弦信号时的瞬态仿真结果（时域波形）

2.12.5　共集电极放大电路

图 2-100 所示为典型的共集电极放大电路，又称为射极跟随电路（射极跟随器）。其特点是没有电压增益（电压增益约为 1），而电流放大作用显著，是构成功率放大电路的基础。

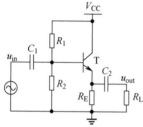

图 2-100   典型的共集电极放大电路（射极跟随电路）

共集电极放大电路的工作点可由 R_1、R_2 和 R_E 决定，设计方法与共射极放大电路类似。如果前级电路输出信号的偏置合适，如差不多为电源的一半，则电路中 C_1 也可省略、直接短路，此时，如输入电阻无特定要求，R_1 和 R_2 也可省略。

共集电极放大电路的交流电压增益为

$$A_{\mathrm{u}} \approx \frac{1}{1+\dfrac{r_{\mathrm{BE}}}{(1+\beta)(R_{\mathrm{E}} \parallel R_{\mathrm{L}})}} \approx 1 \tag{2-86}$$

交流电流增益为

$$A_{\mathrm{i}} \approx \frac{\beta R_{\mathrm{E}}}{R_{\mathrm{E}}+R_{\mathrm{L}}} \tag{2-87}$$

交流输入电阻（不考虑 R_1 和 R_2）为

$$r_{\mathrm{in}} = r_{\mathrm{BE}} + (1+\beta)(R_{\mathrm{E}} \parallel R_{\mathrm{L}}) \approx \beta(R_{\mathrm{E}} \parallel R_{\mathrm{L}}) \tag{2-88}$$

交流输出电阻为

$$r_{\mathrm{out}} \approx \frac{r_{\mathrm{BE}}}{\beta} \tag{2-89}$$

如果前级信号源有内阻 r_{src}，则

$$r_{\mathrm{out}} \approx \frac{r_{\mathrm{BE}}+r_{\mathrm{src}}}{\beta} \tag{2-90}$$

共集电极放大电路交流输入电阻很大、交流输出电阻很小，常用于电路级间交流输入输出电阻的变换。其交流电压增益约为一倍，而电流增益很大，因而功率增益也很大。

2.12.6　共基极放大电路

图 2-101 所示为典型的共基极放大电路。其特点主要是电压增益较大，而电流增益约为 1，但工作频率较共射极放大电路高，常用于宽带放大电路。

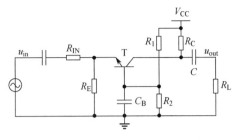

电路通过 R_1、R_2 和 C_B 来保证工作点，使得 BJT工作在线性区，这与共射极放大电路一样，工作点的设计方法也一样。

图 2-101　典型的共基极放大电路

共基极放大电路的交流电压增益为

$$A_u = G_{IN} \cdot \frac{\beta(R_C \parallel R_L)}{r_{BE} + (1+\beta)(R_{IN} \parallel R_E)} \approx G_{IN} \cdot \frac{(R_C \parallel R_L)}{(R_{IN} \parallel R_E)} \tag{2-91}$$

其中，$G_{IN} = R_E / (R_{IN} + R_E)$。

交流输入电阻为

$$r_{in} \approx R_{IN} + R_E \parallel \frac{r_{BE}}{1+\beta} \tag{2-92}$$

交流输出电阻为

$$r_{out} \approx R_C \tag{2-93}$$

共发射极、共集电极和共基极放大电路的比较如表 2-13 所示。注意，表 2-13 中的公式均未考虑前级输出电阻（认定为 0）和后级输入电阻（负载电阻，认定为 ∞）。

表 2-13　共发射极、共集电极和共基极放大电路的比较

	共发射极	共集电极	共基极
简化电路	VCC R_C u_o	VCC R_E u_o	VCC R_C R_{IN} u_o
电压增益	$\dfrac{-\beta R_C}{r_{BE} + (1+\beta)R_E}$ $\approx \dfrac{R_C}{r_{BE}/\beta + R_E}$ $\approx \dfrac{R_C}{R_E}$	$\dfrac{1}{1 + \dfrac{r_{BE}}{(1+\beta)R_E}} \approx 1$	$\dfrac{\beta R_C}{r_{BE} + (1+\beta)R_{IN}}$ $\approx \dfrac{R_C}{r_{BE}/\beta + R_{IN}}$ $\approx \dfrac{R_C}{R_{IN}}$
电流增益	β	$-(1+\beta)$	$\dfrac{-\beta}{1+\beta} \approx -1$
输入电阻	$r_{BE} + (1+\beta)R_E$	$r_{BE} + (1+\beta)R_E$	$R_{IN} + \dfrac{r_{BE}}{1+\beta}$
输出电阻	R_C	$\dfrac{r_{BE}}{1+\beta}$	R_C

2.12.7　电流源、电流镜

电流源和电流镜在模拟 IC 设计中应用广泛，在电路设计中也常常有巧妙的用途。

人们通常说的直流电源默认是指电压源。所谓电压源，是指输出电压不随负载改变而改变，但输出电流受负载影响的电源，理想情况下内阻为 0。实际电压源内阻并不为 0，因而在输出电流增大时，通常输出电压会有所下降。实际电源的输出电流范围也是有限的，在电流过大时，电压会急剧降低。图 2-102 所示为实际电压源的输出特性。在图 2-102 中，U_n 为标称输出电压，I_{max} 为最大输出电流，线段 AB 的斜率即为内阻的相反数。

电流源是指输出电流不随负载改变而改变，但输出电压受负载影响的电源，理想情况下内阻无穷大。实际电流源内阻不可能无穷大，输出电压范围当然也是有限的，在电压过大时，电流会急剧降低。图 2-103 所示为实际电流源的输出特性。在图 2-103 中，I_n 为标称输出电流，U_{max} 为最大输出电压，线段 CD 的斜率即为内阻的相反数。

从电压源和电流源的输出特性来看，它们本质上似乎没有太大区别。但是，实际中的电压源过流可能造成电路损坏，除非它包含过流保护电路，实际中的电流源通常不会过压损坏。另外，实际电压源也不保证过流时输出特性的稳定，实际电流源也不保证过压时输出特性的稳定。

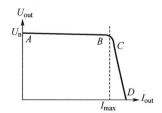

图 2-102　实际电压源的输出特性

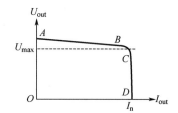

图 2-103　实际电流源的输出特性

实验室常用的台式直流稳压电源通常既是电压源也是电流源，即它可以保证曲线中 AB 段斜率绝对值很小、CD 段斜率绝对值很大、过渡段 BC 比较锐利，在负载电阻较大时，它是电压源，在负载电阻很小时，它进入稳流状态，是电流源。

图 2-104 所示为 BJT 和稳压二极管构成的电流源。图 2-104（a）使用 NPN 管，负载连接至正电源，而图 2-104（b）使用 PNP 管，负载连接至地（或负电源）。

R_1 取样负载电流，对 BJT 的 U_{BE} 形成负反馈，进而保持负载电流的稳定，容易知道，负载电流为

$$I_L \approx \frac{U_{D1} - 0.6V}{R_1} \tag{2-94}$$

在图 2-104 中，R_2 不宜太大，应满足

$$\frac{V_{CC} - U_{D1}}{R_2} > \frac{I_L}{h_{FE}} \tag{2-95}$$

一般取 I_L / h_{FE} 的数倍。

能提供给 R_L 的最大电压为

$$U_{L,MAX} \approx V_{CC} - U_{D1} \tag{2-96}$$

事实上，因 $U_{\mathrm{CE,sat}}$ 较 U_{BE} 小 0.3V 左右，最大电压还可比式（2-96）大一点。

图 2-105 所示为两个 BJT 构成的电流源。图 2-105（a）使用两个 NPN 管，负载连接至正电源，而图 2-105（b）使用 PNP 管，负载连接至地（或负电源）。

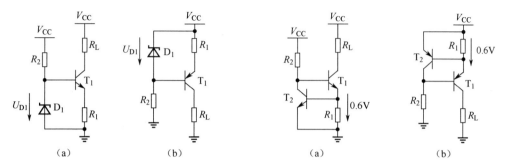

图 2-104　BJT 和稳压二极管构成的电源　　　　　图 2-105　"背靠背" BJT 电流源

读者可自行分析其反馈稳定机制，容易知道，负载电流为

$$I_{\mathrm{L}} \approx \frac{0.6\mathrm{V}}{R_1} \tag{2-97}$$

同样，R_2 不能太大，至少要满足 T_1 基极电流需求：

$$\frac{V_{\mathrm{CC}} - 1.2\mathrm{V}}{R_2} > \frac{I_{\mathrm{L}}}{h_{\mathrm{FE}}} \tag{2-98}$$

一般取 $I_{\mathrm{L}} / h_{\mathrm{FE}}$ 的数倍。

能提供给 R_{L} 的最大电压为

$$U_{\mathrm{L,MAX}} \approx V_{\mathrm{CC}} - 1.2\mathrm{V} \tag{2-99}$$

同样，因 $U_{\mathrm{CE,sat}}$ 较 U_{BE} 小 0.3V 左右，最大电压还可比式（2-99）大一点。

上述电流源的内阻通常在 r_{CE} 和 βr_{CE} 之间，一般可达 r_{CE} 的 10 倍以上，即可达数百千欧姆至数兆欧姆。

如果电路中多处需要电流源，则可使用电流镜电路 "复制" 电流源，而不必各处设置单独的电流源。图 2-106 所示为电流镜电路。

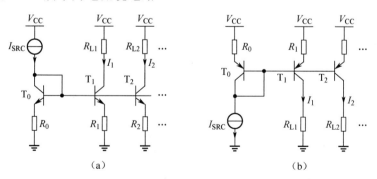

图 2-106　BJT 电流镜电路

图 2-106（a）使用多个相同的 NPN 管，负载连接至正电源，其中的电流源可使用图 2-104（b）或图 2-105（b）所示电路；图 2-106（b）使用多个相同的 PNP 管，负载连接至地（或负

电源），其中的电流源可使用图 2-104（a）或图 2-105（a）所示电路。

如果电源电压稳定不变，在图 2-106 中电流源可直接替换为电阻，若电阻值为 R_{SRC}，则等价于

$$I_{\mathrm{SRC}} = \frac{V_{\mathrm{CC}} - 0.6\mathrm{V}}{R_0 + R_{\mathrm{SRC}}} \tag{2-100}$$

在图 2-106 中，R_0、R_1、R_2…也可直接短路，此时各负载的电流将近似等于电流源的输出电流。

如果保留 R_0、R_1、R_2…则可通过取不同的值来获得不同负载上的不同电流，可称为"不对称电流镜"，如果各个 BJT 的 h_{FE} 相同，则各电路的关系可按下式估算。

$$\left(I_{\mathrm{SRC}} - \sum_{i \neq 0} \frac{I_i}{h_{\mathrm{FE}}} \right) R_0 \approx I_1 R_1 \approx I_2 R_2 \approx \cdots \tag{2-101}$$

式（2-101）在 $I_i R_i \gg 26\mathrm{mV}$（常温下）时较为准确，一般可取 $0.2 \sim 0.6\mathrm{V}$。

R_0 的取值为

$$R_0 \in \left[\frac{0.2\mathrm{V}}{I_{\mathrm{SRC}}}, \frac{0.6\mathrm{V}}{I_{\mathrm{SRC}}} \right] \tag{2-102}$$

R_0 太小将导致式（2-101）不够准确，而太大则浪费负载上可用的电压范围。

2.12.8　差分放大器

差分放大器是输入差分信号的放大器，输出可以是差分信号也可以是单端信号。

图 2-107 所示为电阻负载的 BJT 差分放大器。

差分放大器的增益定义为

$$A_{\mathrm{d}} = \frac{\partial u_{\mathrm{od}}}{\partial u_{\mathrm{id}}} \approx \frac{\Delta u_{\mathrm{od}}}{\Delta u_{\mathrm{id}}} \tag{2-103}$$

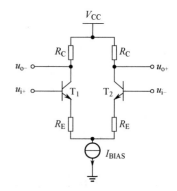

图 2-107　电阻负载的 BJT 差分放大器

其中，$u_{\mathrm{od}} \stackrel{\mathrm{def}}{=\!=} u_{\mathrm{o+}} - u_{\mathrm{o-}}$，$u_{\mathrm{id}} \stackrel{\mathrm{def}}{=\!=} u_{\mathrm{i+}} - u_{\mathrm{i-}}$。

该电路的增益为

$$A_{\mathrm{d}} = \frac{\beta R_{\mathrm{C}}}{r_{\mathrm{BE}} + (1 + \beta) R_{\mathrm{E}}} \tag{2-104}$$

如果仅以 $u_{\mathrm{o+}}$ 或 $u_{\mathrm{o-}}$ 中的一个作为输出，则增益为

$$\left| A_{\mathrm{d}}^{'} \right| = \frac{1}{2} A_{\mathrm{d}} \tag{2-105}$$

上述差分放大器的增益也称为差模增益，除差模增益之外，差分放大器的共模增益也值得关注，共模增益定义为输入共模电压对单个输出电压的影响。

$$A_{\mathrm{cm}} = \frac{\partial u_{\mathrm{o}}}{\partial u_{\mathrm{icm}}} \approx \frac{\Delta u_{\mathrm{o}}}{\Delta u_{\mathrm{icm}}} \tag{2-106}$$

其中，$u_{icm} \overset{\text{def}}{=} \dfrac{u_{i+} + u_{i-}}{2}$，$u_o$ 为 u_{o+} 或 u_{o-}。

显然，作为差分放大器，它的共模增益越小越好。

图 2-107 所示电路的共模增益为

$$A_{cm} = -\frac{\beta R_C}{r_{BE} + (1+\beta)R_E + 2(1+\beta)R_S} \approx -\frac{R_C}{2R_S} \qquad (2-107)$$

其中，R_S 为电流源的内阻，一般 $R_S \gg R_C$，所以共模增益接近于 0。

差分放大器的差模增益和共模增益之比称为共模抑制比（CMRR），即

$$CMRR \overset{\text{def}}{=} \left| \frac{A_d}{A_{cm}} \right| = \frac{2\beta R_S}{r_{BE} + (1+\beta)R_E} \qquad (2-108)$$

大多数运算放大器中第一级就是单端输出的差分放大器，不过为了极大地提高增益，会去掉 R_E，并使用电流镜替代 R_C，如图 2-108 所示。

一般为获得较小的输入偏置电流，电流源的电流设置在微安级，若取 $10\mu A$，此差分放大器的差模增益一般可达 10^4，而共模抑制比也可达 10^4，当然这也依赖于 BJT 的一致性。

如图 2-109 所示，在电流镜中增加了一只 BJT，减小 T_3、T_4 基极电流对 T_1 集电极电流的影响，可提高电流镜的对称性。

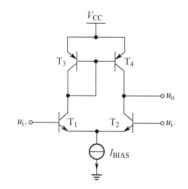

图 2-108　电流镜负载的差分放大器

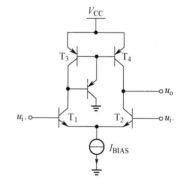

图 2-109　提高对称性的电流镜负载的差分放大器

2.13　场效应晶体管

场效应晶体管（FET）是依靠电场效应控制电流的器件，它有 3 个端口：栅极（G）、源极（S）和漏极（D）。栅极和源极之间的电压控制漏极到源极的电流。

在实际 FET 的结构中，还有第四个端子——衬底（B），而源极（S）和漏极（D）并没有本质区别。在 IC 中，衬底常常独立出来使用（一般接电源或地），但在分立器件中，衬底一般与源极接在一起，一共引出 3 个端口。

分立的场效应管是利用栅-源电压（$U_{GS} \overset{\text{def}}{=} U_G - U_S$）来控制漏或源电流（$I_D = I_S$）的器件。

2.13.1　FET 的分类

场效应晶体管根据栅极和衬底（沟道）的绝缘方式分为多种类型，较常用的是 JFET（结型-FET）和 MOSFET（金属氧化物半导体-FET）。JFET 又有 N 沟道和 P 沟道两种。MOSFET 根据沟道特性又分为 N 沟道增强型、N 沟道耗尽型、P 沟道增强型和 P 沟道耗尽型。其中又以增强型 MOSFET 最为常用。

表 2-14 所示为 6 种 FET 的符号、传输特性（I_D-U_{GS}）和输出特性（I_D-U_{DS}）的对比。

表 2-14　6 种 FET 的符号、传输特性和输出特性的对比

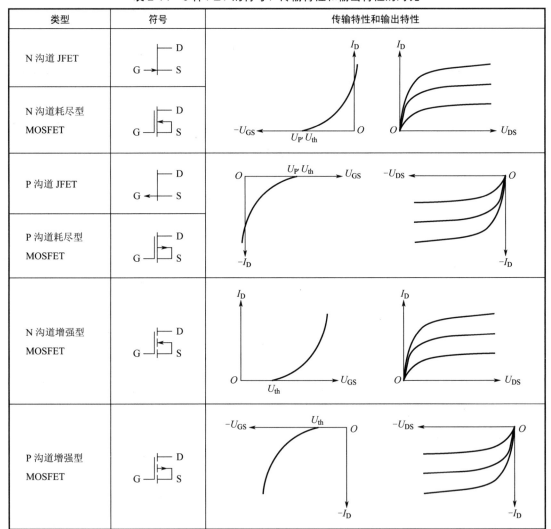

从表 2-14 中可以看出，就输出特性来说，3 种 N 沟道 FET 都类似于 NPN 型 BJT，而 3 种 P 沟道 FET 都类似于 PNP 型 BJT。而综合考虑传输特性，增强型 MOSFET 则与 BJT 最为类似。事实上，几乎所有的 BJT 应用电路的结构，都适用于增强型 MOSFET。当然，工作点参数和交流参数都需要重新计算。

MOSFET 根据其工艺结构也分为很多种类型，这里不再赘述。值得注意的是，绝大多数功率 MOSFET（常用于开关电路中）所采用的结构使得其中存在一个并联在源极和漏极间的二极管，称为体二极管或固有二极管。这样的 MOSFET 一般用图 2-110 所示的符号来表示。

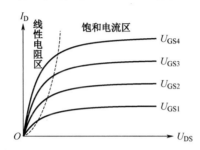

图 2-110 带有体二极管的 MOSFET

2.13.2 FET 的主要特性

2.13.1 节已经提到 FET 的传输特性和输出特性。在输出特性曲线中可以看到，在 U_{DS} 较小时，I_D 与 U_{DS} 之比随着 U_{GS} 变化呈现近乎线性的变化，这一区域称为线性电阻区，而在 U_{DS} 较大时，I_D 便饱和，几乎不再随着 U_{DS} 变化而变化，这一区域称为饱和电流区。FET 用作放大作用时，一般工作在饱和电流区，如图 2-111 所示。

图 2-111 FET 的线性电阻区和饱和电流区

下面介绍其他几个重要特性。

交流跨导：与 BJT 的交流电流增益 β 类似地，FET 有反映栅源电压对漏源电流控制能力的参数，称为跨导，定义为一定 U_{DS} 条件下，I_D 的微小变化量与 U_{GS} 微小变化量之比为

$$g_m = \frac{\partial I_D}{\partial U_{GS}} \approx \frac{\Delta I_D}{\Delta U_{GS}} \tag{2-109}$$

在传输特性曲线和输出特性曲线簇上，可以估算这一参数，如图 2-112 所示。

交流输出电阻：U_{GS} 一定时，U_{DS} 的微小变化量和 I_D 的微小变化量之比为

$$r_{DS} = \frac{\partial U_{DS}}{\partial I_D} \approx \frac{\Delta U_{DS}}{\Delta I_D} \tag{2-110}$$

在输出特性曲线簇上，可以估算这一参数，如图 2-112 所示。

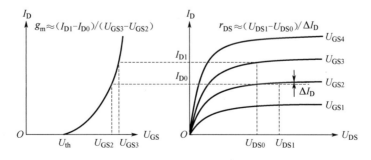

图 2-112 在传输特性和输出特性曲线中估算 g_m 和 r_{DS}

此外，FET 还有其他一些重要参数，包括以下几种。

① 最大 D-S 电压。

② 最大漏极电流。

③ 最大 G-S 电压。

④ 最大耗散功率。

⑤ 极间电容，包括 G-S 结电容 C_{DS}、G-D 结电容 C_{GD} 和 D-S 分布电容 C_{DS}，其中 C_{GS}、C_{GD} 一般较大，是 FET 高频特性（无论高频信号放大还是高速开关）的重要影响因素。

⑥ 跨导截止频率，随着信号频率升高，g_m 会减小，它与频率的关系与一阶低通滤波器近似，当 g_m 减小到 $1/\sqrt{2}$ 时的频率，称为跨导截止频率 f_{gm}。

$$f_{gm} \approx \frac{1}{R_G \left(C_{GS} + C_{GD} \right)} \tag{2-111}$$

其中，R_G 为栅极分布电阻，通常为数百毫欧姆至数十欧姆。

特征频率，交流小信号时，电流增益 $\partial I_D / \partial I_G$ 下降至 1 时的频率 f_T 为

$$f_T \approx \frac{g_m}{C_{GS} + C_{GD}} \tag{2-112}$$

图 2-113（a）所示为 FET 的低频等效电路，在高频应用时，则需考虑极间电容，等效电路如图 2-113（b）所示。

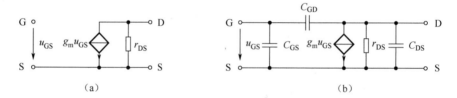

图 2-113　FET 的等效电路

2.13.3　共源极放大电路及其设计

图 2-114 所示为典型的共源极放大电路（仅以 N 沟道为例）。图 2-114（a）使用 JFET，图 2-114（b）使用 MOSFET。

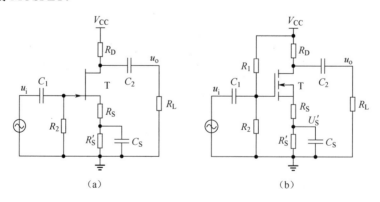

图 2-114　典型的共源极放大电路

因为 JFET 的栅-源阈值电压为负值，所以 JFET 的栅极工作点比源极工作点电压低，因而在图 2-114（a）中用于提高源极工作点的 R_S' 和 C_S 一般不能省略，并且栅极也不需要上拉电阻来提供高于 0 的工作点电压，有时甚至可以省略输入耦合电容 C_1。而增强型 MOSFET 的电路则与 BJT 电路一样。

图 2-114 电路的交流电压增益为

$$A_u = -\frac{g_m(R_D \parallel R_L)}{1 + g_m R_S} \tag{2-113}$$

输入阻抗为

$$r_{in} \approx R_1 \parallel R_2 \parallel \frac{1}{j\omega(C_{GS} + C_{GD})} \tag{2-114}$$

输出阻抗为

$$r_{out} \approx R_D \parallel \frac{1}{j\omega(C_{GD} + C_{DS})} \tag{2-115}$$

因为 FET 的栅极在静态时没有电流，所以 FET 放大电路的静态工作点设计也较 BJT 放大电路的简单。下面简单介绍在输出特性曲线上作图设计的方法。

（1）取 $U_{DS} \approx V_{CC}/2$，选择合适的静态工作电流 I_D，不小于负载上的峰值电流需求并且不超过 FET 最大漏极电流的一半。

（2）在输出特性曲线上找到 (U_{DS}, I_D) 点和 $(V_{CC}, 0)$ 点，将其连线，计算连线斜率，有 $k = -\dfrac{1}{R_D + R_S + R_S'}$（方程 1）。

（3）对于 JFET，在传输特性曲线上找到 I_D 对应的 U_{GS}，有 $I_D(R_S + R_S') = |U_{GS}|$（方程 2），联立方程 1、方程 2 和增益方程式（2-113）即可得到 R_D、R_S 和 R_S'。

（4）对于 MOSFET，取 U_S' 为 V_{CC} 的 1/10～1/5，有 $R_S' = \dfrac{U_S'}{I_D}$；联立方程 1 和增益方程式（2-113）即可得到 R_D、R_S。

（5）在 MOSFET 传输特性曲线上找到 I_D 对应的 U_{GS}，计算 $U_G = I_D(R_S + R_S') + U_{GS}$，根据 R_1、R_2 分压关系和需求的低频输入阻抗求得 R_1 和 R_2。

2.13.4　共漏极放大电路

共漏极放大电路也称为源极跟随器，与 BJT 的射极跟随器非常相似，使用 N 沟道增强型 MOSFET 的电路如图 2-115 所示，使用其他 N 沟道 FET 的电路与其一样。

其交流电压增益为

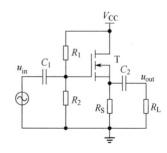

图 2-115　N 沟道增强型 MOSFET 的电路

$$A_u = \frac{g_m \cdot (R_S \parallel R_L)}{1 + g_m \cdot (R_S \parallel R_L)} \approx 1 \tag{2-116}$$

输入电阻（未考虑级间电容）为

$$r_{in} = R_1 \parallel R_2 \tag{2-117}$$

输出电阻（未考虑级间电容）为

$$r_{out} = \frac{R_S}{1 + g_m R_S} \tag{2-118}$$

2.13.5　共栅极放大电路

图 2-116 所示为典型的共栅极放大电路。图 2-116（a）使用 JFET，图 2-116（b）使用增强型 MOSFET。因为 JFET 的负阈值电压特性，所以可以省略用于给栅极提供偏置的电路，只需设置合适的 R_S 和 I_D 即可。

其电压增益为

$$A_u = G_{IN} \frac{g_m (R_D \parallel R_L)}{1 + g_m (R_S \parallel R_{IN})} \tag{2-119}$$

其中，$G_{IN} = R_S / (R_S + R_{IN})$。

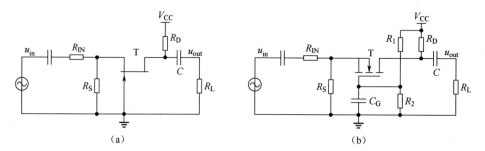

图 2-116　典型的共栅极放大电路

输入电阻（未考虑输入耦合电容）为

$$r_{in} \approx R_{IN} + R_S \parallel \frac{1}{g_m} \tag{2-120}$$

输出电阻（未考虑输入耦合电容）为

$$r_{out} \approx R_D \tag{2-121}$$

表 2-15 所示为 3 种放大电路的比较。注意，表 2-15 中的公式均未考虑前级输出电阻（认定为 0）和后级输入电阻（负载电阻，认定为 ∞）。

表 2-15　3 种放大电路的比较

	共源极	共漏极	共栅极
简化电路			
电压增益	$-\dfrac{g_m R_D}{1+g_m R_S}$	$\dfrac{g_m R_S}{1+g_m R_S}\approx 1$	$\dfrac{g_m R_D}{1+g_m R_{IN}}$
电流增益	∞	∞	-1
输入电阻	∞	∞	$R_{IN}+\dfrac{1}{g_m}$
输出电阻	R_D	$\dfrac{R_S}{1+g_m R_S}$	R_D

2.14　开关电路

晶体管放大器（除功率放大器之外）日益被运算放大器电路替代，晶体管开关电路现在可能更为常见。开关电路是指晶体管只工作在导通或截止两个状态的电路。当然，在导通和截止状态转换时会有短暂的线性工作状态，但这个时间很短，一般只在极限分析、功耗分析时考虑。

BJT 共射极连接和共基极连接、FET 共源极和共栅极都可以作为开关使用，以下均以 BJT 和增强型 MOSFET 为例说明。

数字电路是开关电路的重要应用，可以说整个数字电路都是在开关电路的基础上，配合数学和计算机相关理论发展起来的。

2.14.1　共射极/共源极开关

图 2-117 所示为最简单的 BJT 共射极和 MOSFET 共源极开关。显然，根据导通电流的方向，NPN 管或 N 沟道管的发射极或源极只能接地，只能用于控制上拉的负载（一端连接至正电源的负载）；而 PNP 管或 P 沟道管的发射极或源极只能接正电源，只能用于控制下拉的负载（一端连接至地的负载）。

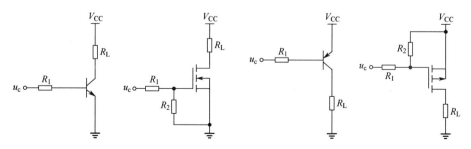

图 2-117　最简单的 BJT 共射极和 MOSFET 共源极开关

NPN 管和 N 沟道管均为高电压开通、低电压关断，电压阈值约为 0.7V 或 U_{th}；而 PNP 管和 P 沟道管均为低电压开通、高电压关断，电压阈值约为 $V_{CC} - 0.7$V 或 $V_{CC} + U_{th}$（注意 P 沟道管 U_{th} 为负值）。

对于 BJT 开关，R_1 用来限制基极电流，但必须保证在开通时足够为基极提供所需的电流。

对于 NPN 开关：

$$\frac{u_{c,ON} - 0.7V}{R_1} > \frac{V_{CC}}{h_{FE} \cdot R_L} \qquad (2\text{-}122)$$

对于 PNP 开关

$$\frac{V_{CC} - 0.7V - u_{c,ON}}{R_1} > \frac{V_{CC}}{h_{FE} \cdot R_L} \qquad (2\text{-}123)$$

通常可取极限值的一半。

对于 MOSFET 开关，因为输入电阻非常大，所以用 R_2 来保证 u_c 端口开路（或者前级输出高阻态）时，开关不会误动作。通常，R_2 可取数百千欧姆至数兆欧姆，如果能保证前级不会开路或为高阻态，也可省略 R_2。R_1 一般在高速开关场合使用，用来衰减因栅极回路电感和栅极电容引起的高频振荡，通常可取数欧姆，太大则不利于高速开关，在低速开关场合可省略 R_1。

注意，如果负载为感性负载（如电磁铁、继电器线圈），则开关断开时，电感因扼流（抑制电流变化）作用会产生很大的反向电动势，容易导致开关管或电路其他部分损坏。此时，可在负载上反向并联一只响应较快的二极管（如肖特基整流管），给电感提供续流回路，抑制反向电动势，如图 2-118 所示。

有时需要使用较低的电平控制高电压的下拉负载开通，如使用 MCU 输出的 3.3V 高电平去控制 12V 的下拉负载开通，可使用两级开关，以 BJT 开关为例，如图 2-119 所示。

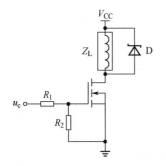

图 2-118　感性负载的续流二极管

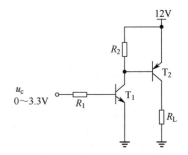

图 2-119　两级 BJT 开关

对于 R_1，要求其能为 T_1 提供足够的基极电流为

$$\frac{3.3V - 0.7V}{R_1} > \frac{12V}{h_{FE1} \cdot h_{FE2} \cdot R_L}$$

而对 R_2 没有特别要求，一般可取 $h_{FE2} \times R_L$ 的数倍。

MOSFET 开关在导通时，栅-源电阻可小至毫欧量级，漏-源压降可远低于 BJT 开关的约 0.3V 的集-射压降，这个压降是开关自身消耗功率的重要原因之一，因而 MOSFET 开关较 BJT 开关更适合应用于大电流、大功率或对效率有严格要求的场合。

2.14.2　共基极/共栅极开关

共基极或共栅极开关通常用于控制电平的平移转换，因为共基极或共栅极电路并没有电流放大作用，所以不能用于小电流信号控制大电流负载。例如，图 2-120 所示电路可将 0~3.3V 电平转换为-12~0V 电平。

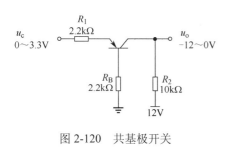

图 2-120　共基极开关

一般先根据输出所需的驱动能力确定 R_2，便可知道开关导通时的电流，此例中为 12mA，然后确定 R_1：

$$R_1 \approx \frac{3.3\text{V} - 0.7\text{V}}{12\text{mA}} \approx 2.2\text{k}\Omega$$，R_B 用于限制基极电流，因基极电压本身接近于零，不可取得太大，这里取值与 R_1 相同。

使用电流镜电路可以实现任意电平平移，这在 IC 设计中非常常见，不仅可用于逻辑电平，还可用于线性放大器中，因在电路设计中并不常用，这里不做专门介绍。

2.14.3　MOSFET 高速开关

在开关电源变换、D 类放大器、电机驱动等场合，有时需要 MOSFET 开关能高速工作。当前，1MHz 以上的开关频率已经非常常见了，这时往往要求 MOSFET 能在 10ns 以内的时间内完成通断转换。

因 MOSFET 的栅极电容很大，专用于开关应用的大电流 MOSFET 的栅极电容甚至可达 10nF，假如开通时栅-源电压需要 5V，则开通或关断时需要向其充电或放电 $10\text{nF} \times 5\text{V} = 50\text{nC}$。如果要在 10ns 以内完成开通或关断过程，则 MOSFET 栅极电流需要有 $50\text{nC}/10\text{ns} = 5\text{A}$。这是一个不小的电流，因而高速 MOSFET 开关往往需要使用专用的驱动电路。图 2-121 所示为最简单的 MOSFET 驱动电路，它使用互补 BJT 跟随器，提高栅极驱动电流。

在高速功率开关应用中，因为电流大、开关快，电流变化率极高，对电磁兼容和信号完整性也是极大的挑战，设计和制作高速开关电路，应细致考虑所有大动态

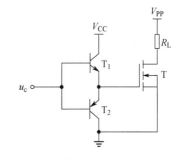

图 2-121　最简单的 MOSFET 驱动电路

电流回路（包括主电流回路和栅极驱动电流回路），减小回路面积，降低回路感抗，加强电源去耦。

因 MOSFET 功率开关的普遍和通用性，现在也有越来越多专用于 MOSFET 驱动的 IC，将在 2.14.4 节介绍。

2.14.4　功率桥及其驱动

共射极或共源极开关可以控制阻性负载的通断，从输出电压和驱动强度的角度看，它实际上只能输出一个强驱动能力的电平或断路为高阻态，有时需要功率电路能输出两个强驱动能

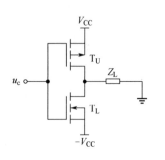

图 2-122 互补 MOSFET 构成的功率半桥

力的电平。另外，也需要驱动负载双向工作（如直流电机）。这时，可以使用半桥开关，如图 2-122 所示。其中，连接正电源的晶体管称为上管；而连接负电源或地的晶体管称为下管。

不过，此电路有一个严重的问题，如果 $2V_{CC} > |U_{th,U}| + U_{th,L}$，即两只管子的栅源阈值电压绝对值之和小于总的电源电压，那么在 u_c 高低变化时，因斜率不可能无穷大，必然存在 $u_c < V_{CC} + U_{th,U}$ 和 $u_c > -V_{CC} + U_{th,L}$ 的时间。此时，上下两管均导通，直接将电源短路，将造成损坏。因此实际的功率半桥的栅极需要独立驱动，并错开一小段时间，称为死区时间。

大功率的 N 沟道 MOSFET 较 P 沟道 MOSFET 成本低、容量大，因而实际的功率桥上管也常常使用 N 沟道 MOSFET。不过这会带来一个问题，当上管导通时，上管栅极电压需要比正电源电压还高，实际中专门为上管栅极设计一路更高电压的电源并不划算，大多数 MOSFET 半桥驱动 IC 采用电荷泵电路来产生这个高电压，如图 2-123 所示。

其中，D 和 C_b（又称为自举电容）在半桥输出端的驱动下，形成电荷泵，在下管开通时，D 导通向 C_b 充电，在需要上管开通时，控制电路驱动 T_1 导通，C_b 向上管栅极提供电荷，此时无论半桥输出电压增加至多大，C_b 总能为上管栅极提供高于其源极 V_{CC} 的电压。

容易知道，C_b 应远大于上管栅极电容，二极管 D 的反向击穿电压必须大于 V_{PWR}。

当然，在这个电路中，上管开通的持续时间不能太长，驱动电路终将耗尽 C_b 的电量，而要保证 C_b 能充到电，必须保证下管有导通机会。因而这种驱动 IC 只能用于高频率的开关场合。

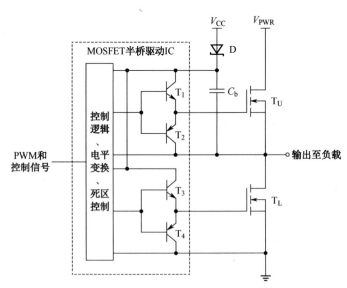

图 2-123 MOSFET 半桥驱动 IC 原理

　　有的驱动 IC 内部已包含二极管 D。有的驱动 IC 内部包含独立的用于电荷泵的振荡器，可用于需要上管长期开通的场合。

　　大多数驱动 IC 还提供使能或禁能输入，使得半桥除可以输出高或低之外，还可以两管均关断，实现输出开路。

　　图 2-124 所示为 TI 公司 MOSFET 驱动 IC TPS28225 的原理框图和在同步降压开关电源电路中的典型应用。TPS28225 还包含自适应的死区时间控制电路，只有在检测到待关断的MOSFET 的栅源电压降至一定的阈值以下，才会开通另一只。

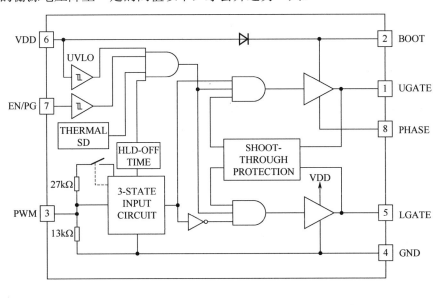

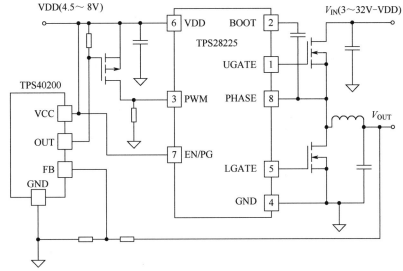

图 2-124　TI 公司 MOSFET 驱动 IC TPS28225 的原理框图和在同步降压开关电源电路中的典型应用

　　如果需要在单电源供电下实现对负载的双向驱动，还可以使用两个半桥组成全桥，又称为 H 桥，如图 2-125 所示。

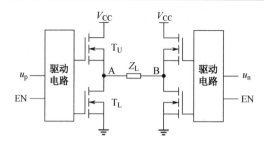

图 2-125　MOSFET 全桥

如果负载为直流电机，则它可以有多种状态，如表 2-16 所示。

表 2-16　全桥驱动的电机的状态

EN	u_p	u_n	A	B	电机状态
1	0	0	L	L	短路，制动
1	1	1	H	H	短路，制动
1	1	0	H	L	施加正向电压
1	0	1	L	H	施加反向电压
0	X	X	Hi-Z	Hi-Z	开路，惯性滑行

当然也有专用的直流电机驱动 IC，如 TI 公司的 DRV8432、DRV8837 等，DRV8432 内含两个完整的 MOSFET 全桥，每个最大电流为 7A，并有完善的保护电路，可驱动两只直流电机或一只两相步进电机，更大电流的电机驱动一般由分立 MOSFET 和 MOSFET 驱动构成。

2.15　功率放大电路

功率放大是相对小电流的电压放大而言的，电压放大电路主要强调交流电压增益，而功率放大电路则主要强调交流电流放大作用，当然可以有一定的交流电压增益。

功率放大电路（又称为功率放大器）主要用于驱动功率较大的线性换能装置，如扬声器、直流电机等。因输出功率较大，功率放大电路的效率也需要考虑，功率放大器的效率定义为输出功率与电源输入功率之比。

线性功率放大器的末级晶体管主要工作于线性区，晶体管本身消耗较大功率，效率一般不高。开关功率放大器的末级晶体管工作在截止或导通状态，本身基本不消耗功率，效率较高。

2.15.1　线性功率放大器

根据末级 BJT 的工作情况，线性功率放大器可分为以下几种。

①甲类（A 类），在信号的整个周期内，末级晶体管均处于线性区，效率的理论极限是 50%。

②乙类（B 类），在信号的半个周期中，末级晶体管处于线性区，另外半个周期中，末级晶体管处于截止区，效率的理论极限是 $\pi / 4 \approx 78.5\%$，若要完整地放大整个信号周期，需要两个晶体管互补工作。

③甲乙类（AB 类），介于 A 类和 B 类之间，末级晶体管处于线性区的时间多于半个周期而不到整个周期，效率介于 A 类和 B 类之间，若要完整地放大整个信号周期，需要两个晶体

管互补工作。

④丙类（C 类），末级晶体管只在信号周期中的很小一部分处于线性区，大部分时间处于截止状态，一般配合谐振电路实现窄带高频放大。

射极跟随电路是一种甲类功率放大器，不过在输出功率较大时，一般使用电流源替代发射极电阻，可降低发射极电阻带来的功耗，如图 2-126 所示。

图 2-127（a）所示为最简单的互补乙类放大器，由 NPN 管射极跟随电路和 PNP 管射极跟随电路"拼合"而成。

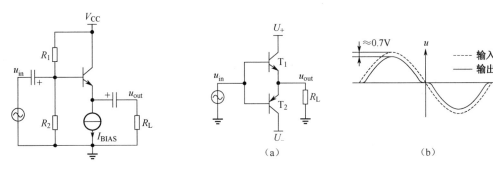

图 2-126　电流源负载的射极跟随　　　　　图 2-127　最简单的互补乙类放大器
　　　　　　功率放大器　　　　　　　　　　　　　　　及其交越失真

但此电路在输入电压处于-0.7～0.7V 时，两只晶体管均不工作，因而存在"交越失真"，如图 2-127（b）所示。为克服"交越失真"，可使用二极管来插入两个 0.7V 偏置，如图 2-128所示，或者使用如图 2-129 所示的 BJT 偏置电路。

容易知道，图 2-129 中，A、B 两端电压差（偏置电压）为

$$U_{AB} \approx 0.7\text{V} \cdot \frac{R_1 + R_2}{R_1} \tag{2-124}$$

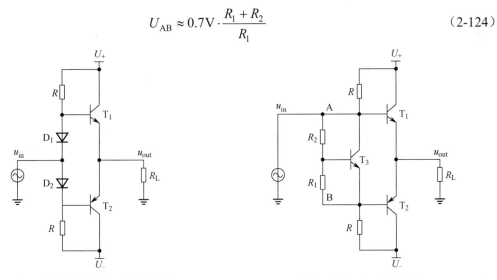

图 2-128　二极管偏置的乙类互补放大器　　　　　图 2-129　BJT 偏置电路

很多放大器中会将 R_2 改为可调电阻，这样便可以调节偏置电压，如果偏置电压稍稍超出1.4V，则电路将变为甲乙类，如果偏置电压继续增大，可能会导致末级静态电流（无负载时直接从上管流向下管的电流）急剧增大，会导致效率降低，末级晶体管发热严重甚至损坏。不过，

此电路中 u_{in} 和 u_{out} 存在恒定的偏差（偏置电压的一半），往往需要在输入端增加耦合（隔直）电容。

注意，图 2-128 和图 2-129 中的 R 不可取值太大，必须保证在输入峰值和谷值时，R 足以为 BJT 提供足够的基极电流（等于输出电流峰值除以 T_1 的直流电流增益）。

$$\frac{V_{\text{CC}} - U_{\text{O,MAX}} - 0.7\text{V}}{R} > \frac{I_{\text{O,MAX}}}{h_{\text{FE}}} \tag{2-125}$$

如果要求输出摆幅较大，R 可能取值过小，导致电阻上功耗过大，此时也可使用电流源替代，如图 2-130（a）所示。容易知道，电流源的电流也不应小于 $I_{\text{O,MAX}} / h_{\text{FE}}$。如果需要电路工作于甲乙类以进一步降低交越失真，可在二极管间串入两个小电阻 R，额外增加的偏置电压等于 $2IR$。

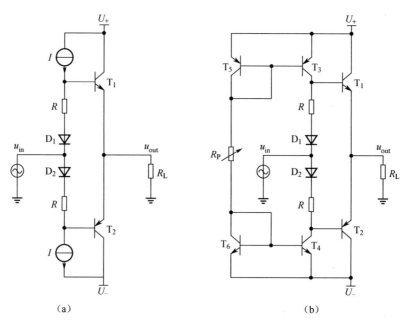

图 2-130　电流源驱动二极管偏置的乙类/甲乙类互补放大器

不过，图 2-130（a）所示电路中的两个电流源不应使用独立的两个电流源，否则电流差异将完全由输入承担，导致输入偏置电流过大。实用的电路如图 2-130（b）所示，使用了 T_3、T_5 和 T_4、T_6 构成互补对称电流镜，并使用 R_P 调节电流，容易知道，T_3 至 T_4 集电极电流为 $(U_+ - U_- - 1.4\text{V}) / R_P$。

在需求的输出电流较大的情况下，如大于 1A，上述放大器的输入电阻并不够大，输入驱动电流可能需要数十毫安以上，这时可再增加一级射极跟随电路，如图 2-131 所示。这一级射极跟随电路的偏置电压正好可与末级偏置电压抵消，可省去两个二极管。

图 2-132 所示为一款实际的音频功率放大器的功率级。该功率级工作在双 32V，输入信号峰峰值 50V 时，可在 4Ω 音箱上输出约 80W 功率。图 2-132 中还画出了必要的电流去耦电容 C_1、C_2、C_3 和 C_4。

要形成一个完整的音频功率放大器，还需要将标准音频电平（峰峰值约为 2.2V）放大至峰峰值 50V 的电压增益级。

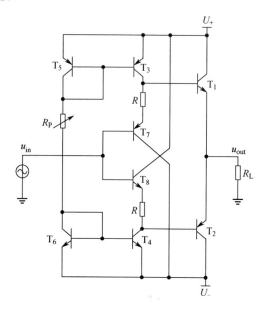

图 2-131 电流源驱动射极跟随偏置的乙类/甲乙类互补放大器

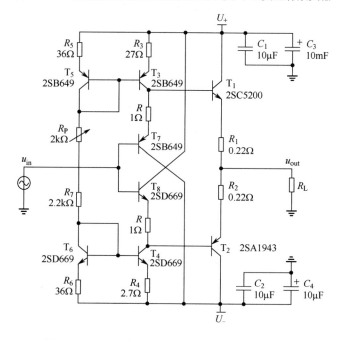

图 2-132 80W 音频功率放大器的末级（功率级）

这个电路使用 R_3、R_5 和 R_4、R_6 构成不对称互补电流镜，在 R_3、R_4 上产生的电流将大约是 R_5、R_6 上电流的 10 倍，调节 R_P 可使设置 R_5、R_6 电流在 14~26mA 范围内调节，而 R_3、R_4 电流将在 140~260mA 范围内调节。R_1、R_2 用于限制末级静态电流，在 R_P 调节下，末级静态电流可在 0.7~1.3A 范围内调节，工作在甲乙类状态。

注意，图 2-132 中 R_1、R_2、R_7、R_p 需要使用较大功率的电阻，读者可自行估算。另外，工作时，T_1 和 T_2 将有很大的耗散功率，各自不小于 25W，需要安装大型散热片，而 T_3、T_4、T_7 和 T_8 也均有较大耗散功率，需安装散热片。

2.15.2 简易运算放大器

使用差分放大电路、共射极放大电路和乙类互补放大电路，可构成简单实用的运算放大器，如图 2-133 所示。事实上，许多 BJT 工艺的集成运算放大器大致也是这样的结构，如 μA741，LM324 等。关于运算放大器应用将在第 4 章进行详细介绍。

图 2-133 中，R_1 和 R_2 有助于降低 T_3 和 T_4 不一致造成的电流不对称，但其上压降与 T_4 的 C-E 饱和压降之和，不能大于 0.6V，以避免 T_5 饱和。C_m 为稳定性补偿电容，通常为数皮法拉至数十皮法拉。电流源 I_1 可取 $10 \sim 100\mu A$，I_2 则可取为 I_1 的 $10 \sim 20$ 倍，实际电路 I_1 和 I_2 可以是不对称电流镜的两臂。

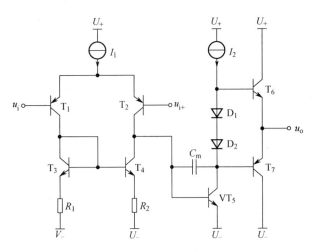

图 2-133 BJT 构成的简单运算放大器

如果要进一步降低输入偏置电流、提高增益，可将图 2-133 中的 T_1、T_2、T_5 改为达林顿结构，如图 2-134 所示，PNP 达林顿输入级还能在输入接近甚至稍稍超出负电源轨时工作。图中给出了电流源的具体实现，并将末级做电压偏置的二极管替换成三极管，如果 T_{11} 和 T_9、T_{12} 和 T_{10} 型号相同，则偏置电压会更准确一些。

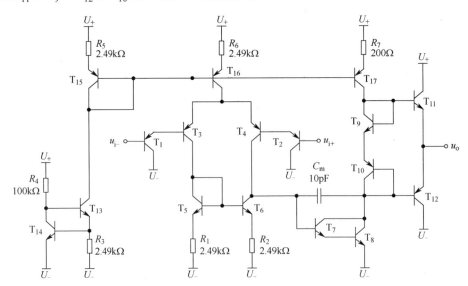

图 2-134 BJT 构成的简易实用运放

　　电路中，T_{13}、T_{14} 构成的电流源产生约 200μA 的电流，经电流镜为差分放大级提供约 200μA 电流，为共射极放大级提供约 2mA 负载电流。所有 NPN 三极管可使用相同型号，所有 PNP 三极管可使用相同型号，如可使用 2SC1015 和 2SA1815，或者 2N3904 和 2N3906，等等。图 2-135 所示为全部使用贴片器件实际制作而成的 BJT 简易运放。

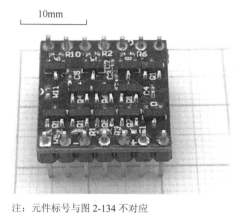

注：元件标号与图 2-134 不对应

图 2-135　全部使用贴片器件实际制作而成的 BJT 简易运放

第 3 章

信号与系统基础

3.1　信号与系统的基本概念

本节将简单介绍线性信号与系统的一些基础知识，便于尚未学习相关课程的读者快速掌握一些将在后续章节使用到的概念，便于后续章节的理解。如果要深入理解线性信号与系统相关知识，务必系统地学习相关课程。

3.1.1　连续时间信号、系统和传输函数

1. 单位冲激信号

单位冲激信号是一个为了便于分析连续时间系统而提出的理想信号，在现实中不存在，它定义为

$$\delta(t) = 0, \quad t \neq 0$$
$$\int_{-\infty}^{\infty} \delta(t)\,\mathrm{d}t = 1 \tag{3-1}$$

它在非零时刻的值为 0，而在 0 时刻的值趋于无穷大使得积分为 1。

单位冲激信号一般画作如图 3-1 所示的形式，以一个箭头表示其值无穷大，而在旁边附以"(1)"表示其强度（积分）为 1。

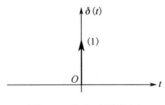

图 3-1　单位冲激信号

单位冲激信号具备很多较好的特性，如"筛选性"：若 $f(\tau)$ 在 $\tau = t$ 处连续，则

$$\int_{-\infty}^{\infty} \delta(\tau - t) f(\tau)\,\mathrm{d}\tau = f(t) \tag{3-2}$$

即将 $\delta(\tau)$ 移动至 t 时刻,与函数 $f(\tau)$ 相乘后积分,值等于 $f(t)$ ——移至 t 时刻的单位冲激响应,将信号在 t 时刻的值"筛选"了出来。

2. 线性时不变连续时间系统

理想情况下,由固定 R、L、C 和放大器构成的电路,均为线性时不变(LTI)连续时间系统。非理想情况和许多理论上非线性时变的系统,在一定的条件下,也能近似为线性时不变系统,以便于分析。具有单个输入和单个输出(SISO)的系统,作用是处理一个输入信号 $x(t)$ 而产生一个输出信号 $y(t)$,记为

$$y(t) = S\{x(t)\} \tag{3-3}$$

其中,输入信号 $x(t)$ 称为激励,而输出信号 $y(t)$ 称为响应。信号和系统示意如图 3-2 所示。

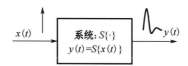

图 3-2 信号和系统示意图

如果对于系统 $S\{\cdot\}$,已有

$$S\{x_i(t)\} = y_i(t) \tag{3-4}$$

那么满足

$$S\{ax_1(t) + bx_2(t)\} = ay_1(t) + by_2(t) \tag{3-5}$$

的系统称为线性系统,意为多个信号的加权和作为激励时,系统的响应将为各个信号单独作为激励时的响应的加权和。

满足

$$S\{x_1(t - t_0)\} = y_1(t - t_0) \tag{3-6}$$

的系统称为时不变系统,意为输入信号在时间轴上平移,输出信号将同样平移,或者说,"换个时间给激励,响应一样"。

如果同时满足两者,即

$$S\left\{\sum a_i x_i(t - t_i)\right\} = \sum a_i y_i(t - t_i) \tag{3-7}$$

则系统 $S\{\cdot\}$ 为线性时不变系统。

更进一步地,可以有

$$S\left\{\int_{-\infty}^{\infty} a(\tau)x(t - \tau)\mathrm{d}\tau\right\} = \int_{-\infty}^{\infty} a(\tau)y(t - \tau)\mathrm{d}\tau \tag{3-8}$$

3. 单位冲激响应

对系统输入单位冲激信号 $\delta(t)$,其响应:

$$h(t) = S\{\delta(t)\} \tag{3-9}$$

称为系统的单位冲激响应。

4．卷积积分

根据单位冲激函数的筛选性及它是一个偶函数，任何输入信号均可表述为

$$x(t) = \int_{-\infty}^{\infty} x(\tau)\delta(t-\tau)\mathrm{d}\tau \tag{3-10}$$

因而根据式（3-8），有

$$y(t) = S\{x(t)\} = \int_{-\infty}^{\infty} x(\tau)h(t-\tau)\mathrm{d}\tau \tag{3-11}$$

所以，在已知系统的单位冲激响应的前提下，可以求得系统对任何激励 $x(t)$ 的响应 $y(t)$。系统的单位冲激响应是表征系统特性的一种重要且便利的方式。式（3-11）中的积分又称为卷积积分，定义为

$$x(t)*h(t) \stackrel{\text{def}}{=} \int_{-\infty}^{\infty} x(\tau)h(t-\tau)\mathrm{d}\tau \tag{3-12}$$

因而，$S\{x(t)\} = y(t) = x(t)*h(t)$。这样，系统运算 $S\{\cdot\}$ 便可以被一个过程明确的卷积积分替代了。

5．拉普拉斯变换和传输函数

定义变量 $s = \mathrm{j}\omega + \sigma$，其中 j 为虚数单位。

$$\mathcal{L}\{x(t)\} \stackrel{\text{def}}{=} \int_{-\infty}^{\infty} \mathrm{e}^{-st} x(t)\mathrm{d}t \tag{3-13}$$

称为拉普拉斯变换，对于时域信号 $x(t)$，拉普拉斯变换将其变换为复变量 s 的函数。

对系统的单位冲激响应 $h(t)$ 做拉普拉斯变换：

$$H(s) = \mathcal{L}\{h(t)\} = \int_{-\infty}^{\infty} \mathrm{e}^{-st} h(t)\mathrm{d}t \tag{3-14}$$

得到的关于复频率 s 的函数（也称为 s 域函数、复频域函数）$H(s)$ 称为系统的传输函数。

单位冲激响应 $h(t)$ 是系统特性在时域的表达，而传输函数 $H(s)$ 则是系统特性在复频域上的表达。

时域上的卷积积分等价于复频域上的乘法，复频域信号 $X(s) = \mathcal{L}\{x(t)\}$ 经过系统 $H(s)$ 后，输出为 $H(s)\cdot X(s)$。

$$Y(s) = H(s)\cdot X(s) \Leftrightarrow y(t) = x(t)*h(t) \tag{3-15}$$

时域中为求得信号经过系统后的输出需要使用卷积运算，转换到复频域中，可简化为乘法运算。

6. 幅频响应和相频响应

$$A(\omega) = |H(j\omega)| \tag{3-16}$$

即是系统的幅度-频率响应，意为系统对信号中角频率为 ω 的分量的增益。

$$P(\omega) = \angle H(j\omega) \tag{3-17}$$

即是系统的相位-频率响应，意为系统对信号中角频率为 ω 的分量的相移。

3.1.2　离散时间信号、系统和传输函数

离散时间信号、系统的相关理论主要用于分析和设计数字信号和系统，数字信号是离散信号的一种，是量化的离散信号。

1. 单位冲激信号

单位冲激信号 $\delta[n]$ 为

$$\delta[n] = \begin{cases} 1, & n = 0 \\ 0, & n \neq 0 \end{cases} \tag{3-18}$$

单位冲激信号如图 3-3 所示。图中，每个小圆圈代表一个采样数据。

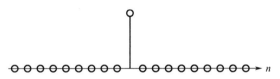

图 3-3　单位冲激信号

2. 线性时不变离散时间系统

具有单个输入和单个输出（SISO）的系统，作用是处理一个输入序列 $x[n]$ 而产生一个输出序列 $y[n]$，记为

$$y[n] = S\{x[n]\} \tag{3-19}$$

信号和系统如图 3-4 所示。

图 3-4　信号和系统

其中，输入序列 $x[n]$ 称为激励，而输出序列 $y[n]$ 称为响应。

如果对于系统 $S\{\cdot\}$ 有

$$S\{x_i[n]\} = y_i[n] \tag{3-20}$$

那么满足

$$S\{ax_1[n] + bx_2[n]\} = ay_1[n] + by_2[n] \tag{3-21}$$

的系统称为线性系统。

满足

$$S\{x_1[n - n_0]\} = y_1[n - n_0] \tag{3-22}$$

的系统称为时不变系统，如果同时满足两者，即

$$S\left\{\sum a_i x_i[n - n_0]\right\} = \sum a_i y_i[n - n_0] \tag{3-23}$$

则称系统 $S\{\cdot\}$ 为线性时不变系统，简称 LTI 系统。现实中，许多数字系统或者都是 LTI 系统，或者在特定情况下可以近似为 LTI 系统。

3. 冲激响应

对系统输入单位冲激信号 $\delta[n]$，其响应：

$$h[n] = S\{\delta[n]\} \tag{3-24}$$

称为系统的单位冲激响应。图 3-4 所示的正是这种情况。

4. 卷积和

任何输入信号均可表述为无穷个单位冲激信号的加权平移之和，即

$$x[n] = \sum_{k=-\infty}^{\infty} x[k]\delta[n - k] \tag{3-25}$$

因而根据式（3-23），可以有

$$S\{x[n]\} = y[n] = \sum_{k=-\infty}^{\infty} x[k]h[n - k] \tag{3-26}$$

其中，$h[n] = S\{\delta[n]\}$ 为系统的单位冲激响应。

根据式（3-26），在已知系统单位冲激响应的前提下，可以求得系统对任何激励 $x[n]$ 的响应 $y[n]$。因而系统的单位冲激响应是表征系统特性的一种重要且便利的方式。

式（3-26）中的求积之和的过程又称为离散卷积，定义为

$$x[n] * h[n] \stackrel{\text{def}}{=} \sum_{k=-\infty}^{\infty} x[k]h[n - k] \tag{3-27}$$

因而，$S\{x[n]\} = y[n] = x[n] * h[n]$。这样，系统运算 $S\{\cdot\}$ 便可以被一个过程明确的卷积运算替代了。

5．z 变换和传输函数

定义变量 $z = r\mathrm{e}^{\mathrm{j}\Omega} = r(\cos\Omega + \mathrm{j}\sin\Omega)$，其中 j 为虚数单位。

$$\mathcal{Z}\{x[n]\} \stackrel{\text{def}}{=} \sum_{n=-\infty}^{\infty} x[n] z^{-n} \tag{3-28}$$

称为 z 变换，z 变换将一个序列变换为复变量 z 的函数。

对系统的单位冲激响应 $h[n]$ 做 z 变换，即

$$H(z) = \mathcal{Z}\{h[n]\} = \sum_{n=-\infty}^{\infty} h[n] z^{-n} \tag{3-29}$$

得到的关于复频率 z 的函数（也称为 z 域函数）$H(z)$ 称为离散时间系统的传输函数。

单位冲激响应 $h[n]$ 是系统特性在时域的表达，而传输函数 $H(z)$ 则是系统特性在复频域上的表达。

时域上的卷积和等价于复频域上的乘法，因而复频域信号 $X(z)$ 经过系统 $H(z)$ 后，输出为 $H(z) \cdot X(z)$。

$$Y(z) = H(z) \cdot X(z) \Leftrightarrow y[n] = x[n] * h[n] \tag{3-30}$$

时域中为求得信号经过系统后的输出需要使用卷积和运算，转换到复频域中，可简化为乘法运算。

6．幅频响应和相频响应

$$A(\Omega) = \left| H\left(\mathrm{e}^{\mathrm{j}\Omega}\right) \right| \tag{3-31}$$

即是系统的幅度-频率响应，意为系统对信号中归一化角频率为 Ω 的分量的增益。

$$P(\Omega) = \angle H\left(\mathrm{e}^{\mathrm{j}\Omega}\right) \tag{3-32}$$

即是系统的相位-频率响应，意为系统对信号中归一化角频率为 Ω 的分量的相移。

3.1.3　数字信号的采样率和采样定律

1．采样率和归一化频率

采样序列中两个相邻采样的时间差称为采样周期，其倒数即为采样率，单位为 Hz，工程中也常用 sps（samples per second）或 Sa/s（Samples/s）为单位，使用 sps 或 Sa/s 可凸显"采样率"之意，以示与信号频率区分。

试想一个采样率为 1Msps 的系统，如果输入 100kHz 正弦序列 $x_1[n]$ 时的响应是 $y_1[n]$，那么将系统工作频率提升一倍，采样率达到 2Msps，并输入 200kHz 正弦序列 $x_2[n]$，其响应也必然是 $y_1[n]$。因为 1Msps 下 100kHz 信号的序列 $x_1[n]$ 与 2Msps 下 200kHz 信号的序列 $x_2[n]$ 是一样的。所以，在数字信号处理中，常用归一化频率或归一化角频率，而不是信号本身的频率。

采样周期 $T_s = 1/f_s = 2\pi/\Omega_s$ 下信号 $A\cos(\omega t + \phi) = A\cos(2\pi f t + \phi)$ 的采样序列为

$$
\begin{aligned}
x[n] &= A\cos(\omega n T_s + \phi) = A\cos\left(2\pi\frac{\omega}{\Omega_s}n + \phi\right) \\
&= A\cos(2\pi f n T_s + \phi) = A\cos\left(2\pi\frac{f}{f_s}n + \phi\right)
\end{aligned}
\tag{3-33}
$$

其中

$$
2\pi\frac{\omega}{\Omega_s} = 2\pi\frac{f}{f_s} \overset{\text{def}}{=\!=} \Omega
\tag{3-34}
$$

称为归一化角频率,因而

$$
x[n] = A\cos(\Omega n + \phi)
\tag{3-35}
$$

而

$$
\frac{f}{f_s} \overset{\text{def}}{=\!=} f_n
\tag{3-36}
$$

称为归一化频率,因而

$$
x[n] = A\cos(2\pi f_n n + \phi)
\tag{3-37}
$$

归一化角频率和归一化频率都将模拟信号表达式中的自变量时间转换为数字序列的下标。

注意,有些书籍文献和软件工具常常还会使用另一种归一化频率的方法,即

$$
f_n' \overset{\text{def}}{=\!=} \frac{2f}{f_s}
\tag{3-38}
$$

式(3-36)将实际频率 $0 \sim f_s$ 归一化到 $0 \sim 1$,而式(3-38)将实际频率 $0 \sim f_s/2$ 归一化到 $0 \sim 1$。为了避免混淆,本书中弃两者不用,一律使用归一化角频率来描述,读者务必充分理解这 3 种归一化方法,并能熟练转换。

2. 零阶保持器特性

真实的 DAC 在将数字信号转换为模拟信号时,无法输出理想的冲激信号,只能将输出信号保持一个采样周期,这样的特性称为零阶保持特性,如图 3-5 所示,其中,粗线段即为 DAC 的输出波形。

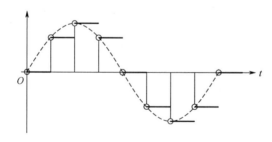

图 3-5　零阶保持特性

3. 奈奎斯特采样定律

根据式（3-37），频率为 f 的信号在采样率 f_s 下得到的序列为

$$A\cos\left(2\pi\frac{f}{f_s}n+\phi\right)=A\cos\left(2k\pi\pm\left(2\pi\frac{f}{f_s}n+\phi\right)\right)$$

$$=A\cos\left(2\pi\frac{kf_s\pm f}{f_s}n\pm\phi\right),\ k\in Z \tag{3-39}$$

因而频率 $kf_s\pm f$ 的信号在采样率 f_s 下得到的序列将有相同的重复频率。

同样，在使用 DAC 将频率为 f 的信号的采样序列还原成模拟信号时，信号中也将存在频率 $kf_s\pm f$ 的分量。这些分量称为频谱镜像，如图 3-6 所示，其中，虚线是 DAC 的幅频响应（因其零阶保持特性）。

$$|H_{DAC}|=\left|\text{sinc}\left(\frac{\Omega}{2}\right)\right|=\begin{cases}\left|\dfrac{\sin(\Omega/2)}{\Omega/2}\right|, & \Omega\neq 0\\ 1, & \Omega=0\end{cases} \tag{3-40}$$

每两个相邻点划线中间的区域称为一个奈奎斯特域或镜像域。

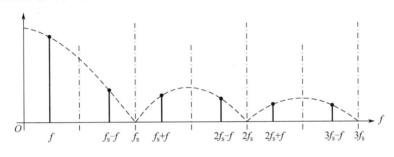

图 3-6　频谱镜像

为了在 DAC 后还原出频率 f 的模拟信号，需要使用模拟低通滤波器将 f_s-f 及更高频率的镜像成分滤除，称为重构滤波器，而如果 f 增加使得它与 f_s-f 越来越接近，这个重构滤波器的过渡带就会越来越窄，越来越难以实现。容易知道，信号无法重构的极限是 $f=f_s/2$。因而 $f_s>2f$ 才能保证信号顺利重构。这个 $f_s/2$ 称为采样系统的奈奎斯特频率。

使用傅里叶级数，有限带宽的模拟信号总可以表达为正 / 余弦分量的加权和 $x(t)=\sum_i A_i\sin(2\pi f_i t+\phi_i)$，为了能从采样后的序列 $\{x[n]\}$ 中重构出 $x(t)$，采样频率 f_s 应大于 $x(t)$ 中所有分量频率中的最高者 $\max\{f_i\}$ 的两倍。

事实上，对于相对窄带甚至单频信号，使用比信号频率低的采样率也是可以的。例如，使用 1Msps 采样率，采集中心频率为 1.25MHz、带宽为 400kHz 的信号，如图 3-7 所示。

虽然得到的序列将与中心频率为 250kHz、带宽为 400kHz 的信号一样，但如果最终重构时，采用通带 1.05～1.45MHz 的带通滤波器，同样可以还原出原始信号。这种使用低采样率，去采集较高频率但窄带宽的信号的方法在数字通信中常常用到，称为直接中频采样或直接混频采样。

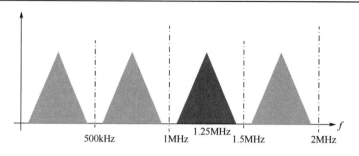

图 3-7　低采样率和高频窄带信号

所以，采样的关键是：信号带宽 $< f_s/2$，并且信号频带不覆盖 $kf_s/2$ 频点。

如果一个信号频带上限是 f_H，下限是 f_L，容易知道，采样率 f_s 应满足 $nf_s/2 < f_L$ 且 $(n+1)f_s/2 > f_H$，即

$$\frac{2f_H}{n+1} < f_s < \frac{2f_L}{n}, \ n \in \left[0, \left\lfloor \frac{f_L}{f_H - f_L} \right\rfloor\right] \bigcap \mathbb{Z} \tag{3-41}$$

在 $n=0$ 时 $2f_L/n \overset{\text{def}}{=} \infty$，其中 "$\lfloor \cdot \rfloor$" 为下取整。

但是模拟信号通常还包含人们感兴趣的频带 $[f_L, f_H]$ 以外的信号，所以在使用 ADC 采集信号时，一般需要在 ADC 之前使用通带为 $[f_L, f_H]$ 的带通滤波器来滤除带外频率成分，在 $n=0$ 时，则可使用通带 $[0, f_H]$ 的低通滤波器，称为抗混叠滤波器，避免兴趣频带所在镜像域之外的信号混叠进兴趣频带。

3.1.4　基本元件和连接的传输函数

拉普拉斯变换和 z 变换将时域中的积分/累加、微分/差分操作转化为复频域中的代数运算。模拟电路中的电容、电感，数字信号处理系统中的延迟、累加、差分在时域中需要使用微分方程、差分方程才能求解的问题都变成了类似电阻和放大器一样的代数乘法。

例如，时域上需要用微分方程表达的电容的特性：$C\mathrm{d}u(t) = i(t)\mathrm{d}t$，经过拉普拉斯变换将得到复频域上简单的代数乘法：$u(s) = \dfrac{1}{sC}i(s)$，这使得人们可以将 $\dfrac{1}{sC}$ 看作电容在复频域下的广义电阻，即复阻抗。

同时，因为拉普拉斯变换和 z 变换的线性特性，等效原理、叠加原理、基尔霍夫节点电流和环路电压定理等原先在时域电阻性网络中构建的所有规则在复频域中具有完全一样的形式。

所以，人们可以直接在复频域中利用代数方程分析原本在时域中需要用微分方程或差分方程分析的模拟电路或数字信号处理系统。

表 3-1 所示为模拟电路中基本元件和连接的传输函数。表 3-2 所示为数字信号处理系统中基本元件和连接的传输函数。使用这些基本元件和关系，便可以构建所有的模拟线性信号调理电路或数字线性信号处理系统。

表 3-1 模拟电路中基本元件和连接的传输函数

元件/连接	时域	s 域（传输函数）	
电阻（u-i 关系）	$u(t) = i(t) \cdot R$	$\dfrac{u(s)}{i(s)} = R$	$i(s) \rightarrow \boxed{R} \rightarrow u(s)$
电容（u-i 关系）	$C\mathrm{d}u(t) = i(t)\mathrm{d}t$	$\dfrac{u(s)}{i(s)} = \dfrac{1}{sC}$	$i(s) \rightarrow \boxed{1/(sC)} \rightarrow u(s)$
电感（u-i 关系）	$L\mathrm{d}i(t) = u(t)\mathrm{d}t$	$\dfrac{u(s)}{i(s)} = sL$	$i(s) \rightarrow \boxed{sL} \rightarrow u(s)$
放大器	$af(t)$	$aF(s)$	$\rightarrow \boxed{a} \rightarrow$
和	$f(t) + g(t)$	$F(s) + G(s)$	$\rightarrow \boxed{F(s)+G(s)} \rightarrow$
级联	$(g*f)(t)$	$G(s)F(s)$	$\rightarrow \boxed{G(s)F(s)} \rightarrow$
积分	$\displaystyle\int_0^t f(\tau)\mathrm{d}\tau$	$\dfrac{1}{s}F(s)$	$\rightarrow \boxed{1/s} \rightarrow$
导数	$\dfrac{\mathrm{d}f(t)}{\mathrm{d}t}$	$sF(s) + f(0)$	$\rightarrow \boxed{s} \rightarrow$

表 3-2 数字信号处理系统中基本元件和连接的传输函数

元件/连接	时域	z 域（传输函数）
增益	$\delta[n] \rightarrow \boxed{k} \rightarrow k \cdot \delta[n]$	$\rightarrow \boxed{k} \rightarrow$
单位延迟器（D 触发器）	$\delta[n] \rightarrow$ D[] Q[] $\rightarrow \delta[n-1]$，$f_s \rightarrow$ C1k	$\boxed{z^{-1}}$
累加器（积分器）	$\delta[n] \rightarrow \oplus \rightarrow$ D Q $\rightarrow$ step$[n-1]$	$\boxed{\dfrac{1}{z-1}}$
	$\delta[n] \rightarrow \oplus \rightarrow$ D Q $\rightarrow$ step$[n]$	$\boxed{\dfrac{1}{1-z^{-1}}}$
差分器（微分器）	$\delta[n] \rightarrow$ D Q $\rightarrow \oplus \rightarrow \delta[n]-\delta[n-1]$	$\boxed{1-z^{-1}}$
系统并联	$\delta[n] \rightarrow \boxed{H(z)} \xrightarrow{h[n]} \oplus \rightarrow h[n]+g[n]$，$\delta[n] \rightarrow \boxed{G(z)} \xrightarrow{g[n]}$	$\boxed{H(z)+G(z)}$

元件/连接	时域	z 域（传输函数）
系统级联	$\delta[n]$ —□ $H(z)$ —$h[n]$→ □ $G(z)$ —$h[n]*g[n]$	—□ $H(z)G(z)$ □—

3.2　模拟滤波器

滤波器是一个很宽泛的概念，是用于去除信号中不想要的成分的装置，在电路中，大部分滤波器区分信号想不想要的标准是信号的频率，也有些滤波器并不滤除什么，而是对信号中的某些成分做些修改。

根据系统的传输函数，系统有幅频和相频响应。理想放大器的幅频响应 $|H(j\omega)|$ 为常数，而相频响应 $\angle H(j\omega)$ 也为常数。广义地讲，任何幅频响应或相频响应不是频率的常函数的系统，都可以称为滤波器。

3.2.1　传输函数的零极点和波特图

将 $|H(j\omega)|$ 绘制在对数-对数坐标系下，或者同时也将 $\angle H(j\omega)$ 绘制在线性-对数坐标系下形成的图形，称为波特图。波特图是对系统传输函数的频率特性的可视化，使用对数坐标系可以更直观地反映传输函数的一些特征。在第 2 章中关于 RC 和 RLC 电路的描述中使用的幅频曲线和相频曲线其实就是波特图。

传输函数总可以写成因式形式：

$$H(s) = K\frac{\prod_m (s+a_m)}{\prod_n (s+b_n)} \tag{3-42}$$

在 $s=-a_m$ 时，$H(s)=0$，这些 $-a_m$ 称为传输函数的零点，在 $s \to -b_n$ 时，$H(s) \to \infty$，这些 $-b_n$ 称为传输函数的极点。极点和零点除了可以是实数，还可以是成对出现的共轭复数。

极点的个数通常称为传输函数的阶数，也等于分母多项式的次数，大多数实际系统拥有的零点个数小于或等于极点个数。

在复平面（又称为 s 平面）上绘制系统的零极点称为零极点图，一般零点用小圆圈代表，极点用小叉代表。

表 3-3～表 3-6 所示分别为单实零点系统、单实极点系统、共轭零点对系统、共轭极点对系统的幅频响应、相频响应和单位冲激响应（或单位角频率的正弦输入响应）。

表 3-3　单实零点系统的幅频响应、相频响应和单位角频率的正弦输入响应

传输函数	零点	幅频响应	相频响应	单位角频率的正弦输入响应
s	0			

续表

传输函数	零点	幅频响应	相频响应	单位角频率的正弦输入响应
$s+1$	-1			
$s-1$	1			

表 3-4   单实极点系统的幅频响应、相频响应和单位冲激响应

传输函数	极点	幅频响应	相频响应	单位冲激响应
$\dfrac{1}{s}$	0			
$\dfrac{1}{s+1}$	-1			
$\dfrac{1}{s-1}$	1			

表 3-5   共轭零点对系统的幅频响应、相频响应和单位角频率的正弦输入响应

传输函数	零点	幅频响应	相频响应	单位角频率的正弦输入响应
$(s+1+j)(s+1-j)$	$-1\pm j$			
$(s+0.1+j)(s+0.1-j)$	$-0.1\pm j$			

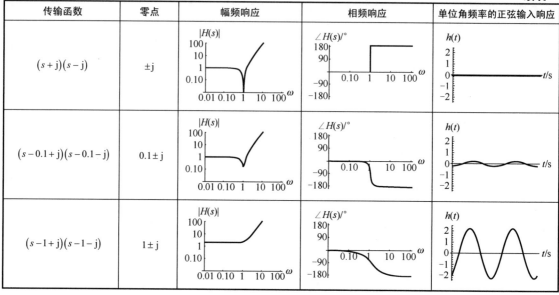

传输函数	零点	幅频响应	相频响应	单位角频率的正弦输入响应
$(s+j)(s-j)$	$\pm j$			
$(s-0.1+j)(s-0.1-j)$	$0.1\pm j$			
$(s-1+j)(s-1-j)$	$1\pm j$			

表 3-6　共轭极点对系统的幅频响应、相频响应和单位冲激响应

传输函数	极点	幅频响应	相频响应	单位冲激响应
$\dfrac{1}{(s+1+j)(s+1-j)}$	$-1\pm j$			
$\dfrac{1}{(s+0.1+j)(s+0.1-j)}$	$-0.1\pm j$			
$\dfrac{1}{(s+j)(s-j)}$	$\pm j$			
$\dfrac{1}{(s-0.1+j)(s-0.1-j)}$	$0.1\pm j$			
$\dfrac{1}{(s-1+j)(s-1-j)}$	$1\pm j$			

以极点 $p = a + b\mathrm{j}$ 为例，可以定义零极点的频率、品质因素和阻尼系数。

零极点的频率为

$$\omega_{\mathrm{p}} = 2\pi f_{\mathrm{p}} = |p| = \sqrt{a^2 + b^2} \tag{3-43}$$

品质因素（Q 值）和阻尼系数 ζ 为

$$Q = \frac{1}{2\zeta} = \frac{\sqrt{a^2 + b^2}}{2|a|} = \frac{\omega_{\mathrm{p}}}{2|a|} \tag{3-44}$$

对于实极点，可以认为，$Q = 0.5$，$\zeta = 1$。

共轭极点对的因式可写为

$$\begin{aligned}
\left(s + a + b\mathrm{j}\right)\left(s + a - b\mathrm{j}\right) &= s^2 + 2as + a^2 + b^2 \\
&= s^2 + 2\zeta\omega_{\mathrm{p}}s + \omega_{\mathrm{p}}^2 \\
&= s^2 + \frac{\omega_{\mathrm{p}}}{Q}s + \omega_{\mathrm{p}}^2
\end{aligned} \tag{3-45}$$

因而，传输函数为

$$H(s) = K \frac{\prod_k \left(s + \omega_k\right) \prod_l \left(s^2 + 2\zeta_l\omega_l s + \omega_l^2\right)}{\prod_m \left(s + \omega_m\right) \prod_n \left(s^2 + 2\zeta_n\omega_n s + \omega_n^2\right)} \tag{3-46}$$

从表 3-3～表 3-6 中可以看出，零极点与波特图之间的一些关系。

（1）每个零点将引起幅频曲线从其对应的频率处开始上扬，斜率 20dB / dec（10 倍每十倍程，约等于 6.02dB / oct，2 倍每两倍程）；将引起相频曲线变化 +90°（零点位于虚轴上或虚轴左侧）或 –90°（零点位于虚轴右侧）。

（2）每个极点将引起幅频曲线从其对应频率处开始下降，斜率 –20dB / dec；将引起相频曲线变化 –90°（极点位于虚轴或虚轴左侧），虚轴右侧的极点将导致单位冲激响应发散，系统不稳定。

（3）幅频曲线在对应频率的 1/2 至 2 倍之间出现明显变化，在对应频率附近可能过渡平稳，或出现尖峰/尖谷，取决于 Q 值小或大。图 3-8 所示为共轭极点对的 Q 值对幅频曲线的影响。

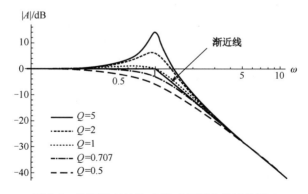

图 3-8　共轭极点对的 Q 值对幅频响曲线的影响

（4）相频曲线在对应频率的 1/10 至 10 倍之间出较明显变化，在对应频率附近可能过渡缓慢或过渡快速，取决于 Q 值小或大。图 3-9 所示为共轭极点对的 Q 值对相频曲线的影响。

这些关系可简单地总结为表 3-7。注意，原点处的零极点，在对数坐标系中，它们对应的频率为 0，在横轴的负无穷远处，因而在波特图中，并不会出现它们对幅频曲线或相频曲线的影响过程，只能绘制出变化后的结果。

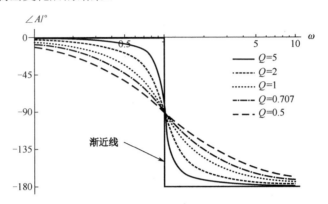

图 3-9　共轭极点对的 Q 值对相频曲线的影响

表 3-7　零极点与幅频、相频响应的关系

零极点位置	对应频率	引起幅频曲线斜率变化		引起相频曲线相位变化	
		零点	极点	零点	极点
原点	0		−20dB / dec	+90°，初始	−90°，初始
负	$|a|$	+20dB / dec		+90°，逐渐	−90°，逐渐
正	a		不稳定	−90°，逐渐	不稳定
虚轴上共轭对	$|b|$		−40dB / dec	180°，突变	180°，突变
左半平面共轭对	$\sqrt{a^2+b^2}$	+40dB / dec		+180°，逐渐	−180°，逐渐
右半平面共轭对			不稳定	−180°，逐渐	不稳定

对于幅频特性，对传输函数取对数后，所有的乘积项及商都变成了加减法，因此，为得知整个系统的幅频响应，在我们知道每个乘积项（或者是单实零极点或共轭零极点对）的幅频响应后，将它们在波特图做加法计算即可。对于相频特性，乘积和商的相角本就是加减关系，同样可在波特图中直接做加法计算。

这为我们快速手工绘制系统的波特图、迅速了解系统的整体响应提供了可能。但是，因为幅频响应在零极点频率附近较小的区域（1/2 至 2 倍）才受到影响，而相频响应在零极点频率的 1/10 至 10 倍之间均有影响，所以，相邻零极点的相频特性更容易出现相互影响，相频曲线的绘制较幅频曲线的绘制要困难一些。

例如：

$$H(s) = \frac{s^2\left(s + 2\pi \times 10^5\right)}{\left(s + 2\pi \times 10^4\right)\left(s^2 + 280\pi s + 4\pi^2 \times 10^4\right)} \tag{3-47}$$

它有 3 个零点（0、0、$-2\pi \times 100k$）和 3 个极点（$-2\pi \times 10k$、$-140\pi \pm 20\sqrt{51}\pi j$）。共轭

极点对应的频率：$\sqrt{(-140\pi)^2 + (20\sqrt{51}\pi)^2} = 2\pi \times 100$，$Q \approx 0.71$。因而可以绘制出如图 3-10 所示的幅频特性和相频特性。

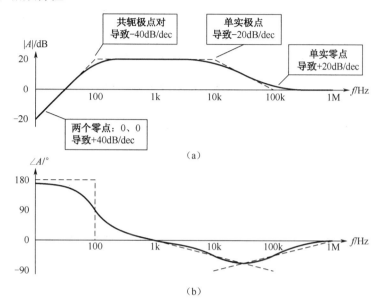

图 3-10 幅频特性和相频特性

3.2.2 滤波器的指标和分类

根据滤波器可通过的信号频段范围，可将滤波器分为低通滤波器、高通滤波器、带通滤波器、带阻滤波器，如图 3-11 所示。

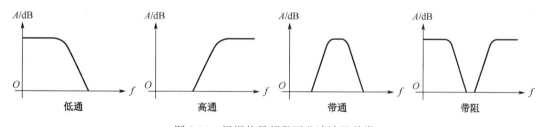

图 3-11 根据信号频段区分滤波器种类

当然也有复杂一点的滤波器拥有多个不同增益的通带、多个阻带，这就无法用简单的几个字来概括、描述它们，往往需要实际给出幅频响应曲线，或者详细地描述每个通带和阻带的增益甚至相位特性。图 3-12 所示的滤波器幅频响应就有两个增益不一样的通带和两个不完全阻隔信号的阻带。

其中，频率 $0 \sim f_{P1H}$ 和频率 $f_{P2L} \sim f_{P2H}$ 称为通带，f_{P1H}、f_{P2L}、f_{P2H} 称为通带截止频率，又可细分为下限截止频率和上限截止频率。频率 $f_{S1L} \sim f_{S1H}$ 和 $f_{S2L} \sim \infty$ 频率称为阻带，f_{S1L}、f_{S1H}、f_{S2L} 称为阻带截止频率，也可细分为下限和上限。所谓阻带，是指包含增益 0（倍）点的频带，而通带是指具有非 0（倍）增益且增益范围有限的频带。

频率 $f_{P1H} \sim f_{S1L}$ 和频率 $f_{P2H} \sim f_{S2L}$ 称为过渡带，在过渡带，增益出现较大跨度，过渡带也不一定如图 3-12 所示在通带和阻带之间，也可以在两个不同增益的通带之间。

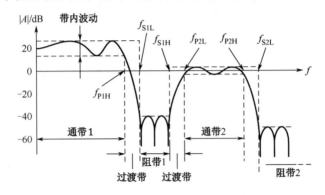

图 3-12　复杂滤波器幅频响应

在图 3-12 中，通带 1 增益平均值为 20dB，有 ±6dB 即 12dB 的带内波动；通带 2 增益平均值为 0dB，有 ±3dB 即 6dB 的带内波动。阻带 1 和阻带 2 最大也分别有 –40dB 和 –50dB 增益，常称为阻带衰减 –40dB 或 –50dB。通带的频率上下限通常定义为通带增益谷的水平切线与幅频曲线的交点频率；阻带的频率上下限通常定义为阻带增益峰的水平切线与幅频曲线的交点频率。

对于第 2 章描述的一阶 RC 滤波器和二阶 LCR 滤波器，它们的幅频响应比较单纯，并不能像图 3-12 这样明确地确定通带、过渡带和阻带，因而简单地以增益 $\sqrt{2}/2$（约 –3.01dB）或相位 ±45° 为截止频率，来区分通带和过渡带，它们没有阻带，只有通带和过渡带，因为在截止频率以外，幅频曲线单调下降。

实际滤波器不可能像理想滤波器那样没有过渡带，直接从通带跳到阻带，所以往往需要在设计实现的复杂性、过渡带的宽窄、通带能否有波动、阻带能否允许一定的增益等方面做出取舍、折中。从频率响应的特点，或者说频率响应的优化方式的角度，滤波器又可分为多种响应类型，比较简单常用的有以下几种。

（1）巴特沃斯滤波器：拥有平坦的通带，带外持续衰减。

（2）贝塞尔滤波器：时域阶跃响应比较平缓，过冲极小，不过在幅频曲线在截止频率附近不如巴特沃斯响应下降快。

（3）切比雪夫滤波器：分为 Ⅰ 型和 Ⅱ 型，Ⅰ 型可以以带内波动换取幅频曲线、截止频率附近的快速下降，Ⅱ 型则通过在带外增加零点，以阻带增益换取过渡带的快速下降。

以上滤波器如果是低通，除了切比雪夫 Ⅱ 型，都只有极点，没有零点。不过，它们的特点要在二阶甚至更高阶才能体现出来，在一阶时，它们均退化为与第 2 章介绍的一阶 RC 滤波器一样。

除了上述实现了一定幅频响应的滤波器，幅频响应平坦但有特别的相频响应的滤波器也较为常用，称为全通滤波器。

3.2.3　低通滤波器的传输函数

以低通滤波器为滤波器的基础，有了低通滤波器的传输函数之后可以方便地转换为高通或带通。至于如何将滤波器的传输函数变成实际的电路，将在第 4 章介绍。

无零点的 m 阶低通滤波器的传输函数总可以写成如下形式。

$$H_{\mathrm{LP}}\left(s_n\right) = \frac{A_0}{\prod_{k=1}^{\lceil m/2 \rceil}\left(1 + a_k s_n + b_k s_n^2\right)} \tag{3-48}$$

其中，$\lceil . \rceil$ 为上取整，$s_n = \dfrac{s}{\omega_c}$ 为归一化复频率，ω_c 为截止频率；A_0 为直流增益（带内增益），通常为 1。

1. 巴特沃斯滤波器

巴特沃斯低通滤波器的极点分布在 s 平面上半径等于截止频率的圆周上，并位于左半圆的等分弧的中央，阶数等于等分弧的数量，如图 3-13 所示。

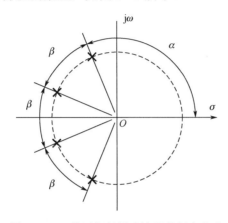

图 3-13　巴特沃斯低通滤波器的极点分布

因而，极点

$$p_k = \omega_c \mathrm{e}^{\mathrm{j}(\alpha + k\beta)}, \ k = 0, 1, \cdots, m-1 \tag{3-49}$$

其中，$\alpha = \dfrac{\pi}{2}\left(1 + \dfrac{1}{m}\right)$，$\beta = \dfrac{\pi}{m}$，$m$ 为阶数。

因而

$$H_{\mathrm{LP}}\left(s\right) = \omega_c^m \cdot \prod_{k=0}^{m-1}\left[s - \omega_c \mathrm{e}^{\mathrm{j}(\alpha + k\beta)}\right]^{-1} \tag{3-50}$$

如果用归一化复频率 $s_n = s/\omega_c$，即 $s = s_n \omega_c$ 代入式（3-50），可得归一化的传输函数，形式较为简单，后续也很容易用 $s_n = s/\omega_c$ 替换获得任何其他截止频率的传输函数。归一化的巴特沃斯低通滤波器为

$$H_{\mathrm{LP}}\left(s_n\right) = \prod_{k=0}^{m-1}\left[s_n - \mathrm{e}^{\mathrm{j}(\alpha + k\beta)}\right]^{-1} \tag{3-51}$$

表 3-8 列出了 1～6 阶归一化巴特沃斯滤波器的传输函数，包括低通和高通，可供设计时使用。表 3-8 中传输函数的分母写成因式分解形式，每个因式二阶，并且 Q 值依 k 的次序增大，便于用二阶电路级联实现。

表 3-8　1～6 阶巴特沃斯低/高通滤波器的归一化传输函数

m 阶	$\begin{cases} H_{\text{LP}}(s_n) = \dfrac{1}{\prod_{k=1}^{\lceil m/2 \rceil}(1 + a_k s_n + b_k s_n^2)} \\[4mm] H_{\text{HP}}(s_n) = \dfrac{s_n^{2\lceil m/2 \rceil}}{\prod_{k=1}^{\lceil m/2 \rceil}(b_k + a_k s_n + s_n^2)} \end{cases}$				
	k	极点	a_k	b_k	品质因素 Q_k
1	1	−1	1	0	0.5
2	1	0.707±0.707j	1.4142	1	0.71
3	1	−1	1	0	0.5
	2	−0.5±0.886j	1	1	1
4	1	−0.924±0.383j	1.8478	1	0.54
	2	−0.383±0.924j	0.7654	1	1.31
5	1	−1	1	0	0.5
	2	−0.809±0.588j	1.6180	1	0.62
	3	−0.309±0.951j	0.6180	1	1.62
6	1	−0.966±0.259j	1.9319	1	0.52
	2	−0.707±0.707j	1.4142	1	0.71
	3	−0.259±0.966j	0.5176	1	1.93

2. 贝塞尔滤波器

贝塞尔低通滤波器的传输函数分母是反贝塞尔多项式：

$$H_{\text{LP}}'(s) = \frac{a(0)}{\sum_{k=0}^{m} a(k)s^k} \tag{3-52}$$

其中

$$a(x) = \frac{(2m-x)!}{2^{m-x} x!(m-x)!} \tag{3-53}$$

例如，二阶贝塞尔低通滤波器：

$$H_{\text{LP}}'(s) = \frac{3}{s^2 + 3s + 3}$$

三阶贝塞尔低通滤波器：

$$H_{\text{LP}}'(s) = \frac{15}{s^3 + 6s^2 + 15s + 15}$$

不过，这样的传输函数并不是归一化截止频率到 1 的形式。为获得归一化的传输函数，可设 $H_{\text{LP}}(s_n) = H_{\text{LP}}'(\lambda s_n)$，并解方程 $\left|H_{\text{LP}}'(\lambda \cdot \text{j})\right|^2 = 1/2$，可获得 λ。表 3-9 列出了 2～6 阶贝塞尔低通滤波器的归一化系数 λ 和归一化传输函数的系数，可供设计时参考。表 3-9 中传输函数的分母写成因式分解形式，每个因式二阶，并且 Q 值依 k 的次序增大，便于用二阶电路级联实现。

表 3-9　2～6 阶贝塞尔低通滤波器的归一化系数 λ 和归一化传输函数的系数

m 阶	λ	$\begin{cases} H_{\text{LP}}(s_n) = \dfrac{1}{\prod_{k=1}^{\lceil m/2 \rceil}\left(1 + a_k s_n + b_k s_n^2\right)} \\ H_{\text{HP}}(s_n) = \dfrac{s_n^{2\lceil m/2 \rceil}}{\prod_{k=1}^{\lceil m/2 \rceil}\left(b_k + a_k s_n + s_n^2\right)} \end{cases}$			
		k	a_k	b_k	Q_k
2	1.3617	1	1.3617	0.6180	0.58
3	1.7557	1	0.7560	0	0.5
		2	0.9996	0.4772	0.69
4	2.1139	1	1.3397	0.4889	0.52
		2	0.7743	0.3890	0.81
5	2.4274	1	0.6656	0	0.5
		2	1.1402	0.4128	0.56
		3	0.6216	0.3245	0.92
6	2.7034	1	1.2217	0.3887	0.51
		2	0.9686	0.3505	0.61
		3	0.5131	0.2756	1.02

3．切比雪夫 I 型滤波器

切比雪夫 I 型滤波器的传输函数的分母由第一类切比雪夫多项式而来，不过直接从切比雪夫多项式转换到滤波器的传输函数的过程较为复杂，这里从极点的角度直接给出切比雪夫 I 型滤波器的传输函数。

如果允许的带内波动为 $\delta(\text{dB})$，定义纹波系数 ε 为

$$\varepsilon = \sqrt{10^{\delta/10} - 1} \tag{3-54}$$

则 m 阶低通切比雪夫 I 型滤波器的极点

$$p_k = -\sinh\gamma \cdot \sin\frac{(2k+1)\pi}{2m} + \mathrm{j}\cosh\gamma \cdot \cos\frac{(2k+1)\pi}{2m}, \; k = 0,1,\cdots,m-1 \tag{3-55}$$

其中

$$\gamma = \frac{1}{m} \cdot \text{arcsinh}\frac{1}{\varepsilon} \tag{3-56}$$

归一化传输函数：

$$H_{\text{LP}}(s_n) = \frac{\prod_{k=0}^{m-1} - p_k}{\prod_{k=0}^{m-1}(s_n - p_k)} \tag{3-57}$$

注意，与前述的巴特沃斯滤波器和贝塞尔滤波器不同，这里将切比雪夫 I 型低通滤波器的截止频率认定为通带内增益谷的水平切线与幅频曲线相交处。

对于偶数阶，切比雪夫 I 型滤波器通带内最大增益是 $\delta(\mathrm{dB})$、最小增益是 0dB；对于奇数阶，其通带内最大增益为 0dB，最小增益为 $-\delta(\mathrm{dB})$。因而偶数阶时，截止频率处增益为 0dB，而奇数阶时，截止频率处增益为 $-\delta(\mathrm{dB})$。如果需要偶数阶切比雪夫 I 型滤波器带内最大增益为 0dB，则需要在式（3-57）中，再除以 $\sqrt{1+\varepsilon^2}=10^{\delta/20}$。

表 3-10 列出了 2～6 阶切比雪夫 I 型滤波器的归一化传输函数，可供设计时使用。表 3-10 中传输函数的分母写成因式分解形式，每个因式二阶，并且 Q 值依 k 的次序增大，便于用二阶电路级联实现。

表 3-10　2～6 阶切比雪夫 I 型滤波器的归一化传输函数

m 阶	$H(s_n)=\dfrac{1}{\prod\limits_{k=1}^{\lceil m/2\rceil}(1+a_k s_n+b_k s_n^2)}$, $\quad H_{\mathrm{HP}}(s_n)=\dfrac{s_n^{2\lceil m/2\rceil}}{\prod\limits_{k=1}^{\lceil m/2\rceil}(b_k+a_k s_n+s_n^2)}$									
		$\delta=0.2\mathrm{dB}$		$\delta=0.5\mathrm{dB}$		$\delta=1\mathrm{dB}$		$\delta=2\mathrm{dB}$		$\delta=3\mathrm{dB}$	
	k	a_k	b_k	a_k	b_k	a_k	b_k	a_k	b_k	a_k	b_k
2	1	0.8177	0.4243	0.9403	0.6595	0.9957	0.9070	0.9766	1.2150	0.9109	1.4125
3	1	1.2275	0	1.5963	0	2.0236	0	2.7107	0	3.3487	0
	2	0.5763	0.7074	0.5483	0.8753	0.4971	1.0058	0.4163	1.1286	0.3559	1.1917
4	1	2.2083	2.0344	2.3756	2.8057	2.4114	3.5791	2.2857	4.5133	2.0984	5.1026
	2	0.3751	0.8343	0.3298	0.9403	0.2829	1.0137	0.2259	1.0768	0.1886	1.1073
5	1	2.1673	0	2.7600	0	3.4543	0	4.5807	0	5.6328	0
	2	1.3370	1.7909	1.2296	2.0975	1.0911	2.3294	0.8985	2.5436	0.7619	2.6525
	3	0.2552	0.8949	0.2162	0.9655	0.1810	1.0118	0.1417	1.0503	0.1172	1.0684
6	1	3.4706	4.7193	3.6917	6.3695	3.7217	8.0188	3.5087	10.007	3.2132	11.261
	2	0.8348	1.5506	0.7191	1.6949	0.6092	1.7930	0.4816	1.8764	0.4003	1.9164
	3	0.1828	0.9277	0.1518	0.9775	0.1255	1.0094	0.0973	1.0353	0.0801	1.0473

图 3-14～图 3-16 所示分别为巴特沃斯、贝塞尔和切比雪夫 I 型低通滤波器的幅频响应、相频响应和单位阶跃响应，它们均为 4 阶。其中，切比雪夫 I 型的带内波动为 1dB。可以看出，切比雪夫滤波器的幅频曲线下降得最早，但阶跃响应过冲很大，且有些许振荡；贝塞尔滤波器阶跃响应较快且几乎没有过冲，但幅频下降最迟，巴特沃斯滤波器则比较中庸。

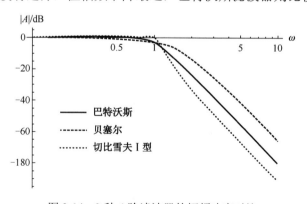

图 3-14　3 种 4 阶滤波器的幅频响应对比

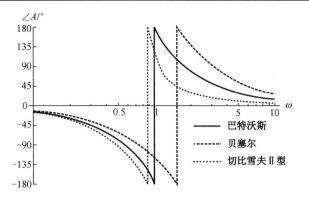

图 3-15　3 种 4 阶滤波器的相频响应对比

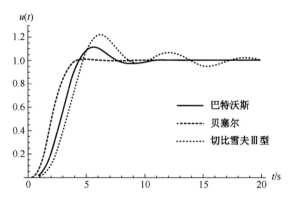

图 3-16　3 种 4 阶滤波器的单位阶跃响应对比

3.2.4　转换为高通

如果需要得到与低通滤波器响应相对应的高通滤波器，相当于在 ω_c 处，即归一化复频率为 1 处，对传递函数水平翻转，因而用 $\dfrac{1}{s_n}$ 替代式（3-48）中的 s_n 即可。

$$H_{HP}(s_n) = H_{LP}\left(\frac{1}{s_n}\right) = \frac{A_\infty s_n^{2\lceil m/2 \rceil}}{\prod_{k=1}^{\lceil m/2 \rceil}\left(b_k + a_k s_n + s_n^2\right)} \tag{3-58}$$

其中，A_∞ 为高频增益（带内增益）；$\lceil \cdot \rceil$ 为上取整。

当 m 为奇数时，$b_0 = 0$，分子分母可约去一次 s_n。

例如，表 3-8 中的 4 阶巴特沃斯滤波器为

$$H_{LP}(s_n) = \frac{1}{\left(1 + 1.8478s + s^2\right)\left(1 + 0.7654s + s^2\right)}$$

转换为高通滤波器：

$$H_{HP}(s_n) = H_{LP}\left(\frac{1}{s_n}\right)$$

$$\approx \frac{s_n^4}{(1+1.8478s+s^2)(1+0.7654s+s^2)}$$

其分母与低通滤波器完全一样，对所有巴特沃斯滤波器来说都是这样的。

它们的幅频响应如图 3-17 所示。

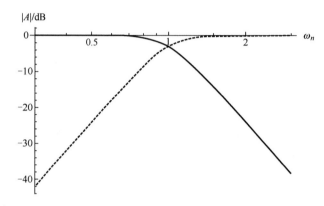

图 3-17　巴特沃斯低通滤波器和转换成的高通滤波器的幅频响应

再如，表 3-10 中的带内波动 1dB 的 4 阶切比雪夫 I 型滤波器：

$$H_{LP}(s_n) = \frac{1}{(1+2.4114s_n+3.5791s_n^2)(1+0.2829s_n+1.0137s_n^2)}$$

转换为高通滤波器：

$$H_{HP}(s_n) = H_{LP}\left(\frac{1}{s_n}\right)$$

$$\approx \frac{s_n^4}{(3.5791+2.4114s_n+s_n^2)(1.0137+0.2829s_n+s_n^2)}$$

它们的幅频响应如图 3-18 所示。

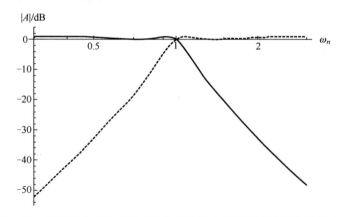

图 3-18　切比雪夫 I 型低通滤波器和转换成的高通滤波器的幅频响应

3.2.5 转换为带通或带阻

1. 转换为带通滤波器

对于带通滤波器，如果上下限频率为 ω_L 和 ω_H，定义中心频率为 $\omega_c = \sqrt{\omega_L \omega_H}$，带宽为 $\Delta\omega = \omega_H - \omega_L$。如果要使得幅频响应对称，阶数就必须为偶数。可使用阶数一半的低通滤波器，通过：

$$H_{BP}(s_n) = H_{LP}\left(\frac{s_n + 1/s_n}{\Delta\omega_n}\right)$$ （3-59）

得到，其中 $\Delta\omega_n = \dfrac{\Delta\omega}{\omega_c}$，为归一化带宽。$Q = \dfrac{1}{\Delta\omega_n}$ 也称为带通滤波器的品质因素。

例如，一阶巴特沃斯滤波器：

$$H_{LP}(s_n) = \frac{1}{1 + s_n}$$

转换为带通滤波器：

$$H_{BP}(s_n) = H_{LP}\left(\frac{s_n + 1/s_n}{\Delta\omega_n}\right) = \frac{s_n}{\dfrac{1}{\Delta\omega_n} + s_n + \dfrac{s_n^2}{\Delta\omega_n}} = \frac{s_n}{Q + s_n + Qs_n^2}$$ （3-60）

又如，表 3-8 所示的二阶巴特沃斯滤波器：

$$H_{LP}(s_n) = \frac{1}{1 + 1.4142s_n + s_n^2}$$

转换为 $\Delta\omega_n = 0.5$ 的带通滤波器：

$$H_{BP}(s_n) = H_{LP}\left(\frac{s_n + 1/s_n}{0.5}\right)$$

$$\approx \frac{2.0645s_n^2}{\left(3.4355 + s + 2.4037s_n^2\right)\left(2.4037 + s_n + 3.4355s_n^2\right)}$$

对于带宽 $\Delta\omega \gg \omega_c$ 的宽带带通滤波器，也可直接用低通和高通级联比较简单。

2. 转换为带阻滤波器

与带通滤波器类似地，带阻滤波器的归一化传输函数也可由低通滤波器得到。

$$H_{BS}(s_n) = H_{LP}\left(\frac{\Delta\omega_n}{s_n + 1/s_n}\right)$$ （3-61）

其中 $\Delta\omega_n = \dfrac{\Delta\omega}{\omega_c}$，为归一化阻带宽度。$Q = \dfrac{1}{\Delta\omega_n}$ 也称为带阻滤波器的品质因素。

例如，一阶巴特沃斯滤波器：

$$H_{LP}(s_n) = \frac{1}{1 + s_n}$$

转换为带阻滤波器：

$$H_{BP}(s_n) = H_{LP}\left(\frac{\Delta\omega_n}{s_n + 1/s_n}\right) = \frac{1 + s_n^2}{1 + \Delta\omega_n s_n + s_n^2} = \frac{1 + s_n^2}{1 + \dfrac{s_n}{Q} + s_n^2} \tag{3-62}$$

又如，表 3-8 所示的二阶巴特沃斯滤波器：

$$H_{LP}(s_n) = \frac{1}{1 + 1.4142 s_n + s_n^2}$$

转换为 $\Delta\omega_n = 0.5$ 的带阻滤波器：

$$H_{BS}(s_n) = H_{LP}\left(\frac{0.5}{s_n + 1/s_n}\right)$$

$$\approx \frac{\left(1 + s^2\right)^2}{\left(1.4292 + 0.4160 s + s^2\right)\left(0.6997 + 0.2911 s + s^2\right)}$$

图 3-19 所示为上述 4 阶带通和 4 阶带阻滤波器的幅频响应。

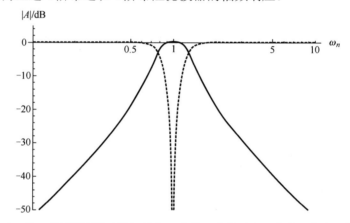

图 3-19　由二阶巴特沃斯低通滤波器转换而成的 4 阶带通和 4 阶带阻滤波器的幅频响应

3.2.6　全通滤波器

全通滤波器具有平坦的幅频响应和变化的相频响应，可用于对信号做相移。一阶全通滤波器的归一化传输函数：

$$H_{AP}(s_n) = \frac{s_n - 1}{s_n + 1} \tag{3-63}$$

其全频带增益均为 1，相频响应如图 3-20 所示。

相移：

$$\angle H_{AP}(j\omega_n) = \pi - 2\arctan\omega_n \tag{3-64}$$

二阶全通滤波器的归一化传输函数：

$$H_{AP}(s_n) = \frac{s_n^2 - 2\zeta s_n + 1}{s_n^2 + 2\zeta s_n + 1} = \frac{s_n^2 - s_n/Q + 1}{s_n^2 + s_n/Q + 1} \tag{3-65}$$

它也可由带通滤波器的传输函数得到：

$$H_{AP}(s_n) = 1 - 2H_{BP}(s_n)$$

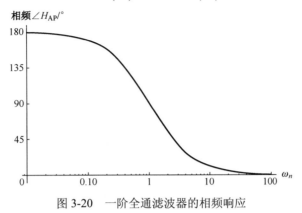

图 3-20　一阶全通滤波器的相频响应

其全频带增益均为 1，相频响应如图 3-21 所示。

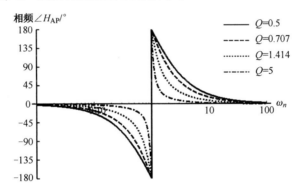

图 3-21　不同 Q 值时，二阶全通滤波器的相频响应

相移为

$$\angle H_{AP}(j\omega_n) = \arctan 2\left(2\omega_n\Delta, \Delta^2 - \omega_n^2\right) \tag{3-66}$$

式中，$\Delta = Q(\omega_n^2 - 1)$，$\arctan 2(b, a) \overset{\text{def}}{=} \arg(a + bj)$。

3.3　频谱

3.3.1　频谱的定义

频谱是指信号功率在频率上的分布，通常可通过傅里叶变换或通过相关运算得到。

正弦信号只在一个频点上有功率，其频谱图像如图 3-22（a）所示，看起来就只有一根竖线。

注意，图 3-22 中纵坐标的单位，功率单位本应是瓦特，但在电路中常以电压或电流来表达信号，功率的确定还与负载阻抗有关，因而电路分析中常用 V^2 和 A^2 表达信号的功率，隐含施加于单位电阻上所得功率的含义。另外，为了能凸显大比例尺度下的微小量，频谱中的功率又常常以分贝表示，如图 3-22（b）所示。其中：

$$\left(\mathrm{dBV}_{\mathrm{RMS}}^{2}\right)=10\lg\frac{U_{\mathrm{RMS}}^{2}}{\left(1\mathrm{V}\right)^{2}} \tag{3-67}$$

式中，U_{RMS} 为信号均方根值，也有幅度（均方根值）的对数。

$$\left(\mathrm{dBV}_{\mathrm{RMS}}\right)=20\lg\frac{U_{\mathrm{RMS}}}{1\mathrm{V}}=\left(\mathrm{dBV}_{\mathrm{RMS}}^{2}\right) \tag{3-68}$$

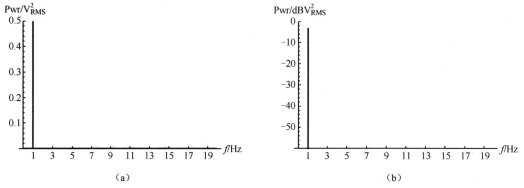

（a）　　　　　　　　　　　　　（b）

图 3-22　正弦波的功率频谱图像

两者数值上是相等的，因而常有纵轴标签为"功率"但单位标注为 $\mathrm{dBV}_{\mathrm{RMS}}$ 的情况，实际并无不妥。

除 dBV 之外，还有 dBmV 、 dBμV 等。

$$\left(\mathrm{dBmV}\right)=20\lg\frac{U_{\mathrm{RMS}}}{1\mathrm{mV}}=60+\left(\mathrm{dBV}_{\mathrm{RMS}}\right)$$

$$\left(\mathrm{dB\mu V}\right)=20\lg\frac{U_{\mathrm{RMS}}}{1\mu\mathrm{V}}=120+\left(\mathrm{dBV}_{\mathrm{RMS}}\right)$$

根据傅里叶级数，方波可表达为同频正弦和 3、5、7、···倍频正弦加权之和。

$$\mathrm{rect}\left(\omega t\right)=\frac{4}{\pi}\left(\sin\left(\omega t\right)+\frac{1}{3}\sin\left(3\omega t\right)+\frac{1}{5}\sin\left(5\omega t\right)+\cdots\right)$$

其频谱图像如图 3-23 所示。三角波也可由傅里叶级数表示为

$$\mathrm{trig}\left(\omega t\right)=\frac{8}{\pi^{2}}\left(\sin\left(\omega t\right)-\frac{1}{9}\sin\left(3\omega\right)+\frac{1}{25}\sin\left(5\omega t\right)+\cdots\right)$$

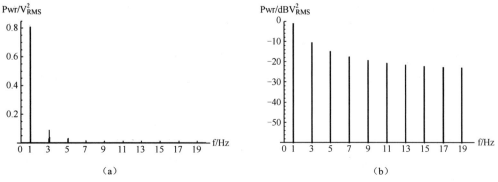

（a）　　　　　　　　　　　　　（b）

图 3-23　方波的功率频谱图像

其频谱图像如图 3-24 所示。从这两个图像中可以明显看出，采用分贝表示的优点。

实际中的信号频谱可能复杂得多，如图 3-25 所示为一个宽带调频信号，图 3-26 所示为其频谱图像。

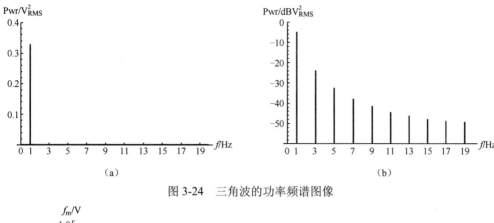

图 3-24　三角波的功率频谱图像

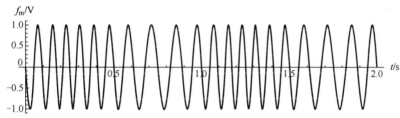

图 3-25　一个宽带调频信号

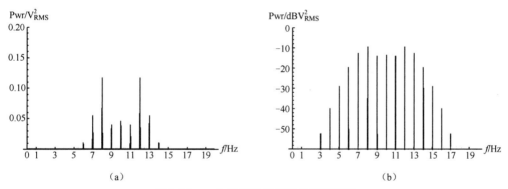

图 3-26　一个宽带调频信号的频谱图像

如果信号中有噪声，则频谱图像将类似图 3-27 所示。

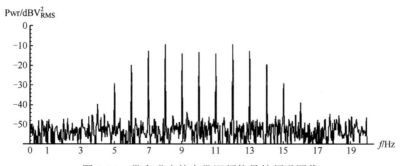

图 3-27　带有噪声的宽带调频信号的频谱图像

　　不过值得注意的是，噪声在具体的频点上功率为零（按道理在图 3-27 中是画不出来的），只有在一定宽度的频带内才有功率，图 3-27 所示的频谱图像中的噪声功率值实际上等于噪声密度在频谱分析的噪声解析带宽内的积分。

$$u_{\text{noi}}^2 = \int_{\text{RBW}} v_{\text{noi}}^2(f)\mathrm{d}f \tag{3-69}$$

式中，$v_{\text{noi}}(f)$ 为噪声电压密度谱；RBW 为噪声解析带宽。对于模拟频谱分析仪，它一般等于混频器后的滤波器的等效噪声带宽；对于数字频谱分析方法，它一般等于数据采样率除以离散傅里叶变换的长度。关于噪声的知识，将在后文介绍。

3.3.2　失真、信噪比和信纳比

1. 失真

　　因放大器非线性引起的信号波形变形，称为失真，失真也分为许多不同类别，最常见的一种在频谱上反映为谐波，称为谐波失真。所谓谐波，是指频谱中频率为信号频率整数倍的成分。

　　一个线性放大器放大正弦信号，输出的仍然是一个正弦信号，只是幅度发生了变化，但非线性的放大器则会改变信号的形状（这里认为纵坐标上的缩放不是形状改变）。假如有一个放大器的输入到输出的函数为

$$u_{\text{out}} = \arctan(2\pi u_{\text{in}}),\ u_{\text{in}} \in [-1, 1] \tag{3-70}$$

　　非线性失真的图像如图 3-28（b）所示。如果对其输入一个如图 3-28（a）所示的 1Hz 的正弦信号，输出将为图 3-28（c）所示，因信号绝对值大时增益小，而产生了类似饱和失真形状的输出信号。

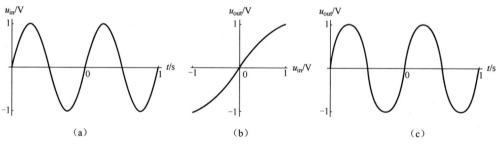

（a）　　　　　　　　　　（b）　　　　　　　　　　（c）

图 3-28　非线性失真的图像

　　对其进行频谱分析（见图 3-29），输入信号为 1Hz 正弦，本只有 1Hz 成分，但经过非线性放大器后，产生了 3、5、7 等倍频的谐波成分。

2. 总谐波失真

　　总谐波失真（THD）简称失真度，定义为：正弦输入时，放大器输出信号中所有谐波能量之和的平方根，与输出信号中基波（与

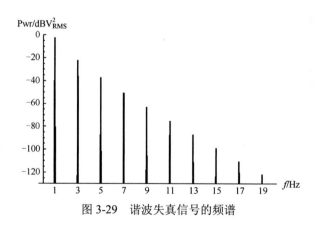

图 3-29　谐波失真信号的频谱

输入同频的成分）均方根值之比：

$$\text{THD} = \frac{\sqrt{\sum_{k \geqslant 2} U_k^2}}{U_1} \tag{3-71}$$

式中，U_k 为 k 次谐波的均方根值，$k=1$ 时为基波。

THD 本为放大器的性能参数，不过也常直接用来描述信号本身。

除上述定义之外，还有一种参考（分母）为总能量的定义。

$$\text{THD}_R = \frac{\sqrt{\sum_{k \geqslant 2} U_k^2}}{\sqrt{\sum_{k \geqslant 1} U_k^2}} = \frac{\text{THD}}{\sqrt{1 + \text{THD}^2}} \tag{3-72}$$

例如，图 3-28（c）所示的输出，$\text{THD} \approx 0.102$，$\text{THD}_R \approx 0.101$。

方波的总谐波失真 THD 约为 0.483，三角波的 THD 约为 0.121。

优秀的音频放大器的 THD 可做到 0.01% 以下，放大器的输出幅度接近电源轨时，因饱和失真的出现，THD 会急剧增大。

3. 总谐波失真加噪声

总谐波失真加噪声（THD+N），在式（3-71）分子的根号中还加入了噪声能量。

$$\left(\text{THD} + N \right) = \frac{\sqrt{u_{\text{noi}}^2 + \sum_{k \geqslant 2} U_k^2}}{U_1} \tag{3-73}$$

式中，u_{noi} 为噪声有效值。

4. 信噪比

信噪比（SNR）是信号能量与噪声能量（不含谐波）之比

$$\text{SNR} = \frac{U_1^2}{u_{\text{noi}}^2} \tag{3-74}$$

SNR 通常会转换为分贝

$$\text{SNR}\left(\text{dB} \right) = 10 \lg \frac{U_1^2}{u_{\text{noi}}^2} \tag{3-75}$$

5. 信纳比

信纳比（SINAD）是信号能量与噪声能量和谐波能量之和的比

$$\text{SINAD} = \frac{U_1^2}{u_{\text{noi}}^2 + \sum_{k \geqslant 2} U_k^2} \tag{3-76}$$

通常转换为分贝：

$$\text{SINAD}\left(\text{dB} \right) = 10 \lg \frac{U_1^2}{u_{\text{noi}}^2 + \sum_{k \geqslant 2} U_k^2} \tag{3-77}$$

3.4 噪声

广义地讲，电路中意外引入的信号都可以称为噪声。不过通常说电路中的噪声主要是指电路中自然发生的热噪声、闪烁（Flicker）噪声、散粒（Shot）噪声、雪崩（Avalanche）噪声等；因受到外界电磁环境影响而引入的通常称为干扰；因电路非线性引起的信号谐波通常称为失真。

3.4.1 噪声的分类和指标

噪声是一个随机过程，在时域上也没有特定的模式，无法用量化稳定信号或周期信号的幅值、峰峰值、频率等参数去量化，不过实际噪声能量有限，且符合一定的统计规律，可以用功率或均方根值（有效值）来衡量。

根据噪声对信号的影响方式，噪声可分为加性噪声和乘性噪声等，本书只介绍加性噪声，受噪声影响的信号可以等效为噪声和信号的线性相加。

实际噪声功率有限，并且按照一定规律分布在有限的频率范围内。需要注意的是，某个具体频点上的噪声功率为零，在实际中是没有意义的，只有在一段频带内，噪声才有功率可言。描述噪声功率在频域分布的函数或曲线称为噪声功率谱密度（PSD），它由噪声功率对频率的导数定义：

$$\rho(f) = \lim_{\Delta\omega\to 0} \frac{P_{noi}(f+\Delta f) - P_{noi}(f-\Delta f)}{2\Delta f} = \frac{dP_{noi}(f)}{df} \tag{3-78}$$

式中，$P_{noi}(f)$ 为从整个噪声频带的下限（常为 0）至频率 f 范围内的噪声功率。因而频带 $[f_L, f_H]$ 内的噪声功率即为 PSD 的定积分。

$$P = P_{noi}(f_H) - P_{noi}(f_L) = \int_{\omega_L}^{\omega_H} \rho(f)df \tag{3-79}$$

PSD 的单位为 W / Hz，在电路中，则常用 V^2 / Hz 或 A^2 / Hz 为单位，也常使用它们的平方根 $V / \sqrt{Hz}$ 和 $A / \sqrt{Hz}$ 为单位（也可写作 V/rtHz 和 A/rtHz），称为噪声电压密度 v_{noi} 和噪声电流密度 ι_{noi}，它们也由分贝表示：

$$\begin{cases} \left(dBV_{RMS} / \sqrt{Hz}\right) = 20\lg \dfrac{v_{noi}}{1V / \sqrt{Hz}} \\ \left(dBA_{RMS} / \sqrt{Hz}\right) = 20\lg \dfrac{\iota_{noi}}{1A / \sqrt{Hz}} \end{cases} \tag{3-80}$$

根据噪声 PSD 的形状，噪声又分为：白噪声，$\rho(f)$ 为常数，即噪声 PSD 在频域上均匀分布；粉色噪声，$\rho(f) \propto f^{-1}$，噪声 PSD 随频率升高反比衰减；棕色噪声，$\rho(f) \propto f^{-2}$，噪声 PSD 随频率升高平方反比衰减；蓝色噪声，$\rho(f) \propto f$，噪声 PSD 随频率升高正比升高；紫色噪声，$\rho(f) \propto f^2$，噪声 PSD 随频率升高平方正比升高。

在对数-对数坐标系中，它们分别显示斜率为 0、−1、−2、1、2 的直线，如图 3-30（a）

所示。

　　实际电路中的噪声频带不可能高至无限：一方面，电路带宽总是有限的，到足够高的频率，电路中的噪声 PSD 必将随频率衰减；另一方面，随着频带上限趋于 ∞，粉色噪声、白色噪声等的功率并不收敛，理论上也不允许它们的频率上限过高。所以实际的噪声，均应考虑其有效带宽。

　　实际电路中的噪声频带也不可能低至 0，因为实际电路无法工作无穷长时间，对信号的观测也不可能持续无限长时间，通常可将观测时间的倒数作为频带下限。

　　实际用频谱分析仪等仪器观察噪声频谱时，并不会看到一条连续直线，因为实际分析的功率谱都是有限时间段内的噪声的功率谱，也具有一定的随机性，但它们的包络趋于直线，如图 3-30（b）所示。

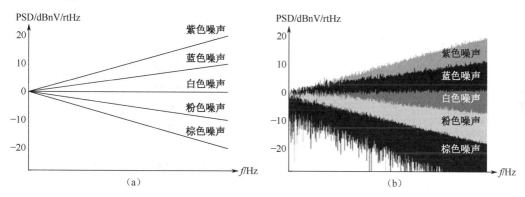

图 3-30　不同"颜色"噪声的功率谱密度曲线

　　在电子电路中，白噪声和粉色噪声最为常见，热噪声即是白噪声，只要绝对温度不为零，它便存在；粉色噪声主要来源于闪烁噪声，普遍存在于几乎所有的电子元件中。

　　有限带宽的白噪声的时域值服从正态分布，概率密度 $\varphi_\sigma(x)=\dfrac{1}{\sigma\sqrt{2\pi}}\mathrm{e}^{-\frac{x^2}{2\sigma^2}}$，其标准差 σ 即为白噪声的有效值，虽然无法用峰峰值或幅值来衡量噪声，但可以说在多大的概率下，噪声峰峰值为多少。例如：

$$\int_{-3\sigma}^{+3\sigma}\varphi_\sigma(x)\mathrm{d}x\approx 0.9973$$

　　因而，约 99.7%的概率，噪声瞬时值在其均方根值的 ±3 倍以内，即峰峰值 ±3σ。如果使用一个每帧采集 400 个数据的数字示波器观察噪声波形，那么平均有 $400\times(1-0.9973)\approx 1.1$ 个数据将超出 ±3 倍均方根值。

　　当然现在的数字示波器都可以直接测算每个采样帧的均方根值，并不需要像这样来估计，值得注意的是示波器的均方根值统计也有一定的带宽，通常可以认为是 $[f_s/n_f, f_s/2]$，其中 f_s 为数据的实时采样率，n_f 为采样帧长度（存储深度）。

3.4.2 噪声的计算

1. 噪声的相关性和叠加

两个噪声 $u_{n1}(t)$ 和 $u_{n2}(t)$，如果其互相关函数

$$c(\tau) = \int_{-\infty}^{\infty} u_{n1}(t) u_{n2}(t+\tau) dt \tag{3-81}$$

为常数 0，称它们不相关；否则，称它们相关。

来源不同的噪声一般都是不相关的，电路分析中大多数情况也都是这样的，相关的噪声大多是由同一个物理噪声源经由不同的系统后得来的。

噪声经过系统 $H(s)$，同样会获得增益 $|H(j\omega)|$ 和相移 $\angle H(j\omega)$，在复频域上：

$$v_{o,noi}(s) = H(s) \cdot v_{i,noi}(s) \tag{3-82}$$

如果多个不相关噪声源对某个电路节点的电压噪声或回路的电流噪声有贡献，并不能按照叠加原理直接将它们的噪声电压有效值或噪声电流有效值相加，而应将功率相加，也即正交矢量和，因而叠加后的有效值为

$$u = \sqrt{u_1^2 + u_2^2 + u_3^2 + \cdots} \tag{3-83}$$

若两个噪声部分相关，则

$$|v(s)|^2 = |v_1(s)|^2 + |v_2(s)|^2 + 2\mathrm{Re}\{v_1(s)v_2^*(s)\} \tag{3-84}$$

式中，$v_2^*(s)$ 为 $v_2(s)$ 的共轭，而具体功率和有效值则需要在频带 $[j\omega_L, j\omega_H]$ 上积分获得。

2. 噪声功率和带宽

对于白噪声，如果其功率密度为 v_w^2（电压密度为 v_w）或 ι_w^2（电流密度为 ι_w），频带上下限分别为 f_L 和 f_H，则噪声功率（以 V^2 或 A^2 计）和有效值为

$$\begin{cases} u_w^2 = v_w^2(f_H - f_L), & u_w = v_w\sqrt{f_H - f_L} \\ i_w^2 = \iota_{nd}^2(f_H - f_L), & i_w = \iota_w\sqrt{f_H - f_L} \end{cases} \tag{3-85}$$

对于粉色噪声，仅以电压噪声为例，如果其功率密度为 $v_p^2(f) = \kappa_p^2 / f$，频带上下限分别为 f_L 和 f_H，则噪声功率为

$$u_p^2 = \kappa_p^2 \int_{f_L}^{f_H} \frac{1}{f} df = \kappa_p^2 (\ln f_H - \ln f_L) = \kappa_p^2 \ln \frac{f_H}{f_L} \tag{3-86}$$

其中，κ_p^2 为粉色噪声的功率密度系数，等于 1Hz 时的噪声功率密度乘以 1Hz。因为白噪声的普遍性，放大器的资料中通常不会给出系数 κ_p，而是给出粉色噪声密度等于白噪声密度时的频率 f_{px}，也称为粉色噪声截止频率或 $1/f$ 噪声截止频率，如图 3-31 所示。

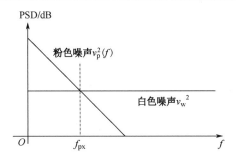

图 3-31　粉噪、白噪和 1/f 截止频率

这样：

$$v_{\mathrm{p}}^2\left(f_{\mathrm{px}}\right)=\frac{\kappa_{\mathrm{p}}^2}{f_{\mathrm{px}}}=v_{\mathrm{w}}^2 \tag{3-87}$$

即 $\kappa_{\mathrm{p}}^2=f_{\mathrm{px}}v_{\mathrm{w}}^2$，代入式（3-86），粉噪声功率为

$$u_{\mathrm{p}}^2=\kappa_{\mathrm{p}}^2\ln\frac{f_{\mathrm{H}}}{f_{\mathrm{L}}}=v_{\mathrm{w}}^2 f_{\mathrm{px}}\ln\frac{f_{\mathrm{H}}}{f_{\mathrm{L}}} \tag{3-88}$$

则频带 $f_{\mathrm{L}}\sim f_{\mathrm{H}}$ 内的白噪声和粉噪声合计为

$$u^2=v_{\mathrm{w}}^2\left(f_{\mathrm{H}}-f_{\mathrm{L}}+f_{\mathrm{px}}\ln\frac{f_{\mathrm{H}}}{f_{\mathrm{L}}}\right) \tag{3-89}$$

类似地，如果再加入蓝色噪声，则

$$u^2=v_{\mathrm{w}}^2\left(f_{\mathrm{H}}-f_{\mathrm{L}}+f_{\mathrm{px}}\ln\frac{f_{\mathrm{H}}}{f_{\mathrm{L}}}+\frac{f_{\mathrm{H}}^2-f_{\mathrm{L}}^2}{2f_{\mathrm{blx}}}\right) \tag{3-90}$$

式中，f_{blx} 为蓝色噪声密度等于白噪声密度时的频率。

还可以扩展到加入其他噪声，这里从略。

3. 电阻的噪声

电阻的噪声主要是热噪声，其闪烁噪声很小，通常不考虑。电阻热噪声的功率密度，以电压计：

$$v_{\mathrm{R}}^2=4kTR \tag{3-91}$$

等效于噪声电压源串联理想无噪电阻，如图 3-32 所示。

以电流计：

$$i_{\mathrm{R}}^2=\frac{4kT}{R} \tag{3-92}$$

等效于噪声电流源并联理想无噪电阻。其中，$k\approx1.381\times10^{-23}\mathrm{J\cdot K^{-1}}$，为玻尔兹曼常数；$T$ 为绝对温度；R 为电阻值。

这两者是相互等效的，即戴维南等效和诺顿等效。计算电路噪声总量时，只需计入其中一个。

多个电阻串并联后的总噪声密度等于整体的串并联电阻值按式（3-92）计算的结果，如图 3-33 所示，两个电阻并联。

图 3-32　电阻的噪声

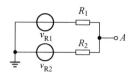

图 3-33　电阻并联的噪声

R_1 对 A 点噪声密度的贡献为

$$v_{A,R1} = \sqrt{4kTR_1}\,\frac{R_2}{R_1 + R_2}$$

R_2 对 A 点噪声密度的贡献为

$$v_{A,R2} = \sqrt{4kTR_2}\,\frac{R_1}{R_1 + R_2}$$

综合起来，A 点噪声功率密度为

$$v^2 = v_{A,R1}^2 + v_{A,R2}^2 = \frac{4kT\left(R_1 R_2^2 + R_2 R_1^2\right)}{\left(R_1 + R_2\right)^2} = 4kT\,\frac{R_1 R_2}{R_1 + R_2}$$

电阻的总噪声功率是有限的，这是因为实际电阻总是有并联分布电容，使其带宽有限，电路如图 3-34 所示。

以噪声电压密度计，A 点噪声功率密度为

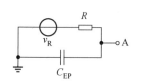

图 3-34　实际电阻的噪声功率

$$v_A^2(s) = \left|\frac{v_R}{1 + sRC_{EP}}\right|^2$$

功率为

$$u_A^2 = \int_0^\infty \left|\frac{v_R}{1 + j\cdot 2\pi f RC_{EP}}\right|^2 \mathrm{d}f = \frac{v_R^2}{4RC_{EP}} = \frac{kT}{C_{EP}} \tag{3-93}$$

结果是总噪声功率与电阻值无关，只与等效并联电容有关，且与电容成反比，不过这并没有实际意义，实际电路中总会通过设计使得电阻的分布电容对电路带宽没什么影响。直观地说，就是高频电路会选用小阻值电阻，因而实际电路的带宽总是小于 $\dfrac{1}{4RC_{EP}}$，因此电阻的噪声对电路的影响，还是取决于电阻的噪声密度和电路的带宽。式（3-93）还直接反映了一个问题，如果要把一阶 RC 滤波器对噪声限带的作用等效为理想滤波器，等效截止频率为

$$f_{EN} = \frac{1}{4RC} \approx 1.571 f_c。$$

4．电容和电感的噪声

电容和电感不产生热噪声，如果它们在电阻回路中，计算电阻热噪声对电路的贡献即可。

若要单纯考虑电容或电感，可以用 RC 和 RL 电路对 R 取极限获得，如电容的噪声，可以用 RC 并联电路计算，R 趋于无穷大时的噪声即为电容的噪声，实际计算结果与式（3-93）一样：

$$u_C^2 = \lim_{R \to \infty} v_R^2 \frac{1}{4RC} = \frac{kT}{C}。$$

5. 二极管的噪声

二极管的噪声，即 PN 结的噪声，主要是散粒噪声，是载流子通过 PN 结势垒时产生的电流噪声，服从泊松分布，不过在载流子数量很大时，趋近于正态分布，在绝大多数电路中，显然载流子数量够大，因而也是白色噪声。其功率密度（电流密度的平方）为

$$i_D^2 = 2qI \tag{3-94}$$

其中，$q \approx 1.602 \times 10^{-19} \mathrm{C}$，为电子电荷；$I$ 为电流。它等效为理想二极管并联噪声电流源。

二极管的闪烁噪声有时也不能忽略：

$$i_{D,flicker}^2 = \kappa I^\gamma / f \tag{3-95}$$

其中，γ 通常在 $1 \sim 2$ 之间，它与系数 κ 通常需要实测或以经验值来确定。

6. BJT 的噪声

BJT 的噪声中，起主导作用的有基极分布电阻（注意，并非 r_{BE} ）的热噪声：

$$v_{RB}^2 = 4kTR_B \tag{3-96}$$

基极电流的散粒噪声和闪烁噪声：

$$i_B^2(f) = 2qI_B + \kappa I^\gamma / f \tag{3-97}$$

以及集电极电流的散粒噪声和闪烁噪声：

$$i_C^2(f) = 2qI_C + \kappa I^\gamma / f \tag{3-98}$$

通常，整体上 $1/f$ 噪声截止频率为 10Hz~10kHz。

7. FET 的噪声

在 FET 的噪声中，起主导作用的有栅极分布电阻的热噪声：

$$v_{RG}^2 = 4kTR_G \tag{3-99}$$

沟道热噪声和闪烁噪声：

$$i_D^2(f) = \frac{8kTg_m}{3}\left(1 + \frac{f_{px}}{f}\right) \tag{3-100}$$

式中，f_{px} 为 $1/f$ 噪声截止频率，MOSFET 一般为 10kHz～10MHz，JFET 一般为 1Hz～1kHz。

栅极感应噪声为

$$i_G^2 = \frac{4kTg_m}{3}\left(\frac{f}{f_T}\right)^2 \tag{3-101}$$

只是一个紫色噪声，其中 f_T 为 FET 的特征频率，约等于 $g_m / (C_{GS} + C_{GD})$。

8. BJT 的噪声系数

通常将 BJT 中的各种噪声等效为串入基极的噪声电压源和并联在 B-E 上的噪声电流源，如图 3-35 所示。

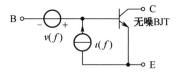

图 3-35　BJT 的噪声（以 NPN 为例）

这里仅给出等效后的结果：

$$\begin{cases} v^2(f) = 4kTR_B + \left(\dfrac{2kTV_T}{I_C} + \dfrac{2qR_B^2 I_C}{\beta} \right)\left(1 + \dfrac{f_{px}}{f} \right) + 2qR_B^2 I_C \dfrac{f^2}{f_T^2} \\[3mm] \iota^2(f) = \dfrac{2qI_C}{\beta}\left(1 + \dfrac{f_{px}}{f} \right) + 2qI_C \dfrac{f^2}{f_T^2} \end{cases} \tag{3-102}$$

式中，f_{px} 为粉噪声截止频率；f_T 为 BJT 的特征频率。

在通常关注的中频段 $f_{px} < f < f_T / \sqrt{\beta}$，等效噪声近似为白噪声，其密度为

$$\begin{cases} v^2 = 4kTR_B + \dfrac{2kTV_T}{I_C} + \dfrac{2qR_B^2 I_C}{\beta} \\[3mm] \iota^2 = \dfrac{2qI_C}{\beta} \end{cases} \tag{3-103}$$

实际应用中，常用更简明的参数"噪声系数"来表达 BJT 的噪声性能，定义为含噪信号经过 BJT 电路之后，信噪比的下降。在 $f_{px} < f < f_T / \sqrt{\beta}$ 内，噪声系数值为

$$F \approx 1 + \frac{1}{R_g}\left(R_B + \frac{V_T}{2I_C} + \frac{R_B^2 I_C}{2\beta V_T} \right) + \frac{I_C R_g}{2\beta V_T} \tag{3-104}$$

式中，R_g 为信号源内阻（前级的输出电阻）。

9. FET 的噪声系数

通常将 FET 中的各种噪声等效为串入栅极的噪声电压源，如图 3-36 所示。

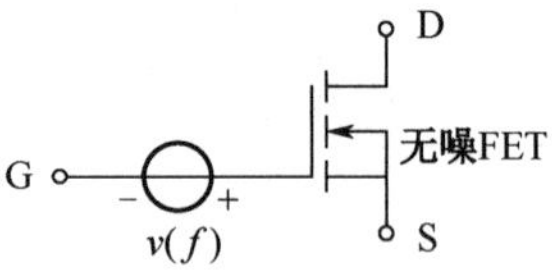

图 3-36　FET 的噪声（以 N 沟道 MOSFET 为例）

这里仅给出等效后的结果：

$$v^2(f) = \frac{8kT}{3g_m}\left(1 + \frac{f_{px}}{f} + \frac{f^2}{f_{gm}^2} \right) \tag{3-105}$$

其中，f_{gm} 为跨导截止频率。与 BJT 类似地，其噪声系数定义为含噪信号经过 FET 电路之后，

信噪比的下降，在中频区域 $f_{px} < f < f_{gm}$，其值为

$$F \approx 1 + \frac{R_G}{R_g} + \frac{2}{3g_m R_g} \tag{3-106}$$

3.4.3 白噪声的产生方法

无论是电阻的热噪声还是 PN 结的散粒噪声，均非常微弱，以它们作为噪声源来产生具有实用功率的噪声对放大器要求很高，并不实用。实用的产生白噪声方法有雪崩击穿法和数字线性反馈移位寄存器法。

标称电压大于 6V 的稳压二极管的反向击穿主要是雪崩击穿，二极管雪崩击穿时产生的噪声较大，因而可采用 6V 以上的稳压二极管产生有限带宽的白噪声，其带宽与稳压二极管的结电容有关。如图 3-37 所示，电阻和稳压二极管的位置也可以互换。该电路在放大器输入端可产生不小于 $0.1\mu V / \sqrt{Hz}$ 的噪声电压密度，而带宽可达数十兆。除可使用稳压二极管之外，也有制造商生产专门用作噪声源的二极管。

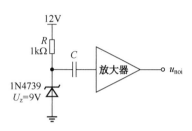

图 3-37 使用稳压二极管的雪崩噪声作为噪声源

数字线性反馈移位寄存器（LFSR）常用来产生伪随机数，可用数字逻辑（如可编程逻辑器件）或软件代码实现。图 3-38 所示为一个 8 位的 LFSR，其中每个寄存器都是 1 位的。

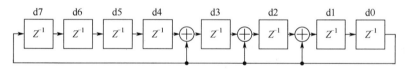

图 3-38 一个 8 位的 LFSR

在图 3-38 中，将 d0 的输出与 d4、d3 和 d2 异或作为下级延迟的输入。选择 d0 的输出反馈到哪些节点会影响输出序列的重复周期，对于上述 8 位的 LFSR，合适的反馈点选择，会使得输出达到最大周期 $2^8 - 1$，即除 0 之外的全部可能的 8 位二进制值都会出现在电路中。

二进制 LFSR 中，选择反馈与哪些输出做异或可以用有限域计算中模 2 的多项式来表示。这个多项式称为特征多项式（或称反馈多项式）。图 3-38 中的特征多项式为

$$x^8 + x^4 + x^3 + x^2 + 1$$

对于 N 位 LFSR，能够使得输出序列周期达到 $2^N - 1$ 的特征多项式称为本原多项式。此时的 LFSR 称为最长 LFSR。一定位数的 LFSR 的本原多项式数量有限，不同位数的 LFSR 的本原多项式数量不一，如 7 位 LFSR 有 18 个本原多项式，8 位 LFSR 有 16 个本原多项式，16 位有 2048 个本原多项式，32 位有 67108864 个本原多项式……

对于 N 位的 LFSR，特征多项式中必然有 1 和 x^N 项，而其他项则代表着反馈点的位置，请对比图 3-38 加以理解。将 $x = 2$ 代入特征多项式，可得到其数值表达，多项式 $x^8 + x^4 + x^3 + x^2 + 1$ 的数值表达 $rval = 0x11d$，所以也常直接称为"多项式 $0x11d$"。

表 3-11 例举了一些本原多项式的数值表达，可用于设计最长 LFSR，本原多项式总是成对出现的，这些值按位逆序对应的多项式也是本原多项式。表中，3～8 位的所有本原多项式都有列出，括号中是位逆序；11～32 位的只例举了一些，没有同时例举出互为位逆序的。

表 3-11 一些本原多项式的数值表达

位	本原多项式的数值表达（十六进制）
3	9(d)
4	13(19)
5	25(29), 2f(3d), 37(3b)
6	43(61), 5b(6d), 67(73)
7	83(c1), 89(91), 8f(f1), 9d(b9), a7(e5), ab(d5), bf(fd), cb(d3), ef(f7)
8	11d(171), 12b(1a9), 12d(169), 14d(165), 15f(1f5), 163(18d), 187(1c3), 1cf(1e7)
11	805, 817, 82b, 82d, 847, 863, 865, 871, 87b, 88d, 895, 89f, 8a9, 8b1, 8cf, 8e7, ...
12	1053, 1069, 107b, 107d, 1099, 10d1, 10eb, 1107, 111f, 1123, 113b, 114f, 1157, ...
15	8003, 8011, 8017, 802d, 8035, 805f, 8077, 8081, 8087, 8093, 80a5, 80c3, 80cf, ...
16	1002d, 10039, 1003f, 10053, 100bd, 100d7, 1012f, 1013d, 1014f, 1015d, 10197, ...
23	800021, 80002b, 80002d, 800033, 80003f, 80004d, 800065, 800077, 800087, ...
24	100001b, 1000087, 10000b1, 10000db, 10000f5, 1000125, 100017f, 10001b5, ...
31	80000009, 8000000f, 8000002d, 80000035, 80000041, 80000047, 80000055, ...
32	1000000af, 1000000c5, 1000000f5, 100000125, 100000173, 100000175, ...

代码 3-1 是 LFSR 的伪代码，调用时传入 true 则输出初始值 0xff；否则，每次调用输出新值。可在定时器中断中调用它，这样输出数据更新周期即为定时器周期。

代码 3-1 LFSR 的伪代码

```
1    unsigned int Lfsr(bool reset)
2    {
3    static unsigned int fb = 0x11d >> 1; // 0x11d即为表3-11中的多项式
4    static unsigned int out = 0xff;
5    if(reset)
6        out = 0xff;  // 初始值
7    else
8        out = (out & 0x1) ? (out >> 1) ^ fb : (out >> 1);
9        return out;
10   }
```

对于工作频率 f_s，位宽为 W 的 LFSR，其数据循环周期 $f_c = f_s / \left(2^W - 1 \right)$，如果将其输出数据通过 DAC 转换为模拟信号，或者直接将输出数据中的任意一位以一定的数字电平输出，将得到类似图 3-39 所示功率谱的噪声，其包络正比于 $\left| \dfrac{\sin\left(\pi f / f_s \right)}{\pi f / f_s} \right|$。图 3-39 以工作在 10kHz 的 12 位 LFSR 的输出为例，在 $f_c \approx 2.44\text{Hz}$ 至远小于 $f_s = 10\text{kHz}$ 的频段内，它足够平坦，近似为白噪声。

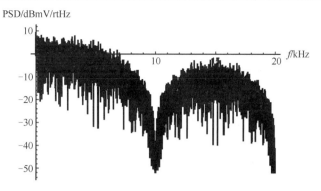

图 3-39 10kHz 的 12 位 LFSR 的输出信号功率谱噪声

3.4.4 滤波器的等效噪声带宽

将白噪声经过滤波器，噪声的部分能量将被滤除，如果滤波器的传输函数为 $H(s)$，则经过滤波器后的噪声功率为

$$P_{n} = \int_{0}^{\infty} v^{2} \left| H(2j\pi f) \right|^{2} df \qquad (3\text{-}107)$$

以截止频率为 f_c 的一阶低通滤波器是滤波器为例。

$$P_{n} = v^{2} \int_{0}^{\infty} \left| \frac{1}{jf / f_c + 1} \right|^{2} df$$

$$= v^{2} \int_{0}^{\infty} \frac{1}{1 + f^{2} / f_c^{2}} df$$

$$= v^{2} \cdot \frac{\pi}{2} f_c$$

这等效于理想的带宽为 $\frac{\pi}{2} f_c$ 的白噪声，称 $f_{EN} = \frac{\pi}{2} f_c$ 为截止频率 f_c 的一阶低通滤波器的等效噪声带宽（ENBW），如图 3-40 所示。

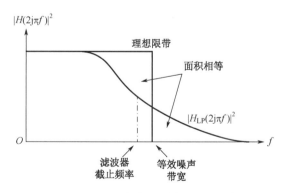

图 3-40 低通滤波器的等效噪声带宽

类似地，对于其他归一化的滤波器传输函数 $H(s_n) = H(j\omega_n) = H(jf_n)$，归一化的等效噪声带宽为

$$f_{n,EN} \overset{\text{def}}{=\!=} \frac{f_{EN}}{f_c} = \int_0^\infty |H(jf_n)|^2 \, df_n \qquad (3\text{-}108)$$

根据 3.2 节中介绍的各类低通滤波的传输函数，可以求得各类低通滤波器的归一化等效噪声带宽，如表 3-12 所示。

容易知道，对于上下限截止频率分别为 f_L 和 f_H 的带通滤波器，其等效噪声带宽为

$$f_{EN} = f_{n,EN} \cdot (f_H - f_L) \qquad (3\text{-}109)$$

其中，$f_{n,EN}$ 为表 3-12 所示的相应响应的低通滤波器的归一化等效噪声带宽。

表 3-12　各类低通滤波器的归一化等效噪声带宽

阶数	巴特沃斯	贝塞尔	切比雪夫 I 型		
			$\delta = 0.2\text{dB}$	$\delta = 1\text{dB}$	$\delta = 3\text{dB}$
1	$\pi/2 \approx 1.5708$				
2	$\sqrt{2}\pi/4 \approx 1.1107$	1.1536	1.9211	1.5776	1.7244
3	$\pi/3 \approx 1.0472$	1.0736	1.3200	1.0411	0.7737
4	约为1.0262	1.0464	1.2179	1.2255	1.4850
5	约为1.0166	1.0386	1.0942	0.9433	0.7310
6	约为1.0115	1.0386	1.1075	1.1672	1.4443

3.4.5　其他"颜色"噪声的产生

其他颜色的噪声可以将白噪声通过积分器、微分器或不同响应的滤波器获得。一阶积分器 $H(s) = 1/s$ 的电压增益正比于 $1/f$，将白噪声通过一阶积分器，可获得功率谱密度正比于 $1/f^2$ 的棕色噪声；类似地，将白噪声通过一阶微分器 $H(s) = s$，可获得紫色噪声。

而粉色噪声和蓝色噪声则需要特殊的滤波器才能获得。以粉色噪声为例，其功率谱密度正比于 $1/f$，因而需要滤波器的电压增益正比于 $1/\sqrt{f}$，这样的滤波器无法完美地获得，仅能通过特殊的电路网络在一定的频带内拟合，如图 3-41 所示。

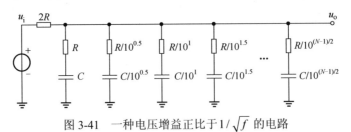

图 3-41　一种电压增益正比于 $1/\sqrt{f}$ 的电路

其传输函数为

$$H(s) = \cfrac{1}{1 + sRC\left(\cfrac{1}{1+sRC} + \cfrac{10^{0.5}}{10+sRC} + \cdots + \cfrac{10^{(N-1)/2}}{10^{(N-1)}+sRC}\right)}$$

$$= \left(1 + sRC\sum_{k=0}^{N-1}\frac{10^{k/2}}{10^k + sRC}\right)^{-1}$$

其中，N 为电路中电容的个数。当 $N=3$、$R=1.5\text{k}\Omega$、$C=1\mu\text{F}$ 时，其幅频特性如图 3-42 所示，在音频段近似正比于 $1/\sqrt{f}$，即斜率约为 $-10\text{dB}/\text{dec}$。

采用 E96 分布的电阻和 E12 分布的电容构成的电路如图 3-43 所示，其输出即为音频段的粉色噪声。

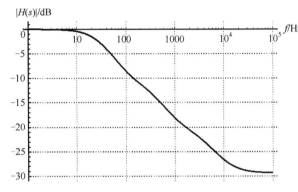

图 3-42　音频段的近似 −10dB/dec 滤波器幅频特性

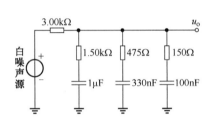

图 3-43　采用 E96 分布的电阻和 E12 分布的电容构成的电路

3.5　直接数字频率合成

直接数字频率合成（DDS 或 DDFS）用于在数字域产生正弦信号，由相位累加器和正弦查找表两部分组成，如图 3-44 所示。其中，相位累加器接受频率控制字 k 作为输入，输出相位值 ϕ，它们的位宽均为 PW；正弦查找表由存储器或数组构成，地址位宽为 AW，或者数组长度为 2^{AW}，其中顺次存储着一个周期的正弦信号的采样值。

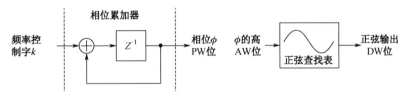

图 3-44　直接数字频率合成的原理示意图

正弦查找表的地址（或者索引）位宽通常小于相位累加器位宽，它们高位对齐，这样相位累加器的输出 $\phi \in [0, 2^{\text{PW}})$，正好对应着输出正弦信号的相位 $[0, 2\pi)$。如果相位累加器的工作频率，即输出数据的采样率为 f_s，则在单位周期 $T_\text{s} = 1/f_\text{s}$ 内，正弦信号的相变为

$$\Delta\phi = \frac{2\pi}{2^{PW}}k \tag{3-110}$$

输出正弦信号的频率为

$$f = \frac{\omega}{2\pi} = \frac{\Delta\phi}{2\pi T} = k\frac{f_s}{2^{PW}} \tag{3-111}$$

代码 3-2 为 DDS 的软件实现伪代码，DDS_Sin 为正弦查找表，InitSin()函数用于初始化正弦查找表，以固定的频率 f_s 调用 DDS_Tick 函数（如在定时器中断服务函数中调用），其返回值即为逐个输出的正弦采样数据，输出数据为 16 位整形数据，范围为[–32767,32767]。如果在定时器中断中调用 DDS_Tick 函数，并将其返回值高位对齐送至 DAC，即可输出由 freq 参数指定的频率的正弦信号。

至于硬件逻辑实现，读者可参阅数字逻辑和 FPGA 相关书籍。

代码 3-2　DDS 的软件实现伪代码

```
1    const int DDS_AW = 12;
2    const int DDS_TLEN = 1 << DDS_AW;
3    const float DDS_FREQ = 10.0e3f;     // DDS_Tick函数的调用频率 fs
4    short int DDS_Sin[DDS_TLEN] = {0};
5    void DDS_InitSin() {
6        for(int i = 0; i < DDS_TLEN; i++) {
7            DDS_Sin[i] = lroundf(32767.f * sinf(
8                        i * 3.1415926536f * 2.f / DDS_TLEN));
9        }
10   }
11   short int DDS_Tick(float freq) {
12       static int phaseAcc = 0;
13       phaseAcc += lroundf(freq / DDS_FREQ * 4294967296.f);
14       return DDS_Sin[phaseAcc >> (32 - DDS_AW)];
15   }
```

3.6　数字滤波器

本节简单介绍 IIR 滤波器和 FIR 滤波器的原理，并给出基本的软件实现伪代码，至于数字逻辑实现，读者可参阅数字逻辑和 FPGA 相关书籍。通常要实现相似的频率响应，FIR 滤波器需要的阶数远大于 IIR 滤波器，不过 FIR 滤波器较 IIR 滤波器的优势在于其线性相位和固有的稳定性。

时域方法的高阶 FIR 滤波器计算量极大，通常很少使用软件实现，使用数字逻辑实现相对实用一些，后面将简单介绍其频域实现方法。IIR 滤波器则在软件中更为常用。

3.6.1　IIR 滤波器

IIR 滤波器即无限冲激响应滤波器，可实现与模拟滤波器类似的响应，设计方法也往往基于模拟滤波器，传输函数的一般形式为

$$H(z) = \frac{\sum_{i=0}^{N} n_i z^{-i}}{1 + \sum_{j=1}^{D} d_j z^{-j}} \tag{3-112}$$

分子共有 $N+1$ 个系数，分母共有 D 个系数（除 0 次方项系数 1 之外），其阶数定义为 D。与模拟滤波器类似，IIR 滤波器可以变换为多个二阶滤波器的级联，或者多个二阶滤波器和一个一阶滤波器的级联。

在工程中，IIR 滤波器也可用 MATLAB、Mathematica 等软件工具辅助设计，这里不做赘述。

适宜数字逻辑或软件实现的二阶 IIR 滤波器的转置结构如图 3-45 所示。其传输函数由二阶 IIR 滤波器的一般形式变换而来，即

$$H(z) = \frac{n_0 + n_1 z^{-1} + n_2 z^{-2}}{1 + d_1 z^{-1} + d_2 z^{-2}} = g \frac{n_0' + n_1' z^{-1} + n_2' z^{-2}}{1 + d_1 z^{-1} + d_2 z^{-2}} \tag{3-113}$$

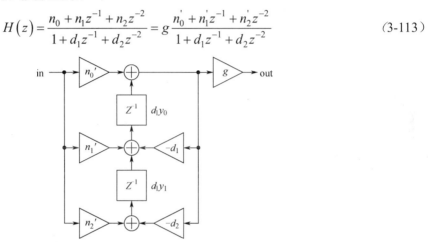

图 3-45　IIR 滤波器的转置结构

如果 $n_0 \neq 0$，则可从分子中提出系数 $g = n_0$，使得 $n_0' = 1$ 和 $n_{1,2}' = n_{1,2} / g$，一般 n_0 绝对值小于 1，能使得 $|n_1'| > |n_1|$ 和 $|n_2'| > |n_2|$，有助于降低有限字长造成的误差。

一阶 IIR 传输函数为

$$H(z) = \frac{n_0 + n_1 z^{-1}}{1 + d_1 z^{-1}} = g \frac{n_0' + n_1' z^{-1}}{1 + d_1 z^{-1}} \tag{3-114}$$

一阶 IIR 滤波器的结构如图 3-46 所示。

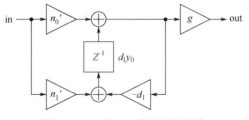

图 3-46　一阶 IIR 滤波器的结构

代码 3-3 是图 3-45 所示二阶 IIR 滤波器的伪代码，代码中给出的系数是归一化截止角频率 0.01π 的二阶巴特沃斯响应低通滤波器。

代码3-3　二阶IIR滤波器的伪代码

```
1    const float IIR_n1 =  2.000000f, IIR_n2 = 1.000000f;
2    const float IIR_d1 = -1.955578f, IIR_d2 = 0.956544f;
3    const float IIR_g = 0.000241359f;
4    float IIR_Tick(float data)
5    {
6        static float z0 = 0.f, z1 = 0.f;
7        T rtn;
8        rtn = z0 + data;
9        z0 = z1 + (data * IIR_n1) - (rtn * IIR_d1);
10       z1 = (data * IIR_n2) - (rtn * IIR_d2);
11       return rtn * IIR_g;
12   }
```

代码3-4是带内增益为1的一阶低通IIR滤波器的软件伪代码，非常简单实用，任何没有明确性能需求的数据平滑均可用它，嵌入已有的代码中，往往只需要增加或修改一行代码。在一些领域也称为带有遗忘因子的积分器，其中lambda（λ）称为遗忘因子，1-lambda（$1-\lambda \stackrel{\text{def}}{=} \alpha$）则称为记忆因子。功能可概括为：新值等于原值的90%加上输入的10%（以$\lambda=0.1$为例）。

代码3-4　带内增益为1的一阶低通IIR滤波器的软件伪代码

```
1    float EzIIR_Tick(float in)
2    {
3        const float lambda = 0.1;
4        static float out = 0.f;
5        out = out * (1.f - lambda) + in * lambda;
6    }
```

其传输函数为

$$H_{\text{EzIIR}} = \frac{\lambda}{z - \alpha} \tag{3-115}$$

归一化截止角频率为

$$\omega_{\text{c}} = \lambda \tag{3-116}$$

采样率为f_{s}时，时间常数（将单位输入遗忘到$1/e$的时间）为

$$\tau = \frac{1}{\lambda f_{\text{s}}} \tag{3-117}$$

3.6.2　FIR滤波器

FIR滤波器即有限冲激响应滤波器，传输函数的形式为

$$H(z) = \sum_{k=0}^{N} h[k] \cdot z^{-k} \tag{3-118}$$

其中，N为其阶数，N阶FIR滤波器共有$N+1$个系数$h[i]$，$h[i]$也就是它的单位冲激响应，FIR滤波器就是在求输入与$h[i]$的卷积和。

FIR 滤波器的设计，即 $h[i]$ 的计算方法不是本书内容，读者应参考数字信号处理书籍，工程中还可使用 MATLAB、Mathematica 等工程或数学工具来辅助设计。4 阶 FIR 滤波器的结构如图 3-47 所示，其中单位延迟可用触发器或数组实现，增益 h 为常系数乘法。

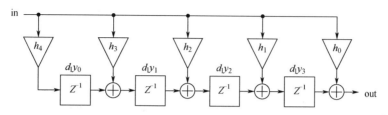

图 3-47　4 阶 FIR 滤波器的结构（转置型）

代码 3-5 是 FIR 滤波器软件实现的伪代码，代码中给出的系数是一个归一化截止角频率为 $\pi/2$ 的 6 阶等纹波滤波器。

代码 3-5　FIR 滤波器软件实现的伪代码

```
1    const int FIR_Taps = 7;      // 系数个数等于阶数加一
2    const float FIR_Coefs =
3       {-0.050624f, 0.f, 0.295059f, 0.5f, 0.295059f, 0.f, -0.0506242f};
4    float FIR_Z[FIR_Taps - 1] = {0.f};
5    float FIR_Prod[FIR_Taps];
6    float FIR_Tick(float data) {
7       for(int i = 0; i < FIR_Taps; i++)
8          FIR_Prod[i] = data * FIR_Coefs[i];
9       float rtn = FIR_Z[FIR_Taps - 2] + FIR_Prod[0];
10      for(int i = FIR_Taps - 2; i >= 1; i--)
11         FIR_Z[i] = FIR_Z[i - 1] + FIR_Prod[FIR_Taps - 1 - i];
12      FIR_Z[0] = FIR_Prod[FIR_Taps - 1];
13   return rtn;
14   }
```

3.7　离散傅里叶变换

离散傅里叶变换形式为

$$\begin{cases} X[k] = N^{(a-1)/2} \cdot \sum_{n=0}^{N-1} x[n] \mathrm{e}^{bj2\pi kn/N} \\ x[n] = N^{(-a-1)/2} \cdot \sum_{k=0}^{N-1} X[k] \mathrm{e}^{-bj2\pi kn/N} \end{cases}, \quad \begin{matrix} a \in \{-1,0,1\} \\ b \in \{-1,1\} \end{matrix} \tag{3-119}$$

其中，$N \in \mathbb{Z}^+$，$k \in \{0,1,\cdots,N-1\}$，是长度为 N 的离散傅里叶变换（DFT）及其逆变换（IDFT）的一般形式。当 $a=1$，$b=-1$ 时是 DFT 的经典定义；当 $a=-1$，$b=1$ 时，在工程数据分析中较常用；而当 $a=0$，$b=\pm1$ 时则使得正逆变换形式对称。

离散傅里叶变换将序列 $x[n]$ 变换为另一个序列 $X[k]$，若 $x[n]$ 为时域实数序列，则 $X[k]$ 是

频域复数序列，$X[k]$表达了$x[n]$中不同归一化角频率成分的幅度和相位信息。在取$a=-1$，$b=1$时，$|X[0]|$是$x[n]$中直流成分的值，$2|X[k]|$（$k\neq0$）是归一化角频率$\Omega=\dfrac{2\pi k}{N}$成分的幅度，$\angle X[k]$（$k\neq0$）是归一化角频率$\Omega=\dfrac{2\pi k}{N}$成分的相移。

经过简单拼接处理，时域上两个序列的卷积可以等效为对它们经过傅里叶变换后得到的频域序列做逐元素的乘积，因而很多数字信号处理可以直接在频域完成。这些特性使得离散傅里叶变换在数字信号的分析、处理和数字通信中有极广泛的应用。

3.7.1 快速傅里叶变换

直接按式（3-119）计算离散傅里叶变换，都需要N^2次复数乘法和$N(N-1)$次复数加法，复杂度为$O(N^2)$。快速傅里叶变换（FFT）及其逆变换（IFFT）是离散傅里叶变换及其逆变换的改进计算方法，主要思路是利用$e^{-j2\pi kn/N}$的周期性将大规模运算分解为小单元运算并尽量复用。例如，基2频率抽选方法可以将偶数长度的DFT拆分为两个半长度的DFT，如图3-48所示。其中，$w_N=e^{-j2\pi/N}$，$w_N^k=e^{-j2\pi k/N}=\cos\dfrac{2\pi k}{N}-j\sin\dfrac{2\pi k}{N}$。至于基2频率抽选的数学原理，读者可参考数字信号处理相关书籍。

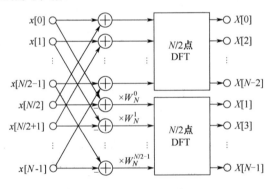

图3-48 基2频率抽选拆分DFT

如果$N=2^M$，则可一直拆分到长度为1的DFT即$X[0]=x[0]$，如图3-49所示为以$N=8$为例的完整拆分，图中$w_N^0=1$被省略。这样计算的复杂度从$O(N^2)$降低到了$O(N\log_2 N)$。

注意，最后得到的$X[k]$序列，并非依序排列，而是按角标的二进制位逆序排列，称为按位逆序。

代码3-6给出了基2频率抽选法的算法伪代码，方便读者对照写出软件代码。其中$w[k]=\cos\dfrac{2\pi k}{N}-j\sin\dfrac{2\pi k}{N},k\in[0,N/2)$，需在运用算法前初始化。长度为$N$的FFT或IFFT算法，共需要$\log_2 N$个拆分步骤，$\mathrm{step}\in[0,\log_2 N)$；每个步骤中将数据分为$N/\mathrm{GrpLen}$个组，每组有$\mathrm{GrpLen}=N/2/2^{\mathrm{step}}$个数据，前后两个组配对参与和或差积运算。

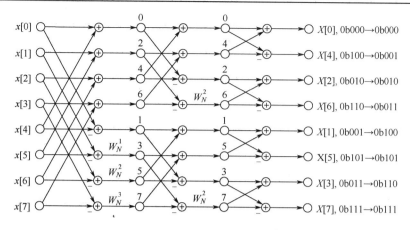

图 3-49 基 2 频率抽选的 8 点 FFT 的计算流程

代码 3-6 基 2 频率抽选法的算法伪代码

```
M = log2(N);
grp = 0; grpLen = N / 2;
for (step = 0; step < M, step++)
{
    for (grp = 0; grp < N; grp += 2 * grpLen)
    {
        for (i = grp, j = grp + grpLen, k = 0;
            i < grp + grpLen;
            i++, j++, k += 2^step)
        {
            u = x[i] + x[j];            // 复数和
            v = (x[i] - x[j]) * w[k];   // 复数差、积
            x[i] = u; x[j] = v;
        }
    }
    grpLen = grpLen / 2;
}
```

基 2 频率抽选 FFT 算法的工作循环示意如图 3-50 所示。

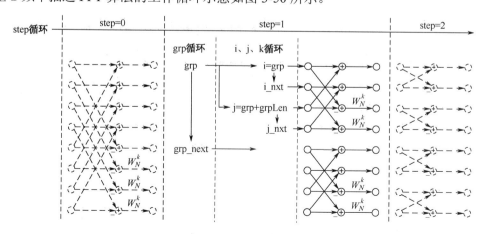

图 3-50 基 2 频率抽选 FFT 算法的工作循环示意

3.7.2　频域滤波方法

时域 FIR 滤波器将输入序列 $x[n]$，与滤波器的系数，也就是它的单位冲激响应 $h[n]$ 做线性卷积。

$$y[n] = x[n] * h[n] = \sum_{m=0}^{\infty} x[m]h[n-m] = \sum_{m=0}^{P-1} x[n-m]h[m] \tag{3-120}$$

其中，P 为系数的个数，即 $h[n]$ 的长度。如果数据长度为 L，则所需的乘加运算量大约为 $P \cdot L$。

频域滤波器方法利用频域乘法等价于时域卷积的特性，先利用 FFT 将时域数据分块转换到频域，然后与滤波器的频率响应（单位冲激响应转换到频域）相乘，再利用 IFFT 将结果转换回时域。不过两个序列经过 FFT 转换后相乘，再转换回时域，并不等于两者的线性卷积，而是循环卷积。

$$\mathcal{F}^{-1}\left\{\mathcal{F}\{x[n]\} \cdot \mathcal{F}\{h[n]\}\right\} = x[n] \circledast h[n] \stackrel{\text{def}}{=} \sum_{m=0}^{N-1} x[m]h\big[(n-m) \bmod N\big] \tag{3-121}$$

其中，$\circledast$ 表示循环卷积，"$a \bmod b$" 为求 a 除以 b 的非负余数。

为利用循环卷积来计算长输入序列与一定长度的序列的线性卷积，可采用"重叠保留"或"重叠相加"等方法，这里以重叠保留法为例进行说明。图 3-51 所示为重叠保留法频域 FTR 滤波器计算流程。

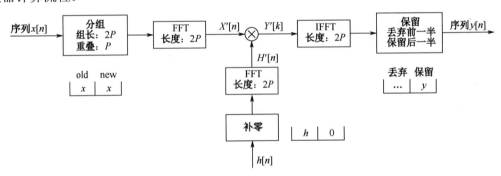

图 3-51　重叠保留法频域 FTR 滤波器计算流程

滤波器的系数 h（P 个）后补 P 个零后，经过长度为 $2P$ 的 FFT 变换到频域 $H^{'}[n]$。连续的输入序列被拆分为每 P 个数据一块，两块一组经过长度 $2P$ 的 FFT 变换到频域 $X^{'}[n]$，与 $H^{'}[n]$ 逐元素做复数乘积，结果再经长度 $2P$ 的 IFFT，并丢弃前一半数据输出。下一次计算过程的一组包含上一次计算过程的一块和一个新块，即重叠一块，第一次计算则包含一块零值，如图 3-52 所示。

对于每一块 P 个数据，FFT 和 IFFT 变换各需 $4P\log_2 P$ 次实数乘加运算，复数乘法需 $4P$ 次实数乘加运算，所需乘加运算共计 $8P\log_2 P + 4P$ 次，在 $P \geqslant 64$ 时，较时域计算所需的 P^2 次更优。

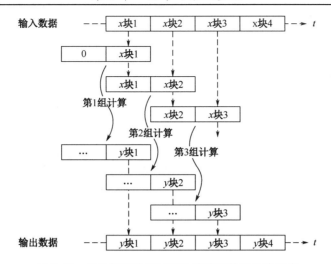

图 3-52 重叠保留法频域 FIR 滤波器数据分块示意

第 4 章

运算放大器及应用

运算放大器是当前模拟电路中最重要的元器件，除射频领域之外，大多数模拟电路的任务均可以用运算放大器完成。事实上，已有带宽高达数 GHz 的运算放大器可以用于一些射频领域。熟练掌握运算放大器的各类应用对模拟电路设计至关重要。

运算放大器简称"运放"，后文将使用这一简称。

运放一般有 3 个信号端子：同相输入端、反相输入端和输出端，全差分运放则有 5 个信号端子。除信号端子之外，运放还有两个电源端子。有的运放具有使能/禁能功能，通过给额外的使能端口施加一定的电压，运放将停止工作，输出变为高阻态。

运放可分为以下几种类型。

① 标准运放：将输入电压之差，放大后，输出电压。

② 互阻运放：将反相输入端子上的电流，放大后，输出电压。

③ 互导运放：将输入电压之差，放大后，输出电流。

④ 电流运放：将反相输入端子上的电流，放大后，输出电流。

其中，标准运放最为常用，也称为"电压反馈型运放"，其次是互阻运放，常称为"电流反馈型运放"，后两种比较少见，本书也不会涉及，不过它们均有着实用和有趣的应用，有兴趣的读者可自行查阅书籍资料学习。通常说的运放，默认为标准运放。

4.1　负反馈和运放

通过对三极管放大电路的了解，可以知道，如果要使用三极管制作一个增益精确且工作点稳定的放大器是很困难的。一方面，精确的增益和工作点需要精心设计和细致的调试；另一方面，即使悉心设计和调试成功，也会因温度等因素导致工作时增益不稳定和工作点漂移，而要克服温度因素又将大幅增加电路复杂度。

考虑图 4-1 所示的抽象的负反馈系统。

输入信号与 β 倍的输出信号做差，送入 A 倍的放大器放大得到输出。

这是一个典型的负反馈系统。取输出反馈至输入，称为"反馈"；输出的增大经过反馈后抑制其增大称为"负"。负反馈系统在工程学、经济学、社会学分析中都有着广泛

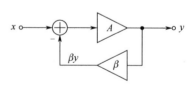

图 4-1　抽象的负反馈系统

的应用。这里先只考虑 A 和 β 为实常数的情况。

设输入为 x、输出为 y，容易知道：

$$y = A(x - \beta y) \tag{4-1}$$

因而：

$$\frac{y}{x} = \frac{A}{1 + A\beta} \tag{4-2}$$

如果 $A\beta \gg 1$，则有

$$\frac{y}{x} \approx \frac{1}{\beta} \tag{4-3}$$

只要 $A\beta$ 远远大于 1，这个约等于就可以非常的"准确"，即系统的整体放大倍数仅由 β 很精确地设定，而与 A 几乎无关。

例如，考虑 A 等于 10^4 或 10^6，当 $\beta = 1/10$ 时：

$$\frac{y}{x} = \frac{10^4}{1 + 10^3} \approx 9.99$$

或

$$\frac{y}{x} = \frac{10^6}{1 + 10^5} \approx 9.9999$$

因而即使 A 不稳定，波动达两个数量级，整个系统的增益却非常接近 10 倍，仅有不到千分之一的变化。

因而，如果有一个增益很大的放大器（作为 A），不需要这个增益很稳定，也不需要这个增益很准确，只要它够大，就可以使用图 4-1 所示的反馈系统，通过较准确的衰减器（β），实现较准确稳定的增益。实现较准确的衰减器则非常简单，通常用电阻分压即可，而电阻可以很准确（1% 精度的电阻非常普遍）和很稳定（同样材料工艺制成的两个电阻做分压，温度系数不影响分压比）。

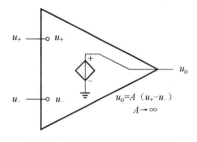

图 4-2 理想运放的等效电路

运算放大器即是这样一个增益很大的放大器，同时，它还可以做差。

图 4-2 所示为理想运放的等效电路。图中，u_+ 和 u_- 分别为同相输入端和反相输入端。

其中，受控电压源的电压为

$$u_o = A \cdot (u_+ - u_-)$$

而 $A \to \infty$，因而如果 u_o 有限，则

$$u_+ = u_-$$

称为理想运放的"虚短"特性。

理想运放的两个输入端内部开路，因而

$$i_+ = i_- = 0$$

称为理想运放的"虚断"特性。

实际的运放还有两个供电端口，如图 4-3 所示，绝大多数运放的两个输入端和输出端的电压必须在两个供电端口电压之间，即 $U_{s+} < U_+ < U_{s-}$ 和 $U_{s+} < U_- < U_{s-}$。

在许多原理图示意中，会省略这两个电源端口，此时，可认为 U_{s+} 连接至电路中最高电位电源，而 U_{s-} 连接至电路中最低电位电源，而且一般是正负对称的双电源。

U_{s+} 和 U_{s-} 连接的电源一般也称为"正电源轨"和"负电源轨"，合称"电源轨"。

不过，对于运放来说，只要满足输入和输出均在电源轨以内（大多也需要留有一定裕量），供电形式并不十分重要，单电源、双电源、不对称双电源都可以，只要信号的工作点（或者说偏置点）正确有效即可。关于电源问题，将在后文介绍。

考虑如图 4-4 所示的同相放大电路。

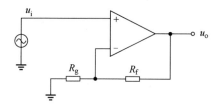

图 4-3　实际运放带有两个供电端口　　　　　图 4-4　同相放大电路

从负反馈系统的角度，即输入信号 u_i 进入同相输入端，与衰减后的输出信号 βu_o 做差，经过增益 $A \to \infty$ 得到输出 u_o，因而

$$\frac{u_o}{u_i} = \lim_{A \to \infty} \frac{A}{1 + A\beta} = \lim_{A \to \infty} \frac{A}{1 + A \dfrac{R_g}{R_g + R_f}} = 1 + \frac{R_f}{R_g} \tag{4-4}$$

从电路角度，根据"虚断"特性，可以建立运放反相输入端节点的 KCL 方程，即

$$\frac{u_o - u_-}{R_f} + \frac{0 - u_-}{R_g} = 0 \tag{4-5}$$

以及根据"虚短"特性

$$v_- = v_+ = u_i$$

可以得到同样的结果

$$\frac{u_o}{u_i} = 1 + \frac{R_f}{R_g} \tag{4-6}$$

对于实际运放，A 一般都能在 10^4 以上，只要 A 远大于预期的电路增益（$1 + R_f / R_g$），这个公式也是相当准确的。

但值得思考的是，利用"虚短""虚断"和 KCL 方程虽然能得到正确的结果，但是过程中并未区分同相输入端和反相输入端，即使将它们互换位置，将公式中的 u_+ 和 u_- 互换，也不影响结果。但如果互换，从负反馈系统的角度看显然结果就不成立了。而且实际电路中如果互换结果也是不成立的。从数学上来讲，负反馈系统的求解过程考虑了开环增益的极性，最后求极限获得结果,而"虚短"则是利用了开环增益无穷大得到的结果,这个结果丢失了极性信息,负反馈系统的求解过程更加本质一些。

但对于电路设计者来说,更重要的是从电路形态和瞬态的角度理解运放电路。

① 运放的功能,从瞬态角度,可以简单概括为:如果同相输入端比反相输入端电压高,输出会迅速升高,直至两输入端电压一致,或者输出达到极限;反之,输出会迅速降低,直至两输入端电压一致,或者输出达到极限。

② 电路形态上,必须是负反馈,才有可能(必要不充分)在输出变化的过程中,使得两个输入端电压达到一致,如果是正反馈,输出必然达到极限。

事实上,第②条是从第①条和电路形态得到的结论,第①条则是运放的本质。运用好这两条,在定量分析之前,我们就能大致看出运放电路的功能,并对定量关系做出合理的猜测。

4.2 运放的基本应用电路

4.2.1 同相和反相放大

图 4-4 即为同相放大电路。其电压增益为

$$A_{\mathrm{u}} = 1 + \frac{R_{\mathrm{f}}}{R_{\mathrm{g}}} \tag{4-7}$$

输入阻抗:$Z_{\mathrm{in}} \to \infty$。

输出阻抗:$Z_{\mathrm{out}} \to 0$。

若去掉 R_{g},则增益变为 1,R_{f} 也可直接短路,此时电路又称为电压跟随器,如图 4-5 所示。

图 4-6 所示为反相放大电路。

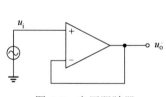

图 4-5 电压跟随器

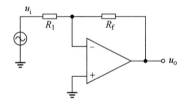

图 4-6 反相放大电路

根据"虚断"特性在反相输入端节点运用 KCL,并根据"虚短"特性:

$$\begin{cases} \dfrac{u_{\mathrm{i}} - u_{-}}{R_{\mathrm{l}}} + \dfrac{u_{\mathrm{o}} - u_{-}}{R_{\mathrm{f}}} = 0 \\ u_{-} = u_{+} = 0 \end{cases} \tag{4-8}$$

有

$$A_{\mathrm{u}} = \frac{u_{\mathrm{o}}}{u_{\mathrm{i}}} = -\frac{R_{\mathrm{f}}}{R_{\mathrm{l}}} \tag{4-9}$$

同样,从负反馈角度,u_{i} 对 u_{-} 节点的贡献为:$u_{\mathrm{i}} R_{\mathrm{f}} / (R_{\mathrm{l}} + R_{\mathrm{f}})$,相当于对 u_{+} 的

$-u_i R_f / (R_1 + R_f)$，而反馈系数与同相放大器一样：$\beta = R_1 / (R_1 + R_f)$，经计算可以得到同样的结果。

$$A_u = -\frac{R_f}{R_1 + R_f} \cdot \lim_{A \to \infty} \frac{A}{1 + A \cdot \dfrac{R_1}{R_1 + R_f}} = -\frac{R_f}{R_1} \tag{4-10}$$

反相放大器的输入电阻为

$$Z_{in} = R_i$$

在实际应用中，R_g、R_f、R_1 的取值一般需要考虑以下两个因素。

（1）它们不能太小，太小将使得运放负载过重，如同相放大器电路，运放除驱动后级负载之外，还需要向 R_f、R_g 提供电流 $u_o / (R_f + R_g)$，R_f 和 R_g 太小，将导致电流过大，多数运放能提供的瞬时输出电流不过 10mA 左右。

（2）它们不能太大，首先至少要远小于运放输入端的输入电阻，否则"虚断"不能成立。另外，对于高频应用，电阻过大，将使得电阻的 EPC 不能忽略。

大部分运放的输入电阻远大于 1MΩ，能输出的信号峰值不过十几伏特，因而大多数时这些电阻是 1kΩ ∼ 1MΩ。高频应用中，如果运放输出电流允许，可能低至数十欧姆；音频应用中，一般在 10kΩ 量级；低频低功耗场合，如果运放的输入电阻和输入偏置电流允许，则可以在 1MΩ 量级。

4.2.2　任意线性组合

考虑图 4-7 所示的任意线性组合电路。

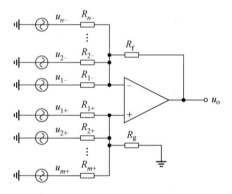

图 4-7　任意线性组合电路

根据"虚断"，并在同相输入端节点运用 KCL，有

$$\frac{0 - u_+}{R_g} + \sum_{k=1}^{m} \frac{u_{k+} - u_+}{R_{k+}} = 0 \tag{4-11}$$

整理可得

$$\sum_k \frac{u_{k+}}{R_{k+}} = u_+ \cdot \left(\frac{1}{R_g} + \sum_k \frac{1}{R_{k+}} \right) \tag{4-12}$$

同样，在反相输入端节点，有

$$\frac{u_o - u_-}{R_f} + \sum_{l=1}^{n} \frac{u_{l-} - u_-}{R_{l-}} = 0 \tag{4-13}$$

整理可得

$$\frac{u_o}{R_f} + \sum_l \frac{u_{l-}}{R_{l-}} = u_- \left(\frac{1}{R_f} + \sum_l \frac{1}{R_{l-}} \right) \tag{4-14}$$

观察式（4-12）和式（4-14），如果令两式等号右侧括号内相等，则

$$\frac{1}{R_g} + \sum_k \frac{1}{R_{k+}} = \frac{1}{R_f} + \sum_l \frac{1}{R_{l-}} \tag{4-15}$$

即要求："所有与同相输入端连接的电阻的并联值"和"所有与反相输入端连接的电阻的并联值"相等。这个要求后文将简称运放同反相端的"平衡原则"。

又因为"虚短"$u_+ = u_-$，则两式等号左侧相等，因而

$$\sum_k \frac{u_{k+}}{R_{k+}} = \frac{u_o}{R_f} + \sum_l \frac{u_{l-}}{R_{l-}} \tag{4-16}$$

整理可得

$$u_o = R_f \left(\sum_k \frac{u_{k+}}{R_{k+}} - \sum_l \frac{u_{l-}}{R_{l-}} \right) \tag{4-17}$$

即所有与同相端连接的输入加权做和，所有与反相端连接的输入加权做和，输出为两和之差，而权则等于 R_f 除以各自连接的电阻。

容易知道，反相输入的各端口输入电阻为

$$r_{in,n} = R_{n-} \tag{4-18}$$

同相输入的各端口输入电阻为

$$r_{in,k} = R_{k+} + \left(\frac{1}{R_g} + \sum_{l \neq k} \frac{1}{R_{l+}} \right)^{-1} \tag{4-19}$$

根据式（4-17）和式（4-15），几乎可以用运放实现任意数量输入信号的线性组合：$u_o = \sum A_k u_k$，不过电路设计时需要灵活处理。

例 1：使用运放设计电路实现：$u_o = -2u_1 + \frac{2}{3}u_2 - \frac{2}{5}u_3 + \frac{2}{7}u_4$。

取 $R_f = 2.00\text{k}\Omega$，其余电阻按 E96 分布取值，可将其转换为式（4-17）的形式：

$$u_o \approx 2.00\text{k}\Omega \times \left(\frac{u_2}{3.01\text{k}\Omega} + \frac{u_4}{6.98\text{k}\Omega} - \frac{u_1}{1.00\text{k}\Omega} - \frac{u_3}{4.99\text{k}\Omega} \right)$$

根据平衡原则

$$\frac{1}{R_g} + \frac{1}{3.01\text{k}\Omega} + \frac{1}{6.98\text{k}\Omega} = \frac{1}{2.00\text{k}\Omega} + \frac{1}{1.00\text{k}\Omega} + \frac{1}{4.99\text{k}\Omega}$$

可得 $R_g \approx 825\Omega$（最接近的 E96 分布取值），因而电路如图 4-8 所示。

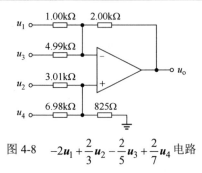

$$\text{图 4-8} \quad -2u_1 + \frac{2}{3}u_2 - \frac{2}{5}u_3 + \frac{2}{7}u_4 \text{ 电路}$$

例 2：使用运放设计电路实现：$u_o = 4 \times (0.3u_1 + 0.59u_2 + 0.11u_3)$。

取 $R_f = 4.02\text{k}\Omega$，其余电阻按 E96 分布取值，可将其转换为

$$u_o \approx 4.02\text{k}\Omega \times \left(\frac{u_1}{3.32\text{k}\Omega} + \frac{u_2}{1.69\text{k}\Omega} + \frac{u_3}{9.09\text{k}\Omega} \right) \qquad (4\text{-}20)$$

同时平衡原则

$$\frac{1}{R_g} + \frac{1}{3.32\text{k}\Omega} + \frac{1}{1.69\text{k}\Omega} + \frac{1}{9.09\text{k}\Omega} = \frac{1}{4.02\text{k}\Omega}$$

求得 $R_g \approx -1.33\text{k}\Omega$，而实际电阻器是不可能为负值的。为解决这个问题，在反相端增加一个 0V 输入信号，不影响输出结果，但可调整式（4-20）为

$$u_o \approx 4.02\text{k}\Omega \times \left(\frac{u_1}{3.32\text{k}\Omega} + \frac{u_2}{1.69\text{k}\Omega} + \frac{u_3}{9.09\text{k}\Omega} - \frac{0\text{V}}{R_4} \right)$$

如果使得

$$\frac{1}{3.32\text{k}\Omega} + \frac{1}{1.69\text{k}\Omega} + \frac{1}{9.09\text{k}\Omega} = \frac{1}{4.02\text{k}\Omega} + \frac{1}{R_4}$$

则可省略 R_g（$R_g \to \infty$），而

$$R_4 = -R_g \approx 1.33\text{k}\Omega$$

可总结为：求得负的 R_g，移至反相输入端。

因而，可以得到电路如图 4-9 所示。

例 3：提供一路 2.5V 基准电压，设计电路将 $0 \sim 2.5\text{V}$ 电压信号线性地映射至 $-10 \sim 10\text{V}$。根据线性映射要求，可得方程：$u_o = 8u_i - 10\text{V}$。

取 $R_f = 20.0\text{k}\Omega$，其他电阻按 E96 分布取值，可转换为

$$u_o \approx 20.0\text{k}\Omega \cdot \left(\frac{u_i}{2.49\text{k}\Omega} - \frac{2.5\text{V}}{4.99\text{k}\Omega} \right)$$

对于 R_g：

$$\frac{1}{R_g} + \frac{1}{2.49\text{k}\Omega} = \frac{1}{20.0\text{k}\Omega} + \frac{1}{4.99\text{k}\Omega}$$

求得：$R_g \approx -6.65\text{k}\Omega$，与上例同样地，将其移至反相输入端即可，电路如图 4-10 所示。

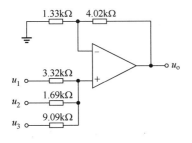

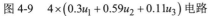

图 4-9　$4 \times \left(0.3u_1 + 0.59u_2 + 0.11u_3\right)$ 电路

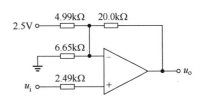

图 4-10　$8u_\mathrm{i} - 10\mathrm{V}$ 电路

看起来，电路中 $2.49\mathrm{k\Omega}$ 电阻也可以省略，大多数情况下，运放的输入偏置电流足够小，确实可以省略；但如果用到了输入偏置电流稍大的运放，使得输入偏置电流与同相端或反相端所有电阻并联值之积不能忽略时，应予保留。关于输入偏置电流，将在后文介绍。

4.2.3　差分-单端转换和共模抑制

如果要实现 $u_\mathrm{o} = k\left(u_1 - u_2\right)$，则电路如图 4-11 所示，其输出为

$$u_\mathrm{o} = \frac{R_\mathrm{f}}{R_1}\left(u_1 - u_2\right) \qquad (4\text{-}21)$$

此电路称为差分-单端转换电路，也称为减法电路或差分放大电路，在很多测量电路中应用广泛。

此电路将两个信号的差值 $u_\mathrm{id} \overset{\text{def}}{=\!=} u_1 - u_2$，经过一定倍率放大后输出为一个单端电压，但如果上下两边 R_1 和 R_f 稍有不一致，输入信号的共模值 $u_\mathrm{icm} \overset{\text{def}}{=\!=} \left(u_1 + u_2\right)/2$，也将影响输出。如图 4-12 所示，并定义

$$\begin{cases} R_\mathrm{f} = \alpha R_1 \\ R_\mathrm{f}^{'} = \beta R_1^{'} \end{cases} \qquad (4\text{-}22)$$

其中，$\alpha \approx \beta$。

在同相输入端和反相输入端运用 KCL：

$$\begin{cases} \dfrac{u_1 - u_+}{R_1} + \dfrac{u_\mathrm{o} - u_+}{\alpha R_1} = 0 \\ \dfrac{u_2 - u_-}{R_1^{'}} + \dfrac{0 - u_-}{\beta R_1^{'}} = 0 \end{cases} \qquad (4\text{-}23)$$

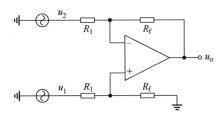

图 4-11　差分-单端转换（减法）电路　　　　　图 4-12　不对称的差分-单端转换电路

并根据虚短 $u_+ = u_-$，有

$$u_o = \frac{\alpha - \beta}{1 + \alpha} u_{icm} + \frac{\alpha + \beta + 2\alpha\beta}{2 + 2\alpha} u_{id} \tag{4-24}$$

注意，式（4-24）与 R_l 和 R_l' 是无关的，输出仅取决于上下两臂的电阻比。

其中

$$A_D = \frac{\alpha + \beta + 2\alpha\beta}{2 + 2\alpha} \approx \alpha \approx \beta \tag{4-25}$$

称为差模增益，而

$$A_{CM} = \frac{\alpha - \beta}{1 + \alpha} \tag{4-26}$$

称为共模增益，它们的比值的绝对值为

$$CMRR \stackrel{\text{def}}{=} \left| \frac{A_D}{A_{CM}} \right| \approx \alpha \frac{1 + \alpha}{|\alpha - \beta|} \tag{4-27}$$

称为共模抑制比（CMRR）。

共模抑制比是衡量差分放大器的一个重要参数，通常差分放大器应关注差分信号而完全忽略共模信号，CMRR 则反映了这一功能。运放本身也是一个差分放大器，因而运放本身也有 CMRR 参数，将在后面介绍。

如果定义失配系数为

$$\lambda \stackrel{\text{def}}{=} \frac{|\alpha - \beta|}{\alpha + \beta} \tag{4-28}$$

则

$$CMRR \approx \alpha \frac{1 + \alpha}{\lambda(\alpha + \beta)} \approx \frac{1 + \alpha}{2\lambda} \tag{4-29}$$

其中，α 为设计需求，因而 CMRR 只取决于电阻配比的准确性，直接与失配系数成反比，如果以 dB 计，则失配系数 γ 每增加一倍，CMRR 将下降 6.02dB。

如果实际制作电路时采用 1%误差的电阻器，并做一倍差分增益，则最坏情况下是 $\alpha = \frac{1 + 1\%}{1 - 1\%} \approx 1.02$，同时 $\beta = \frac{1 - 1\%}{1 + 1\%} \approx 0.98$，则 $\lambda \approx 0.02$（互换 α 和 β 亦然），此时

$$CMRR \approx 50 \approx 34dB$$

如果被测差分信号包含较大的共模干扰，34dB 或许并不是一个足够好的值，实际制作中，如果要提高 CMRR，应选用更高精度的电阻器，或者实用专门的集成电阻网络，或者使用精密万用表严格挑选电阻器，并尽量使用同一品牌、型号系列的电阻器，以保证温度系数一致，不至于在温度变化时 CMRR 受到影响。

4.2.4　扩展输出电流

少数应用场合需要扩展运放的输出电流，如制作可控的双极性甚至四象限（正负电压输出时均既能出电流也能进电流）直流电源时。

图 4-13（a）所示为一种简单有效的运放输出扩流电路。它采用 BJT 互补跟随电路进行电流放大，但并没有为消除交越失真而采取偏置措施，因为运放电路一般工作在反馈条件下，反

馈会迫使运放的输出电压在交越区域快速摆动，使最终输出几乎没有交越失真，如图 4-13（b）所示。

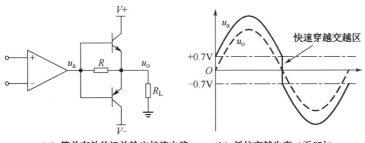

（a）简单有效的运放输出扩流电路　　（b）抵抗交越失真（无R时）

图 4-13　运放扩流电路

但要完全消除交越失真，要求运放的输出具有无穷大的摆率（摆率为电压对时间的导数：du_a / dt，即曲线斜率），这在实际中是不可能的，因而实际电路依然会有微小的交越失真。

图 4-13（a）所示电路，在运放输出和最终输出之间增加电阻 R，其值取略大于 $0.7V / I_{o,max}$ 为宜（$I_{o,max}$ 为运放最大输出电流）。例如，对于最大输出电流 20mA 的运放，可取值 39Ω。因此，在输出 ±0.7V 之间时，需求的输出电流较小，仍然由运放输出，在此期间，要求 $u_a = u_o \left(1 + R / R_L \right)$，摆率需求变成了输出信号摆率的 $1 + R / R_L$ 倍，可以抑制交越失真。

4.2.5　电压控制电流源

考虑图 4-4 所示的同相放大器，如果输出不接任何负载，R_f 上的电流为

$$I_{R_f} = \frac{u_o}{R_f + R_g} = \frac{u_i}{R_g} \tag{4-30}$$

与 R_f 无关，因而对于 R_f 来说，这个电路就是一个受输入电压控制的电流源。

但 R_f 既没有一端接地（或负电源），也没有一端接正电源，在实际应用中往往受到限制。

图 4-14 所示为负载上拉的压控电流源电路，运放输出并不直接驱动负载，而是通过 MOSFET 来驱动上拉的负载。

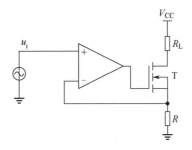

图 4-14　负载上拉的压控电流源电路

容易知道，运放的负反馈会使得 R 上电压等同于输入电压 u_i，因而 R 上电流，也就是负载上的电流为

$$I_\mathrm{L} = \frac{u_\mathrm{i}}{R} \tag{4-31}$$

图 4-14 中的 MOSFET 宜选用 U_th 较小的型号。MOSFET 也可换为 BJT，但是考虑到 BJT 的基极电流，式（4-31）应修正为

$$I_\mathrm{L} = \frac{u_\mathrm{i}}{R} \frac{h_\mathrm{FE}}{1 + h_\mathrm{FE}} \tag{4-32}$$

图 4-15 所示的两种压控电流源则可以输出双极性电流，即既可以"出"电流，也可以"进"电流。

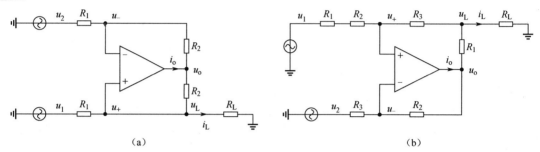

（a）　　　　　　　　　　　　　　（b）

图 4-15　双极性输出的压控电流源

对于图 4-15（a），$u_+ = u_- = u_\mathrm{L}$，在同相输入端、反相输入端和输出端运用 KCL：

$$\begin{cases} \dfrac{u_1 - u_\mathrm{L}}{R_1} + \dfrac{u_\mathrm{o} - u_\mathrm{L}}{R_2} = i_\mathrm{L} = \dfrac{u_\mathrm{L}}{R_\mathrm{L}} \\[2mm] \dfrac{u_2 - u_\mathrm{L}}{R_1} + \dfrac{u_\mathrm{o} - u_\mathrm{L}}{R_2} = 0 \\[2mm] i_\mathrm{o} + \dfrac{u_\mathrm{L} - u_\mathrm{o}}{R_2} + \dfrac{u_\mathrm{L} - u_\mathrm{o}}{R_2} = 0 \end{cases} \tag{4-33}$$

可以得到

$$\begin{cases} i_\mathrm{L} = \dfrac{u_1 - u_2}{R_1} \\[2mm] i_\mathrm{o} = 2 \cdot \dfrac{u_\mathrm{L} - u_2}{R_1} \end{cases} \tag{4-34}$$

对于图 4-15（b），设 $u_+ = u_- = u_\mathrm{x}$ 在运放的同相输入端、反相输入端、输出端和负载节点应用 KCL：

$$\begin{cases} \dfrac{u_1 - u_\mathrm{x}}{R_1 + R_2} + \dfrac{u_\mathrm{L} - u_\mathrm{x}}{R_3} = 0 \\[2mm] \dfrac{u_2 - u_\mathrm{x}}{R_3} + \dfrac{u_\mathrm{o} - u_\mathrm{x}}{R_2} = 0 \\[2mm] i_\mathrm{o} + \dfrac{u_\mathrm{L} - u_\mathrm{o}}{R_1} + \dfrac{u_\mathrm{x} - u_\mathrm{o}}{R_2} = 0 \\[2mm] \dfrac{u_\mathrm{o} - u_\mathrm{L}}{R_1} + \dfrac{u_\mathrm{x} - u_\mathrm{L}}{R_3} = i_\mathrm{L} = \dfrac{u_\mathrm{L}}{R_\mathrm{L}} \end{cases} \tag{4-35}$$

可以得到

$$
\begin{cases}
i_{\mathrm{L}} = \dfrac{R_3 u_1 - R_2 u_2}{R_1 R_3} + u_{\mathrm{L}} \cdot \dfrac{R_2 - R_3}{R_1 R_3} \\[3mm]
i_{\mathrm{o}} = \dfrac{u_1}{R_1} - u_2 \cdot \dfrac{R_1 + R_2}{R_1 R_3} + u_{\mathrm{L}} \cdot \dfrac{R_1 + R_2 - R_3}{R_1 R_3}
\end{cases}
\tag{4-36}
$$

如果令 $R_2 = R_3$，则

$$
\begin{cases}
i_{\mathrm{L}} = \dfrac{u_1 - u_2}{R_1} \\[3mm]
i_{\mathrm{o}} = \dfrac{u_1}{R_1} - \dfrac{u_2}{R_1 \parallel R_3} + \dfrac{u_{\mathrm{L}}}{R_3}
\end{cases}
\tag{4-37}
$$

如果令 $R_2 > R_3$ 还可以实现负内阻电流源。

这两个电路中，i_{L} 均可正可负，负载的另一端可以接地、正电源或负电源，不过阻性负载的另一端接正电源时出电流或接负电源时进电流是无法实现的。实际使用时，输入也可以只使用 u_1 或 u_2 中的一个，而将另一个接地。

实际应用中，应注意不要使得输出电流过大。这两个电路输出电流对输入电压的增益，即跨阻，均为 R_1，设计时一般先确定 R_1。对于图 4-15（a）所示电路，确定 R_1 之后，运放的输出电流便由输出电压范围 u_2 确定，R_2 可取小一些以便充分利用运放的输出电压范围。对于图 4-15（b）所示电路，R_2、R_3 可取大一些，以降低运放的输出电流。

如果需要能够输出较大的电流，则可以采用 4.2.5 节扩展运放输出电流的方法；或者采用图 4-16 所示电路，它看起来像图 4-14 所示电路镜像互补而来。

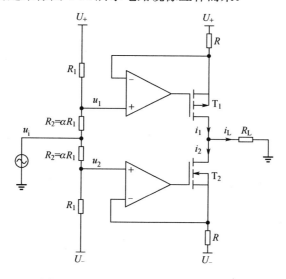

图 4-16　MOSFET 输出的双极性电流源

容易计算

$$\begin{cases} i_1 = \dfrac{U_+ - u_1}{R} = \dfrac{U_+ - u_i}{(\alpha+1)R} \\[3mm] i_2 = \dfrac{u_2 - U_-}{R} = \dfrac{u_i - U_-}{(\alpha+1)R} \end{cases} \tag{4-38}$$

而

$$i_L = i_1 - i_2 = \frac{-2u_i}{(\alpha+1)R} + \frac{U_+ + U_-}{(\alpha+1)R} \tag{4-39}$$

如果采用对称双电源：$U_- = -U_+$，则

$$i_L = -\frac{2u_i}{(\alpha+1)R} \tag{4-40}$$

不过，此电路静态时便有电流流过 T_1、T_2，自身功耗较大，此静态电流为

$$I_Q = \frac{U_+}{(\alpha+1)R} \tag{4-41}$$

4.2.6　电流-电压变换

电流-电压变换（I-V 变换）常用于电流检测（如电源电流监控、光敏二极管的电流检测）、DAC 的输出变换等。事实上，一个电阻就可以完成 I-V 变换，不过它不能随意带负载，因而可以增加电压跟随器，便形成一个比较实用的 I-V 变换器，如图 4-17（a）所示。

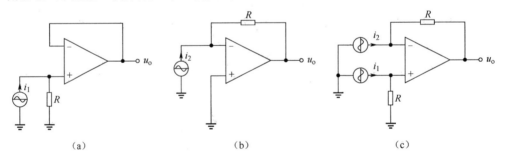

图 4-17　I-V 变换电路

其输出为

$$u_o = i_1 R \tag{4-42}$$

去掉反相放大器的输入电阻，还可以形成反相的 I-V 变换器，如图 4-17（b）所示。其输出为

$$u_o = -i_2 R \tag{4-43}$$

结合两者，可以形成差分 I-V 变换器，如图 4-17（c）所示。

其输出为

$$u_o = R(i_1 - i_2) \tag{4-44}$$

4.2.7   积分器

图 4-18 所示为两种积分电路。图 4-18（a）所示为反相积分，而图 4-18（b）所示为同相积分。

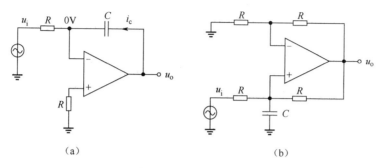

（a）   （b）

图 4-18   两种积分电路

对于图 4-18（a）根据电容的 $u\text{-}i$ 关系：

$$C\mathrm{d}u_\mathrm{o}\left(t\right)=i_\mathrm{c}\left(t\right)\mathrm{d}t=-\frac{u_\mathrm{i}\left(t\right)}{R}\mathrm{d}t \tag{4-45}$$

因而

$$u_\mathrm{o}\left(t\right)=U_{\mathrm{C},0}-\frac{1}{RC}\int_0^t u_\mathrm{i}\left(\tau\right)\mathrm{d}\tau \tag{4-46}$$

其中，$U_{\mathrm{C},0}$ 为电容上的电压初值，$\tau=RC$ 为积分时间常数，这个电路实现了对输入电压的积分。

事实上，还可以直接在 s 域（复频域）分析此电路，根据 s 域电容的 $u\text{-}i$ 关系：

$$u_\mathrm{o}\left(s\right)=\frac{1}{sC}i_\mathrm{c}\left(s\right)=-\frac{1}{sRC}u_\mathrm{i}\left(s\right) \tag{4-47}$$

传输函数为

$$\frac{u_\mathrm{o}}{u_\mathrm{i}}=-\frac{1}{sRC} \tag{4-48}$$

它与式（4-46）是等价的。

对于图 4-18（b），由反相输入端电路可知：$u_+=u_-=\dfrac{u_\mathrm{o}}{2}$，在同相输入端运用 KCL：

$$\frac{u_\mathrm{i}-u_\mathrm{o}/2}{R}+\frac{u_\mathrm{o}-u_\mathrm{o}/2}{R}-\frac{C\mathrm{d}u_+}{\mathrm{d}t}=0 \tag{4-49}$$

有

$$u_\mathrm{o}\left(t\right)=2U_{\mathrm{C},0}+\frac{2}{RC}\int_0^t u_\mathrm{i}\left(\tau\right)\mathrm{d}\tau \tag{4-50}$$

在 s 域：

$$\frac{u_{\mathrm{i}} - u_{\mathrm{o}}/2}{R} + \frac{u_{\mathrm{o}} - u_{\mathrm{o}}/2}{R} - \frac{u_{\mathrm{o}}/2}{1/(sC)} = 0 \tag{4-51}$$

传输函数为

$$\frac{u_{\mathrm{o}}}{u_{\mathrm{i}}} = \frac{2}{sRC} \tag{4-52}$$

其时间常数 $\tau = RC/2$。

不过积分器本身不是有界稳定的，输入信号中非预期的微小直流分量，运放自身的输入失调电压和输入偏置电流，都会使得积分器的输出最终饱和。对于运放自身的输入偏置电流，可用图 4-18（a）中同相输入端的电阻来抵消（但实际中也不可能完全抵消）。对于输入信号中非预期的直流分量和运放自身的输入失调电压，在积分电路本身没有什么好办法，因而实际电路中的积分器，要么会择机使用开关管对电容放电，要么应用于闭环反馈回路中，由反馈回路对其限幅或让其稳定在合理的值。4.12.3 节将讲到的稳幅三角波发生器即是反馈限幅的典型例子。

而另一类将积分器应用于闭环反馈回路中的典型，是在控制系统中广泛应用的 PI 控制器，如图 4-19（a）所示。图 4-19（b）所示为典型的 PI 控制系统框图。

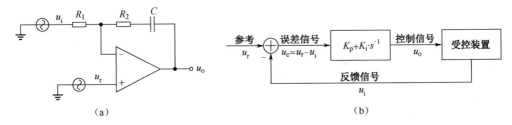

图 4-19　PI 控制器

在 s 域运用 KCL：

$$\frac{u_{\mathrm{i}} - u_{\mathrm{r}}}{R_1} + \frac{u_{\mathrm{o}} - u_{\mathrm{r}}}{R_2 + 1/(sC)} = 0 \tag{4-53}$$

因而

$$u_{\mathrm{o}} = \left(\frac{R_2}{R_1} + \frac{1}{sR_1C} \right)(u_{\mathrm{r}} - u_{\mathrm{i}}) + u_{\mathrm{r}} \tag{4-54}$$

对应于 PI 控制器，即

$$\begin{cases} K_{\mathrm{p}} = \dfrac{R_2}{R_1} \\[3mm] K_{\mathrm{i}} = \dfrac{1}{R_1C} \end{cases} \tag{4-55}$$

不过，与图 4-19（b）类比，式（4-54）多出了一个 u_{r} 项，如果对控制系统有明显影响，可将图 4-19（a）中的 u_{r} 接地，另外再使用减法器完成求差。

4.2.8 微分器

图 4-20（a）所示为微分器。

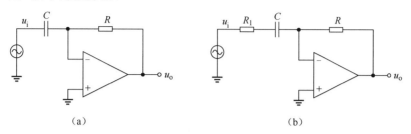

图 4-20 微分器

容易计算得到

$$u_\mathrm{o} = -RC\frac{\mathrm{d}u_\mathrm{i}}{\mathrm{d}t} \tag{4-56}$$

以及传输函数

$$\frac{u_\mathrm{o}}{u_\mathrm{i}} = -sRC \tag{4-57}$$

但这个电路本身是不稳定的，高频段 RC 带来的相移将导致环路相位裕度不足，这方面知识将在 4.5 节介绍。图 4-20（b）所示为提高稳定性的微分器，其传输函数为

$$\frac{u_\mathrm{o}}{u_\mathrm{i}} = -sRC \cdot \frac{1}{1+sR_1C} \tag{4-58}$$

它等价于一个低通滤波器和微分器级联，低通滤波器的截止角频率 $\omega_\mathrm{c} = \dfrac{1}{R_1C}$，在信号频率 $f \ll \dfrac{\omega_\mathrm{c}}{2\pi} = \dfrac{1}{2\pi R_1C}$ 时，它还是一个很理想的微分器，而在高频端，低通滤波器让环路增益尽快降至 1 以下，保证环路的相位裕度。

4.2.9 绝对值（精密整流）电路

第 2 章介绍的二极管整流电路会造成电压损失 0.7V 或 1.4V，使用运放则可设计制作没有电压损失的精密整流电路，也称为绝对值电路。绝对值电路有几种不同的电路形式，这里仅介绍较为简明的一种形式，如图 4-21 所示。

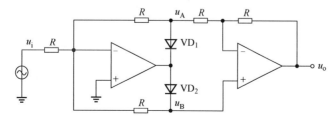

图 4-21 绝对值（精密整流）电路

在输入信号正半周时，二极管 VD_1 导通、VD_2 截止，A 点电压 $u_A = -u_i$，B 点电压 $u_B = 0$，输出 $u_o = -u_A = u_i = |u_i|$。

在输入信号负半周时，VD_1 截止、VD_2 导通，假定后级运放同相输入端和反相输入端电压为 u_x，在两级运放的反向输入端运用 KCL：

$$\begin{cases} \dfrac{u_i - 0}{R} + \dfrac{u_x - 0}{2R} + \dfrac{u_x - 0}{R} = 0 \\ \dfrac{u_o - u_x}{R} + \dfrac{0 - u_x}{2R} = 0 \end{cases} \tag{4-59}$$

可解得：$u_x = -2u_i / 3$，$u_o = -u_i = |u_i|$。

4.3　任意传输函数的实现

4.3.1　多输入加权求和积分

考虑如图 4-22 所示的三输入加权求和积分电路，它有 u_a、u_b、u_c 三个输入端，其中 $R' = \dfrac{R}{a+b+c}$。事实上，反相端的两个电阻只要相等即可，不必严格等于 R'。

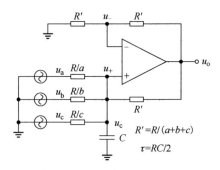

图 4-22　三输入加权求和积分电路

根据反相输入端电路，有 $u_c = u_- = u_o / 2$，在 s 域对同相输入端节点运用 KCL：

$$\frac{u_a - \dfrac{u_o}{2}}{R / a} + \frac{u_b - \dfrac{u_o}{2}}{R / b} + \frac{u_c - \dfrac{u_o}{2}}{R / c} + \frac{u_o - \dfrac{u_o}{2}}{R'} + \frac{0 - \dfrac{u_o}{2}}{1 / (sC)} = 0 \tag{4-60}$$

可得

$$u_o = \frac{1}{\tau s}\left(au_a + bu_b + cu_c\right) \tag{4-61}$$

式中，$\tau = RC / 2$。

它是一个加权求和积分电路，也很容易推广到任意多个输入的情况。

4.3.2　任意传输函数的系统结构

可实现任意 n 阶传输函数的系统结构有很多形式，这里仅介绍适合运放实现的结构。考

虑图 4-23 所示的系统信号流，可知

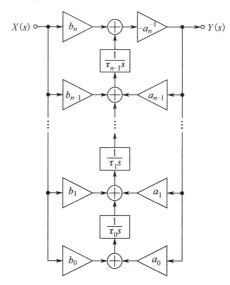

图 4-23 任意 n 阶传输函数的实现

$$-a_n Y(s) = X(s) \sum_{k=0}^{n} \frac{b_k}{s^{n-k} \prod_{l=k}^{n-1} \tau_l} + Y(s) \sum_{k=0}^{n-1} \frac{a_k}{s^{n-k} \prod_{l=k}^{n-1} \tau_l} \qquad (4\text{-}62)$$

式（4-62）两边同时乘以 $s^n \prod_{l=0}^{n-1} \tau_l$，整理可得

$$\frac{Y(s)}{X(s)} = -\frac{b_0 + b_1 \tau_0 s + b_2 \tau_0 \tau_1 s^2 + \cdots + b_n \prod_{l=0}^{n-1} \tau_l s^n}{a_0 + a_1 \tau_0 s + a_2 \tau_0 \tau_1 s^2 + \cdots + a_n \prod_{l=0}^{n-1} \tau_l s^n} \qquad (4\text{-}63)$$

因而，图 4-23 所示结构可实现任何传输函数。事实上，如果不是为了后续使用运放来实现它时容易得到合理的系数，图 4-23 和式（4-63）中的 τ 均可等于 1。

4.3.3　用运放实现任意传输函数

图 4-23 中每一个加权做和积分均可用图 4-22 所示电路实现，最上方则相当于一个反相求和，也可用一个运放实现。只不过，用运放实现时，所有的系数均只能是非负数，如果需要负数，则还需要增加运放来做反相放大。

例如，图 4-24（b）所示的电路，可实现图 4-24（a）所示的二阶系统，传输函数为

$$\frac{Y(s)}{X(s)} = -\frac{b_0 + b_1 \tau_0 s + b_2 \tau_0 \tau_1 s^2}{a_0 + a_1 \tau_0 s + a_2 \tau_0 \tau_1 s^2} \qquad (4\text{-}64)$$

实际中，大多数情况可取 $R_0 = R_1 = R_2 = R$ 和 $C_0 = C_1 = C$，此时 $\tau_0 = \tau_1 = \tau = RC$，合理选择 τ，则可以以较合理范围内的电阻值实现的所需的传输函数。

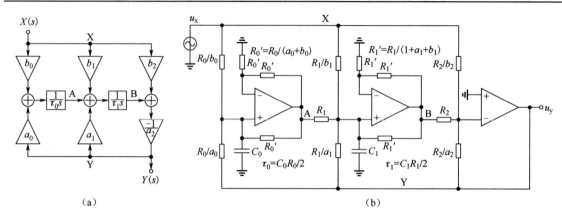

（a）　　　　　　　　　　　　　　　　　　　　（b）

图 4-24　用运放实现二阶传输函数

例如，实现中心频率 455kHz，$Q=4$，增益 4 倍（反相）的二阶带通滤波器：

$$H_{\mathrm{BP}}\left(s_n\right)=-\frac{s_n}{1+0.25s_n+s_n^2}$$

$$H(s)=H_{\mathrm{BP}}\left(\frac{s}{2\pi\times455\mathrm{kHz}}\right)=-\frac{3.498\times10^{-7}s}{1+8.745\times10^{-8}s+1.224\times10^{-13}s^2}$$

如果两级取相同的 τ，则取：

$$\tau=0.25\mu\mathrm{s}\approx\sqrt[4]{3.498\times10^{-7}\times8.745\times10^{-8}\times1.224\times10^{-13}}$$

应能使其他参数分布相对合理。

这样，传输函数变为

$$H(s)=-\frac{1.399\tau s}{1+0.3498\tau s+1.958\tau^2s^2} \tag{4-65}$$

对比式（4-64），即

$$b_0\to0,\quad b_1=1.399,\quad b_2\to0$$
$$a_0=1,\quad a_1=0.3498,\quad a_2=1.958$$

根据 $\tau=0.25\mu\mathrm{s}$，可取 $C_0=C_1=330\mathrm{pF}$，电阻按 E96 分布取值：

$$R_0=R_1=R_2=2\times0.25\mu\mathrm{s}/330\mathrm{pF}\approx1.50\mathrm{k\Omega}$$

进而

$$\frac{R_0}{b_0}\to\infty,\qquad\frac{R_0}{a_0}=1.50\mathrm{k\Omega},\quad R_0'=1.50\mathrm{k\Omega}$$

$$\frac{R_1}{b_1}=1.07\mathrm{k\Omega},\qquad\frac{R_1}{a_1}\approx4.32\mathrm{k\Omega},\quad R_1'\approx549\Omega$$

$$\frac{R_2}{b_2}\to\infty,\qquad\frac{R_2}{a_2}\approx768\Omega$$

最终电路如图 4-25 所示。

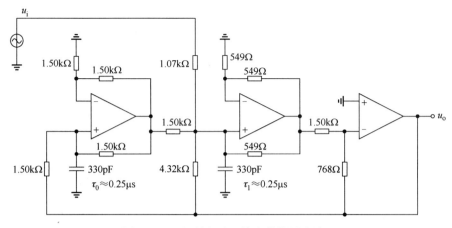

图 4-25　由运放积分器构成的带通滤波器

使用 OPA365 运算放大器和 TI-Tina 软件实际仿真得到的幅频响应如图 4-26 所示，符合预期。

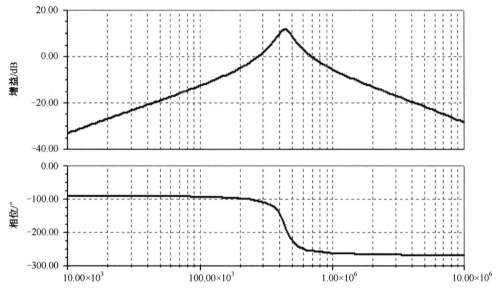

图 4-26　图 4-25 的幅频特性仿真结果

4.3.4　状态变量结构

状态变量结构也是实现任意传输函数的一种较通用的结构。这里以二阶状态变量结构为例，图 4-27 所示为二阶状态变量结构。

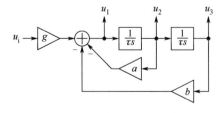

图 4-27　二阶状态变量结构

容易知道

$$\begin{cases} u_1 = g u_i + a u_2 + b u_3 \\ u_2 = \dfrac{u_1}{\tau s} \\ u_3 = \dfrac{u_2}{\tau s} \end{cases} \tag{4-66}$$

可解得

$$\begin{cases} \dfrac{u_1}{u_i}(s) = g \dfrac{\tau^2 s^2}{b + a\tau s + \tau^2 s^2} \\ \dfrac{u_2}{u_i}(s) = g \dfrac{\tau s}{b + a\tau s + \tau^2 s^2} \\ \dfrac{u_3}{u_i}(s) = g \dfrac{1}{b + a\tau s + \tau^2 s^2} \end{cases} \tag{4-67}$$

对比第 3 章 3.2 节中介绍的滤波器传输函数，容易知道，通过 u_1 输出可实现高通滤波器，通过 u_2 输出可实现带通滤波器，通过 u_3 输出可实现低通滤波器。若需任意二阶传输函数，则还可以将 u_1、u_2 和 u_3 加权做和；若需要多阶，则可级联。

图 4-27 中的加法器，包括权 g、a 和 b，很容易使用运放的任意线性组合电路实现，而积分器也可以使用较为简单的反相积分器，如图 4-28 所示。注意，其中两个虚线电阻是为满足同反相端的"平衡原则"，实际制作时，只需要其中计算结果为正的那一个。

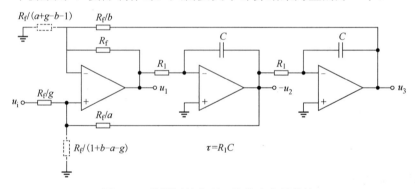

图 4-28　使用运放实现二阶状态变量结构

仍以 4.3.3 节的例子为例，实现中心频率 455kHz，$Q = 4$，增益 4 倍（反相）的二阶带通滤波器。取 $\tau = 0.25\mu s$，$C = 100pF$，则 $R = 2.5k\Omega$。再将式（4-65）与式（4-67）中 u_2 对比（注意，图 4-28 实现的是 $-u_2$）：

$$-\frac{1.399\tau s}{1 + 0.3498\tau s + 1.958\tau^2 s^2} \Leftrightarrow -g \frac{\tau s}{b + a\tau s + \tau^2 s^2}$$

可以得到

$$
\begin{cases}
b = \dfrac{1}{1.958} \approx 0.5107 \\[2mm]
a = \dfrac{0.3498}{1.958} \approx 0.1787 \\[2mm]
g = \dfrac{1.399}{1.958} \approx 0.7145
\end{cases}
$$

取 $R_{\mathrm{f}} = 1\mathrm{k\Omega}$，则 $R_{\mathrm{f}} / a \approx 5.60\mathrm{k\Omega}$、$R_{\mathrm{f}} / b \approx 1.96\mathrm{k\Omega}$、$R_{\mathrm{f}} / g \approx 1.40\mathrm{k\Omega}$。

因 $1 + b - a - g > 0$，保留同相端平衡电阻，$R_{\mathrm{f}} / (1 + b - a - g) \approx 1.62\mathrm{k\Omega}$。

最终电路如图 4-29 所示，图中使用 E96 分布电阻。

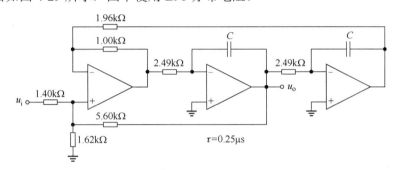

图 4-29　使用状态变量结构实现的二阶带通滤波器

许多半导体厂商都有集成状态变量滤波器芯片，如 TI 公司的 UAF42。图 4-30 所示为其内部结构，它将两个积分器的电阻引出芯片外部，由使用者调整两个积分器的时间常数来实现不同的传输函数，在其数据手册中有详细的设计方法。

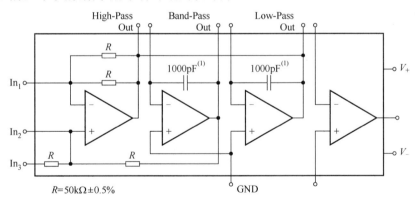

图 4-30　状态变量结构的通用滤波器 IC

4.4　非理想参数

实际运放有很多不理想的因素，本节将介绍其中一些常见的量化这些不理想因素的参数，在使用运放设计电路时，特别是需要用到运放极限性能时，必须知晓这些参数，才有可能将其影响降至最低。本节要介绍的参数如下。

（1）直流参数：输入失调电压、输入偏置电流。

（2）交流参数：开环增益、带宽增益积、共模抑制比、电源抑制比、输入和输出阻抗、噪声密度。

（3）极限参数：输出摆幅、输出摆率、供电范围。

4.4.1　输入失调电压

即便将运放的两个输入端都接地，或者接任何相同电平，输出也不会是零，而往往是达到摆幅极限，这是由输入失调电压引起的。在没有正确的负反馈条件下，输入失调电压会导致整个运放内部的增益电路不处于正确的工作点。

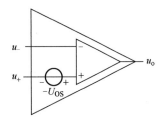

图 4-31　运放输入失调电压的模型

输入失调电压（U_{OS}），是对运放同相输入端和反相输入端的不平衡的衡量，等效于在同相输入端（或反相输入端）内增加了一个电压源，如图 4-31 所示。

失调电压可以定义为：为了使运放输出为 0，而需要在输入端施加的电压。因而，考虑了失调电压的运放的输出特性：

$$u_o = A_D(u_+ - u_- - U_{OS}) \tag{4-68}$$

其中，A_D 为运放的差模增益，即 4.1 节的"A"，为与后文共模增益 A_{CM} 对比，增加了表示差模下标。

通常，实际运放的输入失调电压为 $1\mu V \sim 10 mV$，$100\mu V$ 以下的通常可称为精密运放，但精密运放通常带宽增益积不高。

为了测量输入失调电压，容易想到图 4-32（a）所示的电路。相当于使用理想运放对 $-U_{OS}$ 做 1001 倍同相放大，因而

$$U_{OS} = -\frac{u_o}{1001} \tag{4-69}$$

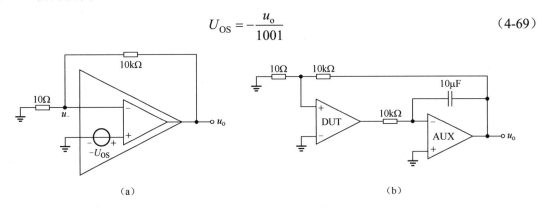

（a）　　　　　　　　　　　　　　　　　　　　（b）

图 4-32　运放输入失调电压的测量

但式（4-69）的准确性，容易受到差模增益 A_D 的影响，根据式（4-68）：

$$
\begin{aligned}
u_o &= A_D\left(-U_{OS} - \frac{1}{1001}u_o\right) \\
&= -\frac{1001 A_D}{1001 + A_D}U_{OS}
\end{aligned} \tag{4-70}
$$

只有在 $A_D \gg 1001$ 时，式（4-69）才足够准确，但有些运放的 A_D 可能不足80dB，并不能保证比 1001 大出太多，因而式（4-70）的准确性不能保障。从另一方面看，u_o 不为零，也与前面的定义有违。

更好的测量电路如图 4-32（b）所示。它使用一个辅助运放 AUX 作为积分控制器，控制待测运放 DUT（Device Under Test）的同相输入端电压，使其输出为零（准确来说是 AUX 运放的输入失调电压的相反数，但这足够小），根据式（4-68），有

$$-U_{OS,AUX} = A_D \left(-U_{OS} - \frac{1}{1001} u_o \right) \tag{4-71}$$

因而：

$$u_o = \frac{1001 \left(A_D U_{OS} - U_{OS,AUX} \right)}{A_D} \tag{4-72}$$

$$\approx 1001 U_{OS}$$

只要选取合适的 AUX 运放来满足 $A_D U_{OS} \gg U_{OS,AUX}$，这个 " ≈ " 是足够精确的。

4.4.2 输入偏置电流和失调电流

实际运放的两个输入端不可能不需要输入电流。BJT 输入级的运放，输入端需要的电流的绝对值通常为 $10nA \sim 10\mu A$，通常以流入方向为正，因而 NPN 输入级的输入电流为正，而 PNP 输入级的输入电流为负。FET 输入级的运放，输入端需要的电流则较小，取决于输入级 FET 的栅极漏电流，通常为 $1pA \sim 1nA$，而 JFET 最低，可低至 1pA 以下。

考虑了输入电流和输入偏置电压的运放可等效为图 4-33 所示电路。输入偏置电流定义为

$$I_b \overset{\text{def}}{=} \frac{I_{b+} + I_{b-}}{2} \tag{4-73}$$

定义

$$I_{OS} \overset{\text{def}}{=} I_{b+} - I_{b-} \tag{4-74}$$

为输入失调电流。

但一般 $I_{b+} \approx I_{b-}$ 相近，I_{OS} 较 I_b 小很多，因而较少关注输入失调电流。

大部分的运放应用电路中，如果与同相输入端相连的所有电阻的并联值为 R_{par+}，与反相输入端相连的所有电阻的并联值为 R_{par-}，则 I_{b+} 对同相端电压的贡献为 $-I_{b+} R_{par+}$，而 I_{b-} 对反相端电压的贡献为 $-I_{b-} R_{par-}$。因而，对于输入偏置电流不够小的运放，如果使得电路中 $R_{par+} = R_{par-}$，则根据 $I_{b+} \approx I_{b-}$，可使得这两个电压贡献相互抵消，极大地降低输入偏置电流对电路的影响。这也是为什么有些运放应用电路的同相输入端在看起来可以直接接地时，还要串入一个电阻的原因。当然，在一些

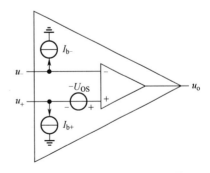

图 4-33 运放输入偏置电流的模型
（包含输入失调电压）

复杂形态的电路中，并不能简单地使用 R_{par+} 和 R_{par-} 来计算输入偏置电流对输入端电压的贡献，需要根据直流等效电路来具体分析。

若要测量输入偏置电流，则可以在图 4-32（b）中 DUT 的输入端串入两个较大的电阻，测量串入前和串入后的 u_o 差异来计算它们，如图 4-34 所示。

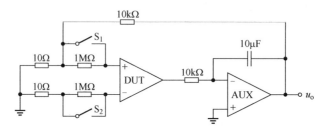

图 4-34　输入偏置电流的测量电路

在同相端串入 1MΩ 电阻，相当于对输入偏置电压贡献了。

$$\Delta U_{OS} = 1\text{M}\Omega \cdot I_{b+} = \frac{\Delta u_o}{1001} \tag{4-75}$$

而在反相端串入 1MΩ 电阻，相当于对输入偏置电压贡献了。

$$\Delta U_{OS} = -1\text{M}\Omega \cdot I_{b-} = \frac{\Delta u_o}{1001} \tag{4-76}$$

因而，如果 S_1 从闭合到断开，u_o 的增量为 Δu_{o1}（断开时的值减去闭合时的值），而 S_2 从闭合到断开，u_o 的增量为 Δu_{o2}，则：

$$\begin{cases} I_{b+} = \dfrac{\Delta u_{o1}}{1.001\text{G}\Omega} \\ I_{b-} = -\dfrac{\Delta u_{o2}}{1.001\text{G}\Omega} \end{cases} \tag{4-77}$$

即

$$\begin{cases} I_b = \dfrac{\Delta u_{o1} - \Delta u_{o2}}{2.002\text{G}\Omega} \\ I_{OS} = \dfrac{\Delta u_{o1} + \Delta u_{o2}}{1.001\text{G}\Omega} \end{cases} \tag{4-78}$$

不过，因为 I_b 分布较广，为 $1\text{pA} \sim 10\mu\text{A}$，而 u_o 有限，所以具体电路实现时，应根据实际情况选择不同的串入电阻的值，对于 μA 级的 I_b，可能只需要 1kΩ，而对于 100pA 以下的，可能需要 10MΩ 或更大。

值得注意的是，图 4-34 所示电路，积分器的时间常数为 $10\text{k}\Omega \times 10\mu\text{F} = 0.1\text{s}$，如果使用程控自动测量，注意切换 S_1 和 S_2 后，等待至少 0.1s 再测量。

4.4.3　开环增益

运放的开环增益，即运放的差模增益 A_D。为了与闭环增益（包含负反馈的整个电路的增益）和环路增益（将在后文介绍）区分，而得前缀"开环"。理想运放的开环增益无穷大，实际运放则从60dB（1000倍）至160dB（10^8倍），通常高速运放的开环增益较小，而低速精密运放的开环增益较大。

而且，实际运放的开环增益还是频率的复函数，在频率较高时，不但增益会降低，而且还存在相移，这个相移也是破坏运放电路稳定性的重要因素之一。图 4-35 所示为通常运放开环增益的波特图。

其中，f_{C1} 为运放的主极点频率，f_T 为单位增益频率，或者增益交点频率（增益与0dB轴的交点），在 f_T 处，增益为1，即0dB。

而 A_{D0} 称为直流开环增益或低频开环增益，即为运放的数据手册所标注的开环增益，在不涉及开环增益的频率特性时，一般也不区分 A_D 和 A_{D0}。

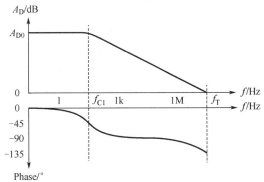

图 4-35　通常运放开环增益的波特图

而图 4-36 所示为两个实际运放的开环增益波特图，图 4-36（a）所示为 OPA227 精密运放，而图 4-36（b）所示为 OPA690 高速运放。它们将幅频和相频曲线绘制在了同一个图中，在图框的左右边分别标注增益和相位刻度。OPA227 的低频开环增益达160dB，但从约50MHz就开始明显下降，在约8MHz时减为0dB；OPA690 的低频开环增益仅70dB，从约60kHz处开始明显下降，在约200MHz处减为0dB。

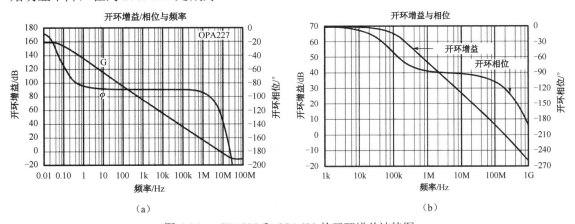

（a）　　　　　　　　　　　　　　　（b）

图 4-36　OPA227 和 OPA690 的开环增益波特图

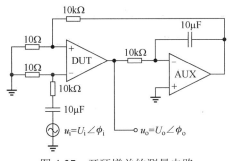

图 4-37　开环增益的测量电路

测量开环增益也需要测量不同频率下的幅度增益和相移。直接在输入端输入微小信号，测量输出以测量增益显然是不现实的，因为极难找到合适的直流偏置以抵消 U_{OS} 的影响。与输入失调电压测量电路类似地，可通过辅助运放来给出这个直流偏置，同时使用电容隔离直流并注入测试用的交流信号，如图 4-37 所示。

从反相输入端注入的信号 u_i 被衰减为 $u_i / 1001$，

而后经过 A_D 倍放大,输出为 u_o,因而

$$u_o = -\frac{u_i}{1001} \cdot A_D \tag{4-79}$$

所以

$$\begin{cases} |A_D| = \dfrac{1001 \cdot u_{o,RMS}}{u_{i,RMS}} \\ \angle A_D = \phi_o - \phi_i \end{cases} \tag{4-80}$$

注意,在 $|A_D|$ 的计算中,我们使用了均方根值(有效值),因为在实际电路测试时,均方根值以统计平均的方式获得(无论是在成品仪器中,还是自行用电路测量、用软件计算都是这样),不容易受到噪声等因素干扰,更为准确。若有网络分析仪测量则可直接获得曲线,如果需要自行设计电路做自动测试,相关原理将在第 6 章介绍。

因积分器的时间常数为 $10k\Omega \times 10\mu F = 0.1s$,为使其输出稳定不致反馈到 DUT 影响测量,应使注入的测试信号周期远小于 $0.1s$,即频率远大于 $10Hz$。

4.4.4　增益带宽积

观察图 4-35 和图 4-36 可以看到,A_D 与一阶低通滤波器表现得没有区别。事实上,当前绝大多数运放设计时出于稳定性考虑,它们的第二极点往往在单位增益频率附近甚至更高频率处,因而,在单位增益频率以下确实可以等效为一阶低通特性。

$$A_D(s) = \frac{A_{D0}}{1 + s/\omega_{C1}} \tag{4-81}$$

这等同于一个带内增益 A_{D0},截止频率为 ω_{C1} 的一阶低通滤波器。

将其代入负反馈系统的增益公式,可得电路的闭环增益 A_{CL}:

$$\begin{aligned} A_{CL}(s) &= \frac{A_D(s)}{1 + A_D(s) \cdot \beta} = \frac{\dfrac{A_{D0}}{1 + s/\omega_{C1}}}{1 + \dfrac{A_{D0} \cdot \beta}{1 + s/\omega_{C1}}} \\ &= \frac{A_{D0}}{1 + A_{D0} \cdot \beta} \cdot \frac{1}{1 + \dfrac{s}{(1 + A_{D0} \cdot \beta)\omega_{C1}}} \end{aligned} \tag{4-82}$$

从式(4-82)中可以看出,$A_{CL}(s)$ 同样表现得像一个低通滤波器,其带内增益为

$$A_{CL}(0) = \frac{A_{D0}}{1 + A_{D0} \cdot \beta} \tag{4-83}$$

而其截止频率为

$$\omega_{CL} = (1 + A_{D0} \cdot \beta)\omega_{C1} \tag{4-84}$$

它们的积,即增益带宽积(GBP):

$$P_{GB} \overset{\text{def}}{=} 2\pi\omega_{CL} \cdot A_{CL} = 2\pi\omega_{C1} \cdot A_{D0} \tag{4-85}$$

对于同一个运放，这是一个常数。

因而，带宽增益积也称为运放（电压反馈型运放）的一个重要参数。

图 4-38 所示为不同 β 时的闭环增益 $|A_{CL}|$ 的曲线。图中，假定 A_{D0} 为100dB ， $f_{C1} = 2\pi\omega_{C1}$ 为10Hz ，可以看出，在 β 变化时，曲线中斜线段与 $|A_D|$ 曲线是重合的，即带宽增益积为常数。

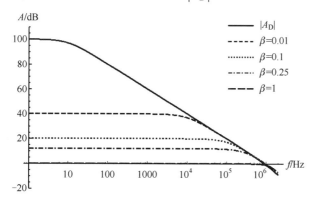

图 4-38　不同反馈系数 β 下的闭环增益的曲线

事实上，大多数运放的第二极点就在单位增益频率附近，幅频曲线上从主极点频率到单位增益频率的一段基本是斜率为1的直线，所以

$$P_{GB} = 2\pi\omega_{C1} \cdot A_{D0} \approx 2\pi \cdot \omega_T = f_T \tag{4-86}$$

因而，我们常常也把开环增益波特图上的单位增益频率直接认定为带宽增益积。不过事实上，因第二极点的影响， f_T 往往会略小于 P_{GB} 。

从上面的讨论可以得出一个结论，如果需要用运放制作的同相放大器的 –3dB 带宽为 f （频率从 0 到 f ），增益为 G ，那么对运放的增益带宽积需求为 fG ；对于反相放大器，因 $G+1 = 1/\beta$ ，需求为 $f(G+1)$ 。

有时我们需要放大器带内非常平坦，并不满足于 –3dB，这时对增益带宽积的需求则需要对式（4-82）在 ω_{CL} 附近的增益做具体计算了。结果如表 4-1 所示。例如，一个精密仪器中用运放制作的10倍同相放大器需要 0～1MHz 频带内各频点增益误差不超过 0.1dB，那么至少需要一个 65.5MHz 增益带宽积的运放。不过在精密仪器中，类似放大器带内不平坦这样的固定的系统偏差，有时可以在软件中除去或使用拟合算法，以降低硬件成本，这些将在第 6 章介绍。

表 4-1　带内平坦度对运放的增益带宽积需求

平坦度要求	对应的增益下降	归一化截止频率 $\Omega = \omega / \omega_{CL}$	GBP 需求倍乘 $1/\Omega$
–0.1dB	1.14%	0.153	6.55
–0.2dB	2.28%	0.217	4.61
–0.5dB	5.59%	0.349	2.86
–1dB	10.9%	0.509	1.97
–2dB	20.6%	0.765	1.31
–3.01dB	29.3%	1.000	1.00

4.4.5 共模抑制比

理想运放只对差模输入电压 $u_D = u_+ - u_-$ 进行放大，而完全忽略共模输入 $(u_+ + u_-)/2$，但实际运放对共模输入也是有一定增益的，只是比差模增益 A_D 小很多。差模增益 A_D 与共模增益 A_{CM} 之比，称为共模抑制比（CMRR）。

$$\text{CMRR} \overset{\text{def}}{=} \frac{A_D}{A_{CM}} \tag{4-87}$$

在考虑共模增益的情况下，运放的输出表达式可修改为

$$u_o = A_D(u_+ - u_-) + A_{CM}\frac{u_+ + u_-}{2} = A_D\left[u_+ - u_- + \frac{1}{2\text{CMRR}}(u_+ + u_-)\right] \tag{4-88}$$

事实上，A_D 和 A_{CM} 都是频率的复函数，因而 CMRR 本来也是频率的复函数，不过我们极少关注其相频特性，通常说共模抑制比，就是指其绝对值。

$$\text{CMRR} = \left|\frac{A_D}{A_{CM}}\right| \tag{4-89}$$

通常也转化为 dB （ $=20\lg\text{CMRR}$ ）。

实际运放的直流共模抑制比从 60dB 到 140dB 不等，高速运放较小，而低速高精度运放较大，图 4-39 所示为 OPA227 和 OPA690 的共模抑制比随频率变化的曲线。

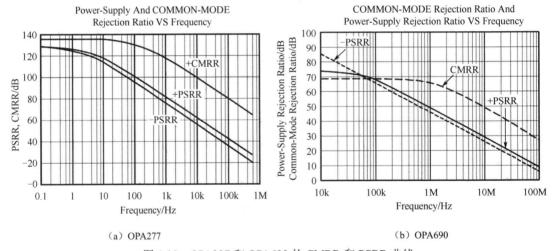

（a）OPA277   （b）OPA690

图 4-39 OPA227 和 OPA690 的 CMRR 和 PSRR 曲线

对运放的同相端和反相端同时注入测试信号，可以测量其共模增益，进一步计算得到共模抑制比。为了准确获得输入的工作点，可以沿用图 4-32 所示电路，而为了尽量不改变电路形式，可采用在 DUT 的两个供电端口施加同相正弦变化量的方法，如图 4-40 所示。

在两个电源端口施加同相正弦 u_i，等价于施加了共模信号 $(u_+ + u_-)/2 = u_i$，而根据 DUT 的负反馈可知抵消掉 U_{OS} 影响后的 $u_+ - u_- = -u_o/1001$，根据式（4-88）：

$$u_o = A_D \left[u_+ - u_- + \frac{1}{2\text{CMRR}} (u_+ + u_-) \right]$$

（4-90）

$$= A_D \left(-\frac{u_o}{1001} + \frac{u_i}{\text{CMRR}} \right)$$

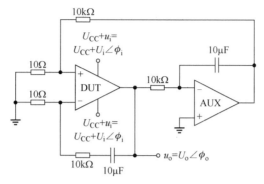

图 4-40　共模抑制比测量电路

所以

$$\text{CMRR} = \frac{1001 A_D u_i}{(1001 + A_D) u_o}$$

（4-91）

若 $A_D \gg 1001$，则

$$\text{CMRR} \approx \frac{1001 u_{i,\text{RMS}}}{u_{o,\text{RMS}}}$$

（4-92）

对于 A_D 不大的运放，其 CMRR 多半不大，为限制 u_o 在电源轨以内，实际电路制作时应降低 DUT 部分的增益 k，即减小公式中的 "1001"，因而，$A_D \gg k$ 是容易保障的。

4.4.6　电源抑制比

理想运放的输出完全与其供电电压（正电源端口电压与负电源端口电压之差）无关，但实际运放的输出受其影响，不过在应用电路中，输出的影响与具体电路有关，所以一般将这个影响等效到输入上，并以电源抑制比（PSRR）来量化。电源抑制比一般定义为供电电压波动 Δu_S 与其影响等效为输入失调的波动 Δu_{OS} 之比：

$$\text{PSRR} \overset{\text{def}}{=\!=} \frac{\Delta u_S}{\Delta u_{OS}}$$

（4-93）

通常也转化为 dB（$= 20 \cdot \log_{10} \text{PSRR}$）。

在考虑电源抑制能力的情况下，运放输出的公式可以修改为

$$u_o = A_D \left(u_+ - u_- - \frac{\Delta u_s}{\text{PSRR}} \right)$$

（4-94）

实际运放的电源抑制能力是随着电源波动频率增大而减小的，PSRR 也应是频率的复函数，不过与 CMRR 一样，通常只关注其幅频特性。

实际运放的直流电源抑制比从 60dB 到 130dB 不等，高速运放较小，而低速高精度运放较

大，图 4-39（a）和图 4-39（b）中分别为 OPA227 和 OPA690 的电源抑制比随频率变化的曲线。值得注意的是，曲线中还给出了针对正电源端子和负电源端子的两个不同 PSRR 曲线，事实上这是我们定义的 PSRR 和 CMRR 共同作用的结果，因为单独给一个电源端子施加波动，事实上也等效于对输入端口施加了共模波动，而两者造成的影响还有相位差异，在不同频率下还有着不一样的矢量合成关系。

与图 4-40 类似地，在两个电源端口施加反相正弦 u_i，等价于施加了电源波动信号 $\Delta u_S = 2u_i$，如图 4-41 所示。

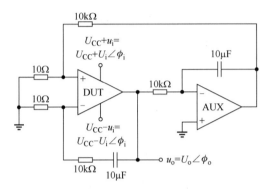

图 4-41　电源抑制比测量电路

根据 DUT 的负反馈可知抵消掉 U_{OS} 影响后的 $u_+ - u_- = -u_o / 1001$，根据式（4-94）：

$$u_o = A_D \left(u_+ - u_- - \frac{\Delta u_s}{\text{PSRR}} \right) \tag{4-95}$$

$$= A_D \left(-\frac{u_o}{1001} - \frac{2u_i}{\text{PSRR}} \right)$$

所以

$$\text{PSRR} = -\frac{2002 A_D u_i}{(1001 + A_D) u_o} \tag{4-96}$$

若 $A_D \gg 1001$，则

$$\text{PSRR} \approx \frac{2002 u_{i,\text{RMS}}}{u_{o,\text{RMS}}} \tag{4-97}$$

与 CMRR 测算类似的原因，这个" $A_D \gg 1001$ "（ $A_D \gg k$ ）也是容易保障的。

4.4.7　输入阻抗和输出电阻

运放的输入阻抗包括输入电阻和输入容抗，如图 4-42 所示。

其中，R_D 和 C_D 为差模输入电阻和电容、R_{CM+} 和 C_{CM+} 为同相端共模输入电阻和电容、R_{CM-} 和 C_{CM-} 为反相端共模输入电阻和电容。通常，$R_{CM+} \approx R_{CM-}$，

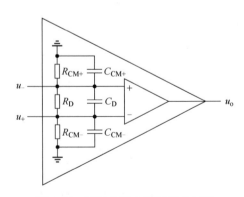

图 4-42　运放的输入阻抗等效电路

$C_{CM+} \approx C_{CM-}$ 。 $Z_D = R_D + \dfrac{1}{sC_D}$ 称 为 差 模 输 入 阻 抗 ， $Z_{CM+} = R_{CM+} + \dfrac{1}{sC_{CM+}}$ 和

$Z_{CM-} = R_{CM-} + \dfrac{1}{sC_{CM-}}$ 称为同相端和反相端共模输入阻抗。

通常，运放的数据手册上会给出差模输入电阻、电容（R_D 和 C_D），但未必会分别给出同相端和反相端的共模输入电阻、电容（R_{CM+}、C_{CM+}、R_{CM-} 和 C_{CM-}），而是笼统地给出共模输入电阻和电容，但共模输入电阻和电容却存在着两种略微不同的定义。

定义一： $R_{CM} = \dfrac{R_{CM+} + R_{CM-}}{2} \approx R_{CM+} \approx R_{CM-}$， $C_{CM} = \dfrac{C_{CM+} + C_{CM-}}{2} \approx C_{CM+} \approx C_{CM-}$。

定义二：将两个输入端短路，对地的电阻/电容，$R_{CM} = R_{CM+} \| R_{CM-}$，$C_{CM} = C_{CM+} + C_{CM-}$。

定义一出现在较多的文献资料中，而定义二主要在 TI 公司的资料中应用。在认定 $R_{CM+} \approx R_{CM-}$ 和 $C_{CM+} \approx C_{CM-}$ 的前提下，两者仅在数值上存在两倍或二分之一的关系：

$R_{CM,def1} = 2R_{CM,def2}$， $C_{CM,def1} = \dfrac{1}{2}C_{CM,def2}$。

有的数据手册会给出输入电阻和电容，定义为：两个输入端一个接地，另一个对地的电阻和电容，$R_i \approx R_D \| R_+ \approx R_D \| R_-$，$C_i \approx C_D + C_+ \approx C_D + C_-$。

实际运放的共模输入电阻通常在 1MΩ 以上，差模输入电阻往往比共模输入电阻小很多。输出阻抗一般为纯阻性，记为 R_o，通常为 10Ω～1kΩ。

考虑了运放的输入电阻之后，图 4-4 所示的同相放大器的输入电阻从 ∞ 变为

$$Z_{in} = Z_{CM+} \| Z_D^{'} \tag{4-98}$$

其中

$$Z_D^{'} = \frac{A\beta \cdot CMRR}{A\beta + CMRR} \tag{4-99}$$

为负反馈条件下，差模输入阻抗 Z_D 等效到同相端对地的阻抗。不过 $Z_D^{'}$ 往往远大于 Z_{CM+}，因而 $Z_{in} \approx Z_{CM+}$。

在深度负反馈条件下运放反相端对地的交流阻抗几乎为零，运放的输入阻抗对其基本没有影响。

在深度负反馈条件下，电路的输出电阻也远小于运放的输出电阻。

$$r_o = \frac{R_o}{1 + A\beta} \tag{4-100}$$

4.4.8 输入噪声密度

运放电路除了放大信号，也会在输出信号中增添噪声，要完整准确地分析整个运放电路的输出噪声，自然需要深入运放内部电路，并结合运放外部电路，去分析每一个基本元件的噪声及它们对电路输出的贡献，但这样对运放的使用者来说，过分复杂。

等效输入噪声密度，是将运放的所有噪声等价到运放输入端得到的噪声密度，它大致上与运放外部电路无关，只与运放本身相关。例如，用同一个运放做 1 倍放大和做 10 倍放大，输出噪声密度后者大约就是前者的 10 倍，因而等效到运放的输入端，两者噪声密度是基本一

致的，与外部电路基本无关。

考虑噪声，实际运放可以等效为如图 4-43 所示的电路。其中，u_{noi} 为噪声电压源，运放的数据手册中通常会给出其噪声电压密度及粉噪截止频率；$i_{\text{noi}+}$ 和 $i_{\text{noi}-}$ 为两个噪声电流源，通常两者相近，即 $i_{\text{noi}+} \approx i_{\text{noi}-} \approx i_{\text{noi}}$，数据手册中会给出 i_{noi} 的噪声电流密度及粉噪截止频率。

在大多数情况下，运放的输入端外接的电路网络阻抗较低，电流噪声影响较小，常常可在计算中忽略。

下面以一个例子来说明运放电路噪声的计算方法。

例如，图 4-44 所示的放大器，工作在室温 300K 下，采用 OPA355，其输入电压噪声密度和输入电流噪声密度曲线如图 4-45 所示，求输出端在 1kHz~10MHz 频带内的噪声有效值，以及 100kHz 处的噪声电压密度。

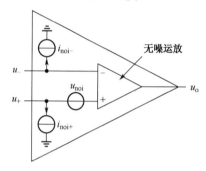

图 4-43　运放的噪声等效电路

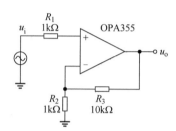

图 4-44　采用 OPA355 的同相放大器

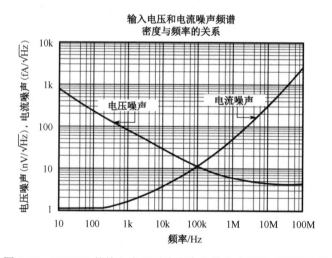

图 4-45　OPA355 的输入电压噪声密度和输入电流噪声密度曲线

考虑主要噪声源，其等效电路应如图 4-46 所示。其中，u_{n1}、u_{n2} 和 u_{n3} 分别为 R_1、R_2 和 R_3 的电压噪声。为计算总的输出噪声，可以采用叠加原理，逐个分析每个噪声源对输出电压噪声的贡献，然后按第 3 章中式（3-83）计算总的输出噪声。

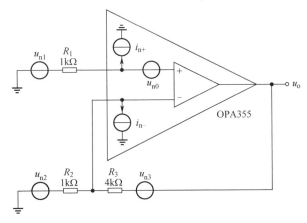

图 4-46　图 4-44 电路的噪声等效电路

对于 u_{n1}，忽略其他源，电路相当于一个 5 倍同相放大器，因而它对输出噪声功率的贡献为

$$u_{o,n1}^2 = \left(\sqrt{4kTR_1} \times 5\right)^2 \times (10\text{MHz} - 1\text{kHz})$$

$$\approx 4 \times 1.38 \times 10^{-23} \times 300 \times 10^3 \times 25 \times 10^7 \left(\text{V}^2\right)$$

$$\approx 4.1\text{nV}^2$$

注意，其中 $\text{nV}^2 = 1\text{n} \times \text{V}^2$。

对于 u_{n2}，忽略其他源，电路相当于一个 4 倍反相放大器，因而它对输出噪声功率的贡献为

$$u_{o,n2}^2 = \left(\sqrt{4kTR_1} \times 4\right)^2 \times (10\text{MHz} - 1\text{kHz}) \approx 2.6\text{nV}^2$$

对于 u_{n3}，在忽略其他源时，它将直接影响输出，因而它对输出噪声功率的贡献为

$$u_{o,n3}^2 = \left(\sqrt{4kTR_3} \times 1\right)^2 \times (10\text{MHz} - 1\text{kHz}) \approx 0.66\text{nV}^2$$

对于 u_{n0}，忽略其他源，电路相当于一个 5 倍同相放大器，从 OPA355 的噪声密度曲线中可以看到，其粉噪截止频率大约在 1MHz 处，白噪密度约为 $5\text{nV}/\sqrt{\text{Hz}}$，根据第 3 章中的式（3-89），它对输出噪声功率的贡献为

$$u_{o,n0}^2 = \left(v_w \times 5\right)^2 \times \left(f_H - f_L + f_{px} \ln \frac{f_H}{f_L}\right)$$

$$\approx \left(5\text{n} \times 5\right)^2 \times \left(10\text{M} + 1\text{M} \times \ln \frac{10\text{M}}{1\text{k}}\right)\left(\text{V}^2\right)$$

$$\approx 12\text{nV}^2$$

对于剩下的两个电流噪声源，则可通过戴维南等效，转换为如图 4-47 所示电路，再来计算。

因而，对于 i_{n+}，转换后，电路相当于源 $i_{n+} \times R_1$ 经过 5 倍同相放大，从 OPA355 的噪声密度曲线中，根据其电流噪声密度曲线，它应

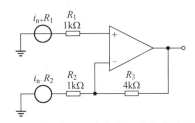

图 4-47　运放的输入噪声电流源的戴维南等效电路

该既有蓝色噪声也有紫色噪声。仅以蓝色噪声估算，其蓝色噪声截止频率大约在 1kHz 处，电流白噪密度约为 $1.2\mathrm{fA}/\sqrt{\mathrm{Hz}}$，根据第 3 章中式（3-90），它对输出噪声功率的贡献为

$$u_{\mathrm{o,i+}}^2 = v_{\mathrm{w}}^2 \left(f_{\mathrm{H}} - f_{\mathrm{L}} + \frac{f_{\mathrm{H}}^2 - f_{\mathrm{L}}^2}{2 f_{\mathrm{blx}}} \right)$$

$$\approx \left(1.2\mathrm{f} \times 1\mathrm{k} \times 5 \right)^2 \times \left(10\mathrm{M} + \frac{(10\mathrm{M})^2}{2 \times 1\mathrm{k}} \right)$$

$$\approx 1.8\mathrm{pV}^2$$

类似地，$i_{\mathrm{n-}}$ 对输出噪声功率的贡献为

$$u_{\mathrm{o,i-}}^2 = \left(1.2\mathrm{f} \times 1\mathrm{k} \times 4 \right)^2 \times \left(10\mathrm{M} + \frac{(10\mathrm{M})^2}{2 \times 1\mathrm{k}} \right) \approx 1.2\mathrm{pV}^2$$

综上，在 1kHz~10MHz 频带内，总的输出噪声有效值为

$$u_{\mathrm{n,rms}} \approx \sqrt{4.1\mathrm{n} + 2.6\mathrm{n} + 0.66\mathrm{n} + 12\mathrm{n} + 1.8\mathrm{p} + 1.2\mathrm{p}} \approx 139\mu\mathrm{V}$$

可以看出，运放的输入电流噪声对输出噪声几乎没有贡献，这是因为这个电路中的电阻都不大。对于大部分的外围电阻在 $10\,\mathrm{k}\Omega$ 及以下的运放电路，运放的输入电流噪声都不用考虑，对于外围电阻在数百千欧姆以上的运放电路，则可能需要考虑输入电流噪声。

对于 100kHz 处的输出噪声电压密度，根据 OPA355 的输入噪声密度曲线，可以看到，在 100kHz 处，其输入电压噪声密度为 $11\mathrm{nV}/\sqrt{\mathrm{Hz}}$，电流噪声可以忽略。因而总的输出噪声密度为

$$v_{\mathrm{o}} = \sqrt{4kTR_1 \times 5^2 + 4kTR_2 \times 4^2 + 4kTR_3 \times 1^2 + \left(\frac{11\mathrm{nV}}{\sqrt{\mathrm{Hz}}} \times 5 \right)^2}$$

$$\approx 61.4\mathrm{nV}/\sqrt{\mathrm{Hz}}$$

对于复杂的，如有源滤波器，如果要逐个噪声源这样去分析，且要考虑电容的影响，将会非常烦琐复杂。如果电阻不太大，其噪声可以忽略，可以只考虑运放的输入电压噪声密度及电路的带内增益，以估算输出噪声有效值或密度。若要较精确地获得输出噪声特性，则可以用计算机仿真。

4.4.9 其他参数

其他较为常用的参数有以下几种。

1. 电源电压范围

运放能正常工作并能保证标称性能时的供电电压，一般记为正电源轨电压与负电源轨电压之差（$U_{\mathrm{CC}} - U_{\mathrm{EE}}$），有时也直接标出双电源供电电压 $\pm U_{\mathrm{CC}}$。

2. 静态工作电流

运放输入端连接到电源轨中点或地，输出端悬空时，运放从电源轨获取的电流。

3．输入电压范围

输入电压范围也称为输入共模电压，在保证标称的性能下，输入端能接受的输入电压范围。常常以正负电源轨为参照给出，如 $U_{EE} + 1.5V \sim U_{CC} - 1.5V$。若直接标出电压范围，则需要结合测试条件中的供电电压理解。

若输入电压范围可以接近电源轨，甚至略超出电源轨，则称该运放具备"轨至轨输入"（Rail-to-Rail Input，RRI）特性。这里的"接近"目前并没有严格定义，通常是指与电源轨差距在百毫伏特以内。

当前低压和单电源应用越来越多，许多新型运放都具备轨至轨输入和轨至轨输出能力。也有许多输入只能超出负电源轨并不能接近正电源轨，主要用于单电源供电且需要以地为参考的场合。

4．输出电压范围

输出电压范围也称为输出电压摆幅，在保证一定的性能前提下，输出端能达到的电压范围。常常以正负电源轨为参照给出，如 $U_{EE} + 1.5V \sim U_{CC} - 1.5V$。若直接标出电压范围，则需要结合测试条件中的供电电压理解。

若输出电压范围可以接近电源轨，则称该运放具备"轨至轨输出"（RR Output，RRO）特性。这里的"接近"目前并没有严格定义，通常是指与电源轨差距在三、五百毫伏特以内。如果一个运放有 RRI 特性，也有 RRO 特性，那么也称它有 RRIO 特性。

输出电压范围与最大输出电流也有密切关系，若输出电流大，则输出摆幅会减小，因而很多运放的数据手册会具体给出标称的输出电压范围的输出电流条件。

5．最大输出电流

在保证一定的性能前提下，运放输出端最大能输出的电流，通常与输出电压范围配合给出。

6．输出电压摆率（S_R）

在运放构成的电压跟随器的输入端施加阶跃信号，输出电压上升的斜率，单位为 V / s，不过这个单位太小，运放的数据手册中通常会用 V / μs（ $= 1MV / s$）。如果希望运放输出一个幅值为 A、频率为 f 的信号，那么该信号的斜率最大值为 $\mathrm{d}\left(A\sin\left(2\pi ft\right)\right) / \mathrm{d}t\big|_{t=0} = 2\pi fA$，因此，必然要求

$$S_R > 2\pi fA \tag{4-101}$$

事实上，标称的摆率都是在输入阶跃时测得的，输入正弦信号时，实际摆率会更小一些，因而，使用式（4-101）时，应留有足够裕量。

运放的输出电压摆率和带宽增益积都限制了它不能放大足够高频率的信号，通常在输出信号幅度较大时，输出电压摆率是瓶颈，而在输出信号幅度较小时，带宽增益积是瓶颈，当然，选型时两者都需要检查。

7. 失真和信噪比

在一定的测试条件下（特定的增益、输入正弦信号频率、幅度），输出信号的失真度和信噪比，在适用于音频段的运放中比较常见。

8. 温度漂移

可以说，大部分其他参数都有温度漂移。不过，通常只会关注输入失调电压和输入失调电流的温度漂移，为温度变化 ΔT，与其引起的输入失调电压的变化 ΔV_{OS}、输入失调电流变化 ΔI_{OS} 之比 $\dfrac{\Delta V_{OS}}{\Delta T}$、$\dfrac{\Delta I_{OS}}{\Delta T}$，单位分别为 V／K 和 A／K。

当然，运放还有其他许多参数，这里不做赘述，读者可参照运放 IC 的数据手册理解。

4.5　稳定性和补偿

4.5.1　环路特性和稳定性

所谓环路特性，是指输入为零，断开反馈环中的任何一点，从断点处输入信号，在断点另一侧输出信号相对输入信号的幅频和相频特性。如图 4-48 所示，$A_L \overset{\text{def}}{=} u_o / u_i$ 即为运放放大器（同相放大器和反相放大器都一样）环路特性，也就是环路增益，它是频率的复函数。

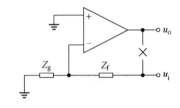

图 4-48　运放放大器的"环路"

对于图 4-1 所示的典型负反馈系统，环路增益 $A_L(s) = -A(s)\beta(s)$。有的书籍文献上认定 $A_L(s) = A(s)\beta(s)$，相差一个负号，在分析上仅相差 $180°$ 相位，没有太大差别，本书均以 $A_L(s) = -A(s)\beta(s)$ 为准。

环路增益是判断放大器稳定性的重要依据。简单来说，如果某频率的信号从环路走一圈，除了负反馈的反相作用，又延迟了 $180°$，那么对于该频率信号来说负反馈电路实际上是正反馈。如果这一圈正反馈的增益大于 1，那么将发生振荡，就像将扩音系统的话筒对着音箱会发生的事情一样，这种现象在放大器中称为自激振荡。自激振荡显然是作为放大器时必须避免的，但恰当地利用它，也可以形成有用的振荡信号源。

从环路特性的角度来说，环路相频曲线在低频段，应是由负反馈导致的 $-180°$，随着频率升高，一方面运放本身开环增益的相移开始显现；另一方面反馈回路若有电抗元件或布线引起的分布参数和传输延迟都会产生相移，则环路相频曲线将逐渐向 $-360°$ 接近，如果在它到达 $-360°$ 时，环路的幅频曲线尚在 0dB 以上，那么环路不稳定，将发生自激。不过，一般相频曲线的绘制区间为 $(-180,180]$，所以 $-180° \sim -360°$ 被绘制为 $180° \sim 0°$。

幅频曲线 0dB 时相频曲线的相位，称为环路的相位裕度。在如图 4-49 所示的环路特性中，幅频曲线过零点约在 200MHz，此时相位距离达到 $0°$ 还有约 $45°$，相位裕度为 $45°$。

相位裕度是衡量放大器稳定与否的重要量化依据。通常，有 $60°$ 以上相位裕度的电路的阶跃响应会比较理想；相位裕度 $45°$ 时，阶跃响应会有一定过冲，但仍可以接受；相位裕度 $45°$ 以下时，电路已处于稳定和不稳定的边缘，虽不致自激，但在外部激励下，也会出现较持久的振荡。

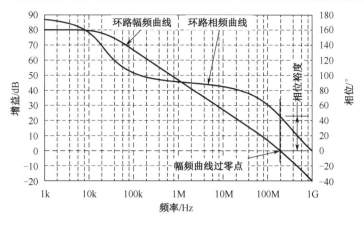

图 4-49　环路的相位裕度

如果反馈回路没有电抗元件，则反馈系数 β 是常数，那么环路增益 $-A_{\mathrm{D}}(s)\beta$ 的幅频曲线将与运放开环增益的幅频曲线形状一样，只是平移了 $20\log_{10}\beta$，环路增益的相频曲线将与运放的开环相频曲线形状一样，只是反了相（上移 $180°$）。因而，如果电路增益越大，β 越小，环路幅频曲线将越向下平移，其过零点将向左移，使得相位裕度增大，电路更稳定；相反地，电路增益越小，电路可能更不稳定。如图 4-50 所示的环路特性，当 $\beta=1$ 时，幅频曲线过零点为 100MHz，此时相位裕度仅 $11°$，而 $\beta=1/32$（-30dB）时，幅频曲线下移，使得过零点降到 10MHz，此时相位裕度达到 $65°$。

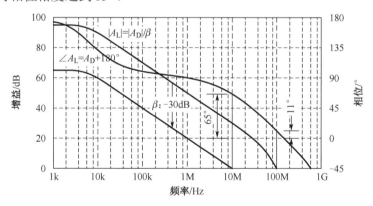

图 4-50　电路增益越大（β 越小）越稳定

大多数运算放大器的开环幅频曲线过零时，相位曲线在 $45°$ 以上，在做同相 1 倍放大时，环路特性等同于开环特性，将有 $45°$ 以上的相位裕度，运放的这种特性称为单位增益稳定。

有些运放是为构成高增益放大器而设计的，它们的开环幅频曲线过零时，相位曲线可能已经穿过 $180°$，它们必须工作在高放大倍数（β 较小）的电路中，环路幅频曲线相对开环幅频曲线足够下移，才能保证环路相位裕度，这样的运放一般会在数据手册上注明最小稳定工作增益。例如，OPA843 为 3 倍增益稳定的运放，至少需要做同相 3 倍增益或反相两倍增益（β 均为 1/3）才能稳定，同系列的 OPA847 是 12 倍增益稳定，OPA842 则为单位增益稳定。图 4-51 所示为 OPA842 和 OPA843 的开环增益和相位曲线，OPA842 的开环幅频曲线过零时，相移离 $180°$ 尚有约 $60°$；而 OPA843 在开环幅频曲线过零时，相移已经超过了 $180°$。如果 $\beta=1/3$，

即约为 -9.5dB ，则其幅频曲线过零点可降至大约 250MHz，获得接近 $60°$ 的相位裕度。

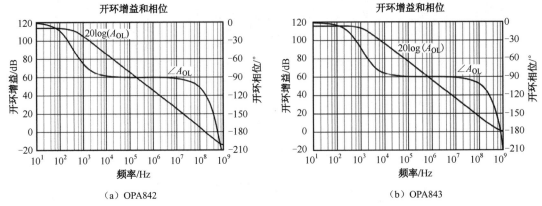

（a）OPA842　　　　　　　　　　（b）OPA843

图 4-51　OPA842 和 OPA843 的开环增益和相位曲线

4.5.2　不稳定因素和补偿

运算放大器电路的不稳定因素有很多，实际中常见的因素有以下几种。

（1）高倍增益稳定的运放用于低倍放大，显然这应该在设计选型时避免。

（2）放大电路的输出与输入靠得太近，分布电容使得输出到输入出现直接的高频耦合，显然这应在电路布局布线时避免。

（3）运放输出驱动了较大的容性负载，运放的输出电阻 R_o 和负载电容 C_L 构成的极点频率 $\omega_\text{CL} \approx 1/(R_\text{o}C_\text{L})$。如果这个极点低于运放自身的第二极点，就会导致相位裕度不足，引起过冲振荡，甚至自激。

（4）电源去耦不够好，运放的 PSRR 在高频时会很低，输出信号的高频波动导致供电电流的高频波动，而如果电源去耦不够好，电源回路阻抗、甚至感抗过大，则将使得电源出现严重的高频波动。因为高频下 PSRR 不够大，所以等效于输入的高频波动引起自激。

（5）反馈环路布线过长，导致环路延迟大，PCB 上信号传递延迟 $75\sim100\text{ps}/\text{cm}$。例如，5cm 的线长，将造成最多 0.5ns 的延迟，对于 200MHz 的成分，就是 $36°$ 的相移。

（6）反馈环路分布电容引入的极点，这与第（5）条往往相辅相成，反馈环路布局布线不当，极容易引起分布电容。数皮法拉的分布电容与数千欧姆的电阻作用，就能使得极点频率低至 100MHz 以下，一个极点的出现会在其频率处导致 $45°$ 相移，但对幅频影响仅 -3dB ，一旦一个极点低至放大器的带宽以内，相位裕度可能立刻丧失 $45°$。

上述第（1）条和第（2）条，应在设计和制作时避免。

第（3）条也应在设计时避免，确实需要驱动较大容性负载时，可考虑增加缓冲电路，如第 2 章介绍的互补推挽射极跟随电路，或者专门的缓冲放大器 IC（如 BUF634 等）。

第（4）条应在设计和布局布线时着重考虑，在高频、高带宽放大器的电源去耦中，应使用小容量、高频响应好的去耦电容。例如，100MHz 下，10nF 的叠层陶瓷电容做电源去耦效果好于 100nF 叠层陶瓷电容。对于宽带应用，必要时可采用两个或更多不同容量的去耦电容并联，不同容量的电容用于应对不同频段的供电电流需求。

第（5）条和第（6）条也应在设计和布局布线时考虑，使用尽量简短的反馈布线，不得绕远拉长，使用分布参数小的电阻。必要时，考虑在反馈布线和电阻附近移除铺地，降低分布电容。

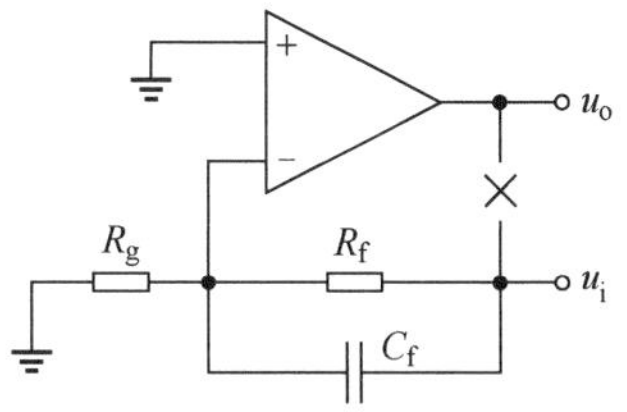

图 4-52　带有相位超前补偿电容的运放环路

第（5）条和第（6）条如果不能避免，也可尝试使用相位超前补偿法，通过在反馈电阻 R_f 上并联电容 C_f 来降低环路延迟和分布极点的影响。

考虑在 R_f 上并联 C_f 的电路，如图 4-52 所示。

为求其环路特性，在反相输入端运用 KCL：

$$\begin{cases} \dfrac{0-u_-}{R_g} + \dfrac{u_i - u_-}{R_f} + \dfrac{u_i - u_-}{1/(sC_f)} = 0 \\ -u_- \cdot A_D(s) = u_o \end{cases} \tag{4-102}$$

可解得：

$$A_L(s) = \frac{u_o}{u_i} = A_{D0} \cdot \frac{R_g}{R_f + R_g} \cdot \frac{1 + sC_f R_f}{1 + sC_f (R_f \parallel R_g)} \tag{4-103}$$

这给环路增加了一个 $\omega_z = \dfrac{1}{R_f C_F}$ 的零点和一个 $\omega_p = \dfrac{1}{(R_f \parallel R_g)C_f}$ 的极点，而且 $\omega_z < \omega_p$，若两者频率相差较大，则可使用零点去抵消意外引入环路的极点（一般来说，频率不会太小），而使极点位于环路增益过零点之外，可以增加环路的相位裕度。

相位超前补偿存在一个缺点：它可能降低放大电路的带宽，容易算得，对于同相放大器，闭环增益为

$$A_{CL}(s) = \frac{R_f + R_g}{R_g} \cdot \frac{1 + sC_f(R_f \parallel R_g)}{1 + sC_f R_f} \tag{4-104}$$

对于反相放大器，闭环增益为

$$A_{CL}(s) = \frac{R_f}{R_g} \cdot \frac{1}{1 + sC_f R_f} \tag{4-105}$$

它们在较低频率 $\omega_1 = \dfrac{1}{C_f R_f}$ 处都有一个极点，而同相放大器则在较高频率 $\omega_2 = \dfrac{1}{C_f(R_f \parallel R_g)}$ 处还有一个零点。因而它们均将表现得像一个截止频率为 ω_1 的一阶低通滤波器，但同相放大器在频率 ω_2 及以上恢复为平坦的一倍增益。总之，放大器的带宽变小了。

不过实际情况比上面的描述要复杂得多，因为在实际中，布局布线不善时，R_f、R_g 本身就不能认为是纯阻性。下面以一个实例来计算说明。

考虑如图 4-53 所示的 3 倍同相放大或两倍反相放大器的反馈环路。假设因布局布线不善导致反相端节点对地出现 5pF 分布电容 C_g，并将 500Ω 反馈电阻的对地分布电容简单地等效为

电阻中央对地 2pF 的电容 C_1。

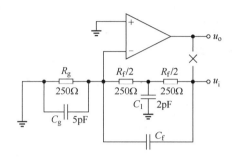

图 4-53 布局布线不善的同相 3 倍或反相两倍放大器

如果没有补偿电容 C_f，则可求得反馈系数为

$$\beta_{UC}(s) \approx \frac{1.6 \times 10^{16}}{4.8 \times 10^{18} + 5.6 \times 10^9 s + s^2}$$

它有两个极点分别约为 $168MHz$ 和 $723MHz$。

假定采用的运放为开环增益 $100dB$，主极点 $10kHz$，第二极点 $500MHz$，其开环增益为

$$A_D(s) \approx \frac{10^5}{\left(1 + 3.183 \times 10^{-10} s\right)\left(1 + 1.592 \times 10^{-5} s\right)}$$

其开环特性如图 4-54 所示。可见，做一倍放大时，约有 $40°$ 相位裕度。

如果采用理想反馈网络 $\beta = 1/3$，环路特性 $A_L(s) = -A_D(s)\beta$ 将如图 4-55 所示。可以看出，环路具有约 $75°$ 的相位裕度。

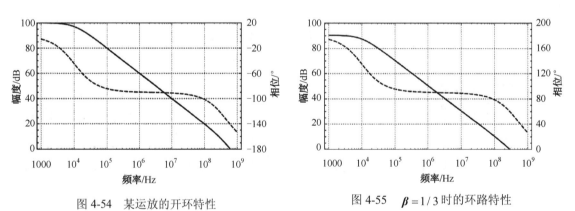

图 4-54 某运放的开环特性　　　图 4-55 $\beta = 1/3$ 时的环路特性

如果是上述没有补偿的布局布线不善的网络，且假定有 $0.1ns$ 的布线延迟，环路特性将变为

$$A_{L,UC}(s) = -A_D(s)\beta_{UC}(s)e^{-10^{-10}s}$$

其幅频和相频曲线如图 4-56 所示。相位裕度在约 $180MHz$ 处降至零以下，放大器不稳定，将产生约 $180MHz$ 的自激振荡。

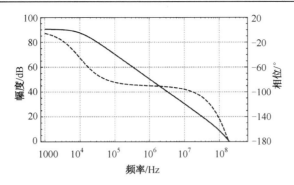

图 4-56　未补偿时的环路特性

此时，如果使用补偿电容 C_f，并使 $\dfrac{1}{2\pi C_f R_f}$ 略低于（对数刻度下）180MHz，如取 90MHz，

则 $C_f = \dfrac{1}{2\pi \times 90\text{MHz} \times 500\Omega} \approx 3.5\text{pF}$。此时，反馈系数为

$$\beta_C(s) = \frac{1.6 \times 10^{-5} + 2.8 \times 10^{-14} s + 7.0 \times 10^{-24} s^2}{4.8 \times 10^{-5} + 8.4 \times 10^{-14} s + 1.7 \times 10^{-23} s^2}$$

相比于未补偿的 $\beta_{UC}(s)$，两个极点被更改为约 105MHz 和约 681MHz，并新增了两个零点，位于约 110MHz 和约 527MHz 处。这两个零点可以较好地抵消两个极点的相位影响。最终环路特性如图 4-57 所示。可以看出，相位裕度已有约 70°。最终的闭环特性（以同相 3 倍为例）如图 4-58 所示。

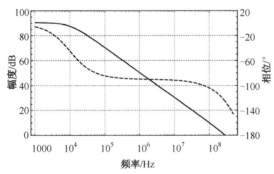

图 4-57　补偿后的环路特性

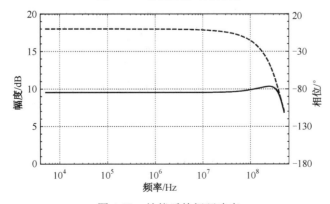

图 4-58　补偿后的闭环响应

4.6　偏置和单电源

前面讲到的所有运放电路都是默认工作在双电源供电下。随着电子电路功耗越来越低，电源电压也越来越低，为降低电源系统复杂性，越来越多的系统采用单电源供电。

对于运放来说，其实无所谓单双电源，它自己本没有"地"引脚，双 5V 与单 10V 对它来说都一样，只要输入与输出能保持在正确的范围以内即可。许多运放的数据手册上会注明适用于单电源，主要的意思是适合低电压工作（系统设计中单电源需求伴随着低电源电压需求）和输入输出电压可以接近负电源轨，不少运放的输入甚至可超出电源轨。

但是对于运放构成的电路及电路中的信号来说，单双电源的变化、参考地的变化却需要设计者予以慎重考虑。要理解双电源到单电源的变化，并合理地设计电路，需要先理解信号和偏置（工作点）的关系。

4.6.1　信号和偏置

在电子电路中，具体的信号都是携带有用信息的动态的电压或电流，它们一定是在变化的或交流的。从频率或带宽的角度来衡量，可以慢至 mHz（如气温检测信号）或快至 GHz（如 Wi-Fi 射频信号），纯粹的直流成分一般是不携带信息的。

然而，偏置是叠加在信号上的直流，它们本身不携带有用信息，但对于一些电路本身必不可少，主要用于将信号调整到工作电路或元器件的工作点，是它们正常工作的必要条件。

直流偏置自电路上电时建立起来，直到掉电，期间一般保持稳定不变。有些电路可以自己建立偏置，有些则需要外部给定。当然，很多电路上电后建立直流工作点也需要一些时间，或短至微秒、毫秒，或者长达数秒，大多数都是电容或电感充电的过程。

在工作电路中，交流信号和直流偏置叠加在一起，如果需要分离出信号而隔除偏置，或者在两级偏置需求不同的电路之间隔离偏置，则可以使用高通滤波器来实现。不过，在实际电路中处理信号时，分离信号和偏置会出现以下一些困难。

（1）有些信号本身没有一个基准零点，并不在某个确知的基准上下等概率地波动。例如，与温度成线性关系的电压，必须当作直流来处理。

（2）变化很慢的信号，在整个电路从上电到掉电的过程，它可能不会有太大变化，必须当作直流来处理。

（3）频率很低的交流信号，在实际电路中如果将其当作交流信号来处理，则会导致器件参数超出常用范围（如 R 和 C 过大），因而不得不将其当作直流信号来处理。

（4）直流偏置往往会受到工作温度等因素影响而发生缓慢波动，如果它的波动频率与信号频带相近甚至重叠，则无论信号通路是交流还是直流都将难以将它们区分。

图 4-59 所示为一个驻极体话筒的第一级放大电路。

电路的目标是将微弱的声压信号转换为电信号并放大到较大幅度。对人类来说，声音信号频带为 20Hz ~ 20kHz，但为了电路能正常工作，不得不在电路的各级施加不同的直流偏置电压。A 点为空气中的声压信号，均方根值约为 20mPa（以声强级 60dB 为例），没有偏置（也可以说，偏置为大气压强）。经驻极体话筒转换为 B 点的电压信号，均方根值约为 2mV，因驻极体话筒工作需要，通过电阻 R_b 为其施加了约 2.5V 的偏置。后面 C 点 BJT 的基极偏置约为 850mV，为隔离 B 点和 C 点的不同偏置电压，中间使用了电容 C_1，它与前级输出电阻、后级输入电阻构成了高通滤波器。根据第 2 章 BJT 放大器的结论，如果前级输出电阻为 1.1kΩ（等于 $R_b \parallel r_{o,MIC}$），后级输入电阻为 5kΩ，则截止频率为 $\dfrac{1}{2\pi \times (5k\Omega + 1.1k\Omega) \times 2.2\mu F} \approx 12\text{Hz}$，并有 $\dfrac{5k\Omega}{5k\Omega + 1.1k\Omega} \approx 0.82$ 倍衰减，C 点信号有效值约为 1.6mV。经过 T_1 做大约 13 倍放大之后，D 点信号有效值约为 20mV，有约 2.5V 的偏置。经过输出端 C_2 与 BJT 放大器输出电阻和负载电阻构成的高通滤波器（$f_c \approx 6.3\text{Hz}$，增益约为 0.87）后，负载上的信号有效值约为 17.4mV，因负载直接接地，输出信号无偏置。

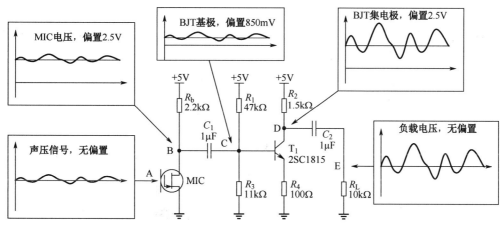

图 4-59　驻极体话筒的第一级放大电路

再如，图 4-60 所示的温度测量电路的模拟部分。

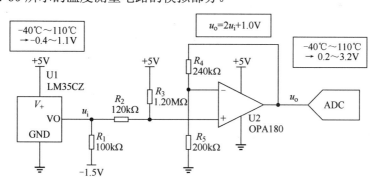

图 4-60　温度测量电路的模拟部分

该电路的目标是将温度传感器 IC LM35CZ 输出的 $-0.4 \sim 1.1\text{V}$ 电压（线性地对应着 $-40\,^{\circ}\!\text{C} \sim 110\,^{\circ}\!\text{C}$ 的温度）转换为 ADC（模数转换器）所需的 $0 \sim 3.3\text{V}$ 输入电压范围。这两个不一样的电压范围，也可理解为不同的偏置需求，同时两个范围的跨度也不一样，需要做放大。表达温度的电压信号显然必须作为直流来处理，整个信号处理通路必须是直流通路。因而可采用运算放大器来完成偏置转换和放大，或者说输入电压到输出电压的线性映射（可称为电压映射器）。图 4-60 中，R_2、R_3、R_4、R_5 和 U2 构成了从 $-0.4 \sim 1.1\text{V}$ 到 $0.2 \sim 3.2\text{V}$ 的线性映射，其原理在 4.2.2 节已有详述，设计输出范围为 $0.2 \sim 3.2\text{V}$ 而不是 $0 \sim 3.3\text{V}$，可以避免因电路精度不足导致实际输出偏离出 ADC 的输入范围。注意，运放的供电，OPA180 为轨至轨输出，并且输入能低至负电源轨，电路工作时，两个输入端和输出端的电压均在正常范围以内，因而可以直接采用单 5V 供电。

4.6.2　交流放大器的单电源设计

对于放大器，将为其供电的双电源 $\pm U_S / 2$ 的负电源、地和正电源整体抬高 $U_S / 2$ 即可获得单 U_S 电源供电电路，但需要考虑以下问题。

（1）从原来的地变化而来的 $U_S / 2$ 供电如何获得？如果真的需要一路 $U_S / 2$ 供电电源，那本质上还是双电源。

（2）输入信号也必须同步抬高 $U_S / 2$，输出信号同样也会同步抬高 $U_S / 2$，相当于电路的输入和输出工作点变为了 $U_S / 2$，那么要如何给输入信号添加这个偏置？输出信号增加的偏置后级是否能接受？若不能，要如何处理？

1. 交流同相放大器

对交流信号的处理总是比直流信号的简单，因为可以使用高通滤波器来隔离不同的直流偏置需求。例如，为设计一个单 5V 供电的同相两倍放大器，可以先通过将一个双 2.5V 的放大器的所有供电同时抬高 2.5V，如图 4-61（b）所示。

不过，输入 u_i 需要抬高为 $u_i' = u_i + 2.5\text{V}$，新增的 2.5V 电源也需要解决，这些可以通过图 4-61（c）所示电路解决。R_1、R_2 和 +5V 电源可等效（戴维南等效）为 2.5V 电源串接 5kΩ 电阻，与 C_1 形成高通滤波器，可以将输入叠加 2.5V 直流，其截止频率为 $f_{C1} = \dfrac{1}{2\pi (R_1 \parallel R_2) C_1}$，只要 f_{C1} 低于信号频带下限即可，C_1 常被称为耦合电容或级间耦合电容。R_{g1}、R_{g2} 和 +5V 电源则可以等效为 2.5V 电源串接 10kΩ 电阻。

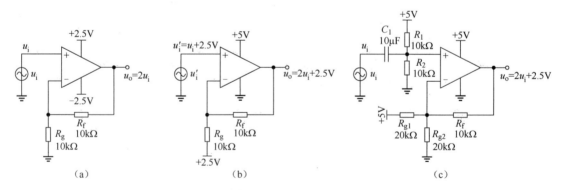

图 4-61　交流同相放大器转换为单电源 1

但是，图 4-61（c）有以下两个缺陷。

（1）R_1、R_2 构成的分压（等效后的电压源电压）和 R_{g1}、R_{g2} 构成的分压（等效后的电压源电压），因为实际电路精度的问题，不能保证完全一致。它们的差值，也将被放大。如果电路是对微小信号做很高倍的放大，那么很小的差值也可能放大到输出饱和。

（2）R_{g1}、R_{g2} 构成的分压直接受到电源电压波动的影响，从 R_{g1} 左侧的 +5V 电源来看，

电路相当于一个 $-1/2$ 放大，因而电路的电源抑制比将只有 $-6.02\mathrm{dB}$。注意，同相端分压对电源抑制比影响很小，因为交流通路 C_1 直接连接到了低内阻的前级输出。

为解决这两个问题，可以使用图 4-62（a）所示电路。首先，同相端和反相端需要的 2.5V 由同一个分压电路 R_2、R_3 完成，但为了使其互不影响，并降低这个分得的 2.5V 的交流内阻，使用了电容 C_2。容易知道，C_2 必须满足

$$\left| Z_{C2} \right| = \frac{1}{2\pi f C_2} \ll R_1 \parallel R_g \parallel R_2 \parallel R_3 \tag{4-106}$$

其中，f 为信号频带下限。事实上，C_2 的引入给电路引入了一个零点和一个极点，有兴趣的读者可以具体推算一下传函，分析 C_2 对电路频带的影响。不过，如果能满足式（4-106），就不会有明显影响。

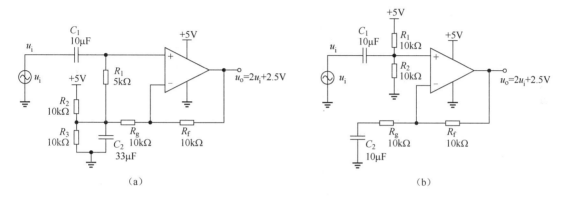

图 4-62 交流同相放大器转换为单电源 2

这个电路虽然实际可行，但不够简明，更简明实用的电路如图 4-62（b）所示，它只在同相端使用了分压等效，反相端则使用 C_2 形成自适应工作点，C_2 常称为自举电容。容易知道，稳态时 C_2 电压是等于 R_1、R_2 分压值（同相端静态电压）的。假如某时刻 C_2 电压 u_{C2} 高于同相端静态电压 u_+，运放的负反馈使得 $u_- = u_+$，将导致电流 $\dfrac{u_+ - u_{C2}}{R_g}$ 对 C_2 充电，电压下降，直至 $u_{C2} = u_+$，反之亦然。如果起初 u_{C2} 与 u_+ 相差太大，以至于运放输出饱和也不能满足 $u_- = u_+$，同样，也会有 $\dfrac{5\mathrm{V} - u_{C2}}{R_f + R_g}$ 或是 $\dfrac{0 - u_{C2}}{R_f + R_g}$ 的电流对其充电，直至输出不饱和。

2. 交流反相放大器

图 4-63（a）所示的反相放大器可转换为图 4-63（c）所示的电路，同步抬高电源电压之后，同相输入端所需的 2.5V 由新增的 R_1、R_2 分压得到。但与同相放大器类似地，只用电阻分压会得到很差的电源抑制比，因而增加了 C_2 与 R_1、R_2 构成截止频率 $f_{C2} = \dfrac{1}{2\pi \left(R_1 \parallel R_2 \right) C_2}$ 的低通滤波器。如果 f_{C2} 低于信号频带下限，则可降低信号频带内电源波动对同相端电压的影响。与输入电容 C_1 则可以类比图 4-62（b）中的自举电容 C_2，C_1 右侧的静态电压会在运放的反馈调节下自适应到等于同相端的静态电压，同时 C_1 与 R_g 构成高通滤波器，截止频率为

$$f_{C1} = \frac{1}{2\pi R_g C_1}$$, f_{C1} 必须低于信号频带的下限。

这些电路中的电容，在上电之初，都需要一段时间充电达到预定的稳态工作点，这个时间一般可以通过时间常数 $\tau = RC$ 来估算。对于图 4-62（b）中的 C_1 ，$R = R_1 \| R_2$，对于 C_2，可以认为 $R = R_g$，根据第 2 章介绍的 RC 充放电电路，如要建立电容的工作点到 90% 需要 2.3τ、99% 则需要 4.6τ、99.9% 则需要 6.9τ、99.99% 则需要 9.2τ，因而通常留有 10 倍于 $\tau = RC$ 的启动时间就足够了。

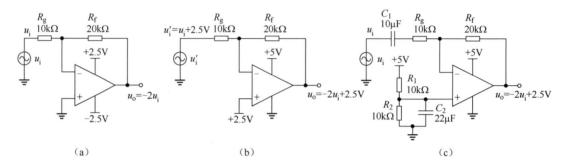

（a）　　　　　　　　　　（b）　　　　　　　　　　（c）

图 4-63　交流反相放大器转换为单电源

至于图 4-62（b）和图 4-63（c）所示电路的输出包含的 2.5V 偏置，如果后级是同样的 2.5V 偏置（例如，同样是单 5V 运放放大器电路），则可以省去级间耦合电容直接连接。不过，对于交流信号放大电路，仍然建议隔直，可以避免前级失调电压放大后传递到后级，如果后级偏置不一样，则应隔直，可与后级电路一并设计考虑。

除了可以用电容做级间交流耦合直流隔离，变压器也是电路设计中常用的级间耦合元件，在高频电路中较常用，这里不做介绍。

4.6.3　直流放大器的单电源设计

对于使用运放的直流放大器，把它当作从输入电压到输出电压的"电压映射器"来理解会更加简单明了。无论单电源还是双电源都是这样的，而若能同时满足以下条件，则电路可直接用单电源供电。

① 需求的输出在单电源供电时的运放输出摆幅以内；

② 运放的同相和反相输入端电压能保持在单电源供电时它能接受的范围以内；

③ 在不提供负参考电压的情况下，能够完成需求的电压映射功能。

如果输入本身有合适的偏置，如 5V 供电时有 2.5V 偏置，那么将双 2.5V 供电电源同步抬高 2.5V 即可。新增的 2.5V 可使用电阻分压等效产生，或者对电源抑制比有要求时，用专用参考电压芯片产生。图 4-64 所示为输入带有 2.5V 偏置时的同相两倍直流放大电路，图 4-65 所示为输入带有 2.5V 偏置时的反相两倍直流放大电路。它们均比较简单，不再赘述。

如果输入本身没有合适的偏置，就必须给它叠加直流成分，而且不能用电容，通常应该使用专用参考电压芯片，并使用任意线性组合电路来混合参考电压和输入电压。4.2.2 节的例 3 就是很好的例子。

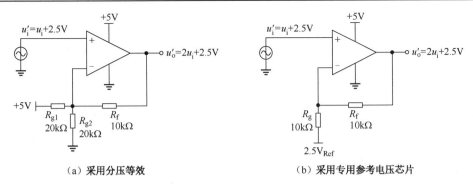

（a）采用分压等效   （b）采用专用参考电压芯片

图 4-64 输入带有 2.5V 偏置时的同相两倍直流放大电路

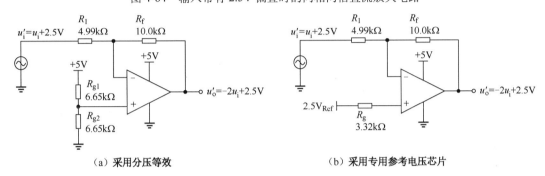

（a）采用分压等效   （b）采用专用参考电压芯片

图 4-65 输入带有 2.5V 偏置时的反相两倍直流放大电路

1. 同相直流放大器

例如，要实现 $u_o = 2u_i$，如果 u_i 本身没有直流偏置（偏置为 0），为使用单 5V 电源供电，首先，u_o 必须为 $0 \sim 5V$，因而可以修改需求为 $u_o' = 2u_i + 2.5V$，根据 4.2.2 节设计方法，可得电路如图 4-66 所示；然后，考虑运放的两个输入端，要保证 $u_o \in [0, 5V]$，则 $u_i \in [-1.25V, 1.25V]$，则同相和反相输入端电压均为 $0 \sim 2V$ [图 4-66（a）]或 $0 \sim 1.667V$ [图 4-66（b）]。若使用轨至轨输入输出的运放，则自然可以使用单 5V 电源供电；若不是轨至轨运放，则输入输出范围会小一些。

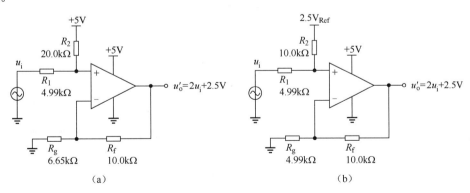

（a）   （b）

图 4-66 同相两倍单电源直流放大电路

注意，图 4-66（a）中直接使用 5V 电源与输入叠加，会严重降低电路的电源抑制比，要求较高时，采用图 4-66（b）所示电路，并使用专用的参考电压芯片产生 2.5V 参考电压会更好。

2. 反相直流放大器

从电压映射或任意线性组合的角度，与同相放大没有区别。例如，要实现 $u_o = -2u_i$，如果 u_i 没有直流偏置，同样地，应修改需求为 $u_o' = -2u_i + 2.5V$，根据 4.2.2 节设计方法，可得电路如图 4-67 所示。图 4-67（a）中直接使用 5V 电源与输入叠加，要求不高时可使用，对电源抑制比要求较高时，应采用图 4-67（b）所示电路，使用专门的参考电压芯片产生 2.5V 参考电压。

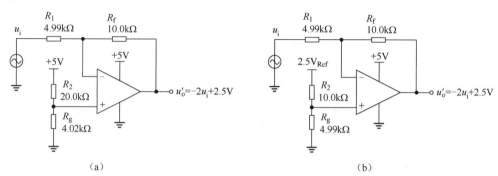

（a）　　　　　　　　　　　　　　　　　　　（b）

图 4-67　反相两倍单电源直流放大电路

至于输出包含的 2.5V 偏置，与单电源交流放大一样，应与后级电路一并设计考虑。

4.7　仪表放大器

4.7.1　三运放结构

仪表放大器主要用于受到较大共模干扰的差模信号的放大，电路整体应具有较高的共模抑制比，同时也应具有极高的输入电阻。图 4-68 所示为典型的仪表放大器电路。图中，A1 和 A2 一般采用共模输入电阻极大的运放，如 FET 输入级的运放。

在图 4-68 中，虚线框内还给出了待测物的等效电路，u_{Dif} 是待测的差分信号，经由较大的内阻 R_P 和 R_N 输出至 u_{i+} 和 u_{i-}，另有共模电压 u_{CM}，也有较大内阻 R_{CM}。有的被测物与大地存在耦合电容，因为电源系统的原因，许多电路地对大地也有耦合电容。如果它们对大地电阻很大，那么这些耦合电容上的电压容易受到静电影响，导致待测物的整体电平与电路地之间关系不确定。所以若有可能应在 G 点给予一个较强的驱动，迫使被测物整体电平与电路地相同，或者达到一定的电压（如单电源电路的偏置点）；若无法在 G 点给予较强的驱动，则应尽量降低被测物对大地，以及测量电路对大地的电阻。

在 A 点和 B 点运用 KCL 并根据 A1 和 A2 的虚短特性，容易得出

$$u_C - u_D = \frac{2R_{f1} + R_{g1}}{R_{g1}} \cdot (u_{i+} - u_{i-}) \tag{4-107}$$

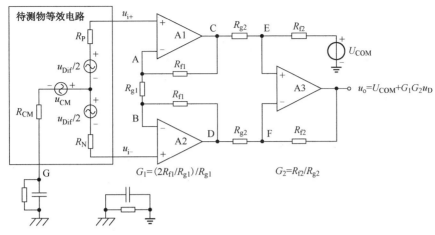

图 4-68　典型的仪表放大器电路

而如果 A1 和 A2 的输入阻抗极大，远大于 R_P 和 R_N，则

$$u_C - u_D = \frac{2R_{f1} + R_{g1}}{R_{g1}} \cdot u_{\text{Dif}} \tag{4-108}$$

在 E 点和 F 点运用 KCL 并根据 A3 的虚短特性，容易得出

$$u_o = \frac{R_{f2}}{R_{g2}} \left(u_C - u_D \right) + U_{\text{COM}} \tag{4-109}$$

因而

$$u_o = \frac{2R_{f1} + R_{g1}}{R_{g1}} \cdot \frac{R_{f2}}{R_{g2}} \cdot u_{\text{Dif}} + U_{\text{COM}} \tag{4-110}$$

U_{COM} 对单电源设计及后级 ADC 非常有用，可以为输出叠加恰当的偏置。

整个电路的共模抑制能力除与 A3 自身的共模抑制能力有关之外，还严重依赖上下边 R_{g2} 和 R_{f2} 的一致性。为分析电路的共模抑制能力，假定上下边电阻不一致，但相近，如图 4-69 所示。

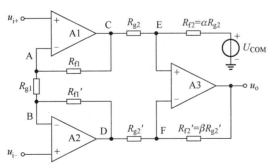

图 4-69　三运放结构的仪放的 CMRR 分析

在 A、B 两点运用 KCL 并根据 A1 和 A2 的虚短特性，可以解得

$$\begin{cases} u_{\text{C}} - u_{\text{D}} = \dfrac{R_{\text{g1}} + R_{\text{f1}} + R_{\text{f1}}'}{R_{\text{g1}}}(u_{\text{i}+} - u_{\text{i}-}) \\[3mm] \dfrac{u_{\text{C}} + u_{\text{D}}}{2} = \dfrac{u_{\text{i}+} + u_{\text{i}-}}{2} + \dfrac{R_{\text{f1}} - R_{\text{f1}}'}{2R_{\text{g1}}}(u_{\text{i}+} - u_{\text{i}-}) \end{cases} \tag{4-111}$$

在 $R_{\text{f1}} \approx R_{\text{f1}}'$ 时，它们的差异对差模增益影响不大，因而第一级的差模增益和共模-共模增益（共模输入到共模输出的增益 $u_{\text{o,CM}} / u_{\text{i,CM}}$，注意与共模增益 $u_{\text{o,Dif}} / u_{\text{i,CM}}$ 区分）分别为

$$\begin{cases} A_{\text{D1}} \approx 1 + \dfrac{2R_{\text{f1}}}{R_{\text{g1}}} \\[3mm] A_{\text{CC1}} = 1 \end{cases} \tag{4-112}$$

不考虑 U_{COM} 的作用，根据 4.2.3 节的结论，第二级的差模增益和共模增益分别为

$$\begin{cases} A_{\text{D2}} \approx \alpha \approx \beta \\[3mm] A_{\text{CM2}} = \dfrac{\alpha - \beta}{1 + \alpha} \end{cases} \tag{4-113}$$

整个电路的共模抑制比为

$$\text{CMRR} = \left| \frac{A_{\text{D1}} A_{\text{D2}}}{A_{\text{CC1}} A_{\text{CM2}}} \right| \approx A_{\text{D1}} A_{\text{D2}} \frac{1 + A_{\text{D2}}}{|\alpha - \beta|} \tag{4-114}$$

其中，A_{D1} 和 A_{D2} 均为设计需求，因而提高共模抑制能力的决定性因素在 α 和 β 的一致性，即第二级电阻配比的一致性，引入失配系数为

$$\gamma \overset{\text{def}}{=\!=} \frac{|\alpha - \beta|}{\alpha + \beta} \tag{4-115}$$

则共模抑制比为

$$\text{CMRR} \approx A_{\text{D1}} \frac{(1 + A_{\text{D2}})}{2\gamma} \tag{4-116}$$

这与 4.2.3 节结论相比仅多出一个增益系数 A_{D1}，因而在设计增益一定的情况下，提高共模抑制的关键同样在于电阻的匹配程度。

很多半导体厂商都会生产专门的仪表放大器芯片，并将两个 R_{f1}、两个 R_{g2} 和两个 R_{f2} 都制作在 IC 内，并保证它们的一致性，仅留将 R_{g1} 引至外部，由 IC 使用者通过外部电阻来设定整体增益，保证了电路的共模抑制比。例如，INA128、INA129，如图 4-70 所示。

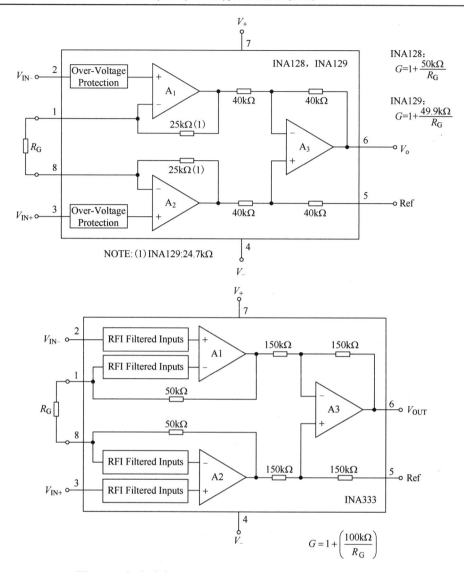

图 4-70　仪表放大器芯片 INA128 和 INA333 的内部电路结构

4.7.2　双运放结构

图 4-71 所示为双运放结构的仪表放大器电路。

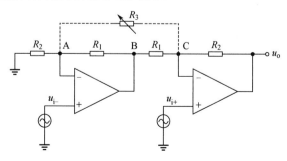

图 4-71　双运放结构的仪表放大器电路

在 A、C 点运用 KCL，容易求得输出与输入的关系。

在没有 R_3 时：

$$u_o = \left(1 + \frac{R_2}{R_1}\right)(u_{i+} - u_{i-}) \tag{4-117}$$

在存在 R_3 时：

$$u_o = \frac{2R_1R_2 + R_1R_3 + R_2R_3}{R_1R_3}(u_{i+} - u_{i-}) \tag{4-118}$$

若 $R_1 = R_2 = R$，则

$$u_o = 2\left(1 + \frac{R}{R_3}\right)(u_{i+} - u_{i-}) \tag{4-119}$$

可以方便地用 R_3 来调节增益。

而如果电阻不一致，如图 4-72 所示。

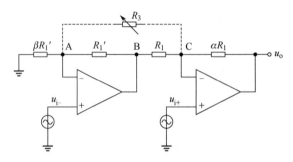

图 4-72　电阻失配的双运放电路

在 $\alpha \approx \beta$，$R_1 \approx R_1'$ 时，电路输出

$$u_o \approx \left(\alpha \cdot \frac{R_1 + R_1'}{R_3} + \frac{\alpha + \beta + 2\alpha\beta}{2\beta}\right)u_d + \frac{\beta - \alpha}{\alpha}u_{cm} \tag{4-120}$$

共模增益为

$$A_{CM} \approx \frac{\beta - \alpha}{\alpha} \tag{4-121}$$

定义失配系数 $\lambda = \dfrac{|\alpha - \beta|}{\alpha + \beta}$，共模抑制比为

$$CMRR = \left|\frac{A_D}{A_{CM}}\right| \approx \frac{\alpha|A_D|}{|\alpha - \beta|} \approx \frac{|A_D|}{2\lambda} \tag{4-122}$$

这与 4.2.3 节结果一致，A_D 是电路增益，是设计需求，因而 CMRR 只取决于 λ，即电阻配比的准确性。

4.8　全差分运放

全差分运放在普通运放的基础上增加了两个端口：反向输出端和共模输入端，如图 4-73 所示。它可将差分电压放大输出差分电压，并可通过共模输入端设定输出的共模电压。

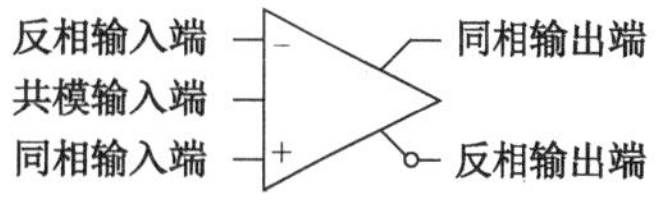

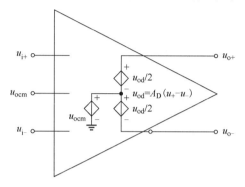

反相输入端 ⊢　　⊢ 同相输出端
共模输入端
同相输入端 ⊢ +　▷　＋ ⊢ 反相输出端

图 4-73　全差分运放的符号和端口

4.8.1　全差分运放的电路模型和参数

图 4-74 所示为全差分运放的理想等效电路。其中，A_D 为运放的差模增益，理想情况下趋于 ∞，与普通三端口运放一样，在输出有限的情况下，也有"虚短"和"虚断"特性。

u_{i+}　　　　　　　　　　　　　　u_{o+}

$u_{od}/2$

u_{ocm}　　　　　$u_{od}=A_D(u_+-u_-)$

$u_{od}/2$

u_{i-}　　　　　　　　　　　　　　u_{o-}

图 4-74　理想全差分运放的等效电路

在分析差分运放电路时，也常常使用差模输入电压 u_{id}、共模输入电压 u_{icm} 和差模输出电压 u_{od}、共模输出电压 u_{ocm} 来描述输入和输出。

$$\begin{cases} u_{id} = u_{i+} - u_{i-} \\ u_{icm} = \left(u_{i+} + u_{i-}\right)/2 \\ u_{od} = u_{o+} - u_{o-} \\ u_{ocm} = \left(u_{o+} + u_{o-}\right)/2 \end{cases} \tag{4-123}$$

大多数普通运放的参数及其定义在全差分运放中都适用，只是普通运放中的输出电压应由差分运放的差分输出电压替代。除此之外，差分运放还增加了一套描述输出与共模输入端口关系的参数，主要包括以下几个。

（1）增益：共模输入端至输出共模电压的增益，一般为 1。

（2）带宽：共模输入端至输出共模电压的带宽。

（3）摆率：共模输入端阶跃时，输出共模电压的摆率。

（4）输入阻抗、输入偏置电流。

（5）输入失调电压：为使输出共模电压为 0，共模输入端应施加的偏移电压。

（6）共模抑制比：衡量共模输入端对输出差模电压的影响，$\text{CMRR}_{\text{OCM}} = \dfrac{\Delta U_{\text{OCM}}}{\Delta u_{\text{od}}}$，有的资料上也用其倒数。

（7）电源抑制比：衡量电源波动对输出共模电压的影响，等效到对共模输入失调的影响，共模输入增益为 1 时，$PSRR_{OCM} = \dfrac{\Delta U_S}{\Delta u_{ocm}}$。

输出端也从一个变为两个，因而也增加了一些参数，主要有以下几个。

① 各自的输出阻抗、输出电流、输出摆幅，不过同相输出端和反相输出端的阻抗、输出电流、输出摆幅通常很一致，并不会单独给出每一个，输出摆幅通常以共模输出幅度给出。

② 输出平衡误差，输出差模信号时，两个输出端并不完全等幅反相摆动，输出平衡误差衡量这个摆动差异，定义为 $E_{OB} = \dfrac{u_{ocm}}{u_{od}}$。

4.8.2 典型应用电路

图 4-75 所示为全差分运放的典型应用电路。

在同相输入端和反相输入端应用 KCL 为

$$\begin{cases} \dfrac{u_{i+} - u_p}{R_g} + \dfrac{u_{o-} - u_p}{R_f} = 0 \\[3mm] \dfrac{u_{i-} - u_n}{R_g} + \dfrac{u_{o+} - u_n}{R_f} = 0 \end{cases} \qquad (4\text{-}124)$$

并根据虚短特性 $u_p = u_n$ 和共模关系 $\dfrac{u_{o+} + u_{o-}}{2} = U_{OCM}$，有

$$\begin{cases} u_{od} = \dfrac{R_f}{R_g} u_{id} \\[2mm] u_{ocm} = U_{OCM} \\[2mm] u_p = u_n = \dfrac{R_g}{R_f + R_g} u_{ocm} + \dfrac{R_f}{R_f + R_g} u_{icm} \end{cases} \qquad (4\text{-}125)$$

因而电路将对输入差模放大 R_f / R_g 倍，得到输出差模，而输出共模仅取决于共模输入端电压 U_{OCM}，绝大多数应用中，共模输入端电压为恒定值。

全差分运放的差模输入至差模输出通路同样有增益带宽积参数，其反馈系数 $\beta = \dfrac{R_g}{R_g + R_f}$，其增益的幅频、相频特性，环路特性和稳定性可与普通运放同样分析。而共模输入端通常为恒定值，通常不必考虑其交流特性和稳定性。

除差分-差分放大之外，全差分放大器也常用于单端-差分放大中，如图 4-76 所示。

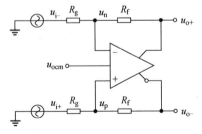

图 4-75　全差分运放的典型应用电路

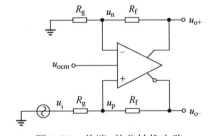

图 4-76　单端-差分转换电路

易知

$$\begin{cases} u_{od} = \dfrac{R_f}{R_g} u_i \\[2mm] u_{ocm} = U_{OCM} \\[2mm] u_p = u_n = \dfrac{R_g}{R_f + R_g} u_{ocm} + \dfrac{R_f}{R_f + R_g} \cdot \dfrac{u_i}{2} \end{cases} \tag{4-126}$$

值得注意的是，如果能保证在工作过程中 $u_{o+} > 0$，则 u_n 和 u_p 均大于 0，因而即使输入是双极性信号（有正有负的信号），全差分运放也能单电源供电工作。当然，实际使用时，还应注意运放的输入电压范围，如果输入能低至负电源轨，自然没问题；否则，还应详细计算全输入范围内 u_p 和 u_n 的值域。

4.8.3　全差分放大器的共模抑制

如果同相端和反相端电阻配比不一致，如图 4-77 所示，其中 $R_f = \alpha R_g$，$R_f' = \beta R_g'$ 且 $\alpha \approx \beta$。

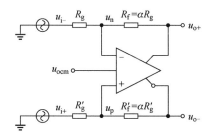

图 4-77　电阻失配的全差分运放

在同相输入端和反相输入端运用 KCL，并根据虚短特性，可以列方程解得

$$u_{od} = \frac{2(\alpha - \beta)}{2 + \alpha + \beta} \cdot u_{icm} + \frac{\alpha + \beta + 2\alpha\beta}{2 + \alpha + \beta} \cdot u_{id} \tag{4-127}$$

因而共模抑制比为

$$CMRR = \left| \frac{A_D}{A_{CM}} \right| = \frac{\alpha + \beta + 2\alpha\beta}{2|\alpha - \beta|} \approx \frac{\alpha(1 + \alpha)}{|\alpha - \beta|} \tag{4-128}$$

引入失配系数 $\lambda = \dfrac{|\alpha - \beta|}{\alpha + \beta}$，则

$$CMRR \approx \frac{1 + \alpha}{2\lambda} \tag{4-129}$$

这与 4.2.3 节减法器的结论一致。

4.8.4　阻抗匹配的单端-差分转换

在高速差分电压输入型 ADC 的应用中，常需要将通过同轴电缆引入的单端高频信号转换为差分信号，显然，也需要做末端阻抗匹配。如图 4-78 所示，其中 R_T 的引入是为了使得从电

缆末端看进来的阻抗（X 分割线右侧对地阻抗）能够等于 R_S。

这为电路设计带来以下两个困难。

（1）为使两个输入端电阻配比平衡，同相端到信号源的电阻需要综合考虑 R_S 和 R_T。

（2）为求得 R_T，以便使得电缆末端对地阻抗等于 R_S，必须清楚 Y 分割线右侧的交流输入阻抗。

这些又都与电路增益有关，因而并不能像图 4-76 所示的单端-差分转换电路那样简单地通过增益关系设计，必须根据需求列方程以求解。

首先，求解 Y 分割线右侧对地的交流电阻，如图 4-79 所示。

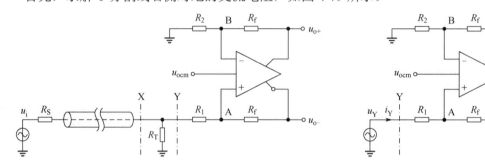

图 4-78　带有末端阻抗匹配的单端-差分转换电路　　图 4-79　R_g 不对称全差分运放电路的交流输入电阻求解

注意，$R_1 \neq R_2$，在同相输入端和反相输入端运用 KCL，并根据运放的虚短特性，可以求得 Y 点电压 u_Y 与流入电流 i_Y 的关系。

$$u_Y = \frac{2R_2 u_{ocm}}{2R_2 + R_f} + \frac{2R_1 R_2 + R_f (R_1 + R_2)}{2R_2 + R_f} \cdot i_Y \tag{4-130}$$

因而

$$r_Y = \frac{\partial u_Y}{\partial i_Y} = \frac{2R_1 R_2 + R_f (R_1 + R_2)}{2R_2 + R_f} \tag{4-131}$$

根据阻抗匹配要求，有

$$R_T \parallel \frac{2R_1 R_2 + R_f (R_1 + R_2)}{2R_2 + R_f} = R_S \tag{4-132}$$

根据同相输入端和反相输入端电阻配比对称，有

$$R_2 = R_1 + R_T \parallel R_S \tag{4-133}$$

再来考虑增益，Y 分割线左侧可以运用戴维南等效，等效为一个 $u_i R_T / (R_S + R_T)$ 的电压源串联 $R_S \parallel R_T$ 电阻，等效后的电路如图 4-80 所示。

这时的电路形式已与图 4-76 一致，因而，如果电路的总体增益需求为 G，则

$$G = \frac{u_{od}}{u_i} = \frac{R_T}{R_S + R_T} \cdot \frac{R_F}{R_2} \tag{4-134}$$

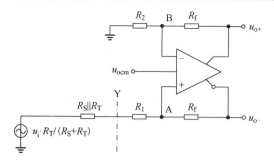

图 4-80　戴维南等效后的阻抗匹配单端-差分转换电路

联立式（4-132）和式（4-133）：

$$\begin{cases} R_{\mathrm{S}} = R_{\mathrm{T}} \parallel \dfrac{2R_1 R_2 + R_{\mathrm{f}}\left(R_1 + R_2\right)}{2R_2 + R_{\mathrm{f}}} \\ R_2 = R_1 + R_{\mathrm{T}} \parallel R_{\mathrm{S}} \\ G = \dfrac{u_{\mathrm{od}}}{u_{\mathrm{i}}} = \dfrac{R_{\mathrm{T}}}{R_{\mathrm{S}} + R_{\mathrm{T}}} \cdot \dfrac{R_{\mathrm{f}}}{R_2} \end{cases} \tag{4-135}$$

将 R_{f} 作为已知条件（在设计之初确定），可得

$$\begin{cases} R_{\mathrm{T}} = \dfrac{R_{\mathrm{f}} + G^2 R_{\mathrm{S}} + \sqrt{\varDelta}}{\left(2 + 2G\right)R_{\mathrm{f}} / R_{\mathrm{S}} - \left(4G + 2G^2\right)} \\ R_1 = \dfrac{\left(1 - 2G\right)R_{\mathrm{f}} + G^2 R_{\mathrm{S}} + \sqrt{\varDelta}}{4G} \\ R_2 = R_1 + R_{\mathrm{T}} \parallel R_{\mathrm{S}} \end{cases} \tag{4-136}$$

其中

$$\varDelta = \left(1 + 4G + 4G^2\right)R_{\mathrm{f}}^2 - \left(6G^2 + 4G^3\right)R_{\mathrm{f}} R_{\mathrm{S}} + G^4 R_{\mathrm{S}}^2 \tag{4-137}$$

如果在增益 G 较大时，求得 R_{T} 为负值，则应加大 R_{f}，R_{f} 应满足

$$R_{\mathrm{f}} \geqslant \frac{G\left(2 + G\right)}{1 + G} R_{\mathrm{S}} \tag{4-138}$$

例如，$R_{\mathrm{S}} = 50\Omega$，$R_{\mathrm{f}} = 1\mathrm{k}\Omega$，$G = 2$ 时，可求得

$$\begin{cases} R_{\mathrm{T}} \approx 56.89\Omega \\ R_1 \approx 239.5\Omega \\ R_2 \approx 266.1\Omega \end{cases}$$

电阻按 E96 取值，可得电路如图 4-81 所示。

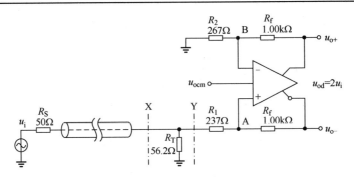

图 4-81　阻抗匹配的两倍增益单端-差分转换电路

4.9　有源滤波器的实现

在 3.2 节介绍了几种常用滤波器的传输函数，在 4.3 节也给出了使用运放实现任意传输函数的通用方法，但是那个方法设计出来的电路结构比较复杂。本节介绍两种使用单个运放制作滤波器的经典结构：单路正反馈结构（又称为 Sallen Key 结构）和多路负反馈结构。

对于一阶滤波器，完全可以使用 RC 电路实现，如果需要做阻抗转换以便连接输入阻抗不够大的后级，可以插入一级运放做电压跟随器。

本节主要介绍二阶滤波器，多阶滤波器可用二阶滤波器级联而成，在级联时应将 Q 值小的放在前面，避免一开始的高 Q 值造成电路中间信号饱和，3.2 节列出的用于设计参考的传输函数也正是这样排列的。如果整体有增益，则应较为平均地分配给各级。

4.9.1　低通滤波器

1．单路正反馈结构

单路正反馈二阶低通滤波器电路如图 4-82 所示。

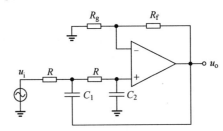

图 4-82　单路正反馈二阶低通滤波器电路

其归一化传输函数为

$$A\left(s_{n}\right)=\frac{G}{1+R\left(\left(1-G\right)C_{1}+2C_{2}\right)\omega_{c}s_{n}+R^{2}C_{1}C_{2}\omega_{c}^{2}s_{n}^{2}} \tag{4-139}$$

式中，$G=1+R_{f}/R_{g}$，ω_{c} 为截止角频率。

与 3.2.3 节介绍的滤波器传输函数比较：

$$
\begin{cases}
R\left((1-G)C_1 + 2C_2\right) = \dfrac{a_k}{\omega_c} \overset{\text{def}}{=\!=} a_k' \\[4mm]
R^2 C_1 C_2 = \dfrac{b_k}{\omega_c^2} \overset{\text{def}}{=\!=} b_k'
\end{cases}
\tag{4-140}
$$

预先选定电阻 R 的值，即可求得电容 C_1 和 C_2。

当 $G = 1$ 时：

$$
\begin{cases}
C_1 = \dfrac{2b_k'}{a_k' R} \\[4mm]
C_2 = \dfrac{a_k'}{2R}
\end{cases}
\tag{4-141}
$$

当 $G > 1$ 时：

$$
\begin{cases}
C_1 = \dfrac{\sqrt{\Delta} - a_k'}{(2G-2)R} \\[4mm]
C_2 = \dfrac{\sqrt{\Delta} + a_k'}{4R}
\end{cases}
\tag{4-142}
$$

其中，$\Delta = a_k'^2 + 8(G-1)b_k'$。

若 $b_k' = 0$，则 $C_1 = 0$ 开路，电路退化为一阶滤波器，两个串联的 R 可合并为一个 $2R$。

例如，设计电路实现截止频率 10kHz，带内增益 5 倍、波动 1dB 的 3 阶切比雪夫 I 型低通滤波器。

查表 3-10 可知，$a_1 = 2.0236$、$b_1 = 0$、$a_2 = 0.4971$、$b_2 = 1.0058$，因而

$$
\begin{cases}
a_1' = \dfrac{2.0236}{2\pi \times 10\text{k}} \approx 32.21\mu, \quad b_1' = 0 \\[4mm]
a_2' = \dfrac{0.4971}{2\pi \times 10\text{k}} \approx 7.912\mu, \quad b_2' = \dfrac{1.0058}{(2\pi \times 10\text{k})^2} \approx 254.7\text{p}
\end{cases}
$$

第一级分配增益 $G = 2.5$，则

$$
\Delta = a_1'^2 + 8(G-1)b_1' = a_2'^2 \approx 1.045\text{n}
$$

取 $R = 10\text{k}\Omega$ 进而根据式（4-142）可得

$$
\begin{cases}
C_1 = 0 \\
C_2 \approx 1.61\text{nF}
\end{cases}
$$

若 C_1 为 0，开路，则两个 $R = 10\text{k}\Omega$ 可以合成一个 $20\text{k}\Omega$ 电阻，此时电路退化为一阶滤波器和同相放大器，如图 4-83 所示第一级。但此一阶滤波器的截止频率并非 10kHz，这是切比雪夫 I 型滤波器的特点决定的。如果是巴特沃斯滤波器，每个极点频率都一样，则第一级的一阶滤波器可以简单地用 $\dfrac{1}{2\pi RC} = 10\text{kHz}$ 来计算。

根据 $G = 2.5 = 1 + R_f / R_g$，可取 $R_g = 10\text{k}\Omega$、$R_f = 15\text{k}\Omega$。

第二级分配增益 $G = 2$，则

$$\Delta = a_2'^2 + 8(G-1)b_2' = a_2'^2 \approx 2.10\mathrm{n}$$

取 $R = 10\mathrm{k}\Omega$ 进而根据式（4-142）可得

$$\begin{cases} C_1 \approx 1.90\mathrm{nF} \\ C_2 \approx 1.34\mathrm{nF} \end{cases}$$

若 $G = 2$，则可取 $R_\mathrm{g} = R_\mathrm{f} = 10\mathrm{k}\Omega$，最终电路如图 4-83 所示。其中，电容选择 E24 分布，因而实际参数会与设计参数有一定差异。

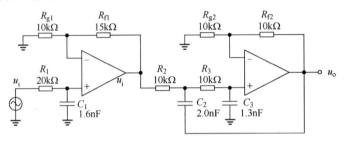

图 4-83　3 阶 10kHz 切比雪夫 I 型低通滤波器（带内增益 5 倍、波动 1dB）

2. 多路负反馈结构

多路负反馈二阶低通滤波器电路如图 4-84 所示。

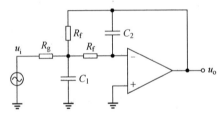

图 4-84　多路负反馈二阶低通滤波器

其归一化传输函数

$$A(s_\mathrm{n}) = \frac{-G}{1 + R_\mathrm{f}(G+2)C_2\omega_\mathrm{c}s_\mathrm{n} + R_\mathrm{f}^2 C_1 C_2 \omega_\mathrm{c}^2 s_\mathrm{n}^2} \tag{4-143}$$

其中，$G = R_\mathrm{f}/R_\mathrm{g}$，$\omega_\mathrm{c}$ 为截止角频率。

与 3.2.3 节介绍的滤波器传输函数比较：

$$\begin{cases} R_\mathrm{f}(G+2)C_2 = \dfrac{a_\mathrm{k}}{\omega_\mathrm{c}} \overset{\mathrm{def}}{=\!=} a_\mathrm{k}' \\[2mm] R_\mathrm{f}^2 C_1 C_2 = \dfrac{b_\mathrm{k}}{\omega_\mathrm{c}^2} \overset{\mathrm{def}}{=\!=} b_\mathrm{k}' \end{cases} \tag{4-144}$$

预先根据增益 G 选定电阻 R_g 和 R_f 的值，即可求得电容 C_1 和 C_2。

$$\begin{cases} C_1 = \dfrac{(2+G)b_k'}{a_k' R_f} \\[3mm] C_2 = \dfrac{a_k'}{(2+G)R_f} \end{cases} \tag{4-145}$$

若 $b_k' = 0$，则 $C_1 = 0$ 开路，如图 4-85（a）所示。电路退化为一阶滤波器，可进一步简化为图 4-85（b）所示电路。其中，$C = (2+G)C_2 = a_k' / R_f$，其截止频率为 $\dfrac{1}{2\pi R_f C}$。

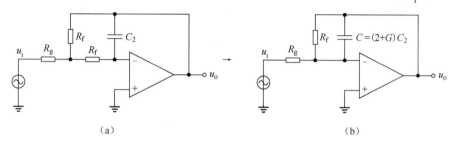

（a）　　　　　　　　　　　　　　（b）

图 4-85　多路负反馈二阶低通滤波器退化为一阶滤波器

例如，设计电路实现截止频率 10kHz，带内增益两倍的 3 阶巴特沃斯低通滤波器，查表 3-8 可知，$a_1 = 1$、$b_1 = 0$、$a_2 = 1$、$b_2 = 1$，因而

$$\begin{cases} a_1' = \dfrac{1}{2\pi\times 10k} \approx 15.92\mu F, \quad b_1' = 0 \\[3mm] a_2' = \dfrac{1}{2\pi\times 10k} \approx 15.92\mu F, \quad b_2' = \dfrac{1}{(2\pi\times 10k)^2} \approx 253.3p \end{cases}$$

第一级分配增益 $G = 2$，根据 $G = R_f / R_g$，选定 $R_g = 5k\Omega$，$R_f = 10k\Omega$，则根据式（4-145）可得

$$\begin{cases} C_1 = 0 \\ C_2 \approx 398pF \end{cases}$$

此时，可将第一级按图 4-85 简化，$C = C_2(2+2) \approx 1.59nF$，如图 4-86 所示的第一级。

第二级分配增益 $G = 1$，根据 $G = R_f / R_g$，选定 $R_g = 10k\Omega$、$R_f = 10k\Omega$，根据式（4-145）可得

$$\begin{cases} C_1 \approx 4.77nF \\ C_2 \approx 531pF \end{cases}$$

最终总体电路如图 4-86 所示。图中电容按 E24 分布选取。

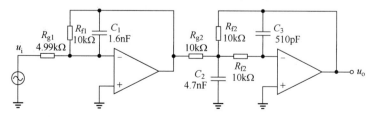

图 4-86　3 阶 10kHz 巴特沃斯低通滤波器（两倍增益）

4.9.2 高通滤波器

1. 单路正反馈结构

单路正反馈二阶高通滤波器电路如图 4-87 所示。

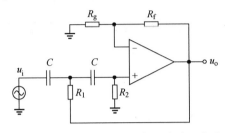

图 4-87　单路正反馈二阶高通滤波器电路

其归一化传输函数为

$$A(s_n) = \frac{Gs_n^2}{\dfrac{1}{R_1 R_2 C^2 \omega_c^2} + \left(\dfrac{2}{R_2 C} + \dfrac{1-G}{R_1 C}\right)\dfrac{s_n}{\omega_c} + s_n^2} \tag{4-146}$$

其中，$G = 1 + R_f / R_g$，ω_c 为截止角频率。

与 3.2.4 节介绍的滤波器传输函数比较：

$$\begin{cases} \dfrac{1}{R_1 R_2 C^2} = \omega_c^2 b_k \stackrel{\text{def}}{=} b_k' \\[3mm] \dfrac{2}{R_2 C} + \dfrac{1-G}{R_1 C} = \omega_c a_k \stackrel{\text{def}}{=} a_k' \end{cases} \tag{4-147}$$

若预先确定 C，则可求得 R_1、R_2：

$$\begin{cases} R_1 = \dfrac{\sqrt{\Delta} + a_k'}{4 b_k' C} \\[3mm] R_2 = \dfrac{4 / C}{\sqrt{\Delta} + a_k'} \end{cases} \tag{4-148}$$

其中，$\Delta = a_k'^2 + 8(G-1)b_k'$。

若 $b_k' \to 0$，则 $R_1 \to \infty$ 开路，电路退化为一阶滤波器，两个串联的 C 可合并为一个 $C/2$。

例如，设计电路实现截止频率 10kHz，带内增益两倍的 3 阶巴特沃斯高通滤波器，查表 3-8 可知，$a_1 = 1$、$b_1 = 0$、$a_2 = 1$、$b_2 = 1$，因而

$$\begin{cases} a_1' = 1 \times (2\pi \times 10\text{k}) \approx 62.83\text{k}, \quad b_1' = 0 \\[2mm] a_2' = 1 \times (2\pi \times 10\text{k}) \approx 62.83\text{k}, \quad b_2' = 1 \times (2\pi \times 10\text{kHz})^2 \approx 3.948\text{G} \end{cases}$$

第一级分配增益 $G = 2$，则

$$\Delta = a_k'^2 + 8(G-1)b_k' = a_k'^2 \approx 3.948\text{G}$$

选定 $C = 1\text{nF}$，根据式（4-148），有

$$\begin{cases} R_1 \to \infty \\ R_2 \approx 31.8\text{k}\Omega \end{cases}$$

若 R_1 开路，则两个 $C = 1\text{nF}$ 可以合成一个 500pF 电容，此时电路退化为一阶滤波和同相放大器，如图 4-88 所示的第一级。

根据 $G = 2 = 1 + R_f / R_g$，可选定 $R_g = 10\text{k}\Omega$，$R_f = 10\text{k}\Omega$。

第二级分配增益 $G = 1$，则

$$\Delta = {a_k'}^2 + 8(G-1)b_k' = {a_k'}^2 \approx 3.948G$$

选定 $C = 1\text{nF}$，根据式（4-148），有

$$\begin{cases} R_1 \approx 7.96\text{k}\Omega \\ R_2 \approx 31.8\text{k}\Omega \end{cases}$$

根据 $G = 1 = 1 + R_f / R_g$，可使 R_g 开路，R_f 短路。最终电路如图 4-88 所示。

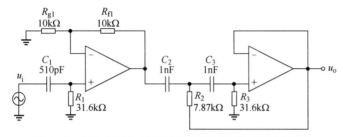

图 4-88 3 阶 10kHz 巴特沃斯高通滤波器（两倍增益）

2．多路负反馈结构

多路负反馈二阶高通滤波器电路如图 4-89 所示。

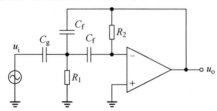

图 4-89 多路负反馈二阶高通滤波器电路

其归一化传输函数为

$$A(s_\text{n}) = \frac{-Gs_\text{n}^2}{\dfrac{1}{R_1 R_2 C_\text{f}^2 \omega_\text{c}^2} + \dfrac{2+G}{R_2 C_\text{f} \omega_\text{c}} s_\text{n} + s_\text{n}^2} \qquad (4\text{-}149)$$

其中，$G = C_\text{g} / C_\text{f}$，$\omega_\text{c}$ 为截止角频率。

与 3.2.4 节介绍的滤波器传输函数比较

$$\begin{cases} \dfrac{1}{R_1 R_2 C_\text{f}^2} = \omega_\text{c}^2 b_k \overset{\text{def}}{=\!=} b_k' \\ \dfrac{2+G}{R_2 C_\text{f}} = \omega_\text{c} a_k \overset{\text{def}}{=\!=} a_k' \end{cases} \qquad (4\text{-}150)$$

若预先确定 C，则可求得 R_1、R_2

$$\begin{cases} R_1 = \dfrac{a_k'}{(2+G)b_k'C_f} \\[3mm] R_2 = \dfrac{2+G}{a_k'C_f} \end{cases}$$ 　　　　　（4-151）

若 $b_k' \to 0$，则 $R_1 \to \infty$ 开路，如图 4-90（a）所示。电路退化为一阶滤波器，可进一步简化为图 4-90（b）所示电路。其中，$R = R_2/(2+G) = 1/(a_k'C_f)$，其截止频率为 $\dfrac{1}{2\pi R C_f}$。

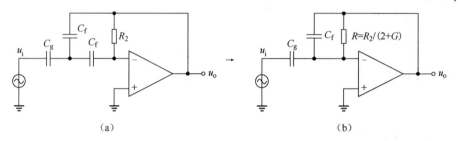

（a）　　　　　　　　　　　　　　（b）

图 4-90　多路负反馈二阶高通滤波器退化为一阶滤波器

例如，设计电路实现截止频率 10kHz，带内增益 10 倍的 3 阶贝塞尔高通滤波器，查表 3-9 可知，$a_1 = 0.7560$、$b_1 = 0$、$a_2 = 0.9996$、$b_2 = 0.4772$，因而

$$\begin{cases} a_1' = 0.7560 \times 2\pi \times 10\text{k} \approx 47.50\text{k}, & b_1' = 0 \\[2mm] a_2' = 0.9996 \times 2\pi \times 10\text{k} \approx 62.81\text{k}, & b_2' = 0.4772 \times (2\pi \times 10\text{k})^2 \approx 1.884\text{G} \end{cases}$$

第一级分配增益 $G = 4$，根据 $G = C_g/C_f$，选定 $C_g = 4\text{nF}$，$C_f = 1\text{nF}$，根据式（4-151）可得

$$\begin{cases} R_1 \to \infty \\[2mm] R_2 \approx 126.3\text{k}\Omega \end{cases}$$

此时，可将第一级按图 4-90 简化，$R = R_2/(2+4) \approx 21.1\text{k}\Omega$，如图 4-91 所示的第一级。

第二级分配增益 $G = 2.5$，根据 $G = C_g/C_f$，选定 $C_g = 2.5\text{nF}$、$C_f = 1\text{nF}$，根据式（4-151）可得

$$\begin{cases} R_1 \approx 7.41\text{k}\Omega \\[2mm] R_2 \approx 71.6\text{k}\Omega \end{cases}$$

最终电路如图 4-91 所示。

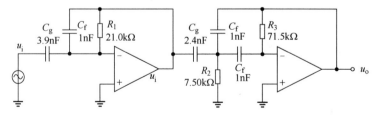

图 4-91　3 阶 10kHz 贝塞尔高通滤波器（10 倍增益）

4.9.3　带通和带阻滤波器

这里带通和带阻滤波器各介绍一种容易设计计算的二阶形式，它们可能并不能实现任意的带通和带阻传输函数，但可以满足常见的需求。

图 4-92 所示为多路负反馈结构的二阶带通滤波器。

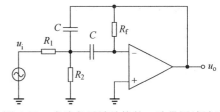

图 4-92　多路负反馈结构的二阶带通滤波器

其归一化传输函数为

$$A_{BP}(s_n) = -G \cdot \frac{s_n}{a + s_n + bs_n^2} \qquad (4\text{-}152)$$

式中，$G = \dfrac{R_f}{2R_1}$ 为带内增益，$a = \dfrac{R_1 + R_2}{2\omega_c CR_1R_2}$、$b = \dfrac{\omega_c CR_f}{2}$，与 3.2.5 节获得的带通滤波器归一化传输函数对比，在选定 R_f 后，可得到 R_1、R_2 和 C。

$$\begin{cases} R_1 = \dfrac{R_f}{2G} \\[2mm] R_2 = \dfrac{R_f}{4ab - 2G} \\[2mm] C = \dfrac{2b}{\omega_c R_f} \end{cases} \qquad (4\text{-}153)$$

对于确定 Q 值的二阶带通滤波器，$a = b = Q$，有

$$\begin{cases} R_1 = \dfrac{R_f}{2G} \\[2mm] R_2 = \dfrac{R_f}{4Q^2 - 2G} \\[2mm] C = \dfrac{2Q}{\omega_c R_f} \end{cases} \qquad (4\text{-}154)$$

注意，其中 R_2 的计算式要求：$4Q^2 - 2G > 0$，因而在确定 Q 值后，该电路的带内增益最大为

$$G_{MAX} = 2Q^2 \qquad (4\text{-}155)$$

在带内增益取到该最大值时，$R_2 \to \infty$，可省去。

图 4-93 所示为由单路正反馈结构衍生的二阶带阻滤波器。

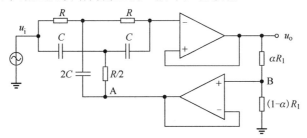

图 4-93　由单路正反馈结构衍生的二阶带阻滤波器

其归一化传输函数为

$$A_{BS}(s_n) = \frac{1 + s_n^2}{1 + 4\alpha s_n + s_n^2} \tag{4-156}$$

其中，$\omega_c = \dfrac{1}{RC}$，$Q = \dfrac{\omega_c}{\Delta\omega} = \dfrac{1}{4\alpha}$。

已知 ω_c 和 Q 时，选定 R，很容易计算得到 C 和 α。如果 $Q = \dfrac{1}{4}$，则可省略下方运放，直接将 A 节点接地，如果 $R \gg R_1$ 也可省略下方运放，将 A、B 两节点直接连接。

4.9.4　全通滤波器

图 4-94 所示为一阶全通滤波器。

其归一化传输函数为

$$H_{AP}(s_n) = \frac{RC\omega_c s_n - 1}{RC\omega_c s_n + 1} \tag{4-157}$$

与 3.2.6 节介绍的一阶全通滤波器的传输函数比较，有 R、C 与 ω_c 的关系。

$$\omega_c = \frac{1}{RC} \tag{4-158}$$

图 4-94 中的电阻 R 和电容 C 互换位置也是一阶全通滤波器，只是整体传输函数增加一个负号，相移 180°：

$$\angle H_{AP}(j\omega_n) = -2\arctan\omega_n \tag{4-159}$$

图 4-95 所示为二阶全通滤波器。

其归一化传输函数为

$$H_{AP}(s_n) = G\frac{4R_1R_2C^2\omega_c^2 s_n^2 - 2R_1C\omega_c s_n + 1}{4R_1R_2C^2\omega_c^2 s_n^2 + 2R_1C\omega_c s_n + 1} \tag{4-160}$$

其中，$G = R_2 / (R_1 + R_2)$。

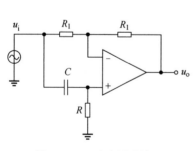

图 4-94　一阶全通滤波器

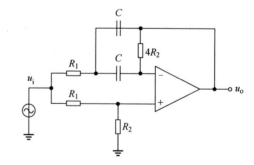

图 4-95　二阶全通滤波器

将不包含 G 的部分与 3.2.6 节介绍的一阶全通滤波器的传输函数对比，在选定中心频率 $f_c = \dfrac{\omega_c}{2\pi}$、$Q$ 值和电容 C 之后：

$$\begin{cases} R_1 = \dfrac{1}{2CQ\omega_{\mathrm{c}}} \\[2mm] R_2 = \dfrac{Q}{2\omega_{\mathrm{c}}C} \end{cases} \qquad (4\text{-}161)$$

此时，$G = \dfrac{R_2}{R_1 + R_2} = \dfrac{Q^2}{1 + Q^2}$，如果需要单位增益，则需另外增加放大级。

4.9.5　开关电容滤波器

开关电容电路使用不断切换的开关和电容器来模拟电阻的作用，而等效电阻值可以由开关切换的频率来设定，用于滤波器中，可方便地调节滤波器的截止频率。

在图 4-96（a）所示的电路中，开关拨向上方时，电源 u 向电容 C 充电，电荷 uC，开关拨向下方时，电容对地放电，每个周期放电量为 $Q = uC$，周期 $T_{\mathrm{s}} = 1/f_{\mathrm{s}}$，因而平均电流 $i_{\mathrm{eq}} = Q/T_{\mathrm{s}} = uCf_{\mathrm{s}}$，即可等效为图 4-96（b），其中

$$R_{\mathrm{eq}} = \frac{u}{i_{\mathrm{eq}}} = \frac{1}{f_{\mathrm{s}}C} \qquad (4\text{-}162)$$

在图 4-96（c）所示的电路中，两个开关联动，电容充电和放电时反向，则放电电流反向 $i_{\mathrm{eq}} = -uCf_{\mathrm{s}}$，在右侧节点看来，$R_{\mathrm{eq}} = -1/(f_{\mathrm{s}}C)$，等效为一个负电阻，如图 4-96（d）所示。

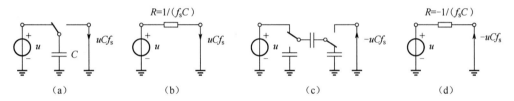

图 4-96　开关电容电路等效为电阻

当然，开关频率不能太大，必须充放电时间常数远小于开关周期。另外，充、放电回路电阻也不能太小，太小将导致电路中瞬时电流过大。

使用图 4-96（a）所示的开关电容电路，可以形成图 4-97（a）所示的反相积分器电路，还可以使用图 4-96（c）所示的负电阻等效电路，形成图 4-97（b）所示的同相积分器电路。

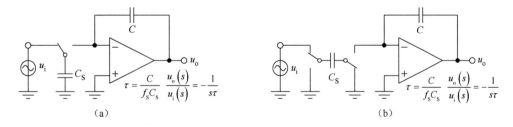

图 4-97　开关电容积分器电路

图 4-97（b）的传输函数为

$$\frac{u_{\mathrm{o}}}{u_{\mathrm{i}}}(s) = -\frac{1}{sR_{\mathrm{eq}}C} = -\frac{f_{\mathrm{sw}}C_{\mathrm{s}}}{sC} = -\frac{1}{\tau s} \qquad (4\text{-}163)$$

其中，$\tau = C/(f_{\mathrm{sw}}C_{\mathrm{s}})$，而图 4-97（b）的传输函数为

$$\frac{u_{\mathrm{o}}}{u_{\mathrm{i}}}(s) = \frac{1}{sR_{\mathrm{eq}}C} = \frac{f_{\mathrm{sw}}C_{\mathrm{s}}}{sC} = \frac{1}{\tau s} \qquad (4\text{-}164)$$

有了同相积分器之后，就可以简便地实现 4.3.4 节介绍的状态变量结构了。如图 4-98 所示，图 4-98（a）传输函数与式（4-67）一致，图 4-98（b）中输入连接至运放的反相输入端，电路更简洁，当然所有输出的传输函数也都因此反相。

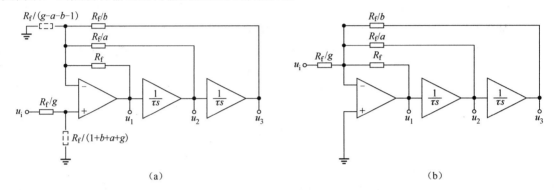

图 4-98　用开关电容积分器实现的二阶状态变量滤波器

开关电容滤波器的最大优点是只需要调整开关频率即可在不改变响应特性的前提下改变截止频率。

自行设计制作开关电容滤波器并不方便，许多半导体厂商都有生产集成开关电容滤波器芯片，如 TI 公司的 TLC04 是 4 阶开关电容巴特沃斯低通滤波器。图 4-99 所示为 TLC04 的功能框图，不过图中并未画出开关电容部分的细节。

开关电容滤波器本身类似于数字采样系统，必须满足奈奎斯特采样定律，即输入信号中不能包含频率高于 $f_{\mathrm{S}}/2$ 的成分，否则会混叠至 $0 \sim f_{\mathrm{S}}/2$ 频带，因此，如果不能确保信号中仅有频率低于 $f_{\mathrm{S}}/2$ 的成分，则需要在开关电容滤波器之前增加模拟抗混叠滤波器。

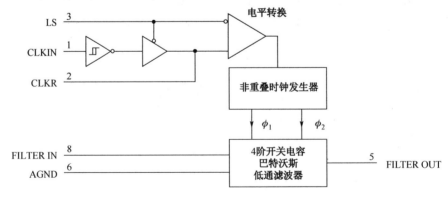

图 4-99　TLC04 的功能框图

4.10　电流反馈型运放

电流反馈型（CF）运放将反相端电流通过一个很大的跨阻增益放大为输出电压，其实际特性与电压反馈型（VF）运放比较，有一定差异，CF 运放更适宜高频、高带宽信号的放大，但在精准性和通用性上不如 VF 运放，通常很少用它来设计制作滤波器。

CF 运放在应用中，对反馈电阻 R_f 的要求较高，带宽、稳定性均与电路增益没有直接关系，而是与 R_f 直接相关，在使用中，务必查阅数据手册以选择合适的 R_f。

4.10.1　CF 运放的电路模型

CF 运放的等效电路如图 4-100 所示。其输入端口、输出端口的名称与 VF 运放一致。其中，同相端有一个增益为 1 的缓冲器，用于降低同相端输入阻抗，同相端和反相端之间有一个较小的电阻（通常在数十欧姆）R_B，输出电压等于 R_B 上的电流 i 乘以一个很大的跨阻 Z，与 VF 运放的开环增益类似，这个跨阻 Z 也是频率的复函数 $Z(s)$。

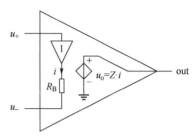

图 4-100　CF 运放的等效电路

理想情况下 $Z \to \infty$，如果输出有限，则 $i \to 0$，$u_+ - u_- = iR_B \to 0$，因而它也满足"虚短"和"虚断"特性。从构成负反馈系统的角度，其输出电压 $u_o = \dfrac{Z}{R_B}(u_+ - u_-)$，

也可与 VF 运放类比。因而，理想情况下 VF 运放的所有应用电路，都能套用在 CF 运放上。

但是结构的差异，导致实际电路的闭环和环路特性与 VF 运放有明显不同。

4.10.2　闭环特性

考虑图 4-101 所示的由 CF 运放构成的同相放大器。

在反相输入节点运用 KCL：

$$\frac{u_i - u_-}{R_B} + \frac{0 - u_-}{R_g} + \frac{u_o - u_-}{R_f} = 0 \tag{4-165}$$

再有 CF 运放的增益关系

$$\frac{u_i - u_-}{R_B} Z(s) = u_o \tag{4-166}$$

可以解得闭环增益为

$$A_{CL}(s) = \frac{u_o}{u_i} = \frac{(R_f + R_g)Z(s)}{R_B(R_f + R_g) + R_g(R_f + Z(s))} \tag{4-167}$$

通常 R_g 不会小于 R_B，而除去极高频率时，$|Z(s)| \gg R_g$，因而 $R_B(R_f + R_g) \ll R_g(R_f + Z(s))$，式（4-167）可简化为

$$A_{CL}(s) \approx \frac{R_f + R_g}{R_g} \cdot \frac{Z(s)}{R_f + Z(s)} \tag{4-168}$$

而在频率不高时，$R_f \ll Z(s)$，因而：

$$A_{CL}(s) \approx \frac{R_f + R_g}{R_g} \tag{4-169}$$

这与 VF 的情况是一致的。

对于反相放大电路，如图 4-102 所示。

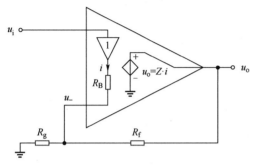
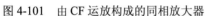

图 4-101　由 CF 运放构成的同相放大器

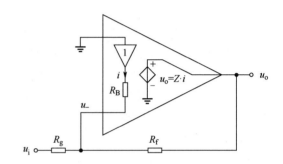

图 4-102　由 CF 运放构成的反相放大器

根据 KCL 和增益特性，有

$$\begin{cases} \dfrac{0 - u_-}{R_B} + \dfrac{u_i - u_-}{R_g} + \dfrac{u_o - u_-}{R_f} = 0 \\[3mm] \dfrac{0 - u_-}{R_B} \cdot Z(s) = u_o \end{cases} \tag{4-170}$$

可解得

$$A_{CL}(s) = \frac{u_o}{u_i} = -\frac{R_f \cdot Z(s)}{R_B(R_f + R_g) + R_g(R_f + Z(s))} \tag{4-171}$$

一般 $R_B(R_f + R_g) \ll R_g(R_f + Z(s))$，所以

$$A_{CL}(s) \approx \frac{R_f}{R_g} \cdot \frac{Z(s)}{R_f + Z(s)} \tag{4-172}$$

在频率不高时，$R_f \ll Z(s)$，因而

$$A_{CL}(s) \approx \frac{R_f}{R_g} \tag{4-173}$$

这与 VF 的情况也是一样的。

考虑式（4-168）和式（4-172），如果定义同相放大器的 $G_0 \overset{\text{def}}{=} (R_f + R_g)/R_g$，定义反相放大器的 $G_0 \overset{\text{def}}{=} R_f/R_g$，则它们具有一样的形式。

$$A_{CL}(s) \approx G_0 \frac{Z(s)}{R_f + Z(s)} \tag{4-174}$$

CF 运放的 $Z(s)$ 在有用频率范围内与 VF 运放的开环差模增益 $A_D(s)$ 同样为一阶低通特性。例如，TI 公司 OPA695 的 $Z(s)$ 幅频和相频特性曲线，如图 4-103 所示。可以看出，其主极点频率约为 5MHz，低频跨阻约为 40kΩ。

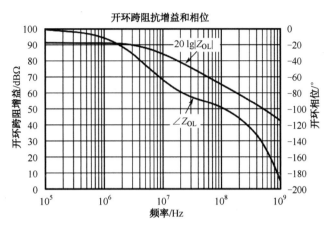

图 4-103　CF 运放 OPA695 的 $Z(s)$ 幅频和相频特性曲线

假设 $Z(s)$ 的主极点频率为 ω_{C1}，则

$$Z(s) = \frac{Z_0}{1 + s/\omega_{C1}} \tag{4-175}$$

代入式（4-174）中，整理可得

$$\begin{aligned} A_{CL}(s) &\approx G_0 \frac{Z_0}{Z_0 + R_f} \cdot \frac{1}{1 + \dfrac{sR_f}{\omega_{C1}(Z_0 + R_f)}} \\ &= G_0 \frac{Z_0}{Z_0 + R_f} \cdot \frac{1}{1 + s/\omega_C'} \end{aligned} \tag{4-176}$$

式中

$$\omega_C' = \omega_{C1} \frac{Z_0 + R_f}{R_f} \tag{4-177}$$

即为 $A_{CL}(s)$ 的极点，也就是闭环 –3dB 带宽，通常 $Z_0 \gg R_f$，所以 CF 运放构成的放大器电路的带宽与预设的增益 G_0 无关，而近似反比于 R_f。

不过实际 CF 运放受 R_B 等其他非理想因素影响，R_f 对带宽的反比影响并不明显，甚至有时表现出相反的效果，但放大器电路的带宽与预设的增益 G_0 基本无关是肯定的。

4.10.3　环路特性和稳定性

如图 4-104 所示，电路的输出与输入之比即为 CF 运放的环路增益。

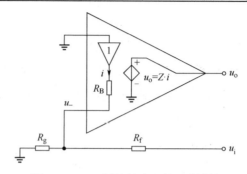

图 4-104　CF 运放放大器的环路增益

根据 KCL 和增益特性：

$$\begin{cases} \dfrac{0-u_-}{R_B} + \dfrac{0-u_-}{R_g} + \dfrac{u_i-u_-}{R_f} = 0 \\[4mm] \dfrac{0-u_-}{R_B} \cdot Z(s) = u_o \end{cases} \tag{4-178}$$

有

$$A_L(s) = \frac{u_o}{u_i} = -\frac{Z(s)}{R_f + R_B\left(1 + \dfrac{R_f}{R_g}\right)} = -\frac{R_g Z(s)}{R_B(R_f + R_g) + R_f \cdot R_g} \tag{4-179}$$

另外，从 $A = \dfrac{Z}{R_B}$、$\beta = \dfrac{R_g \parallel R_B}{R_g \parallel R_B + R_f}$ 和 $A_L = -A\beta$ 也能得到同样的结果。

如果 $R_B \ll R_f \parallel R_g$，则有

$$A_L(s) \approx -\frac{Z(s)}{R_f} \tag{4-180}$$

因而，CF 运放电路的环路特性与预设的增益 G_0 没有关系，仅与 R_f 相关。而如果不考虑实际电阻的高频特性，R_f 对 $A_L(s)$ 环路幅频曲线的影响，只是上下平移，对环路相频曲线没有影响，只要 R_f 够大，使得 $A_L(s)$ 的幅频曲线从 $Z(s)$ 的幅频曲线开始向下平移至使得 0dB 交点处的相位裕度足够，便可使得放大器稳定。例如，OPA695 在 R_f 为 500Ω 时的环路增益，如图 4-105 所示，此时，相位裕度大约为 50°。

不过，$R_B \ll R_f \parallel R_g$ 并不能总是保证，特别是在需求的电路增益 G_0 比较大时，R_g 往往较小，是有可能小到与 R_B 可比拟的程度的，因而在预设增益 G_0 较大时，CF 运放电路的稳定性问题会变得比较复杂。

如果反馈网络中有分布电容，对 CF 运放电路的稳定性也是致命的。如果反相输入端有对地的分布电容 C_g，则式（4-179）中的 R_g 应替换为 $R_g / (1 + sR_g C_g)$。

$$A_{\text{L}}(s) = -\cfrac{Z(s)}{R_{\text{f}} + R_{\text{B}}\left(1 + \cfrac{R_{\text{f}}\left(1 + sR_{\text{g}}C_{\text{g}}\right)}{R_{\text{g}}}\right)}$$ （4-181）

$$= -\cfrac{Z(s)}{R_{\text{f}}\left(1 + \cfrac{R_{\text{B}}}{R_{\text{f}} \parallel R_{\text{g}}}\right)\left(1 + s\left(R_{\text{B}} \parallel R_{\text{g}} \parallel R_{\text{f}}\right)C_{\text{g}}\right)}$$

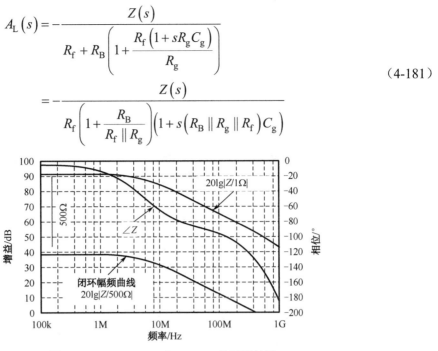

图 4-105　$R_{\text{f}} = 500\Omega$ 时 OPA695 的环路特性

这相当于增加了一个 $\tau = \left(R_{\text{B}} \parallel R_{\text{g}} \parallel R_{\text{f}}\right)C_{\text{g}}$ 的极点，通常 $R_{\text{B}} \parallel R_{\text{g}} \parallel R_{\text{f}}$ 为数十欧姆，当 C_{g} 为数皮法拉时，这个极点的频率将接近跨阻的第二极点（如 OPA695 大约为 450MHz），这两个极点每个 45° 相移，加上主极点 90° 相移，将使得环路相位裕度严重不足，导致不稳定。

如果反馈电阻两端分布电容较大，假设为 C_{f}，则式（4-179）中，R_{f} 应替换为 $R_{\text{f}} / \left(1 + sR_{\text{f}}C_{\text{f}}\right)$ 环路增益。

$$A_{\text{L}}(s) = -\cfrac{Z(s)}{\cfrac{R_{\text{f}}}{1 + sR_{\text{f}}C_{\text{f}}} + R_{\text{B}}\left(1 + \cfrac{R_{\text{f}}}{R_{\text{g}}\left(1 + sR_{\text{f}}C_{\text{f}}\right)}\right)}$$ （4-182）

$$= -\cfrac{Z(s)\left(1 + sR_{\text{f}}C_{\text{f}}\right)}{R_{\text{f}}\left(1 + \cfrac{R_{\text{B}}}{R_{\text{f}} \parallel R_{\text{g}}}\right)\left(1 + s\left(R_{\text{B}} \parallel R_{\text{g}} \parallel R_{\text{f}}\right)C_{\text{f}}\right)}$$

这为环路增加了一个 $\tau = R_{\text{f}}C_{\text{f}}$ 的零点和一个 $\tau = \left(R_{\text{B}} \parallel R_{\text{g}} \parallel R_{\text{f}}\right)C_{\text{f}}$ 的极点，通常 $R_{\text{f}} \gg R_{\text{B}} \parallel R_{\text{g}} \parallel R_{\text{f}}$，在跨阻的第二极点附近，新增的零点和极点相位抵消，对相位没有影响，但零点的引入，导致幅频曲线过零点右移，同样会严重降低相位裕度，导致不稳定。

综合 C_{g} 和 C_{f} 的作用：

$$A_{\text{L}}(s) = -\cfrac{Z(s)\left(1 + sR_{\text{f}}C_{\text{f}}\right)}{R_{\text{f}}\left(1 + \cfrac{R_{\text{B}}}{R_{\text{f}} \parallel R_{\text{g}}}\right)\left(1 + s\left(R_{\text{B}} \parallel R_{\text{g}} \parallel R_{\text{f}}\right)\left(C_{\text{g}} + C_{\text{f}}\right)\right)}$$ （4-183）

如果能使得 $R_f C_f = \left(R_B \| R_g \| R_f \right)\left(C_g + C_f \right)$，即

$$R_f C_f = \left(R_B \| R_g \right) C_g \tag{4-184}$$

可以使它们引入的零点和极点频率相同而相互抵消，这为 CF 运放的稳定性补偿提供了可能。

总之，使用 CF 运放设计放大器电路时，反馈电阻和回路的布局布线非常重要，不合理的布局布线很容易造成数皮法拉的分布电容。这对于 CF 运放电路来说，可能是致命的。理论上虽然有补偿的可能，但因 CF 运放电路对反馈电路参数非常敏感，实际中补偿非常困难。

4.11　比较器及应用

比较器将两个输入端口的电压作比较，并输出类似于逻辑电平的电压。VF 运放本身可以看作比较器，当同相端电压高于反相端电压时，输出饱和至正电源轨，当同相端电压低于反相端电压时，输出饱和至负电源轨。不过，直接拿运放作比较器并不合适，运放针对线性放大而设计，并不适合在正负饱和状态交替变换，摆率也有限，通常运放能用作比较的频率往往只有其带宽增益积的数十甚至上百分之一。专门的比较器芯片则更适用，成本也较运放低。

图 4-106（a）和图 4-106（b）分别为运放用作同相比较器和反相比较器的电路，非常简单。用作反相比较器时，还可方便地增加反馈二极管限制输出幅度，在输出电压绝对值较大时二极管导通为运放提供负反馈使得输出不致饱和，可稍稍提高工作频率，如图 4-106（c）所示。

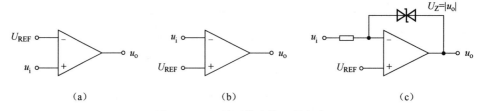

图 4-106　运放用作比较器的电路

4.11.1　迟滞比较器

如果为比较器引入正反馈，还可形成迟滞比较器，如图 4-107（a）所示为同相迟滞比较器。迟滞比较器有上下两个阈值，在输出为高时，输入需低于下阈值，输出才会变低，在输出为低时，输入需高于上阈值，输出才会变高。图 4-107（b）所示则为反相的迟滞比较器。图中，$R_g = \alpha R_f$，α 也称为迟滞系数。

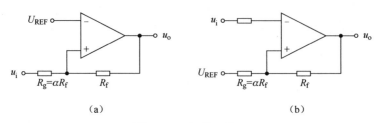

图 4-107　迟滞比较器

图 4-108（a）所示为迟滞比较器的传输特性（输出电压-输入电压特性），图 4-108（b）所示为给迟滞比较器输入三角波时的工作波形，这两个图均以同相为例。

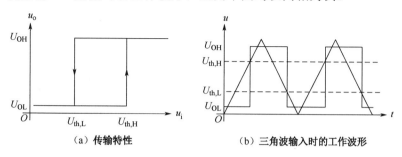

（a）传输特性　　　　　　　　（b）三角波输入时的工作波形

图 4-108 迟滞比较器的传输特性和工作波形

对于图 4-107（a）所示的同相迟滞比较器，如果输出电压为 U_{OH} 和 U_{OL}，参考电压为 U_{REF}，则上下阈值分别为

$$\begin{cases} U_{th,H} = (1+\alpha)U_{REF} - \alpha U_{OL} \\ U_{th,L} = (1+\alpha)U_{REF} - \alpha U_{OH} \end{cases} \tag{4-185}$$

阈值中点和阈值差为

$$\begin{cases} U_{th,MID} = (1+\alpha)U_{REF} - \alpha U_{O,MID} \\ \Delta U_{th} = \alpha (U_{OH} - U_{OL}) \end{cases} \tag{4-186}$$

式中，$U_{O,MID}$ 为输出电压的中点，即平均值。

多数时候 $U_{REF} = 0$、$U_{OH} = -U_{OL} = |U_O|$，此时

$$\begin{cases} U_{th,MID} = 0 \\ \Delta U_{th} = 2\alpha |U_O| \end{cases} \tag{4-187}$$

对于图 4-107（b）所示的反相迟滞比较器，如果输出电压为 U_{OH} 和 U_{OL}，参考电压为 U_{REF}，则上下阈值分别为

$$\begin{cases} U_{th,H} = \dfrac{U_{REF} + \alpha U_{OH}}{1+\alpha} \\ U_{th,L} = \dfrac{U_{REF} + \alpha U_{OL}}{1+\alpha} \end{cases} \tag{4-188}$$

阈值中点和阈值差为

$$\begin{cases} U_{th,MID} = \dfrac{U_{REF} + \alpha U_{O,MID}}{1+\alpha} \\ \Delta U_{th} = \dfrac{\alpha}{1+\alpha} (U_{OH} - U_{OL}) \end{cases} \tag{4-189}$$

式中，$U_{O,MID}$ 为输出电压的中点，即平均值。

多数时候 $U_{REF} = 0$，$U_{OH} = -U_{OL} = U_O$，此时

$$\begin{cases} U_{\text{th,MID}} = 0 \\ \Delta U_{\text{th}} = \dfrac{2\alpha}{1+\alpha}|U_{\text{O}}| \end{cases} \tag{4-190}$$

4.11.2　专用比较器

专用比较器芯片除在成本、速率上比运放更适合用作比较器之外，通常在输出形式上也会有不同。

低速比较器可能会采用集电极/漏极开路、发射极/源极开路输出，典型的如 LP311，便于使用者灵活设计外部电路，最简单的用法是使用外部上拉或下拉阻。

高速比较器一般直接采用推挽输出，有的会输出互补两路，有些输出至接近正负电源轨（如 TL712），有些输出 TTL/CMOS 逻辑电平（如 TL3016），甚至 LVDS 差分逻辑电平（如 LMH7220）。

4.12　振荡器

4.12.1　正弦波振荡器

这里介绍使用 LC 或振子的高频振荡器和使用运放的低频振荡器。在电路系统设计中，如果需要准确干净（失真小）的正弦信号源，频率不高时，如 10MHz 以下，使用数字频率合成是最为理想的方式，频率较高时，使用锁相环合成。本节提供的电路，仅供对频率准确性、稳定性和失真度要求不高时使用，当然使用晶体振子制作的振荡器频率准确度和稳定度还是有保障的。

使用 LC 带通滤波器和正反馈放大即可形成振荡器，LC 振荡器的电路形式有很多，图 4-109 所示为两种简单实用的使用 BJT 构成的振荡器。

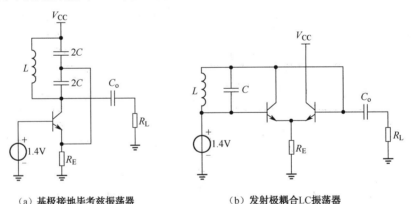

　　（a）基极接地毕考兹振荡器　　　　　　（b）发射极耦合LC振荡器

图 4-109　两种简单实用的 LC 振荡器

图 4-109（a）所示为基极接地毕考兹振荡器的一种形式，图 4-109（b）所示为一种发射极耦合 LC 振荡器。它们的谐振频率均为 $f_0 = \dfrac{1}{2\pi\sqrt{LC}}$，$R_{\text{E}}$ 需要根据实际情况调整，太大会导

致环路增益太小，电路不起振，太小则会使得波形失真严重。图中的 1.4V 电压源可以利用二极管压降得到，如图 4-110 所示电路，可产生约 10MHz 的正弦振荡。

只要 LC 谐振网络的 Q 值足够高，放大器增益不太低，LC 振荡器非常容易起振。振荡器工作时，放大器会出现饱和，输出波形一般会有些许失真，不过，只要 Q 值足够高，波形失真往往可以忽略。

LC 振荡器的频率往往无法做到比较精准和稳定，使用陶瓷振子或晶体振子替代 LC 谐振网络则可实现精准稳定的振荡。图 4-111 所示电路为皮尔斯晶体振荡电路。依图中给出的参数制作，电路可输出 10MHz 正弦信号，其中 BJT 构成的共射极放大电路部分按第 2 章介绍的方法设计得到。若要输出其他数兆至数十兆内的频率，通常替换晶体即可，较高的频率可适当减小基极对地电容，较低的频率可适当增大基极对地电容。

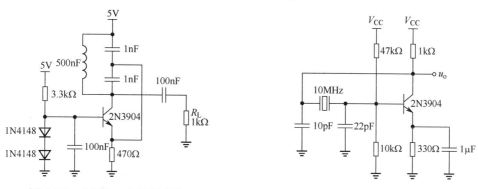

图 4-110 10MHz LC 振荡器   图 4-111 皮尔斯晶体振荡电路

图 4-111 所示电路中的 BJT 反相放大器还可以用单级 CMOS 非门（也称为无缓冲的非门）代替，如 74HCU04 或 74LVCU04。它们在合适的偏置点下，是很好的线性放大器，电路如图 4-112 所示。比较适合实际制作，几乎无须调试。图中 R_1 迫使非门自适应到线性工作点，非门的延迟、R_2 和 C_2 网络提供额外延迟，使得电路处于正反馈状态。

实际应用中，R_2 和 C_2 需根据振荡频率和非门的延迟来确定，应使整个环路延迟（含非逻辑的 180°）约为振荡周期，如果振荡周期很小，还可将 R_2 短路或替换为与 C_2 接近的电容。在一定范围内改变电容 C_1 还可以微调振荡频率。

如果要产生低频正弦振荡，LC 振荡器、陶瓷和晶体振荡器就不适用了。陶瓷和晶体振子最低只有 30kHz，而 LC 振荡器在低频时，电感会体积庞大（不能单纯地增大电容，电容过大会导致谐振电流过大和 Q 值降低）。

可使用运放构建低频正弦振荡器，图 4-113 所示为移相振荡器。其中，反相放大器的增益应大于 29，即 $R_2 / R_1 > 29$。

其振荡频率为

$$f_0 = \frac{1}{2\pi\sqrt{6}RC} \approx \frac{1}{15.4RC} \tag{4-191}$$

图 4-114 则可产生正交（相差 90°）的两路正弦信号，其振荡频率 $f \approx \dfrac{1}{2\pi RC}$。

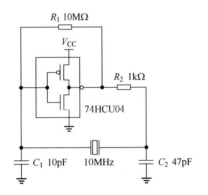

图 4-112　陶瓷或晶体振荡器电路

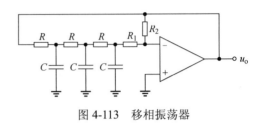

图 4-113　移相振荡器

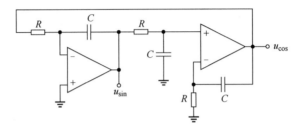

图 4-114　正交移相振荡器

上述两个电路的输出幅度也较难以准确设计。

图 4-115（a）所示为文氏桥振荡器，其振荡频率 $f = \dfrac{1}{2\pi RC}$，不过它对放大器增益，即图中的 R_f / R_g 要求很高，通常 R_f / R_g 应稍稍大于 2，微小的变化就会使得电路在无法持续振荡和输出饱和失真之间变化。图 4-115（b）使用了双向串联的稳压二极管做限幅，在输出幅度过大时，稳压二极管趋向反向击穿，电阻减小，增益减小，但输出波形也会有一定的饱和失真。如果需要文氏桥振荡器输出稳定干净的波形，往往需要自动增益控制电路辅助，这里不做介绍。

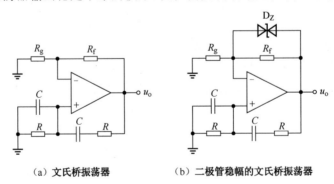

（a）文氏桥振荡器　　　　　（b）二极管稳幅的文氏桥振荡器

图 4-115　文氏桥振荡器

图 4-116（a）所示为双 T 桥振荡器，其振荡频率 $f = \dfrac{1}{2\pi RC}$，较文氏桥更稳定一些，波形失真也小一些。图 4-116（b）使用了双向串联的稳压二极管做限幅。图中，R_2 / R_1 应稍小于 3，太小波形饱和失真严重，太大则不能起振。

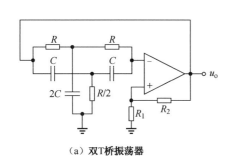
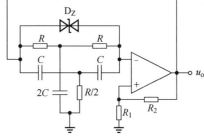

（a）双T桥振荡器　　　　　　　（b）二极管稳幅的双T桥振荡器

图 4-116　双 T 桥振荡器

产生三角波振荡后用滤波器滤出基波也是产生幅度准确、失真较小的正弦振荡的一种实用方法。

4.12.2　方波发生器

方波发生器又称为多谐振荡器，最简单的方波发生器可用施密特反相器构成，如图 4-117（a）所示，也可以用迟滞比较器替代施密特反相器。容易看出，上电之初，输出为高，电容通过电阻充电至上阈值，输出变低，而后电容通过电阻放电至下阈值，输出变高，周而复始。

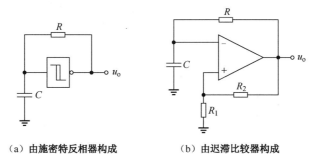

（a）由施密特反相器构成　　　　　（b）由迟滞比较器构成

图 4-117　两种最简单的方波发生器

根据第 2 章 RC 电路充放电的结论，可以知道，电容充电时间（输出高电平时间 T_H）和电容放电时间（输出低电平时间 T_L），满足

$$\begin{cases} U_\text{OH} + \left(U_\text{th,L} - U_\text{OH}\right)\text{e}^{-\frac{T_\text{H}}{RC}} = U_\text{th,H} \\ U_\text{OL} + \left(U_\text{th,H} - U_\text{OL}\right)\text{e}^{-\frac{T_\text{L}}{RC}} = U_\text{th,L} \end{cases} \tag{4-192}$$

其中，U_OH 和 U_OL 为施密特反相器或迟滞比较器输出的高、低电压，$U_\text{th,H}$ 和 $U_\text{th,L}$ 为上下阈值。因而

$$\begin{cases} T_\text{H} = RC \cdot \ln \dfrac{U_\text{OH} - U_\text{th,L}}{U_\text{OH} - U_\text{th,H}} \\ T_\text{L} = RC \cdot \ln \dfrac{U_\text{th,H} - U_\text{OL}}{U_\text{th,L} - U_\text{OL}} \end{cases} \tag{4-193}$$

通常施密特反相器的上下阈值并不关于输出电压中点对称，输出波形的占空比不为50%，称为矩形波发生器更合适一些，使用迟滞比较器则灵活易控一些。

图4-118所示为使用迟滞比较器，并限制了输出幅度的方波发生器。

该电路中，输出电压为$\pm U_Z$，根据式（4-188），上下阈值为$\pm \dfrac{\alpha}{1+\alpha}U_Z$，因而由式（4-193）可求得其高电平时间和低电平时间。

$$\begin{cases} T_{\mathrm{H}} = RC \cdot \ln \dfrac{U_Z + \alpha U_Z / (1+\alpha)}{U_Z - \alpha U_Z / (1+\alpha)} \\[3mm] T_{\mathrm{L}} = RC \cdot \ln \dfrac{\alpha U_Z / (1+\alpha) + U_Z}{-\alpha U_Z / (1+\alpha) + U_Z} \end{cases} \tag{4-194}$$

输出方波的周期为

$$T = 2RC \cdot \ln \dfrac{1 + \alpha / (1+\alpha)}{1 - \alpha / (1+\alpha)} = 2RC \cdot \ln(1 + 2\alpha) \tag{4-195}$$

图4-119所示的电路是可以通过调节电位器来更改输出占空比的矩形波发生器。

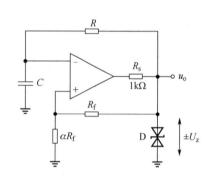
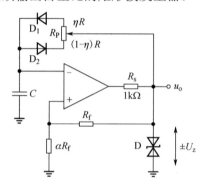

图4-118　使用迟滞比较器的稳幅方波发生器　　图4-119　使用迟滞比较器，可调占空比的矩形波发生器

其输出高电平时间和低电平时间为

$$\begin{cases} T_{\mathrm{H}} = \eta RC \cdot \ln \dfrac{U_Z - U_D + \alpha U_Z / (1+\alpha)}{U_Z - U_D - \alpha U_Z / (1+\alpha)} \\[3mm] T_{\mathrm{L}} = (1-\eta) RC \cdot \ln \dfrac{U_Z - U_D + \alpha U_Z / (1+\alpha)}{U_Z - U_D - \alpha U_Z / (1+\alpha)} \end{cases} \tag{4-196}$$

其中，U_D为二极管D_1和D_2的正向压降。因而电路输出矩形波的周期为

$$T = RC \cdot \ln \dfrac{(1+2\alpha)U_Z - U_D}{U_Z - U_D} \tag{4-197}$$

输出矩形波的占空比就是η。

使用BJT或MOSFET开关也可制作矩形波发生器。图4-120（a）所示为使用两个BJT构成的矩形波振荡器，它可以输出两路互补的矩形波。通常取电路中的R_B为R_C的10~100倍。

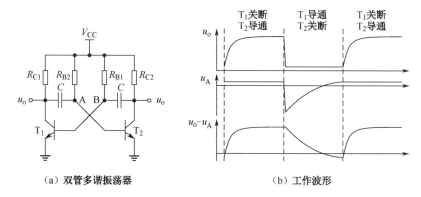

（a）双管多谐振荡器　　　　　（b）工作波形

图 4-120　双 BJT 矩形波发生器

在图 4-120（b）中，有 u_o、A 节点和左侧电容电压差的工作波形，因电路对称，仅分析 u_o 一边即可。

T_1 关断期间，u_o 应输出为高，准确来说是 R_{C1} 向电容充电的过程，A 点因 T_2 的 BE 压降，会基本保持在 0.6V 左右，u_o 则会指数上升，因 R_{C1} 较小，电压上升较快。u_o 的初始电压应为 T_1 的 CE 饱和压降 $\approx 0.2\text{V}$，因而

$$u_{o1}(t) \approx V_{CC} + (0.2\text{V} - V_{CC})e^{-t/(R_{C1}C)} \tag{4-198}$$

若 $V_{CC} \gg 0.2\text{V}$，并以电压上升至 $0.9V_{CC}$ 的时间为其上升时间，则上升时间为

$$T_r \approx 2.3R_{C1}C \tag{4-199}$$

T_1 关断期间，T_2 导通，此时 B 点电压因 R_{B1} 向右侧电容充电而上升，直至达到 0.6V，T_1 导通，T_1 导通之初，左侧电容压降约为 $V_{CC} - 0.6\text{V}$，因而 A 点的初始电压应为 $0.2\text{V} - (V_{CC} - 0.6\text{V}) = 0.8\text{V} - V_{CC}$，因此：

$$u_A(t) \approx V_{CC} + (0.8\text{V} - 2V_{CC})e^{-t/(R_{B2}C)} \tag{4-200}$$

$u_A(t)$ 升至 0.6V 时，T_1、T_2 状态反转，若 T_1 导通时间（即 u_o 输出低的时间）为 T_L，则 $u_A(T_L) = 0.6\text{V}$，所以

$$T_L \approx R_{B2}C \cdot \ln\frac{2V_{CC} - 0.8\text{V}}{V_{CC} - 0.6\text{V}} \tag{4-201}$$

同理

$$T_H \approx R_{B1}C \cdot \ln\frac{2V_{CC} - 0.8\text{V}}{V_{CC} - 0.6\text{V}} \tag{4-202}$$

周期

$$T \approx (R_{B1} + R_{B2})C \cdot \ln\frac{2V_{CC} - 0.8\text{V}}{V_{CC} - 0.6\text{V}} \tag{4-203}$$

在 $V_{CC} \gg 0.8\text{V}$ 时，$T \approx 0.7(R_{B1} + R_{B2})C$。

将 R_{B1} 和 R_{B2} 合为一个电位器，还可以在不改变输出矩形波周期的前提下，调整其占空比。

4.12.3 三角波发生器

如果图 4-118 中迟滞比较器的上下阈值间隔很小，则电容上的指数波形会近似为三角波，要求不高时，可用其替代三角波。

准确的三角波可对方波做积分得到，不过很难保证方波完全对称均值为零，即便它为零，也难保证积分电路的输入失调电压为零，单纯地对方波积分会导致输出持续漂移直至饱和。更好的做法是将积分器置于图 4-118 所示方波振荡器的反馈环内，由迟滞比较器的阈值限制积分器的输出范围，相当于用积分器替代图 4-118 中的 RC 充放电电路，不过为了使电路更简洁，反相迟滞比较器需替换为同相迟滞比较器，如图 4-121（a）所示。

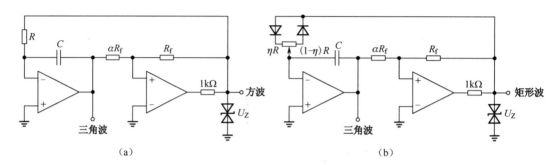

（a）　　　　　　　　　　　　　　　　　　（b）

图 4-121　三角波振荡器

在图 4-121 中，迟滞比较器的阈值为 $\pm\alpha U_Z$，因而振荡周期为

$$T = 2\frac{Q_C}{I_C} = 2\frac{2\alpha U_Z C}{U_Z / R} = 4\alpha RC \tag{4-204}$$

图 4-121（b）所示电路使用电位器调节充放电电阻，可在不改变振荡周期的前提下改变方波占空比和三角波斜率比。如果图中电位器左臂电阻 ηR，右臂电阻 $(1-\eta)R$，则矩形波高电平时间 T_H 和低电平时间 T_L。

$$\begin{cases} T_H = \eta 2\alpha RC \cdot \dfrac{U_Z}{U_Z - 0.7\text{V}} \\[3mm] T_L = (1-\eta)2\alpha RC \cdot \dfrac{U_Z}{U_Z - 0.7\text{V}} \end{cases} \tag{4-205}$$

因而，占空比 $= \dfrac{T_H}{T_H + T_L} = \eta$，周期

$$T = 4\alpha RC \frac{U_Z}{U_Z - 0.7\text{V}} \tag{4-206}$$

4.13　开关功率放大器

脉冲宽度调制（PWM）信号是占空比正比于调制信号的矩形波信号，其短时平均值正比于其占空比，即正比于调制信号。PWM 信号可由调制信号和三角波（或锯齿波）比较得到，如图 4-122 所示，显然 PWM 的频率等于三角波的频率。

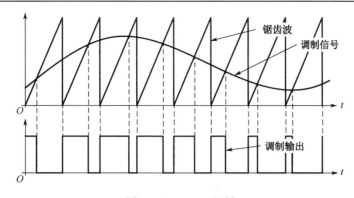

图 4-122 PWM 调制

PWM 信号只有高低两种状态，因而可以使用开关电路进行电流放大，而后只要通过截止频率介于 PWM 频率和调制信号频率之间的低通滤波器，便可将短时平均值，即调制信号滤出，进而驱动大功率负载。这种放大器即是开关功率放大器，又称为丁类（D 类）放大器。

显然，低通滤波器只能使用 LC 滤波器（RC 滤波本身消耗能量），而且要求

$$f_{PWM} \gg f_c \geqslant f_{s,H} \tag{4-207}$$

即 PWM 频率应远大于 LC 滤波器的截止频率，LC 滤波器截止频率也应大于等于信号频带上限。

图 4-123 所示为一个具体的 D 类音频放大器的电路简图。其中，省略了从比较器到 MOSFET 驱动芯片的电平转换和 MOSFET 驱动芯片部分的电路。三角波发生部分工作在单 5V，由电阻分压产生 2.5V 偏置电压并由电容降低其交流内阻，三角波周期为 2.2μs。峰峰值为 2.2V，显然，这要求音频输入信号的峰峰值不得超过 2.2V。高速比较器 TL712 的输出电平为 0～5V，需通过电平转换电路转换到 MOSFET 驱动芯片所需的以 $-V_p$ 为基准的逻辑电平，这个电平转换可采用第 2 章中的图 2-120，或者使用光电耦合器。双 NMOS 半桥输出之后由 LC 滤波器滤波驱动音箱。

不过，这种经典的用音频信号与三角波比较得到 PWM 信号，然后驱动功率桥的 D 类放大器有两个明显的缺点。

（1）电源抑制比差，总体增益受功率级电源电压影响，与功率级电源成正比，若要放大器失真小，则要求功率级电源足够稳定，对电源去耦提出了极高的要求。

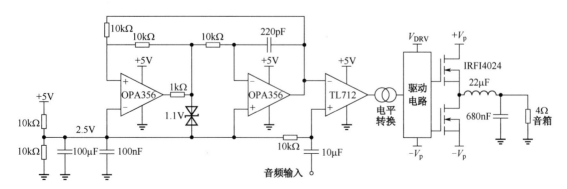

图 4-123 经典 D 类放大器电路简图

（2）静态时输出电压难以保证为零（会使得负载上有持续直流），迟滞比较器的输入失调可能导致三角波中点不为 2.5V，使得 PWM 占空比静态时不为 50%，比较器后的电平转换部分也不一定能保证波形上升和下降一样快，也会导致占空比出现微小变化，功率级电源如果不能保证完全对称，也会导致静态输出电压不为零。

比经典 D 类放大器结构更为实用的结构是反馈积分型结构（或称为 $\Delta-\Sigma$ 调制结构），如图 4-124 所示。它引入了从半桥输出到积分器的大反馈环，解决了电路的电源抑制和静态输出电压问题。

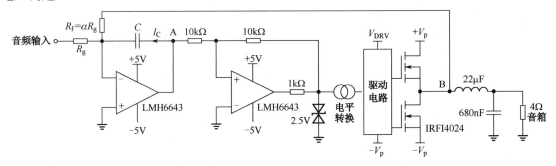

图 4-124　反馈积分式 D 类放大器

假设迟滞比较器的上下阈值为 $U_1 \pm U_{th}$，U_1 为迟滞比较器失调电压，功率半桥输出电压为 $U_2 \pm U_O$，U_2 为功率电源失衡。

先分析功率半桥输出点 B 为高期间，电容 C 充电电流为

$$I_C = -\left(\frac{U_2 + U_O}{R_f} + \frac{u_i}{R_g} \right) \tag{4-208}$$

积分其输出点 A 电压为

$$u_A(t) = U_1 + U_{th} + \frac{I_C t}{C} = U_1 + U_{th} - \frac{U_2 + U_O + \alpha u_i}{R_f C} t \tag{4-209}$$

A 点电压减小至 $U_1 - U_{th}$ 所需的时间，即为 B 点输出高电平的时间 t_H：

$$U_1 - U_{th} = u_A(t_H) = U_1 + U_{th} - \frac{U_2 + U_O + \alpha u_i}{R_f C} t_H \tag{4-210}$$

解得

$$t_H = \frac{2 R_f C U_{th}}{U_O + U_2 + \alpha u_i} \tag{4-211}$$

同理，B 点为低期间，其输出低电平时间 t_L：

$$U_1 + U_{th} = U_1 - U_{th} - \frac{U_2 - U_O + \alpha u_i}{R_f C} t_L \tag{4-212}$$

解得

$$t_L = \frac{2 R_f C U_{th}}{U_O - U_2 - \alpha u_i} \tag{4-213}$$

一个周期内，输出电压平均值为

$$\overline{u_o} = \frac{\left(U_2 + U_O\right)t_H + \left(U_2 - U_O\right)t_L}{t_H + t_L} = U_2 + U_O \frac{t_H - t_L}{t_H + t_L}$$

$$= U_2 + U_O \frac{1/t_L - 1/t_H}{1/t_L + 1/t_H} = U_2 + U_O \frac{\left(-2U_2 - 2\alpha u_i\right)/\left(2R_f C U_{th}\right)}{2U_O/\left(2R_f C U_{th}\right)} \tag{4-214}$$

$$= -\alpha u_i$$

因而，无论比较器是否有失调（电路其他部分失调均可等效到比较器失调），功率级电源是否对称，只要输入为零，输出就为零，而增益也与功率级电源无关。

根据 t_H 和 t_L 的表达式，电路 PWM 信号的频率会随着输入信号的变化而变化，因 $U_2 \ll U_O$，静态时 PWM 频率为

$$f_{PWM} = \frac{1}{t_H + t_L} \approx \frac{1}{4R_f C} \cdot \frac{U_O}{U_{th}} \tag{4-215}$$

这个频率也是 PWM 的最大频率，输出电压绝对值越大，PWM 频率会越小，在输出趋近于功率级电源轨时，PWM 周期会趋于无穷大，因而此电路工作时必须保证输出离功率级电源轨有一定余量，避免 PWM 频率过低。

第 5 章

其他器件及应用

5.1　半导体光电器件

5.1.1　发光二极管和光敏二极管

发光二极管通过正向电流时，会发出特定波长范围的光，可以在可见光范围，或者是红外或紫外光。在正常的工作电流范围以内，其发光光通量基本与正向电流成正比。

光敏二极管在一定的反向偏置电压（事实上影响较小）下，其反向电流大致与接收的光照度成正比，当然光敏二极管也有一定的敏感光波长范围。

光通量是功率单位，发光二极管的光通量或辐射通量是其发射光的总功率。但因在发光二极管的不同出射角处，功率分布并不相同，因而一般发光二极管并不标称其辐射通量，而是标称其正对方向的辐射强度 I_e，即单位立体角的辐射通量，单位为 W/sr，sr 为立体角，无量纲。对于同一个发光二极管，辐射强度的分布是恒定的，因而在一定的角度上，辐射强度也基本与正向电流成正比。

照度是单位面积上的辐射功率，因而正对并与发光二极管距离 r 的光敏二极管所受照度为

$$E_e = \frac{I_e}{r^2} \tag{5-1}$$

对于不正对的情况，则需要参考发光二极管数据手册中的辐射强度分布曲线。

发光二极管相较于普通二极管还有以下一些重要参数或特性。

（1）发光波长/颜色，或者辐射强度在一定波长范围内的分布密度。图 5-1 所示为 Vishay 公司生产的型号为 TSFF5210 的红外发光二极管的归一化的辐射强度（密度）与波长的关系。从图 5-1 可以看出，其中心波长为 870nm，半强度波长范围为 850～890nm。

（2）辐射强度。TSFF5210 的中心辐射强度在正向电流 100mA 时，典型值为 0.18W/sr。

（3）辐射强度与出射偏角的分布关系。图 5-2 所示为 TSFF5210 的相对辐射强度与出射偏角的分布关系。从图 5-2 可以看出，偏角大概在 10° 时，辐射强度减半。

（4）响应时间。从正向电流建立到辐射强度达到预定值所需的时间，一般小功率发光二极管的响应时间为数纳秒，大功率发光二极管的响应时间稍长，但大多也在百纳秒以内。

当然，对于用作指示用途的发光二极管，这些可能不重要。

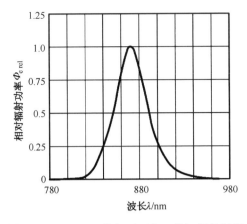

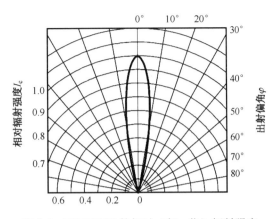

图 5-1 TSFF5210 的相对（归一化）辐射强度
与波长的关系（图片来自 Vishay 数据手册）

图 5-2 TSFF5210 的相对（归一化）辐射强度
与出射偏角的关系（图片来自 Vishay 数据手册）

光敏二极管有以下重要参数。

（1）敏感波长，或者灵敏度与波长的关系。图 5-3 所示为 Vishay 公司生产的型号的 BPV10NF
的红外光敏二极管的灵敏度-波长关系。可见，它对 800～1050nm 的红外光均比较敏感。

（2）灵敏度。反向电流与照度之比，BPV10NF 给出了 870nm 入射光、5V 反向偏置电压
下，反向电流与照度的关系，如图 5-4 所示。可见，其灵敏度约为 $55\mu A / (mW / cm^2)$，即
$5.5\mu Am^2 / W$。

（3）灵敏度与入射偏角的关系。图 5-5 所示为 BPV10NF 的归一化灵敏度与入射偏角的关
系，可见，在入射偏角 20° 时，灵敏度减半。

（4）响应时间。从光照建立到反向电流达到预定值所需的时间，一般光敏二极管的效应
时间为数纳秒。

（5）结电容。对于高速光敏接收电路，结电容对于后续跨阻放大器的设计和补偿有重要
作用，光敏二极管的结电容一般为数皮法。

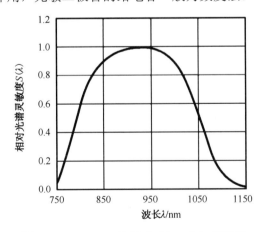

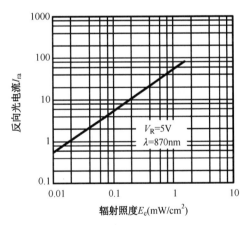

图 5-3 BPV10NF 的相对（归一化）灵敏度
与波长关系（图片来自 Vishay 数据手册）

图 5-4 BPV10NF 的灵敏度曲线
（图片来自 Vishay 数据手册）

作为电流直接影响辐射强度的器件，发光二极管最好使用电流源驱动，对于固定电流驱动或开关驱动，可以串入电阻进行限流，而对于需要线性驱动的场合，最好使用 V-I 变换（压控电流源）电路驱动。

5.1.2　光敏三极管

光敏三极管的集电极电流大致与接收的光照度成正比。与光敏二极管类似，光敏三极管也有一定的敏感光波长范围。

光敏三极管的光电流较光敏二极管大，可达光敏二极管的百倍以上。例如，Vishay 公司型号为 BPV11 的光敏三极管，

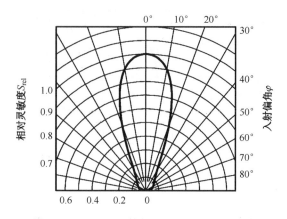

图 5-5　BPV10NF 的相对（归一化）灵敏度与入射偏角关系（图片来自 Vishay 数据手册）

在 $1mW/cm^2$ 照度下，集电极电流可达 $10mA$，但光敏三极管响应较光敏二极管慢，响应时间一般在微秒量级。

图 5-6 所示为 BPV11 的输出特性曲线。图 5-7 所示为 BPV11 的传输特性曲线。与普通三极管不同的是，在传输特性曲线中，横坐标变为了入射光照度。

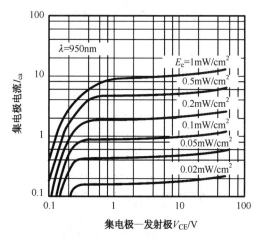

图 5-6　BPV11 的输出特性曲线
（图片来自 Vishay 数据手册）

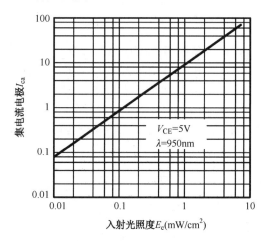

图 5-7　BPV11 的传输特性曲线
（图片来自 Vishay 数据手册）

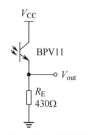

图 5-8　光敏三极管的最简应用电路

因为光敏三极管的电流较大，且一般不会用于高频光照检测，所以其应用电路可以很简单，如图 5-8 所示。

在保证光敏三极管 C-E 结电压至少有 0.6V（不同光敏三极管这个值不一样，不过一般都小于 1V）的前提下，该电路的输出电压近似正比于光敏三极管所受的光照度。该电路在入射光照度 $0\sim1mW/cm^2$ 时，对应输出电压为 $0\sim4V$。

5.2　光电耦合器

光电耦合器（简称光耦），也称为光电隔离器，将发光二极管和光敏器件（光敏电阻、光敏二极管或三极管）封装在一起，通过光来传递信号，并实现光耦两侧的电气隔离，使得两侧的电压差很大。使用光敏电阻作为光敏器件的光耦响应慢，现在已不常见，这里主要介绍以光敏二极管或三极管为光敏器件的光耦。

5.2.1　开关应用

在开关应用中，光耦用来传输开关状态，一般输出为数字高低电平信号，还有控制电流或信号通断的，将在固态继电器一节介绍。图 5-9 所示为几种常用于传输数字电平的光耦的内部电路。

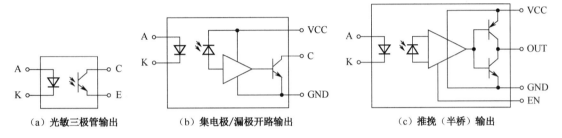

　　（a）光敏三极管输出　　　　（b）集电极/漏极开路输出　　　　　（c）推挽（半桥）输出

图 5-9　几种常用于传输数字电平的光耦的内部电路

图 5-9（a）所示为最简单的使用光敏三极管作为光敏器件的光耦，本身不需要专门提供电源，其响应时间通常在10μs 量级。输出一侧通常接成集电极开路配合上拉电阻或射极跟随配合下拉电阻，当发光二极管流过足够电流时，光敏三极管导通，输出为低（集电极开路）或高（射极跟随），典型型号如 4N37。

图 5-9（b）使用光敏二极管经放大器驱动 BJT 或 MOSFET 做集电极或漏极开路输出，响应时间一般为数十纳秒。集电极/漏极开路需要使用外部上拉电阻实现高电平输出，因线路分布电容和后级输入电容的存在，输出电压上升时间会长于下降时间，不适用于对输出波形占空比敏感的场合，典型型号如 6N137、HCPL2631。

图 5-9（c）使用互补晶体管做推挽（半桥）输出，克服了集电极开路输出电压上升、下降时间不一致的问题，响应时间会略小于集电极开路输出的形式，典型型号如 ACPL061。

光耦中的发光二极管的特性与普通发光二极管相同，应用中可采用电阻限流驱动。

上述"响应时间"是一个笼统的概念，具体还分为传输延迟和输出上升（下降）时间。以图 5-10 所示的 6N137 典型应用电路和工作波形为例，输入上升至输出下降（一般以电平中点为准）的时间称为输出下降传输延迟 t_{PL}，输入下降至输出上升的时间称为输出上升传输延迟 t_{PH}。输出下降时，电压从 90%下降到 10%所需时间称为输出下降时间 t_f；输出上升时，电压从 10%上升至 90%所需的时间称为输出上升时间 t_r。此外，对同一光耦电路，从输入变化到输出变化的传输延迟并不恒定，偏差的范围称为传输延迟偏差 $t_{PSK} = \max\left\{t_{PH,MAX}, t_{PL,MAX}\right\} - \min\left\{t_{PH,MIN}, t_{PL,MIN}\right\}$。

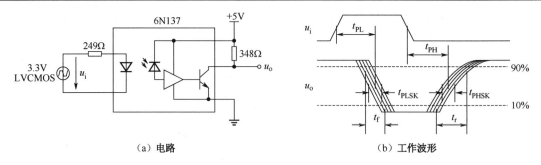

（a）电路　　　　　　　　　　　　（b）工作波形

图 5-10　6N137 典型应用电路和工作波形

5.2.2　模拟信号隔离传输

用来传递模拟信号的光耦通常将其内的光敏三极管或二极管直接引出。

最简单的应用电路如图 5-11 所示。其中，R_2 为发光二极管提供偏置电流，电容 C 则隔离偏置电流和输入的交流信号。容易知道，二极管上的交流电流为：

$$i_D \approx \frac{u_i}{R_1} \qquad （5\text{-}2）$$

如果光耦的增益系数（光敏三极管的电流变化与发光二极管电流变化之比）为 G，则输出电压的交流成分为

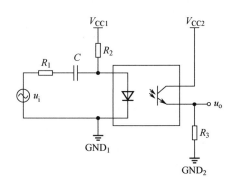

图 5-11　最简单的应用电路

$$u_{o,AC} = G i_D R_3 = \frac{G R_3}{R_1} u_i \qquad （5\text{-}3）$$

在实际应用中，① R_2 可取值使得发光二极管电流为最大连续工作电流的一半；② R_1 不宜过小，应使输入为峰值/谷值时，二极管电流不过大/截止；③输出一侧与第 2 章中的图 2-95 原理相同，若后级要求无直流偏置，则可增加隔离电容。

但是，图 5-11 所示电路在输入幅度较大时，线性很差，传输信号会产生较大失真，温度稳定性和多个电路间一致性难以保证。采用光敏三极管作为光敏器件，能传输的信号频率也不会很高。

高线性光耦一般会在内部封装两只一致性很好的光敏二极管，采用输入侧反馈来保证电路的精度，常称为线性光耦，如图 5-12 所示，典型型号如 HP 的 HCNR201。

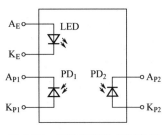

图 5-12　线性光耦的内部电路

图 5-13 所示为其典型应用电路。其中，LED、PD_1 和 PD_2 为一个光耦封装内的 3 个子元件。

输入侧运放 A_1 与 C_1 形成积分器，将 R_1 上电流 u_i / R_1 与光敏二极管 PD_1 电流之差积分驱动 LED，A_1 的输出电压将调整 LED 的发光强度，使得光敏二极管 PD_1 上的反向电流与 R_1 上的电流相等。因为 PD_1 和 PD_2 的一致性，PD_2 上的反向电流也将等于 u_i / R_1，运放 A_2 作为 I-V 变换

器（C_2 为宽带应用中所需的补偿电容），输出将为

$$u_o = i_{r,PD2}R_3 = u_i \frac{R_3}{R_1} \tag{5-4}$$

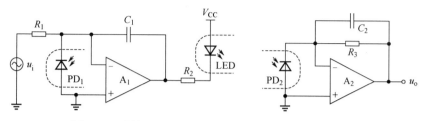

图 5-13　线性光耦的典型应用电路（单极性模拟信号）

PD_2 和 PD_1 的反向电流比值称为传输增益。

$$K \stackrel{\text{def}}{=} \frac{i_{r,PD2}}{i_{r,PD1}} \tag{5-5}$$

若一些型号的线性光耦的设计使得 K 不为 1，则

$$u_o = u_i \frac{KR_3}{R_1} \tag{5-6}$$

在实际应用中，如果 PD_1 的最大反向电流标称值为 $i_{PD1,MAX}$，LED 的最大正向电流标称值为 $i_{LED,MAX}$，PD_2 的最大反向电流标称值为 $i_{PD2,MAX}$，则 R_1、R_2 应满足

$$\begin{cases} R_1 > \dfrac{u_{i,MAX}}{\min\left\{ i_{PD1,MAX},\ K_1 i_{LED,MAX},\ i_{PD2,MAX}/K_2 \right\}} \\[4mm] R_2 > \dfrac{V_{CC} - u_{A1,MIN}}{\min\left\{ i_{PD1,MAX}/K_1,\ i_{LED,MAX},\ i_{PD2,MAX}/K_2 \right\}} \end{cases} \tag{5-7}$$

并留有余量。其中，K_1 为光敏二极管 PD_1 反向电流和发光二极管 LED 正向电流之比；K_2 为光敏二极管 PD_2 反向电流和发光二极管 LED 正向电流之比，均为器件数据手册中给出的参数。

可以算得，从 u_i 到 PD_1 反向漏电流 $i_{r,PD1}$ 的传输函数为

$$G(s) = \frac{K_1}{R_1 \left(K_1 + sR_2C_1 \right)} \tag{5-8}$$

而 PD_1 反向漏电流到输出的传输函数为

$$Z(s) = \frac{KR_3}{sC_2R_3 + 1} \tag{5-9}$$

整个电路的传输函数为

$$H(s) = \frac{KR_3}{R_1} \cdot \frac{K_1}{K_1 + sR_2C_1} \cdot \frac{1}{1 + sR_3C_2}$$

它有两个极点限制了带宽上限：

$$s_1 = -\frac{K_1}{R_2C_1},\ s_2 = -\frac{1}{R_3C_2} \tag{5-10}$$

因而，如果信号频带上限为 f_H，则 R_2、R_3、C_2 应满足

$$\begin{cases} \dfrac{K_1}{2\pi R_2 C_1} > f_H \\[2mm] \dfrac{1}{2\pi R_3 C_2} > f_H \end{cases} \tag{5-11}$$

但是，图 5-13 所示电路要求 $u_i > 0$，并不能输入双极性的信号。

图 5-14 使用电流源给光敏二极管增加偏置，使得输入可以是双极性信号。图 5-14 中偏置电流源可采用第 2 章中的图 2-104（b）或图 2-105（b）电路，也可使用专门的电流源芯片。

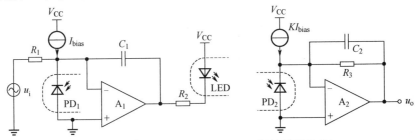

图 5-14　线性光耦的典型应用（双极性模拟信号）

在实际应用中，I_{bias} 可取为 PD_1 最大反向电流的一半，R_1 应取值使得在整个 u_i 的输入范围内，PD_1 的反向电流不过大、不截止。

图 5-14 所示电路的缺点是两个电流源的一致性（基准电流和温漂）难以保证，使得输出偏置难以调整到零和容易漂移，在实验电路中，可以使用可微调的电流源，通过微调来保证输出的零点。

图 5-15 电路使用两只线性光耦来完成双极性信号的传递。图 5-15 也给出了 HCNR201 数据手册中一个实例电路的元件参数。该电路使用线性光耦 OC_1 来应对信号的正半周，OC_2 则应对信号的负半周，在输出一侧，运放 A_3 构成的 I-V 变换器的输入实际为 OC_1 中 PD_2 和 OC_2 中 PD_2 的反向电流之差。图 5-15 中，R_1 可用来调整输出的偏置（或者说调整输入失调），R_7 可用来精确校正增益。此电路的稳定性较图 5-14 电路更容易保证。

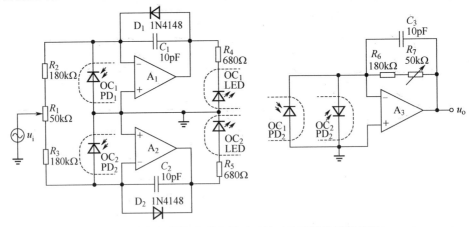

图 5-15　线性光耦的典型应用（互补对称双极性模拟信号）

5.3　继电器和模拟开关

　　继电器和模拟开关都是用电压/电流来控制电路通断的器件。继电器的控制侧电路和受控侧电路是电气隔离的，可以允许较大的、浮动的电压差。模拟开关的控制侧和受控侧通常受到同一个供电电源轨的限制。

5.3.1　继电器

　　继电器分为机械继电器和固态继电器。多数固态继电器采用光电耦合，本身也是光电耦合器的一种。

　　常见的机械继电器由电磁线圈和机械触点构成，图 5-16 所示为一个单线圈单刀双掷（Single Pole Double Throw，SPDT）继电器。控制线圈与受控触点之间是电气隔离的。线圈不通电时公共触点（COM）与常闭触点（NC）接通，线圈通电时公共触点（COM）与常开触点（NO）接通。

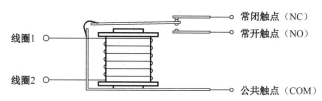

图 5-16　单线圈单刀双掷继电器

　　许多继电器会有两组（DPDT）、三组（3PDT）甚至更多组触点，多组触点间通常也是电气隔离的，控制方式有以下几种。

　　① 单稳：线圈断电，COM 与 NC 接通；线圈通电，COM 与 NO 接通；有些继电器会标明线圈电流方向，通反向电流可能不工作。

　　② 单线圈自锁：线圈正向通电，COM 与 NO 接通；线圈反向通电，COM 与 NC 接通；线圈断电时会保持之前的状态。

　　③ 双线圈自锁：线圈 1 通电，COM 与 NO 接通；线圈 2 通电，COM 与 NC 接通；线圈断电时会保持之前的状态。

　　另有使用干簧管和线圈构成的干簧管继电器，干簧管本身是一种磁控通断的器件，如图 5-17（a）所示，在其上绕制线圈即可构成干簧管继电器，如图 5-17（b）所示。干簧管继电器的触点结构简单，分布电容较小，更适用于高频电路，甚至可用在宽带放大器的反馈回路中。

图 5-17　干簧管和干簧管继电器

对于机械继电器，通常需要关注的参数如下。

① 标称工作电压：建议给线圈工作施加的电压，通常其他参数特性也是在标称电压工作下测得的。

② 标称工作电流：给线圈施加标称工作电压时，线圈流过的电流。

③ 最小吸合电压：线圈吸合所需的最小电压。

④ 最大释放电压：使线圈释放最大能施加的电压。

⑤ 触点耐压：断开的触点间，能承受的最大电压差。

⑥ 触点耐流：接通的触点间，能流过的最大电流。

⑦ 触点导通电阻：接通的触点间的电阻，通常在 $20m\Omega$ 以下。

⑧ 隔离电压：线圈与受控触点间最大允许的电压差。

⑨ 响应时间：从线圈施加标称工作电压至触点完全动作到位所需的时间。

其中，标称工作电压、最小吸合电压和最大释放电压依次减小，触点耐压和耐流之积也常称为触点容量，单位伏安（VA）。

电子电路中常用的小微型机械继电器的标称工作电压通常为 3.3～24V，工作电流为 20～200mA，响应时间通常在 10ms 左右。通常体积越小，响应越快。

驱动继电器可使用第 2 章介绍的各种晶体管开关电路，注意继电器线圈为感性负载，应按第 2 章中图 2-118 所示电路为其添加关断时的续流二极管。

如果要使用继电器控制高频信号的通断，那么还应关注触点的寄生电容和寄生电感。还有专为射频信号设计的继电器，如 Omron 的 G6K（RF）系列。

5.3.2　固态继电器

固态继电器没有机械动作部件，响应时间较机械继电器短，通常使用光电耦合方式从控制侧向受控侧传递控制信号，受控侧的通断控制也使用半导体器件，如可控硅、IGBT 或 MOSFET 等。使用可控硅或 IGBT 的固态继电器常用于大功率电路中，使用 MOSFET 的固态继电器往往用于小功率电路甚至信号通路中，这里仅介绍 MOSFET 开关的固态继电器。

图 5-18 所示为 MOSFET 固态继电器的原理和简化符号。控制侧发光二极管通电流发光时，光敏二极管的反向电流对两个增强型功率场效应管 M_2 和 M_3 的栅极充电，使它们开通，M_1 和电阻构成的电路则用于平衡开通和关断时间，也有使用耗尽型 MOSFET 制成的常闭型的 MOSFET 固态继电器。

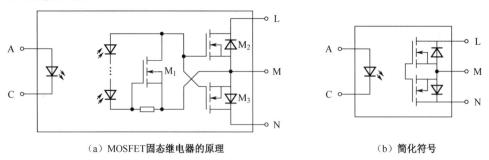

（a）MOSFET固态继电器的原理　　　　　　　　　（b）简化符号

图 5-18　MOSFET 固态继电器的原理和简化符号

将 L、N 串入回路中，可以控制交流或直流回路的通断（当然也可以控制信号通断），如

图 5-19（a）所示。将 L 和 N 短接后与 M 串入回路中（此时两个 MOSFET 并联），可以控制直流回路的通断，如图 5-19（b）所示。注意，因 MOSFET 体二极管的影响，被控的电流方向只能是从 L 和 N 流向 M。

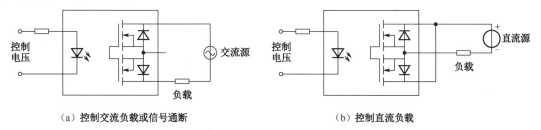

（a）控制交流负载或信号通断　　　　　　　（b）控制直流负载

图 5-19　MOSFET 固态继电器的典型应用

此外，也有只使用一只 MOSFET 用于控制直流回路通断的 MOSFET 固态继电器。有的 MOSFET 固态继电器并不会引出 M 端口。

机械继电器的大多数参数同样适用于 MOSFET 固态继电器。MOSFET 固态继电器的响应时间通常为 1ms 左右，导通电阻为 $10\sim100\Omega$，开关耐压为数十伏特至上千伏特，最大开关电流一般不超过 20A，通常耐压越高，导通电阻越大，电流越小。若要使用 MOSFET 固态继电器控制高频信号的传输，则还应关注其寄生电容，大多数小电流的 MOSFET 固态继电器，如 Panasonic 的 AQY210，寄生电容为 1pF 左右，可用于数百兆赫兹甚至上吉赫兹高频信号的通断控制。

5.3.3　模拟开关

模拟开关通常用于设计制作挡位数不多的程控增益放大器、程控滤波器，还可用于设计开关式的混频器等。

最基本的模拟开关单元是传输门，其电路构成如图 5-20（a）所示。当 u_G 为高电平时，NMOS 和 PMOS 均可开通，NMOS 负责在 A 和 B 电平较低时的双向导通，而 PMOS 负责在 A 和 B 电平较高时的双向导通。图 5-20（b）所示为传输门的符号。传输门本身在数字电路中有着广泛的应用。

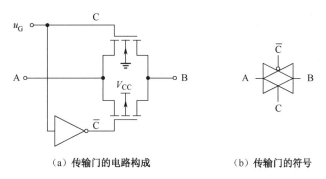

（a）传输门的电路构成　　　　　　（b）传输门的符号

图 5-20　传输门的电路构成和符号

专用的模拟开关 IC 除简单的一路开关之外，还可以有多路、多掷各种配置。表 5-1 列出了几种常用的模拟开关型号。其中，"n:1"是指单刀 n 掷。

表 5-1　几种常用的模拟开关型号

	单路	双路	四路
1:1(NO)	TS12A4514	TS5A21366	TS12A44514
1:1(NC)	TS12A4515	TS5A21367	TS12A44515
2:1(SPDT)	TS12A12511	TS5A23159	TMUX1574
3:1(SPTT)	TS5A3357	—	—
4:1(SPQT)	TMUX1104	TMUX1109	—
8:1(SPOT)	TMUX1108	MPC507A	—

使用模拟开关需要关注的常用参数如下。

① 供电电压范围：与运算放大器类似，供电本质上没有单电源、双电源的区别，手册中所述的单电源和双电源的主要区别在于：①有无专门的"地"（电源轨中点）；②控制输入端口的电平参考。对于未明确标注为双电源的模拟开关，如果需要控制双极性的信号，那么可以将整个电源轨下调，但要注意控制输入端口的电平需要变换。

② 控制端口的电平规范：通常兼容 3.3V 或 5V 的 CMOS/TTL 电平。

③ 开关的导通电阻：通常为 0.1~100Ω。

④ 受控信号的电压范围：是否轨至轨、与电源轨的距离等。

⑤ 开通时间和关断时间：从控制信号变化到受控开关开通或关断的时间，开通和关断的标准通常都是在具体的测试电路下定义的。

⑥ "先断后合"延迟（Break before make delay）：在多掷的模拟开关中，在切换触点时，通常会让已连接触点先断开，再闭合将连接的触点，期间的延迟称为"先断后合"延迟。

⑦ 控制端口的输入电容/注入电荷：在需要高速切换通断时需要考虑。

⑧ 触点分布电容：公共触点、常开触点、常闭触点在开通和关断状态下对地（电源轨）的分布电容，在受控信号为高频信号时需要考虑。

⑨ 触点漏电流：公共触点、常开触点、常闭触点在开通和关断状态下对地（电源轨）的漏电电流，在受控信号源阻抗很大时需要考虑。

⑩ 信号带宽：通常是在 50Ω 匹配的高频线路中，开关开通时，能通过的信号的最大带宽。

5.4　对数放大器和指数放大器

对数放大器的输出与输入呈对数关系；指数放大器的输出与输入呈指数关系。对数放大器和指数放大器配合加减法电路可以组成乘法和除法运算电路。在一些大动态范围的测量应用中，对数放大器还可用于"压缩"数据，以使得后级噪声和误差对被测量的影响呈相对比例关系而不是产生绝对影响。

根据式（2-46），在 $U_F \gg V_T \approx 26\text{mV}$ 时，

$$U_F \approx nV_T \cdot \ln \frac{I_D}{I_S} \tag{5-12}$$

利用式（5-12），将二极管作为运放电路的反馈元件，可制作成对数放大器，如图 5-21（a）所示。

其输出 u_o 为

$$u_o = -U_F \approx -nV_T \cdot \ln \frac{u_i}{RI_S} \qquad (5\text{-}13)$$

图 5-21（b）所示电路使用 BJT 代替二极管，可以消除发射系数 n 的影响。根据式（4-47）和 $U_{BE} = U_{CE} = -u_o \ll V_A$，有

$$\frac{u_i}{R} = I_C = I_S \cdot e^{-\frac{u_o}{V_T}} \qquad (5\text{-}14)$$

即

$$u_o \approx -V_T \cdot \ln \frac{u_i}{RI_S} \qquad (5\text{-}15)$$

在图 5-21（b）中，R_E 用来降低环路增益，防止因 BJT 共基极电路引入的高环路增益导致系统不稳定，它使得环路增益被限制为 $A_0 \cdot R / R_E$，但是使用中 R_E 也不宜过大，以免运放输出饱和。在运放的反相输入端和输出端增加相位超前补偿电容，这样可进一步提高稳定性，当然也会降低电路的频率响应上限。

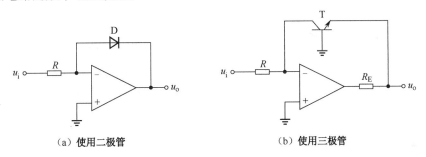

（a）使用二极管　　　　　　　　（b）使用三极管

图 5-21　最简单的对数放大器

将对数放大器反馈回路中的器件换位，可得到指数放大器，如图 5-22 所示。

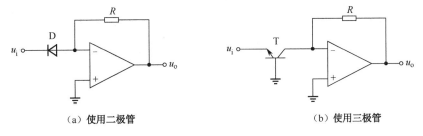

（a）使用二极管　　　　　　　　（b）使用三极管

图 5-22　最简单的指数放大器

其输出和输入的关系分别为

$$u_o = I_S R \cdot e^{-\frac{u_i}{nV_T}} \qquad (5\text{-}16)$$

和

$$u_o = I_S R \cdot e^{-\frac{u_i}{V_T}} \qquad (5\text{-}17)$$

均要求 $u_i < 0$ 。

限于二极管和三极管的温度效应，上述对数放大器和指数放大器电路的温度稳定性都很差。图 5-23 所示为带有温度补偿的对数放大器，其使用 2 个特性一致的三极管（如同一封装内的对管），可以消除 I_S 的温度效应。

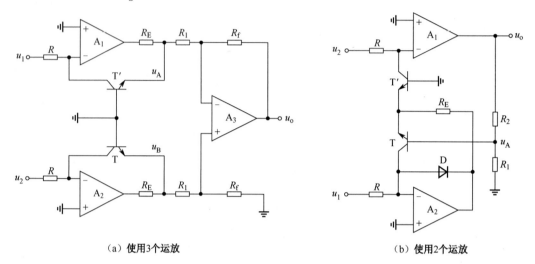

（a）使用3个运放　　　　　　　　　　　　　　（b）使用2个运放

图 5-23　带有温度补偿的对数放大器

对于图 5-23（a），运放 A_3 形成减法器（差分放大器），可知其输出为

$$u_o = \frac{R_f}{R_1}(u_B - u_A) = \frac{R_f V_T}{R_1} \cdot \ln \frac{u_1}{u_2} \tag{5-18}$$

对于图 5-23（b），根据 $u_A - U_{BE} + U_{BE}' = 0$ ，可以推导出

$$u_o = V_T \cdot \frac{R_1 + R_2}{R_1} \cdot \ln \frac{u_1}{u_2} \tag{5-19}$$

图 5-24 所示为带有温度补偿的指数放大器。

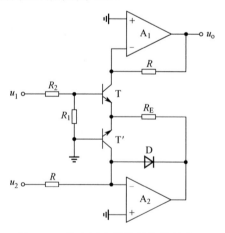

图 5-24　带有温度补偿的指数放大器

其输出电压与输入电压的关系为

$$u_o = u_2 \cdot \exp\left(\frac{R_1}{R_1 + R_2} \cdot \frac{u_i}{V_T} \right) \tag{5-20}$$

若要进一步消除 V_T 的温度效应，则根据 $V_T = kT / q$ ，可将图 5-23（a）、（b）和图 5-24 电路中的 R_1 替换为热敏电阻，保证 $V_T R_f / R_1$ 和 $V_T (R_1 + R_2) / R_1$ 恒定或近似恒定。

5.5　模拟乘法器

模拟乘法器将两个输入信号相乘，再乘以一定的增益系数后得到输出信号，常见乘法器的输入输出信号均为电压信号。

$$u_o = G u_x u_y = \frac{u_x u_y}{U_z} \tag{5-21}$$

其中，G 的单位为 V^{-1} ，$U_z = G^{-1}$ 为标尺电压、标尺因子。有些乘法器电路/芯片提供外接 U_z 输入，可输入动态信号，可实现除法：

$$u_o = \frac{u_x u_y}{u_z} \tag{5-22}$$

乘法器在通信和测试测量电路中应用广泛，是调制解调、锁相放大、阻抗测量、频谱分析、网络分析等应用中的重要电路单元。

5.5.1　模拟乘法器的原理

利用对数放大器和求和、求差电路可以实现乘法器和除法器，但这样的乘法器和除法器的输入均只能为一种极性，只能实现单象限乘除法。

BJT 的跨导正比于集电极静态电流，而集电极动态电流则正比于基极电压与跨导的乘积，利用 BJT 的变跨导特性构成的乘法器称为变跨导式乘法器。图 5-25 所示为最简单的变跨导两象限乘法器。其中，u_x 可正可负，要求 $|u_x| \ll V_T \approx 26mV$ ，而 $u_y' \approx u_y + V_{CC} - 0.6V$ 需大于零，其输出电压为

$$u_o \approx \frac{R_f}{R_E V_T} \cdot u_x u_y' \tag{5-23}$$

图 5-26 所示为双平衡式变跨导四象限乘法器（又称为吉尔伯特乘法器单元）。它增加了第二组差分对与第一组并联，也由 u_y 控制其发射极电流，但是相位与第一组相反。电路的输入 u_x 和 u_y 均可正可负，并要求它们的绝对值都远小于 V_T ，通常实用的 u_x 和 u_y 范围在 $\pm 10mV$ 以内，其输出为

$$u_o \approx \frac{R_f I_0}{4 V_T^2} \cdot u_x u_y \tag{5-24}$$

上述变跨导乘法器的标尺因子均与 V_T 有关，且要求输入电压绝对值足够小，对晶体管的匹配要求也很高；否则会产生很大的失调电压，甚至导致电路无法正常工作。

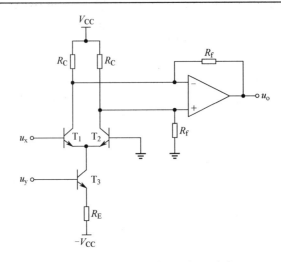

图 5-25　最简单的变跨导两象限乘法器

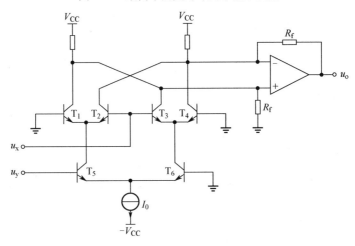

图 5-26　双平衡式变跨导四象限乘法器

图 5-27 所示改进的双平衡式变跨导四象限乘法器则更为实用，它给 u_y 的输入差分对增加了电流反馈，同时为 u_x 输入端增加了相同的结构，放宽了对输入电压范围的要求，并利用 T_{D1} 和 T_{D2} 射极电流和 B-E 电压的对数特性来抵消后级 V_T 的影响。其输出为

$$u_o \approx \frac{2R_f}{R_x R_y I_7} \cdot u_x u_y \qquad (5\text{-}25)$$

要求 $|u_x| < R_x I_7$，$|u_y| < R_y I_8$。如果将 I_7 电流镜部分替换为受外部输入电压控制的，电路还可以完成除法。

上述乘法器电路对于晶体管的匹配均有严格要求，自行制作需要精心挑选匹配良好的晶体管，或者采购同一封装的对管。

许多半导体公司也提供成品乘法器芯片，如 TI 的 MPY634。图 5-28 所示为 MPY63 原理框图。图 5-29 所示为 MPY63 的典型应用电路。

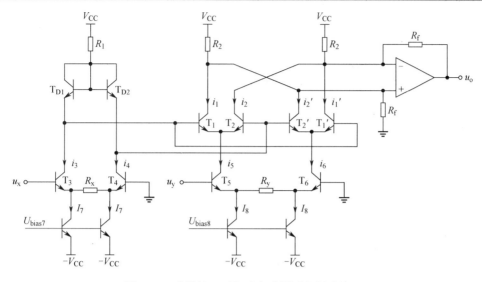

图 5-27　改进的双平衡式变跨导四象限乘法器

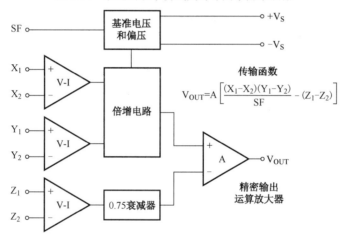

图 5-28　MPY634 原理框图

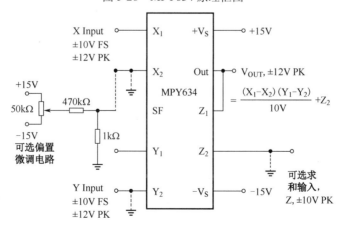

图 5-29　MPY634 的典型应用电路

MPY634 还可以方便地构成可控增益放大器、除法器、平方器、倍频器、开方器、鉴相器、正弦函数电路等，具体可参考其数据手册。

5.5.2 乘法器的失调

实际的乘法器会有多种失调存在，其输出电压为

$$
\begin{aligned}
u_\mathrm{o} &= \frac{1}{U_z}\left(u_\mathrm{x}+U_\mathrm{x,OS}\right)\left(u_\mathrm{y}+U_\mathrm{y,OS}\right)-U_\mathrm{o,OS} \\
&= \frac{u_\mathrm{x}u_\mathrm{y}}{U_z}+\frac{U_\mathrm{y,OS}}{U_z}u_\mathrm{x}+\frac{U_\mathrm{x,OS}}{U_z}u_\mathrm{y}+\frac{U_\mathrm{x,OS}U_\mathrm{y,OS}}{U_z}-U_\mathrm{o,OS}
\end{aligned} \tag{5-26}
$$

其中，$U_\mathrm{x,OS}$、$U_\mathrm{y,OS}$ 和 $U_\mathrm{o,OS}$ 分别为 x 输入端、y 输入端和输出失调电压，实际输出除了所需的 u_x、u_y 乘积项，还有两个一次项和零次项存在。在实际应用中，如果对精度要求严格，那么需要在乘法器电路或芯片应用电路中增加两个电位器对 x、y 路输入偏置进行微调，同时增加第三个电位器为输出叠加偏置以抵消零次项。

在实际调试中，可以用两路频率比值为 $2:3$ 的相位同步的正弦信号（设频率为 $2f$ 和 $3f$）分别作为 x 和 y 输入，然后用频谱分析仪或示波器的傅里叶分析功能观察输出信号的频谱，再调节 y 路偏置电位器使得 $2f$ 成分最小，调节 x 路偏置电位器使得 $3f$ 成分最小，最后调整输出偏置使得直流成分最小。

在乘法器的很多应用中，u_x、u_y 都是正弦信号，最后只关注输出的低频或直流成分，式（5-26）中，二次项产生的高频成分和两个一次项会被低通滤波器滤除。此时，可以置输入 $u_\mathrm{x}=u_\mathrm{y}=0$，仅调节输出偏置抵消零次项即可。对于使用 ADC 采样后在数字域处理的情况，还可以用软件记录 $u_\mathrm{x}=u_\mathrm{y}=0$ 时的输出，即零次项的值，在后续数据中将其扣除即可。

5.6 PGA 和 VGA

5.6.1 PGA 和 VGA 简介

PGA 和 VGA 分别是 Programmable Gain Amplifier 和 Variable Gain Amplifier 的缩写。严格来讲，PGA 是 VGA 的一种。通常，PGA 的增益由数字 IO 或 SPI、I²C 等总线控制，一般是步进式；VGA 的增益由模拟输入控制，增益通常可连续变化，内部一般由乘法器构成。VGA 根据控制输入和实际增益的关系又分为线性式（$G=ku_\mathrm{c}+b$）和对数式（$20\lg G=ku_\mathrm{c}+b$）。

PGA 芯片常用于射频领域或测试测量领域，常与仪表放大器或/和 ADC 结合。VGA 芯片则应用稍宽泛。

表 5-2 列出了 TI 公司的几款 PGA 芯片及其主要特性。读者可自行学习其数据手册。

表 5-3 列出了 TI 公司的几款常用 VGA 芯片及其主要特性。通常实际应用电路的带宽、信号幅度和增益范围会相互影响，需参考其数据手册，根据具体需求验算。

表 5-2　TI 公司的几款 PGA 芯片及其主要特性

型号	输入类型	增益/dB	标称带宽/Hz
PGA103	单端	1、10、100	1.5M、750k、150k
PGA202	差分（仪放）	1、10、100、1000	4M、800k、800k、200k
PGA112/116	单端	1、2、4、8、16、32、64、128	10M、3.8M、2M、1.8M、1.6M、1.8M、600k、350k
PGA113/117	单端	1、2、5、10、20、50、100、200	10M、3.8M、1.8M、1.8M、1.3M、900k、380k、230k
PGA203	差分（仪放）	1、2、4、8	1M
PGA204	差分（仪放）	1、10、100、1000	1M、80k、10k、1k
PGA205	差分（仪放）	1、2、4、8	1M、400k、200k、100k
PGA206	差分（仪放）	1、2、4、8	5M、4M、1.3M、600k
PGA207	差分（仪放）	1、2、5、10	5M、4M、1.3M、600k
LMH6514	差分（射频）	42dB 范围、6.02dB 步进、最大 38dB	600M
LMH6515	差分（射频）	31dB 范围、1dB 步进、最大 30dB	600M
LMH6517	差分（射频）	31.5dB 范围、0.5dB 步进、最大 22dB	1.2G

表 5-3　TI 公司的几款常用 VCA 芯片及其主要特性

型号	增益−控制电压关系	典型增益调节范围/dB	标称小信号带宽/Hz
VCA810	对数式	80	35M
VCA820	对数式	40	150M
VCA821	对数式	40	420M
VCA822	线性式	40	150M
VCA824	线性式	40	420M
LMH6502	对数式	70	130M
LMH6503	线性式	80	135M
LMH6505	对数式	80	150M

图 5-30 所示为 VCA821 的典型应用和内部电路。VCA82× 系列的典型应用和内部电路均与此图类似。

图 5-30 中，V_G 为控制电压输入端，对于 VCA821，在 $u_G \in [0.3V, 0.8V]$ 时，电路增益约为 40dB，且 u_G 和电路增益有较为准确的对数关系。当 $u_G < 0.3V$ 时，增益会进一步降低，当 $u_G > 0.8V$ 时，增益可提升一些。

对于 VCA821，其最大增益（增益调节范围的上限）为

$$A_{\mathrm{MAX}} = \frac{2R_{\mathrm{F}}}{R_{\mathrm{G}}} \tag{5-27}$$

R_{G} 上的电流 i_{RG} 的绝对值有 2.6mA 限制：

$$i_{\mathrm{RG}} = \frac{u_{\mathrm{i}}}{R_{\mathrm{G}}} \in [-2.6\mathrm{mA}, 2.6\mathrm{mA}] \tag{5-28}$$

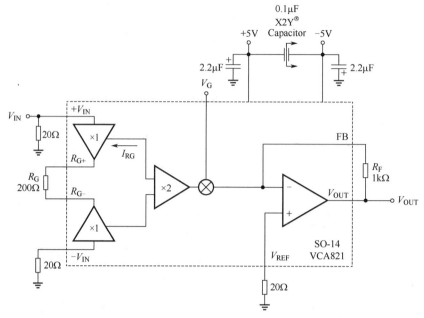

图 5-30　VGA821 的典型应用和内部电路

（以 VCA821 为例，图片来自 TI 数据手册）

在图 5-30 中，取值将使得电路的最大增益为 20dB，增益范围下限小于-20dB，输入信号最大峰峰值为 1.04V（无偏置时）。当然，输出电压范围还限制了输入信号幅度和增益之积。

5.6.2　AGC

AGC（Automatic Gain Control，自动增益控制）是 VGA 的一种典型应用，在通信电路及一些测试测量电路中应用较为广泛。它采用峰值或有效值检测等电路（将在第 6 章进行介绍）来检测输出信号，根据它与参考值的差异来调整 VGA 的增益，以保持 VGA 输出，即整个 AGC 电路的输出保持在一个较为固定的幅度上，无论输入信号的幅度多大。图 5-31 所示为 AGC 的典型工作原理框图。

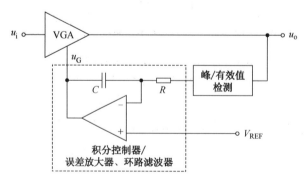

图 5-31　AGC 的典型工作原理框图

在图 5-31 中，VGA、峰值或有效值检测电路和积分控制器构成负反馈，如果因任何外部原因导致 u_o 的峰值或有效值变得大于/小于 V_{REF}，积分控制器输出的 u_G 就降低/升高，使得

VGA 增益降低/升高，直至 u_o 的峰值或有效值与 V_{REF} 相等。显然，要使环路正常工作，积分控制器的时间常数应远大于信号的周期。积分控制器的时间常数也正比于环路的响应时间，即当输入信号幅度突变或 V_{REF} 突变后，环路重新达到稳定所需要的时间。如果 VGA 的控制电压与增益是单调递减关系，那么可使用谷值检测或使用同相积分控制器。

　　实际的 AGC 环路形式也可以用图 5-31 简化。如图 5-32 所示为 VCA821 数据手册中给出的一种 AGC 电路。

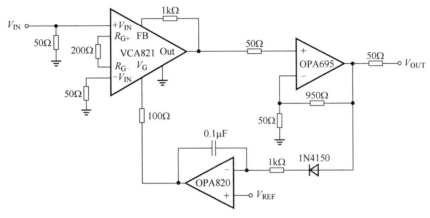

图 5-32　使用 VCA821 构成的 AGC 电路

（图片来自 TI 数据手册）

　　在图 5-32 中，OPA695 用来为 VGA 提供额外增益，以使得电路有更大的输出电压范围和增益，此电路使用一只高速二极管 1N4150 完成简单的峰值检测功能，当输出电压瞬时超出 V_{REF} 和 1N4150 的正向压降之和时，OPA820 构成的积分器电压降低；当输出电压瞬时值低于 V_{REF} 和 1N4150 的正向压降之和时，OPA820 的输入偏置电流（20μA 左右）会使得积分器输出电压缓慢升高，电路最终会稳定在临界点。

　　积分器输出下降的时间常数为

$$\tau_{fall} \approx 1k\Omega \times 0.1\mu F = 0.1ms$$

　　根据积分器电容充放电电量，可以估计，积分器输出上升的时间量级为

$$\tau_{rise} \approx \frac{0.5V \times 0.1\mu F}{20\mu A} = 2.5ms$$

　　其中，0.5V 为 VCA821 的控制电压范围。

　　因而该电路能处理的信号频率应远大于 $1 / 0.1ms = 100kHz$，当输入幅值变小或 V_{REF} 变大时，输出幅值回到预期需要的时间略小于 2.5ms；当输入幅值变大或 V_{REF} 变小时，输出幅值回到预期需要的时间略大于 0.1ms。可以估计，电路在稳态的工作波形将如图 5-33 所示。

　　注意，图 5-33 中 u_G 的波形幅度绘制得较为夸张，实际波动幅度应很小。

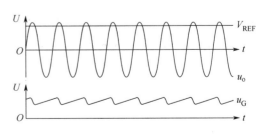

图 5-33　电路在稳态的工作波形

5.6.3 使用 VGA 构成乘法器

若控制输入带宽足够,则线性增益的 VGA 也可方便地构成四象限乘法器。以 TI 的 VCA824 为例,它本身相当于一个两象限乘法器,其输出与输入的关系为

$$\frac{u_o}{u_i} = \frac{2R_F}{R_G} \cdot \frac{u_G + 1V}{2V}$$

内部电流乘法器的输出(流出为正)为

$$i_m = -\frac{2u_i}{R_G} \cdot \frac{u_G + 1V}{2V}$$

通过在同相输入端和末级放大器反馈端增加电阻 R_1,增加了流向 FB 节点的电流 u_i / R_1,如图 5-34 所示。

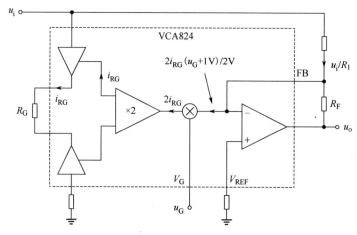

图 5-34 用 VCA824 作为四象限乘法器

因而,后级运放和 R_F 构成的 I-V 变换电路的输出为

$$u_o = -R_F \cdot \left(i_m + \frac{u_i}{R_1} \right) = \frac{R_F}{R_G} \cdot \frac{u_i u_G}{1V} + \frac{R_F (R_1 - R_G) u_i}{R_1 R_G}$$

令 $R_1 = R_G$,可得

$$u_o = \frac{R_F}{R_G} \cdot \frac{u_i u_G}{1V}$$

即为标尺电压 $U_z = 1V \times R_G / R_F$ 的四象限乘法器。

除 VCA824 之外,VCA822、LMH6503 等均可用同样的方式实现四象限乘法器。

5.7 模拟锁相环

锁相环(Phase Lock Loop, PLL)是一种典型的闭环控制系统,可用于时钟频率合成、变换,通信系统中的时钟恢复、同步,以及频率、相位调制解调等。

5.7.1　锁相环的原理

图 5-35 所示为锁相环的基本原理。

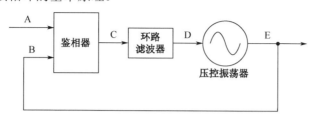

图 5-35　锁相环的基本原理

　　鉴相器比较 A、B 两点的信号相位，根据相位的先后产生极性相反的输出。鉴相器有多种实现方式，如异或门、乘法器或电荷泵式，各有不同的特性。环路滤波器用来平滑鉴相器的输出，并在整个环路的稳定性和动态性能之间寻求平衡，通常以积分器为基础。压控振荡器（VCO）则根据输入电压产生振荡，常以变容二极管或变跨导方式实现，振荡频率通常与控制电压近似线性关系。

　　如果 A、B 两点的信号相位有差异，鉴相器的输出 C 将会使环路滤波器输出 D 发生渐变，进而使得压控振荡器输出频率发生变化，频率变化随时间积分产生相位变化，最终环路将使得 A、B 两点信号相位同步，频率也相同。

　　乘法器可用作鉴相器，这点将在第 6 章介绍。异或门作为鉴相器无法分辨相位差的极性，只能令整个环路工作在有固定相差的情况下。单纯的鉴相器也无法实现较大范围的频率捕捉，所以要求初始状态下 A、B 两点频率差很小。

　　在 IC 中常用电荷泵式鉴频鉴相器，具有很大的频率捕捉范围，其原理（包含环路滤波器和 VCO）如图 5-36 所示，大多数集成锁相环芯片内都是这种结构。

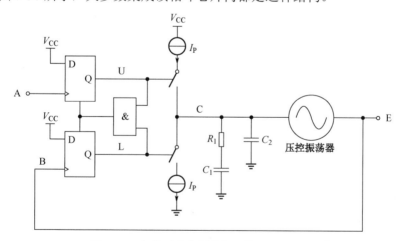

图 5-36　电荷泵式鉴频鉴相器构成的锁相环

　　以相位为主要考察信号，如果先不考虑 R_1 和 C_2，仅以 C_1 作为电荷泵电流的积分器，图 5-36 的简化系统模型将如图 5-37 所示。

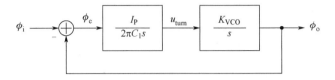

图 5-37　图 5-36 的简化系统模型

鉴频鉴相器比较相位 ϕ_i 和 ϕ_o，其输出的脉冲电流的短时均值正比于相差 $\phi_e = \phi_i - \phi_o$，增益为 $I_P / (2\pi)$，经电容 C_1 积分，这部分的传输函数为 $\dfrac{I_P}{2\pi C_1 s}$。VCO 的输出频率正比于其输入电压 u_{turn}，设其增益为 K_{VCO}（单位为 $\mathrm{s^{-1}V^{-1}}$），而输出相位为频率的积分，这部分传输函数为 $\dfrac{K_{VCO}}{s}$，环路传输函数为

$$H_{O1}(s) = -\frac{I_P K_{VCO}}{2\pi C_1 s^2} \tag{5-29}$$

幅频曲线过零时的频率为

$$\omega_n = \sqrt{\frac{I_P K_{VCO}}{2\pi C_1}} \tag{5-30}$$

也称为环路的带宽。

该环路传输函数有两个极点位于原点。根据 3.2.1 节所述，其相移为常数 $-180°$，而幅频特性为 $-40\mathrm{dB/dec}$ 单调递减，必然不满足环路稳定所需的相位裕度要求。因而引入 R_1 为电路增加零点，使得增益过零点的相移趋向于 $-90°$，保证相位裕度。此时，环路传输函数为

$$H_{O2}(s) = \frac{I_P K_{VCO}(1 + C_1 R_1 s)}{2\pi C_1 s^2} \tag{5-31}$$

零点角频率 $\omega_1 = 1/(R_1 C_1)$，通常取 R_1 的值使得 ω_1 略小于 ω_n，即

$$R_1 > \sqrt{\frac{2\pi}{I_P C_1 K_{VCO}}} \tag{5-32}$$

但增加了 R_1 后，脉冲电流在 R_1 上产生的脉冲压降将直接影响压控振荡器，因而又引入了较小的 C_2，以稳定压控振荡器的输入电压，通常取

$$C_2 \in \left[\frac{C_1}{10}, \frac{C_1}{5}\right] \tag{5-33}$$

C_1 的确定则要根据鉴频鉴相器的信号频率 f_{PFD} 和需要的锁定时间 T_{lock} 来折中计算，如果压控振荡器的输入电压范围为 U_{VCO}，那么显然要求 $U_{VCO} \cdot C_1 / I_P < T_{lock}$（忽略较小的 C_2 的作用），即

$$C_1 < \frac{T_{lock} I_P}{U_{VCO}} \tag{5-34}$$

另外，压控振荡器输入电压的纹波应足够小，$\dfrac{I_P / f_{PFD}}{C_1} \ll U_{VCO}$，即

$$C_1 \gg \frac{I_P}{f_{PFD}U_{VCO}} \tag{5-35}$$

上述式（5-30）、式（5-32）～式（5-35）在使用集成锁相环 IC，设计其外围环路滤波器时经常用到，特别是在数据手册中未给出我们所需的应用案例时。

5.7.2　频率合成

使用锁相环，配合分频器，可以方便地实现频率变换，或者通过一个固定的输入频率合成大范围小步进的频率输出，广泛用于通信或测量系统中的本振、时钟源。典型的频率合成系统如图 5-38 所示。

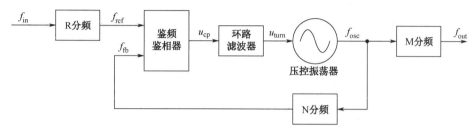

图 5-38　典型的频率合成系统

已知锁相环原理时，图 5-38 的原理就非常简单了。容易知道，输出信号频率为

$$f_{out} = \frac{N}{RM} \cdot f_{in} \tag{5-36}$$

其中，R 和 M 通常为整数，N 一般也为整数，不过许多集成 PLL 频率合成芯片还会利用吞脉冲、累加、$\Delta - \Sigma$ 调制等手段实现带有小数部分的 N，实现更精细的输出频率调节。

5.8　ADC 和 DAC 的基础知识

ADC（模拟-数字转换器）和 DAC（数字-模拟转换器）是模拟电路和数字电路的桥梁。现在稍复杂的电路系统或带有人机接口的电路系统极大可能是会用到 ADC 和 DAC 的。

ADC 将模拟信号（通常是电压信号）采样并量化为离散的数字信号，DAC 则将离散的数字信号转换为模拟阶跃信号，采样率和量化分辨率是 ADC 和 DAC 最为重要和基础的两个参数。

在系统稳定工作时，采样率通常都是恒定不变的，数字系统的采样率必须满足 3.1.3 节所述的要求，才能保证数字域信号是模拟信号的正确表达。在关注一些低速信号的瞬时值时，也可以适时按需采样转换，不必严格保持恒定的采样周期。

5.8.1　采样和保持电路

采样和保持电路是 ADC 中的重要部分，它保证 ADC 在进行数据转换期间，数据转换部分的输入模拟电压保持不变。采样和保持电路通常由模拟开关和电容器构成。

图 5-39 所示为最简单的采样保持电路及其工作波形。图 5-39（a）中 K 为模拟开关，由 u_c

控制，运放 A_1 用来保证电路输入阻抗足够大且稳定，A_2 用来保证输出电阻足够小且稳定。

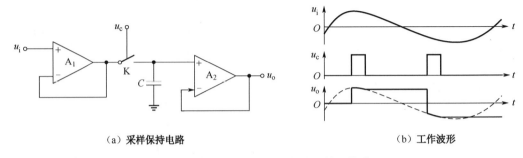

（a）采样保持电路   （b）工作波形

图 5-39 最简单的采样保持电路及其工作波形

K 开通期间，输出跟踪输入的变化；K 关断期间，电容保持 K 关断时刻的输入电压。K 开通的时间称为采样或跟踪时间，K 关断的时间称为保持时间。为使得保持期间电压尽量不变，A_2 应采用高输入阻抗的 FET 输入级运放。

如果开关的开通电阻为 R_K，为了让电容能准确跟踪频带上限为 f_H 的输入电压，要求 $\dfrac{1}{2\pi R_K C} \gg f_H$，即

$$R_K C \ll \frac{1}{2\pi f_H} \tag{5-37}$$

但 C 不能过小，否则在保持期间，自身漏电和 A_2 的输入电流会导致电压变化。R_K 也不能过小，否则 A_1 的负载将呈明显的容性，导致稳定性问题。

开关开通时，将电容充电到与输入电压偏差在误差范围内需要的时间，称为建立时间 t_{su}。开关关断不是瞬时完成的，在跟踪到保持转换时，开关会经历一段电阻逐渐变大的过程。这两个短时段的工作波形如图 5-40 所示。在开关开始关断后，电容上的电压会逐渐跟不上输入电压，直到开关相对"彻底地"关断，这段时间称为孔径时间或孔径延迟 t_a。最后电容保持的电压对应到输入电压波形上的时刻，距离到开关开始关断的时间称为等效孔径延迟 t_e。

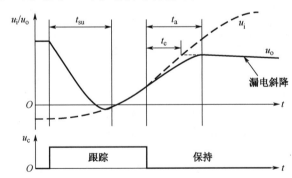

图 5-40 孔径时间和等效孔径延迟的工作波形

事实上，开关关断所需的时间与输入电压也有关系，因而 t_a 还存在不确定性，不同 t_a 之间的差，称为孔径抖动 Δt_a。

孔径时间也是影响 ADC 模拟输入带宽的因素，如果孔径时间较长，最后保持的电压实际

上是输入电压在孔径时间内通过模拟开关和电容构成的变电阻 RC 网络的积分平均。

图 5-41 所示为另一种使用积分器的采样保持电路。它使用积分器做电压保持，D_Z 用作双向限幅，避免运放 A_1 输出饱和。

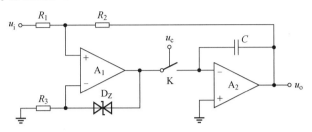

图 5-41　使用积分器的采样保持电路

在稳定跟踪时，其输出为

$$u_o = -\frac{R_f}{R_1} u_i \tag{5-38}$$

运放 A_1 减小了建立时间，而大环反馈则保证了输出电压的精度。但是，这个电路用作高频信号的采样保持时，难以保证稳定性。

5.8.2　分辨率和量化噪声

数字系统中用来表达信号的二进制数据是有限字长的，如果 ADC 将连续模拟信号量化为数字信号采用的二进制数据字长为 N，并忽略量化阶梯，通常都是将标称输入范围的模拟信号

$$u_a \in [U_L, U_H - U_{LSB}]$$

线性地映射到整数值

$$Z \in [-2^{N-1}, 2^{N-1} - 1]$$

或

$$Z \in [0, 2^N - 1]$$

其中，$U_{LSB} = (U_H - U_L)/2^N$，下标 LSB 是 Least Significance Bit 的缩写；2^N 为 ADC 的量化分辨率，对于将 $[-2^{N-1}, 2^{N-1} - 1]$ 或 $[0, 2^N - 1]$ 转换为模拟信号的 DAC，同样也称 2^N 为其量化分辨率；N 为量化位宽；U_{LSB} 为量化间隔或量化分辨力。

若 $U_L = 0$，$U_H > 0$，则该 ADC 或 DAC 是单极性输入或单极性输出的。如果 $Z \in [-2^{N-1}, 2^{N-1} - 1]$，称该 ADC 或 DAC 的数据编码为 2 的补码形式（有符号数）；如果 $Z \in [0, 2^N - 1]$，称该 ADC 或 DAC 的数据编码为二进制偏移形式。此外，也有少数 ADC 或 DAC 采用自定的特殊编码形式，需要具体参考其数据手册。

单电源供电、单端输入/输出的 ADC/DAC 几乎都是单极性输入/输出的，差分或伪差分输入/输出的 ADC/DAC 一般都是双极性输入/输出的。

图 5-42 所示为理想 ADC 的输入和输出关系，或者说等位宽的理想 ADC 和 DAC 直连系统的输入输出关系。图 5-42 中，以双极性输入、有符号输出为例，仅画出了 0 附近的情况，并将量化间隔归一化为 1。

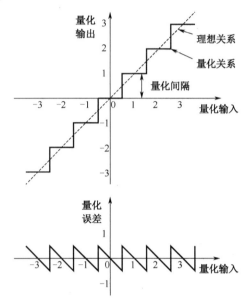

图 5-42　理想 ADC 的输入和输出关系

实际的量化关系是阶梯式的，与理想的线性关系之间存在误差，这个误差称为量化误差，量化误差带来的噪声称为量化噪声。

若量化分辨力为 δ，则可以计算量化噪声的功率为

$$P_{\mathrm{n}} = \int_{-0.5}^{0.5} e(t)^2 \, \mathrm{d}t = \int_{-0.5}^{0.5} (-\delta t)^2 \, \mathrm{d}t = \frac{\delta^2}{12} \tag{5-39}$$

使用 ADC-DAC 系统实际处理一个正弦信号，如图 5-43 所示。图 5-43 中，以幅度和周期为单位 1 的正弦信号 $a(t)$ 为例，采样周期 $T_{\mathrm{s}} = 0.05\mathrm{s}$，量化分辨力 $\delta = U_{\mathrm{LSB}} = 1/16$，量化后的信号为图 5-43 中 $x(t)$，量化误差为 $e(t) = x(t) - a(t)$。

显然，T_{s} 和 δ 越小，量化误差 $e(t)$ 越小。$a(t)$ 功率和 $e(t)$ 功率之比，称为量化后信号的信噪比。

$$\mathrm{SNR}(\mathrm{dB}) \stackrel{\mathrm{def}}{=} 10\lg \frac{\int_0^1 a^2(t)\mathrm{d}t}{\int_0^1 e^2(t)\mathrm{d}t}$$

它与 T_{s} 和 δ 相关：

$$\lim_{T_{\mathrm{s}} \to 0} \mathrm{SNR}(\mathrm{dB}) = 10\lg \frac{\left(1/\sqrt{2}\right)^2}{\delta^2/12} \approx 7.78 - 6.02\lg_2 \delta \tag{5-40}$$

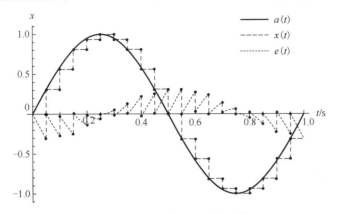

图 5-43 正弦信号的量化误差

对于 N 位的 ADC 或 DAC，若量化范围正好与正弦信号值域吻合（常称为"满动态输入"），则 $\delta = 2/2^N$，有

$$\lim_{T_s \to 0} \text{SNR}\,(\text{d}B) \approx 6.02N + 1.76 \tag{5-41}$$

式（5-41）是特定位宽的 ADC 或 DAC 的信噪比极限。

5.8.3 采样抖动和信噪比

5.8.1 节讲到的孔径抖动会影响采样时刻的准确性。在 ADC 中，采样保持电路还受到时钟电路和开关驱动器的延迟影响，但是 ADC 的数据手册中给出的孔径抖动都是考虑了这些影响的，它代表了从外部输入时钟的有效跳沿（或总线上的触发事件）到实际的等效采样时刻的时长的抖动。在 ADC 的应用电路中，还需要考虑时钟源的相位抖动。

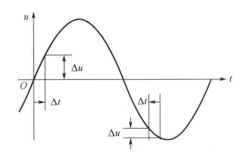

图 5-44 采样抖动造成数据误差

采样时刻的抖动会造成数据误差，进而造成信噪比下降，如图 5-44 所示。

不失一般性，考虑频率为 f 的单位幅度正弦信号 $u(t) = \sin(2\pi ft)$，采样抖动对数据误差影响最大时，位于其斜率 $\dfrac{\mathrm{d}u(t)}{\mathrm{d}t} = 2\pi f \cdot \cos(2\pi ft)$ 的最大处，即 $t = 0$ 处，因而

$$\Delta u_{\max} = \Delta t \cdot \left[\frac{\mathrm{d}u(t)}{\mathrm{d}t}\right]_{t=0} = 2\pi f \cdot \Delta t \tag{5-42}$$

实际采样中，采样时刻等概率地出现在一个周期内的所有位置上，误差功率即噪声功率。

$$P_{je} = f \int_0^{1/f} \left(\Delta t \cdot 2\pi f \cos(2\pi f\tau)\right)^2 \mathrm{d}\tau = 2\pi^2 f^2 \Delta t^2 \tag{5-43}$$

信噪比为

$$\text{SNR} = \frac{1/2}{P_{je}} = \frac{1}{4\pi^2 f^2 \Delta t^2} \tag{5-44}$$

时钟源（如晶体振荡器）的相位抖动及 ADC 的孔径抖动，本身也是随机的，因而一般用均方根值，即方差来描述，相位抖动也称为相位噪声。根据这些值，运用式（5-44）即可计算这些抖动对信噪比的影响。注意，如果综合考虑时钟源抖动和 ADC 的孔径抖动，综合抖动应是 $\Delta t = \sqrt{\Delta t_{\text{osc}}^2 + \Delta t_a^2}$，而不是直接做和。但是，一个设计合格的 ADC 本身的孔径抖动不会成为自身信噪比的瓶颈，通常不必考虑。

根据式（5-44），可以绘制如图 5-45 所示的曲线簇，显示了不同抖动下，信号频率与信噪比的关系。这是未考虑量化噪声和模拟电路噪声，ADC 在采样抖动的均方根值为 Δt 时，能达到的信噪比上限。

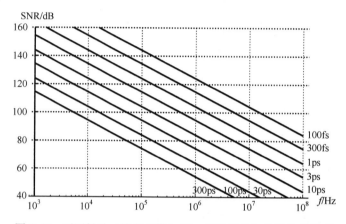

图 5-45　不同抖动（均方根值）下，信号频率与信噪比的关系

例如，使用 8 位 ADC 采集 20MHz 信号，若想要时钟的相位抖动对信噪比的影响不致成为信噪比的瓶颈，需要图 5-45 中的信噪比大于 $6.02 \times 8 + 1.76 \approx 50\text{dB}$，则时钟的相位抖动的均方根值应小于 30ps。

5.8.4　ADC 和 DAC 的常用参数

1. 采样周期和采样率

采样周期和采样率互为倒数，单位分别为 s 和 s^{-1}（也常写为 sps，即"次每秒"），采样周期决定了 ADC 和 DAC 两次转换的时间间隔。在 ADC 和 DAC 的数据手册中一般会给出采样率的上限，部分器件也会给出下限。

分辨率、分辨力和位宽在 5.8.3 节已详细描述。

2. 信噪比、信纳比和失真度

5.8.3 节描述了 ADC、DAC 信噪比的极限，实际的集成 ADC、DAC 芯片的信噪比都是低于式（5-41）的，因为除量化噪声之外，芯片中的模拟部分等还会贡献噪声，通常在位宽大于 16 时，其他噪声显著大于量化噪声。芯片数据手册中给出的信噪比通常是在一定频率的、满幅或接近满幅的正弦测试信号输入下测得的。信纳比（SINAD）和失真度（THD）同样也是在一定的测试信号输入下测得的，这两者与信号的谐波相关，具体定义可参照 3.3.2 节所述。

3．无杂散动态范围

在 ADC 或 DAC 内，一些原因，如采样率和输入信号频率的相互作用，会导致转换后的信号中除了谐波，还会有一些其他超出噪声基线的频率信号，称为杂散。无杂散动态范围（Spurious Free Dynamic Range，SFDR）是指在一定的正弦测试信号输入时，信号的功率与最强杂散的功率之比，通常也转换为分贝。有时谐波强于杂散，此时也可能用信号功率与最强谐波的功率之比作为 SFDR。

4．有效位数

考虑噪声对数据值的影响，ADC、DAC 的有效位数（Effective Number Of Bits，ENOB）会小于等于实际的量化位宽，一般

$$\text{ENOB} = \frac{\text{SINAD(dB)} - 1.76}{6.02} \tag{5-45}$$

例如，有些 24 位的 ADC 在标称的最大采样率下，ENOB 可能只有 22，甚至 19，但这并不意味着最低的几位完全没用。一方面，这些 ADC 在降低采样率时，ENOB 会提高；另一方面，若对数据做平均、滤波抽取等操作，则信噪比会提升，ENOB 会提高。

5．整体非线性和差分非线性

图 5-42 中绘制的量化曲线已经是最为理想的情况了，实际曲线可能如图 5-46 所示。

实际的量化曲线和理想量化曲线在整个输入输出范围内，出现的最大偏差，称为整体非线性（Integral Non-Linearity，INL）。

差分非线性（Differential Non-Linearity，DNL）也称为级差非线性，是考查每个量化阶梯与理想量化分辨力（一个 LSB）的差异，最大的那个偏差称为差分非线性。一般 ADC 或 DAC 的 DNL 应在 $\frac{1}{2}$ LSB 以内。否则，可能会在量化曲线上出现单调性错误。

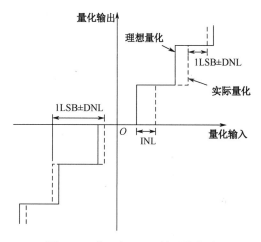

图 5-46　非理想 ADC 的量化曲线

6．增益误差和失调误差

ADC 和 DAC 的实际增益是实际量化曲线的线性拟合的斜率，它与理想量化曲线的线性拟合的斜率的相对偏差称为增益误差。实际量化曲线的线性拟合直线与坐标轴的截距与满量程（整个输入或输出范围）之比称为失调误差。

增益误差和失调误差还存在温度漂移。

7．模拟输入带宽

模拟输入带宽是受 ADC 模拟部分电路和采样保持电路影响能输入的信号的带宽，许多 ADC 的模拟输入带宽高于采样率，如 3.1.3 节所述，这样的 ADC 可用于直接中频采样，满足

式（3-42）即可。

8．输出建立时间

输出建立时间是每当新数据到来时，DAC 的输出从开始变化到变化达到与预定值的偏差在一定范围内所需的时间，通常这个时间比最小工作采样周期小很多。有的 DAC 还会分别给出上升建立时间和下降建立时间。

9．等效输入噪声密度

ADC 总的输出噪声等效到输入端的噪声密度，除噪声密度之外，一些数据手册还会给出带内等效输入噪声有效值。

10．输出噪声密度

DAC 输出的噪声密度。

11．输出毛刺冲激（Glitch Impulse）

DAC 在数据变化瞬间，因数字电路和转换电路的竞争冒险将导致输出出现小毛刺脉冲。一些数据手册会给出毛刺脉冲的最大幅度，更多的则会给出毛刺脉冲的面积，单位为 $V \cdot s$，对于电流输出型 DAC，则单位为 $A \cdot s$，称为毛刺冲激。

12．输入阻抗

ADC 的输入阻抗，包含输入电阻和输入电容两个部分。对于差分输入的 ADC，与运放类似的还有共模和差模之分。

13．输出阻抗

DAC 的输出阻抗，对于电压输出型 DAC，通常较小；对于电流输出型 DAC，则很大。一些 DAC 还会给出输出端口对地的电容。

还有许多与供电电源、功耗、数字输入输出相关的参数，这里不再赘述。

5.9　DAC 的原理和应用

5.9.1　DAC 的原理

大多数 DAC 的核心是权电阻网络或权电流网络，所谓"权"，是指二进制位的权，二进制整数自右向左，第 k 位（最低位 $k = 0$）的权为 2^k。

1．权电阻网络

图 5-47 所示为最简单的 DAC 原理。以 4 位为例，它由 4 个模拟开关控制权电阻的通断，进而控制流向 A 节点的电流 i_z。DAC 的权网络中的模拟开关只需要应对单向电流，开关节点的电压也较为固定，单刀单掷开关通常可简化为一个晶体管。

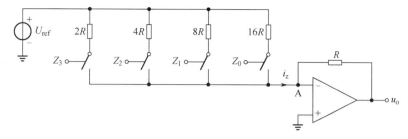

图 5-47 最简单的 DAC 原理

i_z 与模拟开关的控制信号 Z_k 的关系为

$$i_z = \sum_{k=0}^{3} Z_k \cdot \frac{U_{ref}}{16R / 2^k} = \frac{U_{ref}}{16R} \cdot \sum_{k=0}^{3} Z_k 2^k = \frac{U_{ref}}{16R} \cdot Z \tag{5-46}$$

其中，$Z = \sum_{k=0}^{3} Z_k 2^k$ 为输入的二进制数据。

因而

$$u_o = -\frac{U_{ref}}{16} \cdot Z \tag{5-47}$$

其输出范围为 $[-\frac{15}{16} U_{ref}, 0]$，其中 U_{ref} 为参考电压源。

图 5-47 所示电路在位数较多时，很难保证精度。例如，在 8 位情况下，最高位权的电阻只要有 $1/256$ 的误差，就会导致单调性错误。

2．T 型权电阻网络

更为实用的权电阻网络如图 5-48 所示（以 4 位为例），称为 T 型权电阻网络。

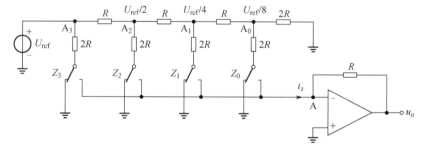

图 5-48 T 型权电阻网络

无论开关切到哪边，都是地电位。A_0 右侧的两个 $2R$ 电阻并联得到电阻 R，与 A_0 和 A_1 间的 R 串联，得到 $2R$。依此类推，所有节点右侧对地的等效电阻均为 R。因而，A_2 节点电压为 $U_{ref} / 2$，A_1 节点电压为 $U_{ref} / 4$，A_0 节点电压为 $U_{ref} / 8$，即 A_k 节点电压为 $2^k U_{ref} / 8$。因此 i_z 与 Z_k 的关系为

$$i_z = \sum_{k=0}^{3} Z_k \cdot \frac{2^k U_{ref} / 8}{2R} = \frac{U_{ref}}{16R} \cdot Z \tag{5-48}$$

将得到与式（5-47）相同的结果。

T 型权电阻网络只使用 R 和 $2R$ 两种阻值的电阻，非常容易做到精确匹配，在集成 DAC 芯片中应用广泛。

3. 倒 T 型权电阻网络

图 5-49 所示为倒 T 型权电阻网络（以 4 位为例）。

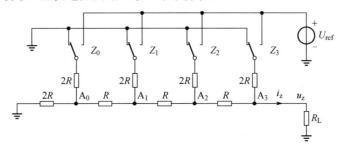

图 5-49　倒 T 型权电阻网络

与图 5-48 类似所有节点 A_k 左侧对地（或电压源）等效电阻均为 R ，如果 Z_k 拨向电压源，根据戴维南等效原理，A_k 左侧将等效为内阻为 R ，开路电压为 $\dfrac{U_{\text{ref}}}{2}$ 的电压源。

Z_3 对 A_3 的贡献，等效为内阻为 R ，开路电压为 $\dfrac{U_{\text{ref}}}{2}$ 的电压源。

Z_2 对 A_3 的贡献，等效为内阻为 R ，开路电压为 $\dfrac{U_{\text{ref}}}{2}$ 的电压源再经右侧 R - $2R$ 网络分压，将等效为内阻 R ，开路电压为 $\dfrac{U_{\text{ref}}}{4}$ 的电压源。

以此类推，Z_k 对 A_3 的贡献，将等效为内阻 R ，开路电压为 $2^k U_{\text{ref}} / 16$ 。

根据叠加原理有

$$i_z = \sum_{k=0}^{3} Z_k \cdot \frac{2^k U_{\text{ref}} / 16}{R + R_L} = \frac{U_{\text{ref}}}{16(R + R_L)} \cdot Z \tag{5-49}$$

和

$$u_z = \frac{R_L U_{\text{ref}}}{16(R + R_L)} \cdot Z \tag{5-50}$$

在实际应用中，R_L 可以是电阻，也可以是运放构成的电压跟随器，此时 $R_L \to \infty$ ，或者是运放构成的 I-V 转换器，此时 $R_L = 0$ 。

应用这个电路，可以方便地使用多路 D 触发器（如 74LVC574）或移位寄存器（如 74LVC595）构成简易并行或串行 DAC，直接用多路 D 触发器或移位寄存器的并行数据输出替代图 5-49 中模拟开关及以上的部分即可，参考电压源即为 D 触发器或移位寄存器的供电电压。

4. 权电流网络

上述几个权电阻网络中，各个开关对 i_z 的贡献都是正比于其对应的位权的，但电流的输出节点都必须是地电位。权电流网络直接用输出电流正比于位权的电流源，如图 5-50 所示（以 4 位为例），电路由多路不对称电流镜构成。图 5-50（a）所示为电流源下拉结构（current sink），图 5-50（b）所示为电流源上拉结构（current source），输出均为有较大恒定共模的差分电流。

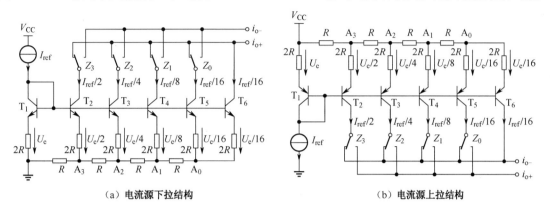

（a）电流源下拉结构　　　　　　　　　　　　（b）电流源上拉结构

图 5-50　权电流网络

图 5-50 中的参考电流源 I_{ref} 可采用图 2-104 或图 2-105，也可由参考电压源经过图 4-15 得到，或者采用图 5-51 所示电路。注意，图 5-51（a）中运放的输入应能低至负电源轨，否则整个权电流网络电路应改为双电源供电。

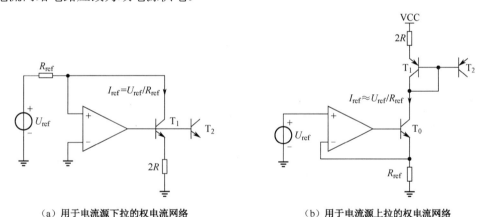

（a）用于电流源下拉的权电流网络　　　　　　（b）用于电流源上拉的权电流网络

图 5-51　用电压源和电阻产生权电流网络的参考电流

图 5-50 中也利用了"$R\text{-}2R$" T 型网络，其中的关键电压和电流已经给出，推导过程不再赘述，关键点是所有 BJT 的射极电压相同。容易知道，对于图 5-50（a），输出电流（以流出方向为正）为

$$\begin{cases} i_{\text{o+}} = -\dfrac{I_{\text{ref}}}{16} \cdot \overline{Z} - \dfrac{I_{\text{ref}}}{16} = -I_{\text{ref}} + \dfrac{I_{\text{ref}}}{16} \cdot Z \\[3mm] i_{\text{o-}} = -\dfrac{I_{\text{ref}}}{16} \cdot Z \end{cases} \tag{5-51}$$

其中，$\overline{Z} = 15 - Z$ 为 Z 的反码。

差分电流和共模电流为

$$\begin{cases} i_{\mathrm{D}} = \dfrac{I_{\mathrm{ref}}}{8} \cdot (Z-8) \\[2mm] i_{\mathrm{CM}} = -\dfrac{I_{\mathrm{ref}}}{2} \end{cases} \tag{5-52}$$

对于图 5-50（b），输出电流（以流出方向为正）为

$$\begin{cases} i_{\mathrm{o+}} = \dfrac{I_{\mathrm{ref}}}{16} \cdot Z \\[2mm] i_{\mathrm{o-}} = \dfrac{I_{\mathrm{ref}}}{16} \cdot \overline{Z} + \dfrac{I_{\mathrm{ref}}}{16} = I_{\mathrm{ref}} - \dfrac{I_{\mathrm{ref}}}{16} \cdot Z \end{cases} \tag{5-53}$$

差分电流和共模电流为

$$\begin{cases} i_{\mathrm{D}} = \dfrac{I_{\mathrm{ref}}}{8} \cdot (Z-8) \\[2mm] i_{\mathrm{CM}} = \dfrac{I_{\mathrm{ref}}}{2} \end{cases} \tag{5-54}$$

式（5-52）和式（5-54）中的差分输出电流都是双极性的，以 $Z=8$ 为零点，可以理解为此时 Z 为二进制偏移形式的输入，若 DAC 数字部分做 $Z = Z' + 8$ 变换，以 $Z = Z' \in [-8,7]$ 为输入，则为二进制补码形式的输入，以 $Z' = 0$ 为零点。

式（5-51）～式（5-54）均以 4 位 DAC 为例，若要推广到任意 N 位，非常简单，这里不再赘述。

式（5-51）～式（5-54）中的 I_{ref} 均为每个单端输出的满摆幅，也有一些集成 DAC 芯片的数据手册给出的 I_{ref} 为每个单端输出的半摆幅（对应图 5-50 中 A_3 节点直接接地/电源的情况），应注意区分。

大多数高速 DAC 都采用权电流网络，输出也是差分电流形式，如要转换输出为单端电压，可使用外接电阻，或者外接运放做 I-V 变换，对于高频交流输出，还可以用高频变压器完成差分-单端转换。

值得注意的是，一些高速 DAC 采用电流源下拉的结构，若外接负载电阻，则应上拉至正电源轨；若外接运放做 I-V 变换应以正电源轨为参考，则同相端电阻应上拉至正电源轨。

5.9.2　DAC 输出特性的均衡

DAC 输出特性的均衡就是为了抵消其一阶保持特性（其他输出特性的均衡这里不做介绍）导致的带内不平坦。这里以第一镜像域 $[0, f_{\mathrm{s}}/2)$ 为例进行说明。图 5-52 所示是 $[0, f_{\mathrm{s}}/2)$ 内一阶保持特性的幅频曲线。可以看到，在 $f = 0.1 f_{\mathrm{s}}$ 时，增益衰减在 0.2dB 以内，因此 $f \leqslant 0.1 f_{\mathrm{s}}$ 时，一般不需要做均衡；在 $f > 0.1 f_{\mathrm{s}}$ 时，增益开始较明显的衰减，若 DAC 输出信号的频带上限大于 $0.1 f_{\mathrm{s}}$，则根据对带内平坦度的要求，决定是否需要做输出均衡。

若需要做输出均衡，则可在数字域采用 FIR 或 IIR 滤波器来实现，或者在 DAC 输出后采用模拟滤波器来实现。这些滤波器的幅频响应应该近似为 $\left|\mathrm{sinc}^{-1}(\Omega/2)\right|$（对于数字滤波器）或 $\left|\mathrm{sinc}^{-1}(\pi f / f_{\mathrm{s}})\right|$（对于模拟滤波器），称为"倒 sinc"响应。数字域的 FIR 滤波器因容易实现线性相位而更为常用，特别是在对信号相位敏感的场合。

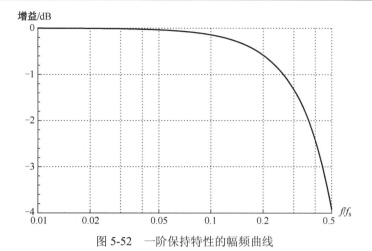

图 5-52　一阶保持特性的幅频曲线

式（5-55）和式（5-56）是两个典型的倒 sinc 响应的 FIR 滤波器的传输函数。

$$H_{\mathrm{FIR1}}(z) = \frac{-35}{8192}\left(1 + z^{-6}\right) + \frac{134}{8192}\left(z^{-1} + z^{-5}\right) +$$
$$\frac{-562}{8192}\left(z^{-2} + z^{-4}\right) + \frac{6729}{8192} z^{-3} \tag{5-55}$$

$$H_{\mathrm{FIR2}}(z) = \frac{1}{512}\left(1 + z^{-8}\right) + \frac{-4}{512}\left(z^{-1} + z^{-7}\right) + \frac{13}{512}\left(z^{-2} + z^{-6}\right) +$$
$$\frac{-50}{512}\left(z^{-3} + z^{-5}\right) + \frac{592}{512} z^{-4} \tag{5-56}$$

图 5-53 所示为采用式（5-55）的 DAC 输出幅频均衡效果，图 5-54 所示为采用式（5-56）的 DAC 输出幅频均衡效果。图 5-53 和图 5-54 均绘制了均衡前（一阶保持特性）和均衡后的幅频特性，可以看出，均衡后曲线均较为平坦。利用 FIR1 做均衡后，在 $[0, 0.4 f_{\mathrm{s}}]$ 频带内增益波动小于 0.1dB，利用 FIR2 做均衡后，在 $[0, 0.4 f_{\mathrm{s}}]$ 频带内增益波动小于 0.05dB。但是，FIR2 在 $[0, 0.5 f_{\mathrm{s}}]$ 频带内最大增益 $91/64$，需要预先对信号进行衰减，否则可能会造成数据溢出。

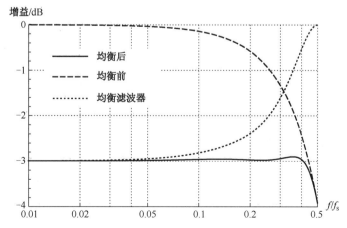

图 5-53　采用式（5-55）的 DAC 输出幅频均衡效果

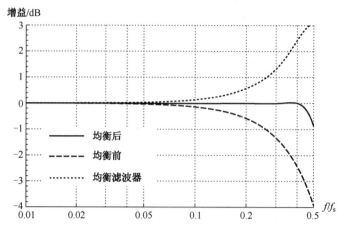

图 5-54　采用式（5-56）的 DAC 输出幅频均衡效果

5.9.3　DAC 的输出重构滤波

重构滤波器主要用于滤除信号中的镜像频率成分（参考 3.1.3 节），若信号频带上限为 f_H，DAC 的输出采样率为 f_s，不涉及直接中频/混频采样和重构，则最低镜像频率为 $f_s - f_H$，f_H 越接近 $f_s / 2$，信号频率和镜像频率越接近，要滤除镜像保留信号越困难，对于滤波器来说，需要的阶数越高。

根据式（3-40），可以求得 DAC 输出的信号幅度与镜像幅度之比（以下简称"信镜比"）。

$$\mathrm{SMR_{DAC}} = \frac{\left| H_{\mathrm{DAC}}\left(2\pi \cdot \dfrac{f_H}{f_s} \right) \right|}{\left| H_{\mathrm{DAC}}\left(2\pi \cdot \dfrac{f_s - f_H}{f_s} \right) \right|} = \left| \frac{f_s}{f_H} - 1 \right| \tag{5-57}$$

DAC 的输出信镜比与归一化频率（f/f_s）的关系曲线如图 5-55 所示。

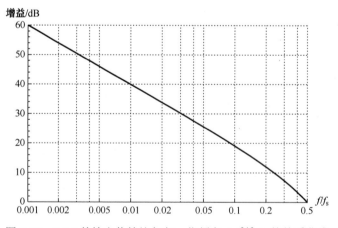

图 5-55　DAC 的输出信镜比与归一化频率（f/f_s）的关系曲线

例如，一个采样率 100Msps 的 DAC，欲输出 20MHz 信号，本身输出信号较镜像约有 12dB 的增益优势，如果希望输出的频谱镜像较信号小 60dB，那么重构滤波器还要提供 48dB 的增益差。若要在 $\lg 80/20 \approx 0.6$ 个十倍频程内提供 48dB 的增益差,过渡带滚降 $48\text{dB}/0.6\text{dec} = 80\text{dB/dec}$,滤波器至少需要 4 阶。

从图 5-55 中可以看出,如果对信镜比要求不高,且信号频率远小于采样率,那么可以省略重构滤波器。

更一般地,滤波器对信号(频率 f_H)增益和镜像(频率 $f_s - f_H$)增益之比为

$$\text{SMR}_{\text{Filter}} = \left(\frac{f_H}{f_s - f_H}\right)^n \tag{5-58}$$

其中,n 为滤波器阶数。

因而,DAC 采样率为 f_s,输出信号频率为 f_H 时,若采用 n 阶低通滤波器做输出重构,则输出的信镜比为

$$\text{SMR} = \left|1 - \frac{f_s}{f_H}\right| \cdot \left(\frac{f_H}{f_s - f_H}\right)^n \tag{5-59}$$

根据式(5-59),可得图 5-56,图中绘制了 $n = 0, 1, 2, 3, 4, 5, 7, 9$ 时("0"表示无滤波器),输出信镜比与 f_H/f_s 的关系曲线簇,在已知 f_s、f_H 和需求的信镜比时,可快速查出所需的滤波器阶数。

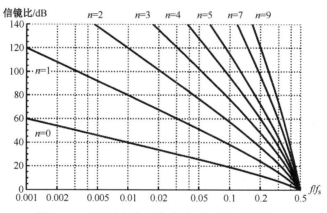

图 5-56 不同阶数的重构滤波器能获得的信镜比

如果需要带内平坦,滤波器的截止频率通常要设计得比 f_H 高,这样在 $f_s - f_H$ 处并不能达到预期的衰减,所以在实际设计中,滤波器往往还需要多加一阶。

若要重构出第二镜像域及以上的信号,应使用带通滤波器。例如,使用 100Msps 的 ADC 采样 70~80MHz 频带的信号,从 DAC 输出会有 20~30MHz 镜像、120~130MHz 镜像等,可采用通带为 70~80MHz 的带通滤波器,并要求在 30MHz 和 120MHz 时衰减足够。

在第二镜像域及以上,零阶保持式的 DAC 的输出幅度较小,并且不如第一镜像域平坦,因而有专用于此类应用的 DAC,如归零式输出(Return-to-Zero,RTZ)和归反式输出(Return-to-Complement,RTC,也称为混频式输出)。前者每个周期一半时间输出数据,一半时间回到零,更适用于重构位于第二镜像域的信号;后者每个周期一半时间输出数据,一半时间输出其相反数,更适用于重构位于第三镜像域及更高镜像域的信号。

5.9.4　DAC 的输出调理

除了重构滤波和可能的输出特性均衡，DAC 的输出调理还包括形式的变换（如 I-V 变换和差分-单端变换）和输出范围的变换。

单端电压是绝大多数模拟电路中应用的信号表达方式，多数输出形式变换的目标是单端电压。对于大多数慢速 DAC 都是单端电压输出，无须变换。在实际应用中，需要变换的主要是高速 DAC 的差分电流。

若 DAC 本身输出是单端电压，或者已由电路转换为单端电压，输出范围的转换则非常简单。对于交流应用，只是放大或衰减；对于直流应用，则是做"电压映射"。根据需求，参照4.2.2 节、4.6.2 节和 4.6.3 节进行设计即可。

对于差分电流输出的 DAC，最简单的输出 I-V 变换和重构滤波电路，如图 5-57 所示。

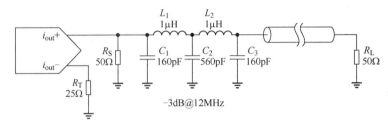

图 5-57　最简单的输出 I-V 变换和重构滤波电路

该电路直接使用电阻做 I-V 变换，并仅利用同相输出端，使用 LC 无源滤波器做重构滤波。根据戴维南等效，同相输出端和 R_S 可等效为电压源串联 R_S，便可采用 2.6.3 节方法进行设计。为使同反相输出端负载一致，反相输出端应接 25Ω 负载。根据式（5-53）并推广到 N 位，负载 R_L 上的输出电压为

$$u_o = (R_S \parallel R_L)\frac{I_{ref}}{2^N}Z, \ Z \in \left[0, 2^N - 1\right] \tag{5-60}$$

值域 $\left[0, I_{ref}(R_S \parallel R_L)\right)$，实际为 $\left[0, \frac{2^N - 1}{2^N}I_{ref}(R_S \parallel R_L)\right]$。

对于电流源下拉的 DAC，R_S 和 R_T 应改为上拉至正电源轨（通常应是 DAC 的模拟电源），设为 U_{CC}。此时，根据式（5-51）并推广到 N 位，负载 R_L 上的输出电压为

$$
\begin{aligned}
u_o &= U_{CC} + (R_S \parallel R_L) \cdot \left(-I_{ref} + \frac{I_{ref}}{16} \cdot Z\right) \\
&= U_{CC} - I_{ref}(R_S \parallel R_L) + (R_S \parallel R_L)\frac{I_{ref}}{2^N}Z, \quad Z \in \left[0, 2^N - 1\right]
\end{aligned}
\tag{5-61}
$$

值域为 $\left[U_{CC} - I_{ref}(R_S \parallel R_L), U_{CC}\right]$。

如果输出交流信号，那么它们的输出幅度最大均为 $(R_S \parallel R_L)I_{ref} / 2$，但有不同的偏置，分别是 $I_{ref}(R_S \parallel R_L) / 2$ 和 $U_{CC} - I_{ref}(R_S \parallel R_L) / 2$。在交流应用中，也可在负载前增加隔直电容 C_S，此时引入的高通滤波器截止频率为（参照图 2-37）

$$f_c = \frac{1}{2\pi(R_S + R_L)C_S} \tag{5-62}$$

对于交流应用，可同时利用同相和反相输出端，使用变压器做差分-单端转换，除去直流偏置，电路如图 5-58 所示。对于电流源下拉的 DAC，R_{S1} 和 R_{S2} 应改为上拉。

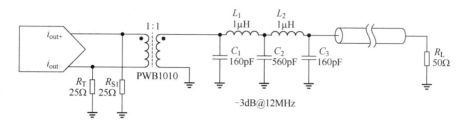

图 5-58　采用变压器做差分-单端转换

图 5-58 的等效电路如图 5-59 所示。注意，将副边等效到原边时，对于滤波器的通带信号，电感等效为短路，电容等效为开路，整个变压器右侧的阻抗即为 50Ω。

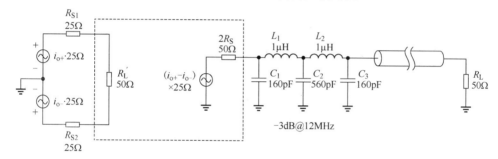

图 5-59　图 5-58 的等效电路

根据式（5-52）和式（5-54），推广至 N 位，负载 R_L 上的输出电压为

$$
\begin{aligned}
u_o &= (i_{o+} - i_{o-})\frac{R_S R_L}{2R_S + R_L} \\
&= \frac{I_{ref} R_S R_L}{2R_S + R_L} \cdot \frac{(Z - 2^{N-1})}{2^{N-1}}, \quad Z \in \left[0,\ 2^N\right]
\end{aligned}
\tag{5-63}
$$

输出幅度最大为 $I_{ref} R_S R_L / (2R_S + R_L)$。大多数情况下，源端、末端均匹配至 50Ω，此时 $R_S = R_L / 2 = 25\Omega$，输出幅度最大为 $I_{ref} \cdot 12.5\Omega$。

对于要求双极性输出并要保留直流成分的应用，一般需要使用运放来实现。图 5-60（a）所示采用运放做差分电流-单端电压变换，并做二阶低通滤波器的电路。

图 5-60（b）所示为其戴维南等效电路，此电路衍生自图 4-84，将反相输入端相关 RC 网络"镜像翻转"至同相输入端，并将接至输出端的节点接地即得。带内输出电压为

$$
\begin{aligned}
u_o &= u_{o+} - u_{o-} = (i_{o+} - i_{o-}) \cdot R_1 \\
&= I_{ref} R_1 \cdot \frac{(Z - 2^{N-1})}{2^{N-1}}, \quad Z \in \left[0,\ 2^N\right]
\end{aligned}
\tag{5-64}
$$

输出幅度最大为 $I_{ref}R_1$。

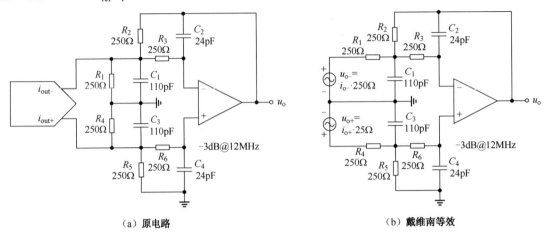

（a）原电路　　　　　　　　　　　　（b）戴维南等效

图 5-60　使用运放做差分电流-单端电压转换和二阶滤波器

5.10　ADC 的原理和应用

5.10.1　双斜积分型 ADC 原理

双斜积分源于单斜积分，但解决了单斜积分漂移严重、精度差的缺点，这里直接介绍双斜积分。

图 5-61 所示为双斜积分型 ADC 的原理（未包含采样保持电路）。

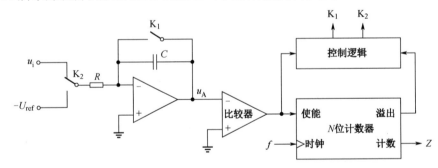

图 5-61　双斜率积分型 ADC 的原理

其整个工作过程波形如图 5-62 所示。

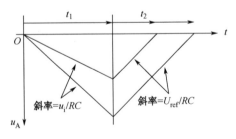

图 5-62　双斜积分型 ADC 的整个工作过程波形

空闲时，K_1 闭合，保持积分器输出 u_A 为零，开始转换时，K_1 断开，K_2 选向输入 u_i，u_A 将开始下降，计数器开始计数，直至计数器溢出，此时计数时间（积分时间）为 $t_1 = 2^N / f$，电压 u_A 为

$$u_A = -\frac{2^N}{f} \cdot \frac{u_i}{RC} \tag{5-65}$$

一旦计数器溢出，控制逻辑切换 K_2 至参考电压 U_{ref} 处（要求 $U_{ref} > u_i$），u_A 将上升，上升至 0 所需的时间为

$$t_2 = -\frac{u_A C}{U_{ref} / R} = \frac{2^N}{f} \cdot \frac{u_i}{U_{ref}} \tag{5-66}$$

在此期间，计数器计数值为

$$Z = t_2 f = \frac{2^N}{U_{ref}} u_i \tag{5-67}$$

实现了从 u_1 到 Z 的线性转换，且与 R、C 和时钟频率 f 无关，保障了转换精度。当然，为使积分器不溢出，需满足

$$-\frac{2^N}{f} \cdot \frac{U_{ref}}{RC} > U_{A,MIN}$$

即

$$RCf > \frac{2^N U_{ref}}{U_{A,MIN}} \tag{5-68}$$

而一次转换所需的时间最长为

$$T_{MAX} = 2t_1 = 2^{N+1} / f \tag{5-69}$$

N 是 ADC 的量化位宽，若要 N 越大，则转换时间越长，这决定了双斜积分型 ADC 采样率较慢的缺点。双斜积分型 ADC 转换慢、精度高的特点决定了它非常适用于数字万用表等应用场合。

5.10.2　$\Delta - \Sigma$ 调制型 ADC 原理

1. 过采样

对于未知的输入信号，ADC 量化噪声是白噪声，均匀地分布在整个奈奎斯特频带 $f_s / 2$ 内。假设待采样的信号的频带为 $[0, f_B)$，也就是需求的采样率下限为 $2f_B$，若让 ADC 以采样率 $f_s = R \cdot 2f_B$ 工作，则 ADC 工作在 R 倍过采样下。

在 R 倍过采样下，信号功率集中在 $[0, f_B)$，而量化噪声功率均匀分布在 $[0, Rf_B)$，若量化之后能用数字滤波器将 f_B 以外的量化噪声滤除，则量化噪声功率将减为原来的 $1/R$，信噪比将提高 $10\lg(R)$。

$$SNR(dB) = 6.02N + 1.76 + 10\lg(R) \tag{5-70}$$

采样率每乘以 2，信噪比将提高约 3.01dB，过采样率每乘以 4，信噪比将提高约 6.02dB，相当于增加了 1bit ENOB（在数字滤波器中，可以增加输出位数）。

因此，如果用 ENOB $= N$ 的 ADC 在采样率 $4^K \cdot f_s$ 下工作，得到数字结果后，对其进行 $f_c = f_s / 2$ 的理想低通滤波并抽取到原采样率 f_s，则得到的数据等价于 ENOB $= N + K$ 的 ADC 在采样率 f_s 得到的数据。

简而言之，ADC 在 4^K 倍过采样后进行滤波抽取，可以相当于对其扩展了 K 位有效位。

图 5-63 所示为无过采样和两倍过采样下的量化噪声。

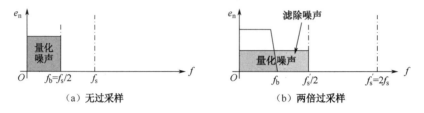

（a）无过采样　　　　　　　　　　　（b）两倍过采样

图 5-63　无过采样和两倍过采样下的量化噪声

2．Δ-Σ 调制器

在 4.13 节讲到的反馈积分式开关功率放大器，其实就是 Δ-Σ 调制式开关功率放大器，如果将其中迟滞比较器输出的 PWM 进行占空比计数测量，即可实现 AD 转换。

这里将 Δ-Σ 调制的原理进行一般化讨论，一阶 1bit Δ-Σ 调制器结构如图 5-64（a）所示，其数据流模型如图 5-64（b）所示，量化器被等效为叠加噪声的加法器。

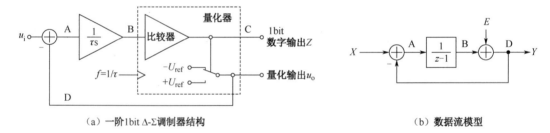

（a）一阶 1bit Δ-Σ 调制器结构　　　　　　　　　　（b）数据流模型

图 5-64　一阶 Δ-Σ 调制器结构及其数据流模型

从时域瞬态的角度，在 4.13 节已经进行了详细分析。在复频域上，通过图 5-64（b）可以求得它的信号传输函数 $H_x(z)$ 和噪声传输函数 $H_n(z)$。

$$\frac{X - Y}{z - 1} + E = Y \Rightarrow \begin{cases} H_x(z) = \dfrac{Y(z)}{X(z)} = z^{-1} \\[2mm] H_n(z) = \dfrac{Y(z)}{E(z)} = 1 - z^{-1} \end{cases} \tag{5-71}$$

可以看出，一阶 Δ-Σ 调制器对于输入信号来说，仅相当于一个单位延迟，而对于量化噪声来说，是一个差分器，其噪声增益如图 5-65 所示。

原本量化噪声为白噪声，经过一阶 Δ-Σ 调制器后，低频段噪声密度变小，高频段噪声密度变大，称为 Δ-Σ 调制器的噪声整形特性。

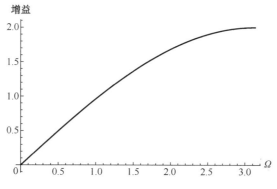

图 5-65 一阶 Δ-Σ 调制器的噪声增益

因而，如果采用 Δ-Σ 调制器进行过采样，然后经过数字域滤波器抽取，仅保留处于低频段的信号和噪声，将大幅提高 ADC 的信噪比和 ENOB。图 5-66 所示为做两倍过采样和两倍过采样下 Δ-Σ 调制器的量化噪声示意。

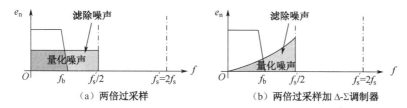

图 5-66 两倍过采样和两倍过采样下 Δ-Σ 调制器的量化噪声示意

由一阶 Δ-Σ 调制器构成的 ADC 如图 5-67 所示（未包含采样保持电路）。

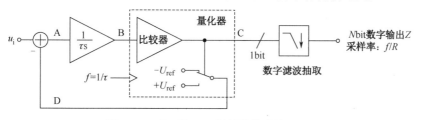

图 5-67 由一阶 Δ-Σ 调制器构成的 ADC

一阶 Δ-Σ 调制器的噪声幅频响应为

$$A_n(\Omega) = \left| H_n\left(e^{j\Omega}\right) \right| = \sqrt{2 - 2\cos\Omega} \tag{5-72}$$

噪声功率谱密度函数为

$$\rho_n(\Omega) = A_n^2(\Omega) \cdot \frac{\sigma_Q^2}{\pi} = \frac{4\sigma_Q^2}{\pi} \cdot \sin^2\frac{\Omega}{2} \tag{5-73}$$

其中，σ_Q 为量化噪声的均方根值；Ω 为归一化角频率。

若有 R 倍过采样，在原频带 $[0, \Omega_B] = [0, \pi/R]$ 内，噪声功率为

$$P_n(R) = \int_0^{\pi/R} \rho_n(\Omega) \mathrm{d}\Omega = 2\sigma_Q^2 \cdot \left(\frac{1}{R} - \frac{1}{\pi}\sin\frac{\pi}{R} \right) \tag{5-74}$$

对于 1bit 量化器，不失一般性，设 $U_{\text{ref}}=1$，根据式（5-39），$\sigma_Q^2=1/12$，因此

$$P_n(R)=\frac{1}{6}\left(\frac{1}{R}-\frac{1}{\pi}\cdot\sin\frac{\pi}{R}\right) \tag{5-75}$$

满幅（单位幅度 1）输入的正弦信号，功率为 $1/2$，因此，原频带 $[0,\Omega_B]=[0,\pi/R]$ 内，信噪比为

$$\text{SNR(dB)}=10\lg\frac{1/2}{P_n(R)}=-10\lg\left(\frac{1}{3R}-\frac{1}{3\pi}\cdot\sin\frac{\pi}{R}\right) \tag{5-76}$$

图 5-68 所示为该函数的曲线。从图 5-68 可以看出，在 R 较大时，R 每提高 10 倍，信噪比可提升约 30dB，或者说 R 每提高两倍，信噪比可提高约 9dB。例如，过采样率 $R=1000$ 时，信噪比达到约 93dB，$\text{ENOB}\approx 15$，如果 Δ-Σ 调制器工作在采样率 1Msps 下，经数字滤波抽样至 1ksps，可实现约 15 位的有效位。对于数字域滤波抽样的方法，读者可参考数字信号处理、DSP 或 FPGA 应用相关书籍。即使不采用数字滤波抽样方法，仅简单地计数测量图 5-64（a）中的 1bit 数据输出的占空比，在过采样 $R=2^N$ 时，也能实现 N 位有效数据输出。

多阶 Δ-Σ 调制器将有更好的噪声整形特性，在同样的过采样率下，可实现更高的信噪比和 ENOB，这里不再赘述。

Δ-Σ 调制器型 ADC 精度高、信噪比高，常用在 16bit 及以上的音频应用和高精度测试测量应用中，采样速率也可以达到数 Msps。

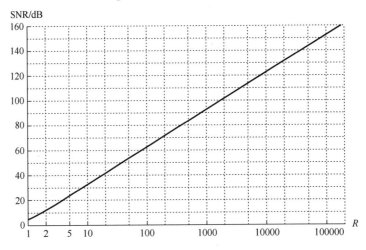

图 5-68　一阶 Δ-Σ 调制器的过采样率和信噪比的关系曲线

5.10.3　逐次比较型 ADC 原理

逐次比较型 ADC 的原理如图 5-69 所示（未包含采样保持电路）。逐次比较型 ADC 主要由 DAC、比较器和控制逻辑构成。以单极性（$u_i\in[0,U_{\text{ref}})$）和二进制偏移码（$Z\in[0,2^{N-1}]$）为例，每次转换开始，第一次控制逻辑输出 2^{N-1}，DAC 输出 $U_{\text{ref}}/2$，比较器将其与输入 u_i 比较，若较小或大，则第二次控制逻辑输出增加或减小 2^{N-2}，DAC 输出增加或减小 $U_{\text{ref}}/4$。依此类推，第 k 次控制逻辑输出增量 $\pm 2^{N-k}$，DAC 输出增量 $\pm U_{\text{ref}}/2^k$，经过 N 次比较后，锁存

器锁存输出此时的控制逻辑输出，即为整个 ADC 的转换输出。整个过程与计算机算法中排序数组的折半查找法相同。

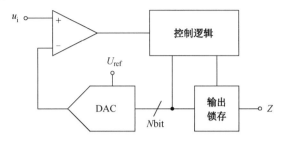

图 5-69　逐次比较型 ADC 原理

逐次比较型 ADC 的精度和速度较为中庸，广泛用于 8～16bit，数 ksps 至数 Msps 的场合。

5.10.4　流水线型 ADC 原理

流水线型 ADC 分为很多流水级，每一级仅做很低分辨率（通常为 1.5～3bit）的采样转换，而将残差交由下一级做进一步的采样转换。残差交给下一级后，下一级做采样转换的同时，这一级可以进行下一个采样数据的转换，形成流水线，最终整体的转换速率与每级的转换速率是一致的。

低分辨率的 ADC 可用比较器实现，而 DAC 可用模拟开关实现。

图 5-70 以每级"1.5bit"为例。所谓 1.5bit，是指将整个输入量化为 3 个阶梯，等效约为 1.5 位，输出实际有两位。每级包含一个低分辨率 ADC 和 DAC，用于将输入量化得到这一级的编码，并将量化输出与输入做差得到残差，再放大两倍交由下一级做进一步的量化。放大两倍是为了使下一级的参考电压不变。实际上，每一级提供的有效位数仅为一位（两种状态），多出的一种状态，是为了纠正因精度问题导致的量化错误，每级的量化错误如果得不到纠正，将导致严重的输出数据错误。

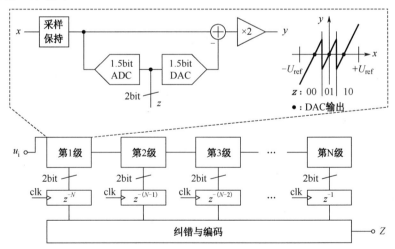

图 5-70　1.5bit 单元的流水线型 ADC

图 5-71 所示为输入为 $0.7U_{ref}$ 时，前四级的比较过程，中间实折线即为每一级的输入 x，

也是上一级输出的残差的两倍，–0.5、0和0.5是DAC的可能输出的值。关于纠错与编码算法这里不再赘述。

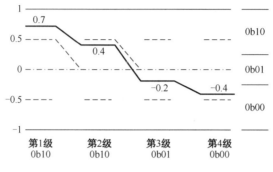

图 5-71　1.5bit 流水线型 ADC 的转换过程

流水线型ADC可以做到很高的采样率，最高可达数Gsps，分辨率为6～16bit，常用于实时测量仪器、数字通信等领域。

5.10.5　ADC 的输入抗混叠滤波器

抗混叠滤波器用于滤除会被采样混叠进有用频带的带外信号（参考 3.1.3 节），其设计需求与DAC的重构滤波器类似。但是，ADC的采样特性较DAC的输出特性更为理想，不存在

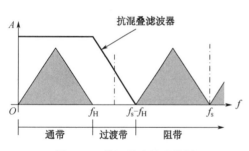

图 5-72　抗混叠滤波器作用

sinc衰减特性，对抗混叠滤波器的要求更高。对于信号位于第一镜像域 $[0, f_s/2)$ 的情况，若信号频带上限为 f_H，则最低频的镜像为 $f_s - f_H$。此时，对抗混叠低通滤波器的要求应是通带为 $[0, f_H]$，阻带为 $[f_s - f_H, \infty)$，通带纹波和阻带衰减则根据需要的带内平坦度和信镜比来确定，如图 5-72 所示。显然，f_H 约接近 $f_s/2$，抗混叠滤波器的过渡带越窄，在一定的信镜比需求下，要求过渡带滚降越大，阶数越高。

例如，一个采样率100Msps的DAC，欲输出20MHz信号，如果希望输出的频谱镜像较信号小60dB，那么抗混叠滤波器要在 $\log_{10} 80/20 \approx 0.6$ 个十倍频程内提供60dB的增益差，即过渡带滚降 $60\text{dB}/0.6\text{dec} = 100\text{dB}/\text{dec}$，滤波器至少需要5阶。

根据式（5-58），可以绘制出在滤波器阶数 $n=1,2,3,4,5,7,9,11$ 时，输出信镜比与 f_H/f_s 的关系曲线簇，如图 5-73 所示。在已知 f_s、f_H 和需求的信镜比时，可快速查出所需的滤波器阶数。

当然，如果已知信号中不包含会混叠至带内的成分，或者可能会混叠至带内的成分本身幅度很小，可以省略抗混叠滤波器或者降低设计要求。

值得注意的是，Δ-Σ 调制型ADC的前级采样率等于数据输出率乘以过采样倍率，设计抗混叠滤波器时，f_s 应取前级采样率，这极大地放宽了对抗混叠滤波器的要求。

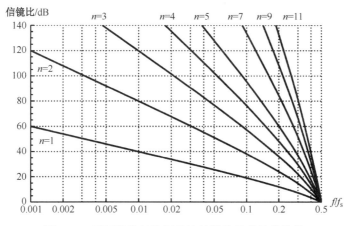

图 5-73　不同阶数的抗混叠滤波器能获得的信镜比

5.10.6　ADC 的输入信号调理

除抗混叠滤波之外，ADC 输入信号调理还可能包括单端-差分变换和信号范围的变换（将特定偏置和幅度的信号转换为符合 ADC 输入范围的信号）。

调理电路的输入信号通常为单端信号，大多数慢速、低分辨率的 ADC 的输入是单端信号或伪差分信号，而高速或高性能指标的 ADC 大多是差分信号输入。信号范围的变换即是电压映射，单端到差分的变换可用全差分运放，这些在第 4 章有详细介绍，这里不再赘述，仅举几个单端-差分转换和抗混叠滤波的例子。

对于交流应用，单端到差分的转换可以使用变压器。图 5-74 所示为使用带有中间抽头的变压器做单端-差分转换，并带有 5 阶无源抗混叠滤波器的调理电路。使用变压器的中间抽头为信号加入的共模电压，差分输入的 ADC 一般都会有共模电压输出引脚，为信号调理电路提供共模电压。在带内，ADC 的输入差分电压等于 $u_i / 2$。

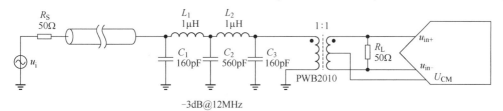

图 5-74　使用带有中间抽头的变压器做单端-差分转换

图 5-75 所示为使用不带中间抽头的变压器做单端-差分转换。所用变压器的初次级电感比为 1∶4，次级采用两个 100Ω 电阻为变压器的输出信号提供共模，若采用电感比 1∶1 的变压器，则应使用两个 25Ω 电阻。在带内，ADC 的输入差分电压等于 u_i。

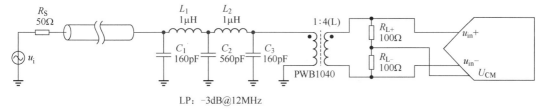

图 5-75　使用不带中间抽头的变压器做单端-差分转换

对于直流应用，可使用全差分运放来完成单端-差分转换。图 5-76 所示为二阶低通差分滤波器。此电路衍生自图 4-84，将反相输入端相关 RC 网络"镜像翻转"至同相输入端，并将接至输出端的节点改接至反相输出端即得。实际上 C_1 和 C_2 可以合成一个 55pF 电容，并省略中间接地。

ADC 的输入差分电压等于 u_i。对于单电源供电的 ADC，其 u_{in+} 和 u_{in-} 均大于 0V，可以保证正常工作时全差分运放的两个输入端电压大于 0V，即使电路输入 u_i 是双极性的，只要全差分运放的输入可以接近负电源轨，就可以单电源供电。

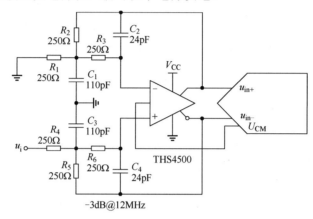

图 5-76 二阶低通差分滤波器

若要同时做输入阻抗匹配，应先根据 4.8.4 节所述设计单端-差分转换电路，再根据图 4-80 所示电路的增益 R_f / R_2 和 R_f 来设计低通滤波器，最后两者结合。以阻抗匹配后，电路整体增益 $G = 1$、$R_f = 500\Omega$ 为例，单端-差分转换电路如图 5-77 所示。图 5-77 中，电阻按 E96 分布取值，实际 $R_1 \approx 241.3\Omega$、$R_2 \approx 268.1\Omega$、$R_T \approx 57.8\Omega$。

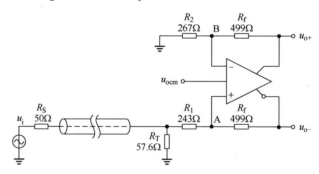

图 5-77 单端-差分转换电路

其等效增益为 $G' = 500\Omega / 268.1\Omega \approx 1.865$，再根据 4.9.1 节多路负反馈二阶低通滤波器的设计方法，或者使用计算机辅助设计软件，可得增益 1.865，$R_f = 500\Omega$ 时的 12MHz 巴特沃斯低通滤波器电路，如图 5-78 所示，图中电阻按 E96 取值，电容按 E24 取值。

结合图 5-77 和图 5-78 可得图 5-79。注意，对称的两个 75pF 电容（准确值为 72.495pF）串联合成了一个 36pF。ADC 的输入差分电压等于 u_i。

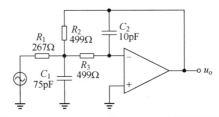

图 5-78　增益 1.865，$R_f = 500\Omega$ 的 12MHz 巴特沃斯低通滤波器电路

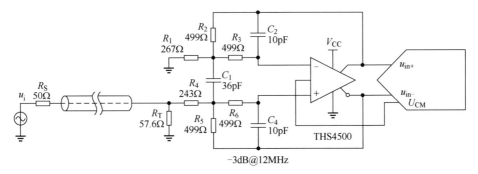

图 5-79　阻抗匹配的差分-单端转换同时做滤波

对于较高频率的应用，使用无源滤波器做抗混叠滤波后，再做差分-单端转换电路更为简单，也更容易做到更高阶数，如图 5-80 所示。ADC 的输入差分电压等于 u_i。

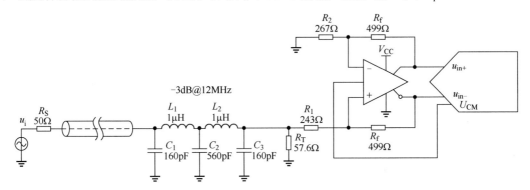

图 5-80　无源滤波和阻抗匹配的差分-单端转换电路

第6章

基本电学量的测量原理

本章介绍一些基本电学量的测量原理，以及一些常用仪器仪表的原理。当前大多数仪器仪表均为数字化测量和显示，除了前端必要的模拟信号调理，检测值通常都经过 ADC 转换到数字域，进行一定的处理和最后的数值解算、数值或图形显示。模拟指针式表头、CRT 显示等技术在现代仪器仪表中已经逐渐被淘汰。本章在介绍测量原理时也基于这样的背景。

6.1　电压和电流测量

6.1.1　电压差测量

若测量电路和被测节点位于同一个电路板上相近的区域，则测量非常简单，使用 ADC 采集即可。若被测节点阻抗较大，则可使用运放做同相跟随，降低 ADC 输入阻抗对被测节点的影响。如果被测节点电压范围和 ADC 输入范围不一致，用运放设计电压映射器进行转换即可。这些内容在第 4 章均已介绍。

如果测量电路（以下称远端）和被测节点距离较远，即便是单端电压，为避免远距离供地时地线上压降的影响，做精确电压测量时，也应采用测电压差的方法，电压差即差分电压测量，可用仪表放大器实现，如图 6-1 所示。

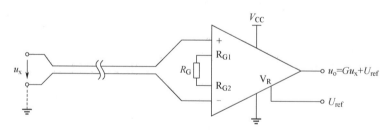

图 6-1　使用仪表放大器的电压差测量电路

为了降低空间电磁辐射对远距离连接的干扰，通常会使用屏蔽电缆，如图 6-2 所示。

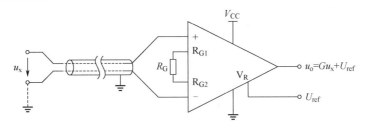

图 6-2　使用屏蔽电缆降低远距离电压测量可能受到的干扰

　　若被测节点阻抗很大，屏蔽电缆缆芯间、缆芯对屏蔽层的电容则不可忽略，许多电缆的分布电容达 100pF / m 以上，数十兆赫兹的节点阻抗和数米长的电缆即可构成截止频率 10Hz 以下的低通滤波器，导致测量电路无法响应被测电压较高频率的变化。此时，若有条件，则可在远端增加电压跟随器降低阻抗；否则，也可采用图 6-3 所示电路。此电路使用电压跟随器驱动电缆屏蔽层，对于外界干扰，等效于低阻抗接地，对于被测信号，因与其实时同电平，不致对带宽造成影响。

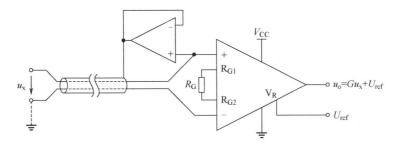

图 6-3　使用屏蔽电缆测量远距离高阻抗电压

　　对于远端为真差分的情况，可采用图 6-4 所示电路，将同相端和反相端各用一根屏蔽电缆。若远端只是共模阻抗很大，则可合用一根双芯屏蔽电缆并只用一个驱动屏蔽层的电压跟随器，其输入可接到 R_G 的中点（将 R_G 分为两个串联的等值电阻）。

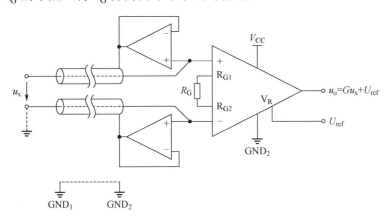

图 6-4　使用屏蔽电缆测量远距离高阻抗差分电压

有时需要测量的差分电压的共模较放大器电源轨更宽，此时可采用图 6-5 所示电路。

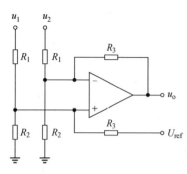

图 6-5 高共模范围的电压差测量

根据同、反相端的 KCL 方程，容易解得

$$u_o = \frac{R_3}{R_1}(u_1 - u_2) + U_{ref} \qquad (6\text{-}1)$$

增益与 R_2 无关。运放同、反相端电压为

$$u_{+,-} = \frac{R_2 R_3 u_1 + R_1 R_2 U_{ref}}{R_1 R_2 + R_2 R_3 + R_3 R_1} \qquad (6\text{-}2)$$

实际应用中，R_1 往往会取到兆欧姆以上，如果 R_2 较 R_1 和 R_3 小很多，显然 $u_{+,-}$ 可以较 u_1 小很多，可保证在 u_1、u_2 超出运放电源轨很多时，电路仍可正常工作。若被测电压的共模较大，特别是动态共模较大，则应注意电阻的匹配，以保证电路的共模抑制比。

6.1.2 交流稳态参量测量

本节介绍表达交流稳态信号的一些参量的测量，包括峰值、谷值、方均根值和平均绝对值。对实际电路来说，这里的稳态是指短时稳态。对于确知形状的无偏置交流信号，如正弦、方波、三角波，以及峰值、谷值、方均根值和平均绝对值之间是可以互相转换的，如表 6-1 所示。当然，这里介绍的测量电路也可用于测量未知形状、相对随机的信号，这时它们之间便没有确定的换算关系了。

表 6-1 几种常见波形幅值、平均绝对值和方均根值的换算关系

	峰值/幅值	平均绝对值（定义：$\frac{1}{T}\int_0^T |u|\,dt$）	方均根值（定义：$\sqrt{\frac{1}{T}\int_0^T u^2\,dt}$）
正弦	U	$2/\pi \cdot U$	$\sqrt{2}/2 \cdot U$
三角波	U	$1/2 \cdot U$	$\sqrt{3}/3 \cdot U$
方波	U	U	U
白噪声		$\sqrt{2/\pi} \cdot U$	U

1．峰值和谷值测量

图 6-6 所示电路是简单且性能较好的峰值测量电路，图中 R_1 和 K_1 应选其一，该电路最高可用于数兆赫兹输入信号的峰值检测。若将二极管换向，则变为谷值测量电路。

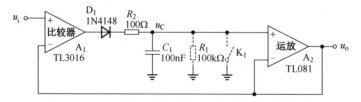

图 6-6 峰值测量电路（二极管换向则为谷值测量电路）

如果不考虑运放 A_2 的输入失调，电容上的电压 u_C 与输出电压 u_o 相同。当输入的瞬时值

大于 u_C 时，比较器输出高，通过二极管和电阻 R_2 对电容充电，直至跟上输入电压，但当输入的瞬时值小于 u_C 时，电容并不能通过比较器放电。R_2 较小，保证 u_C 能很快跟踪到输入的峰值，根据图 6-6 中参数，u_C 的上升时间常数为 $10\mu s$。

R_1 的主要作用是保证电容有放电通路，使得输入信号的峰值在逐渐减小时，u_C 也能缓慢衰落，不致于长时间保持很久之前的检测结果，根据图 6-6 中参数，u_C 衰落的时间常数为 $10ms$，显然被测信号的周期应远小于这个值。

若不使用 R_1，而采用开关 K_1（当然也可以是程控的模拟开关或晶体管开关），则在开关闭合时，输出会迅速降至 0，便开始下一次测量，而在开关断开时，电路可以长期保持测量值。当然，因为二极管的反向漏电流和运放的输入偏置电流，u_C 也会缓慢衰落，以图 6-6 中型号和参数，1N4148 的反向漏电流可能达到 $1nA$，TL081 的输入偏置电流最大在百皮安量级，若合计为 $2nA$，则 u_C 的衰落斜率可能达到 $20mV/s$，而且这还没有考虑到电容的自放电。若需要 u_C 保持更长时间，则应选用反向漏电流更小的二极管（或用 JFET 替代）和输入偏置电流更小的运放，电容可选用漏电较小的聚合物薄膜电容。

2．平均绝对值测量

在第 4 章介绍了精密整流电路，在精密整流电路之后增加低通滤波器则形成平均绝对值测量电路，如图 6-7 所示。

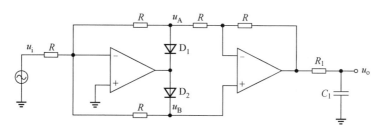

图 6-7　平均绝对值测量电路

R_1 和 C_1 构成的低通滤波器也决定了测量的响应时间，显然被测信号的周期应远小于 $\tau = R_1 C_1$，当然如果后级输入阻抗不够大，还应考虑其影响。

3．有效值测量

有效值即方均根值，对于无偏置的交流稳态信号，使用平均绝对值或峰值换算为有效值是可行的，平均绝对值对噪声不敏感，相对于峰值更有优势。对于波形不确定的信号，要测量有效值，就只能从有效值的定义来设计电路进行测量了。为与前述的换算测量对比，常称为"真有效值测量"。根据定义设计的测量原理如图 6-8 所示。

其中的平方根可以用乘法器平方和运放反馈构成，但此原理在小信号输入时，性能很差。因为小信号开平方后更小，容易被噪声影响，更为实用的原理如图 6-9 所示。

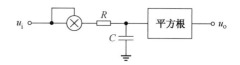

图 6-8　真有效值测量原理

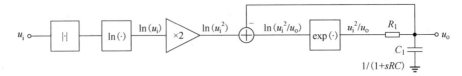

图 6-9　实用的真有效值测量原理

在图 6-9 中，主要信号表达式已经给出，最后滤波器部分

$$\frac{u_i^2}{u_o} \cdot \frac{1}{1+sRC} = u_o \qquad (6\text{-}3)$$

即

$$u_o^2 = \frac{u_i^2}{1+sRC} \qquad (6\text{-}4)$$

实现了短时平均和开平方。

但是，图 6-9 所示原理采用分立运放制作是很复杂和难于保证精度的，许多半导体 IC 厂商都有集成方均根值检测 IC。对于较低频率的信号，还可以用 ADC 采集后在数字域做平方、滤波和开平方运算获得方均根值。对于高频信号，集成射频功率检测 IC 则更为普遍，如 LMH2110 和 LMH2120。

6.1.3　电流测量

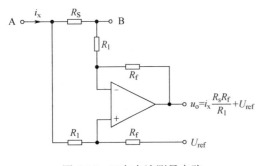

图 6-10　双向电流测量电路

电流量通常转换为电压进行测量，因而电流测量电路实际上就是电流取样转换电路。一种双向电流测量电路，如图 6-10 所示。

其中，R_S 为电流采样电阻，通常应尽量小，使得其上压降 $u_S = R_S i_x$ 不致大到影响被测回路，而 R_1 不应太小，避免分流过大，影响测量准确性。如果仅做单向电流测量并且电流采样电阻一端可以接地，电路可以更简化。电路的输出为

$$u_o \approx i_x \cdot \frac{R_S R_f}{R_1} + U_{ref} \qquad (6\text{-}5)$$

如果 A、B 端动态共模电压较大，还应注意电阻匹配，以保证电路的共模抑制比。采用集成仪表放大器则更好。

如果要满足大共模电压范围的电流测量，可采用类似图 6-5 的电路，如图 6-11 所示。

如果 $R_S \ll R_1$，其输出为

$$u_o \approx i_x \cdot \frac{R_S R_3}{R_1} + U_{ref} \qquad (6\text{-}6)$$

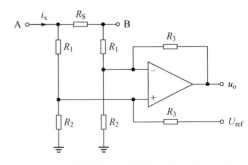

图 6-11　高共模电压范围的双向电流测量电路

许多半导体厂商都有集成电流检测 IC，如 TI 的 INA19x 系列、INA28x 系列。

如果要检测安培级或更大电流，还可采用霍尔电流传感器件。霍尔电流传感器件的被测回路和输出部分是电气隔离的，限于器件封装，通常隔离电压（也就是能接受的共模电压）为数百至数千伏特，典型如 Allegro 的 ACS72x 系列。此外，也有被测回路不经过传感器件封装内部的，将器件安装在被测电流走线的上方即可，如 Melexis 的 MLX9120x 系列。

6.2　频率、相差和占空比测量

本节介绍方波/矩形波的频率、相差和占空比的测量方法，主要由数字电路完成。在实际应用中，应注意处理竞争冒险问题，或者根据原理改为全同步逻辑，也可根据原理使用 MCU 的定时器匹配和捕捉功能完成。相关问题可参考数字电路、MCU 应用或 FPGA 应用相关书籍。

对于正弦信号或其他周期性过零明确的信号，也可以通过饱和放大或比较器后限幅送至数字电路、MCU 或 FPGA 处理。本节介绍的测频方法对于过零噪声非常敏感，采用迟滞比较器是比较合理的选择。若被测信号频率范围很大，如从数赫兹到数兆赫兹，则应分频段多路处理，高频段用高速比较器，低频段用低速比较器。如果试图用一片高速比较器实现宽带比较，那么它很容易受到宽带噪声影响，在信号过零附近出现非预期的翻转，在通常幅度和噪声环境下，比较器通常能应付 3 个数量级的频率范围。

对于正弦信号的相位测量，6.3 节将介绍正交分解（正交相关）法，具备很好的噪声抑制能力。

6.2.1　等精度测频法

1. 测频法

测频法使用计数器测量频率为 f_x 的被测信号在一定时间 T 内的周期数 N，N 正比于 f_x，如图 6-12 所示。注意，图 6-12 中 D 触发器为多位触发器。

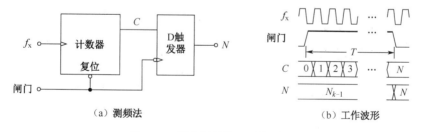

（a）测频法　　　　　　　　　（b）工作波形

图 6-12　频率测量的"测频法"

容易知道：

$$N = \left\lceil \frac{T}{1/f_x} \right\rceil \text{ 或 } \left\lfloor \frac{T}{1/f_x} \right\rfloor \tag{6-7}$$

即

$$f_x = \frac{N + e_N}{T} \approx \frac{N}{T}, \quad |e_N| < 1 \tag{6-8}$$

误差 $e = N / T - f_x$ 的范围为

$$e \in \left(-\frac{1}{T}, \frac{1}{T} \right) \tag{6-9}$$

最大相对误差为 $1/(Tf_x)$，与被测信号频率有关，T 通常由需求决定，若要保证相对误差较小，需 f_x 较大，测频法适用于被测信号频率较高的情况。

2. 测周法

测周法使用计数器测量一个频率为 f_r 的参考信号在被测信号一个周期 T 内的周期数 N，N 正比于被测信号周期，如图 6-13 所示。

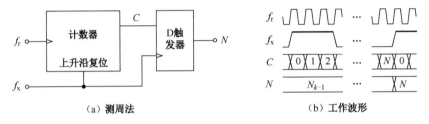

（a）测周法 （b）工作波形

图 6-13 频率测量的"测周法"

容易知道：

$$N = \left\lfloor \frac{f_r}{f_x} \right\rfloor \text{ 或 } \left\lceil \frac{f_r}{f_x} \right\rceil \tag{6-10}$$

即

$$f_x = \frac{f_r}{N + e_N} \approx \frac{f_r}{N}, \quad |e_N| < 1 \tag{6-11}$$

可以计算，误差 $e = f_r / N - f_x$ 的范围为

$$e \in \left(-\frac{f_r}{N(N-1)}, \frac{f_r}{N(N+1)} \right) \tag{6-12}$$

最大相对误差为

$$\frac{f_r}{N(N-1)f_x} \approx \frac{1}{N} \approx \frac{f_x}{f_r} \tag{6-13}$$

与被测信号频率有关，若要保证相对误差较小，要求 $f_x \ll f_r$，测周法适用于被测信号频率较小的情况。

3. 等精度测频法

等精度测频法结合了测频法和测周法的优点，误差与被测信号频率无关，如图 6-14 所示。其中，f_r 为参考时钟信号。

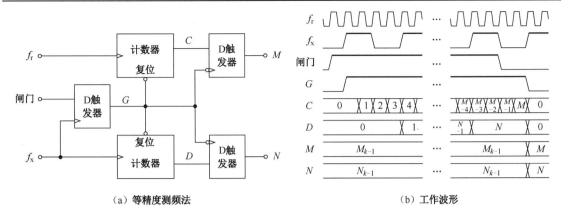

（a）等精度测频法　　　　　　　　　　（b）工作波形

图 6-14　等精度测频法

在等精度测频法中，闸门经过 D 触发器与被测信号同步，得到同步闸门信号 G，保证闸门时间 T_G 为被测信号周期的整数倍，因而对被测信号的计数值是没有误差的。

$$N = T_G \cdot f_x \qquad (6\text{-}14)$$

对参考信号的计数是有误差的，计数值为

$$M = T_G \cdot f_r + e_M, \quad |e_M| < 1 \qquad (6\text{-}15)$$

因而

$$f_x = f_r \cdot \frac{N}{M - e_M} \approx f_r \cdot \frac{N}{M} \qquad (6\text{-}16)$$

误差 $e = N f_r / M - f_x$ 的范围为

$$e \in \left(-\frac{f_r N}{M(M-1)}, \frac{f_r N}{M(M+1)} \right) \qquad (6\text{-}17)$$

最大相对误差为

$$\frac{f_r N}{M(M-1) f_x} \approx \frac{1}{M-1} \approx \frac{1}{T_G f_r} \qquad (6\text{-}18)$$

与被测信号频率无关，仅取决于参考时钟频率和同步后的闸门时间，只要保证闸门时间大于被测信号周期，并且参考时钟频率足够大，等精度测频即可正确工作。

6.2.2　占空比和相位测量

将图 6-14 进行扩展，将 M 计数器拆分为两个计数器分别在 x 为高电平期间和 x 为低电平期间计数，即可获得 x 的占空比。若有另一路与 x 同频的方波 y，则再增加一个计数器，在两者异或为高时计数，可获得两者的相差的绝对值，相差的符号检测可用一个 D 触发器实现。整个扩展后的测量原理如图 6-15 所示。

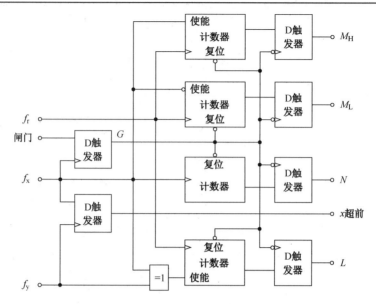

图 6-15　在等精度测频基础上扩展占空比和相位测量后的测量原理

其中，M_H 计数和 M_L 计数分别在 x 为高电平期间和低电平期间使能，通过两者之和与 N 可获得 f_x。

$$f_x \approx f_r \cdot \frac{N}{M_H + M_L} \tag{6-19}$$

如设 $M = M_H + M_L$，这个结果与式（6-16）相同。

1. 相差测量

通过 M_H 和 M_L 之和与 L 可获得 f_x 和 f_y 的相差绝对值（弧度），即

$$\Delta\phi = 2\pi \frac{L + e_L}{M_H + M_L + e_M} \approx 2\pi \frac{L}{M_H + M_L}, \quad |e_L, e_M| < 1 \tag{6-20}$$

绝对误差 $e_{\Delta\phi} = 2\pi \big(L/(M_H + M_L) - \Delta\eta \big)$ 的范围为

$$e_{\Delta\phi} \in \left(-2\pi \frac{M + L}{M(M-1)}, \ 2\pi \frac{M + L}{M(M+1)} \right) \tag{6-21}$$

其中，$M = M_H + M_L$，绝对误差 $e_{\Delta\phi}$ 的最大绝对值为

$$2\pi \frac{M + L}{M(M-1)} \approx 2\pi \frac{M(1 + \frac{\Delta\phi}{2\pi})}{M(M-1)} \approx \frac{2\pi + \Delta\phi}{T_G f_r} \tag{6-22}$$

2. 占空比测量

通过 M_H 和 M_L 可获得 x 的占空比 η，即

$$\eta = \frac{M_H + e_H}{M_H + M_L + e_M} \approx \frac{M_H}{M_H + M_L}, \quad |e_H, e_M| < 1 \tag{6-23}$$

绝对误差 $e = M_H / (M_H + M_L) - \eta$ 的范围为

$$e \in \left(-\frac{M + M_H}{M(M-1)}, \frac{M + M_H}{M(M+1)} \right) \tag{6-24}$$

其中，$M = M_H + M_L$，绝对误差 e 的最大绝对值为

$$\frac{M + M_H}{M(M-1)} \approx \frac{1 + \eta}{M} \approx \frac{1 + \eta}{T_G f_r} \tag{6-25}$$

非常值得注意的是，这样测量占空比的过程事实上是在整个 T_G 期间对每个 x 的周期内测得的占空比的统计平均，如果参考信号 f_r 和被测信号 f_x 的相位关系非常稳定，理论上绝对误差最坏可能达到 f_x / f_r，为了达到较小的测量误差，f_r 和 f_x 不能同源，f_r 需要有一定的相位抖动。

6.3 混频、正交合成和分解

乘法器在信号处理和通信中的应用非常广泛，称呼其各种应用电路的名词也非常多，如混频、正交相关、正交解调、正交合成、正交调制、正交分解、正交解调等，都是对乘法器应用在不同应用领域和不同角度的称呼。低通滤波器本身是带有遗忘特性的积分器，在许多应用中乘法后会经过低通滤波器，等价于短时相关运算，相关运算具备很好的统计特性，有极好的噪声抑制能力，因而在测量电路中应用很广泛。本节是后续几节的基础，读者务必熟练掌握。

6.3.1 混频

两个正弦信号相乘称为混频，在信号处理和通信系统中很常用，许多测量仪器的基本原理也涉及混频。混频常用来将难以应对的高频信号搬移到中低频处理，或者在中低频处理好信号后搬移到高频用于输出或发射。

考虑两个单频信号 $u_1 = U_1 \cos(\omega_1 t + \phi_1)$ 和 $u_0 = U_0 \cos(\omega_0 t)$，一般前者为待处理的信号，而后者为已知的参考信号，将它们通过标尺电压为 U_z 的乘法器相乘。

$$\frac{u_1 u_0}{U_z} = \frac{U_0 U_1}{2 U_z} \left(\cos(\Delta\omega \cdot t + \phi_1) + \cos(\Sigma\omega \cdot t + \phi_1) \right) \tag{6-26}$$

其中，$\Delta\omega = \omega_1 - \omega_0$，$\Sigma\omega = \omega_1 + \omega_0$。

结果中包含一个差频项（频率 $\Delta\omega$）和一个和频项（频率 $\Sigma\omega$），而相位不变，一般会将其中一个用滤波器滤除，只留下另一个，如图 6-16 所示。

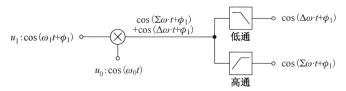

图 6-16 混频原理

6.3.2　正交合成

正交合成也称为正交调制、IQ 调制、QAM 调制，可利用两个直流或低频信号控制合成的高频信号的幅度和相位，如图 6-17 所示。

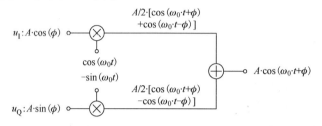

图 6-17　正交合成（调制）原理

其中，u_I 和 u_Q 为直流或低频信号，若

$$\begin{cases} u_I = \dfrac{U_1 U_z}{U_0} \cos\phi \\[2mm] u_Q = \dfrac{U_1 U_z}{U_0} \sin\phi \end{cases}$$

则输出

$$\begin{aligned} u_1 &= \frac{u_I U_0 \cos(\omega_0 t)}{U_z} + \frac{u_Q\left(-U_0 \sin(\omega_0 t)\right)}{U_z} \\ &= U_1 \cos\phi \cdot \cos(\omega t) - U_1 \sin\phi \cdot \sin(\omega t) \\ &= U_1 \cos(\omega t + \phi) \end{aligned} \tag{6-27}$$

其中

$$\begin{cases} U_1 = \dfrac{U_0}{U_z}\sqrt{u_I^2 + u_Q^2} \\[2mm] \phi = \mathrm{atan2}\left(u_Q, u_I\right) \stackrel{\text{def}}{=} \arg\left(u_I + j u_Q\right) \end{cases} \tag{6-28}$$

通过 u_I 和 u_Q 即可控制输出的信号 u_1 的幅度和相位。其中，$\mathrm{atan2}(y,x)$ 是四象限反正切函数，许多计算机编程语言的数学函数库中均有此函数。

6.3.3　正交分解

正交分解也称为正交混频、正交相关、正交解调、IQ 解调、QAM 解调，如图 6-18 所示。

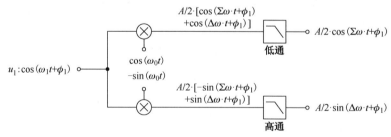

图 6-18　正交分解（解调）原理

将待处理的信号 $u_1 = U_1 \cos(\omega_1 t + \phi_1)$ 与正交的两个信号 $U_0 \cos(\omega_0 t)$ 和 $-U_0 \sin(\omega_0 t)$ 分别相乘

$$\begin{cases} u_A = \dfrac{U_0 U_1}{2 U_z} \big(\cos(\Delta\omega \cdot t + \phi_1) + \cos(\Sigma\omega \cdot t + \phi_1) \big) \\[2mm] u_B = \dfrac{U_0 U_1}{2 U_z} \big(\sin(\Delta\omega \cdot t + \phi_1) - \sin(\Sigma\omega \cdot t + \phi_1) \big) \end{cases}$$（6-29）

然后用低通滤波器将其中的和频成分滤除

$$\begin{cases} u_I = \dfrac{U_0 U_1}{2 U_z} \cos(\Delta\omega \cdot t + \phi_1) \\[2mm] u_Q = \dfrac{U_0 U_1}{2 U_z} \sin(\Delta\omega \cdot t + \phi_1) \end{cases}$$（6-30）

因而

$$\begin{cases} U_1 = \dfrac{2 U_z}{U_0} \sqrt{u_I^2 + u_Q^2} \\[2mm] \Delta\omega \cdot t + \phi_1 = \mathrm{atan2}(u_Q, u_I) \overset{\text{def}}{=} \arg(u_I + \mathrm{j} u_Q) \end{cases}$$（6-31）

经过正交分解，如果 $\omega_1 = \omega_0$，通过 u_I、u_Q 可以获得信号 u_1 的幅度 U_1 和相位 ϕ_1。即使 $\omega_1 \neq \omega_0$、$\Delta\omega \neq 0$，只要 $\Delta\omega$ 远小于 u_1 的相位变化率 $\dfrac{\mathrm{d}\phi}{\mathrm{d}t}$，也可以通过 u_I、u_Q 获得信号的幅度和相变。

单混频和正交分解通常有以下几种应用。

（1）u_1 和 u_0 同源，$\omega_0 = \omega_1$，如锁相放大器、阻抗测量。

（2）u_0 由 u_1 经锁相环恢复，$\omega_0 = \omega_1$，如通信系统中的解调。

（3）u_0 为定频或扫频信号，关注被测信号中与 u_0 同频的成分，如频谱分析仪。

6.4　锁相放大

锁相放大并不是针对某个具体电学量的测量方法，它可广泛用于微弱受激信号的测量。在给定激励的情况下，可以从系统输出的微小信噪比的响应中，测量与响应相关的参数。

这里介绍锁相放大的一般原理，如图 6-19 所示。待测参数系统的输出信号幅度与输入信号幅度呈线性关系，而增益则与待测参数 a 相关，同时待测系统包含噪声 e_n。图 6-19 中的公式省略了源幅度和乘法器标尺电压，在实际应用时，应予考虑。

所谓待测系统，不必是纯粹的电路系统，被测参数也不必是电学参数，只要系统输入和输出是电信号即可。例如，采用光电器件测量发射和接收器件间的距离或透光介质的透射率，采用弹性螺线管（可变电感）测量其长度等，只要能知道待测参数与信号增益的关系 $g(a)$，在 D 点测得 $g(a)$ 后，即可求得 a。如果不能确切知道 $g(a)$，条件允许的情况下，也可以通过取大量参考样本通过曲线拟合得到 $g^{-1}(a)$。

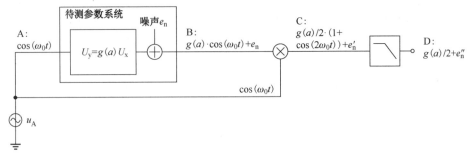

图 6-19 锁相放大的一般原理

若已知待测系统引入的噪声 e_n 的大致分布，可选择激励源 u_A 的频率 ω_0 避开噪声密度较大的频段/频点。许多待测系统还会引入直流偏置干扰或低频干扰，经过乘法器和滤波器之后，它们均不会对待检测信号造成影响。

以噪声 e_n 为白噪声为例，设功率谱密度为 v_n，若不采用锁相放大，直接测量 B 点信号，则可以采用中心频率为 $f_0 = \omega_0 / (2\pi)$ 的带通滤波器对噪声限带。通常中心频率准确的带通滤波器 Q 值较难做到 10 以上，这样，带内噪声功率（以二阶带通为例）为

$$u_{n,B}^2 \approx v_n^2 \cdot 1.57 f_0 / Q \approx 0.157 v_n^2 f_0 \tag{6-32}$$

若采用锁相放大，低通滤波器的截止频率为 f_c，则 B 点噪声中频率在 f_0 附近的噪声将被混频至零频率附近并通过滤波器（以一阶为例），功率为

$$u_{n,D}^2 \approx 3.14 v_n^2 f_c \tag{6-33}$$

在大多数应用中，低通滤波器的截止频率取决于测量相应时间，对于常规仪器仪表，一般在1Hz 左右，采用锁相放大器，信噪比将提升为

$$u_{n,B}^2 / u_{n,D}^2 = 0.05 \text{Hz}^{-1} f_0 \tag{6-34}$$

而 f_0 根据应用的不同，大多从数百赫兹到数百兆赫兹。当 2kHz 时，信噪比将提升 100 倍，噪声有效值将降低为 $1/10$，即测量值分布的标准差将降低为 $1/10$；当 200kHz 时，测量值分布的标准差将降低为 $1/100$。

上面所述未采用锁相放大的方法，采用了 Q 值为 10 的带通滤波器进行限带，实际上对于带通滤波器，要兼顾中心频率准确和带宽窄是很困难的，而且，如果系统需求采用多种不同频率的激励进行测试，改变中心频率的窄带滤波器的设计将更为困难。

有些情况无法保证乘法器的两个输入同源，此时，若能知道激励的标称频率，则可独立产生频率近似的参考源，并通过图 6-20 所示的正交锁相方法得到 $g(a)$。

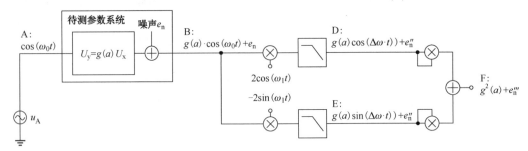

图 6-20 正交锁相放大原理

经过低通滤波器之后，可使用 ADC 将信号采集至数字域，在数字域做平方和及最后的开平方更为方便。显然，ω_1 应和 ω_0 尽量接近，两者之差 $\Delta\omega = \omega_1 - \omega_0$ 应小于低通滤波器的截止频率。

6.5　阻抗测量

本节主要介绍复阻抗测量常用的自平衡电桥法。实阻抗是纯电阻的测量方法，如分压法、电桥法、恒流源激励法，读者应能根据这些名词领会到具体的测量方法，这里不再赘述。自平衡电桥法也是测量纯电阻的常用方法，因不关注相位信息，激励源可简化为直流电压源，检测电路可简化为电压测量，这样比较简单，这里也不具体介绍。

6.5.1　自平衡电桥法

图 6-21 所示为自平衡电桥的一般原理。在图 6-21 中，Z_x 为被测元件；u_x 为正弦激励源，其幅度 U_x 一般根据被测阻抗模的大致范围选择不同的挡位，应保证被测元件不过载，其频率则根据测试需求确定，其相位作为参考认定为零。u_r 为受零点检测反馈控制的同频正弦源，其幅度为 U_r，相位为 ϕ，u_r 将使得 O 点电压为零。R_r 为参考电阻，一般需要根据被测阻抗模的范围，即量程，采用继电器或模拟开关切换大小，

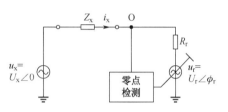

图 6-21　自平衡电桥的一般原理

以使得 U_r 大小合适，便于后续电路测量。若用于纯电阻（直流电阻）测量，则可将激励源 u_x 简化为直流电压源。

所谓"自平衡"，是指在受零点检测自动控制的 u_r 作用下，Z_x 和 R_r 电流平衡（相等）。在此情况下，

$$\frac{U_x\angle 0}{Z_x} = \frac{-U_r\angle\phi_r}{R_r} \tag{6-35}$$

即

$$Z_x = -\frac{R_r U_x\angle 0}{U_r\angle\phi_r} \tag{6-36}$$

Z_x 的模和辐角分别为

$$\begin{cases} |Z_x| = \dfrac{R_r U_x}{U_r} \\ \arg Z_x = \pi - \phi_r \end{cases} \tag{6-37}$$

最简单的零点检测和 u_r 产生可使用运放实现，如图 6-22 所示，运放的负反馈将保证 O 点电压为零。对于运放，电路类似于一个反相放大器。

为了求得 Z_x，首先需要知道 u_r 的幅度 U_r 和辐角 ϕ。为此，电路中引入了正交信号源，并采用正交分解，在实际应用中，可以只使用一路乘法器、滤波器和 ADC，使用继电器或模拟开关切

换，分时复用。滤波器的截止频率应根据需求的测量响应时间来定，通常可设置在 1Hz 左右。

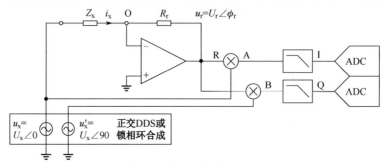

图 6-22　实用运放做零点检测的自平衡电桥

因为

$$u_x = U_x \cos(\omega t)$$
$$u_x' = -U_x \sin(\omega t)$$
$$u_r = U_r \cos(\omega t + \phi_r)$$

根据正交分解原理，

$$\begin{cases} u_I = \dfrac{U_x U_r}{2U_z} \cos\phi_r \\[2mm] u_Q = \dfrac{U_x U_r}{2U_z} \sin\phi_r \end{cases} \tag{6-38}$$

其中，U_z 为乘法器的标尺电压。

所以

$$\begin{cases} U_r = \dfrac{2U_z}{U_x} \sqrt{u_I^2 + u_Q^2} \\[2mm] \phi_r = \mathrm{atan2}(u_Q, u_I) \end{cases} \tag{6-39}$$

再根据式（6-37）即可求得被测元件的阻抗模和辐角。进一步地，如果它是电阻、电容或电感，可以根据其等效模型计算得到它们的耗散因子、品质因素等。

图 6-22 中乘法器失调产生的两个一次项必然被滤除，只有零次项会对测量产生影响（运放的失调也可等效到乘法器）。在实际应用中，可以在被测元件开路时，置 $u_x = u_x' = 0$，通过 ADC 测得零次项的值，在后续数据中将其扣除。

如果被测元件有条件直接连接在整个测试电路的电路板上（焊接或使用接触牢靠的接插件），并配合合适的 U_x 和 R_r，图 6-22 基本可满足最高 100kHz 下，阻抗模为 $100\mathrm{m}\Omega \sim 10\mathrm{M}\Omega$ 范围的精确测量。若使用电缆和夹具将被测元件引至电路板或仪器之外，则可能无法满足较小的阻抗模测量。

如果被测元件需要用测试电缆连接至测试电路板之外，可按图 6-23 所示的电路连接。该电路使用 4 条屏蔽电缆，区分了测试电流路径和检测路径，并在被测元件附近将屏蔽电缆的屏蔽层相连，保证了检测路径无压降且使得测试电流 i_x 及其回流路径感抗尽量降低。4 条屏蔽电缆也应严格等长，避免引入相位误差。

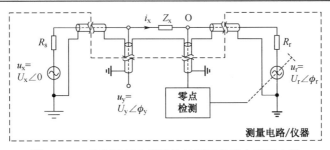

图 6-23　4 线制屏蔽电缆连接被测元件的自平衡电桥

图 6-23 中

$$\frac{U_y \angle \phi_y}{Z_x} = \frac{-U_r \angle \phi_r}{R_r}$$

即

$$Z_x = \frac{R_r U_y \angle \phi_y}{-U_r \angle \phi_r} \tag{6-40}$$

可得

$$\begin{cases} |Z_x| = \dfrac{R_r U_y}{U_r} \\ \arg Z_x = \pi + \phi_y - \phi_r \end{cases} \tag{6-41}$$

可采用正交分解，分别对 u_y 和 u_r 进行测量。求得 U_y、ϕ_y、U_r 和 ϕ_r 后，再利用式 6-41 求得被测元件的阻抗模和辐角。

若要求测试频率上 MHz 或更高，则采用运放负反馈做零点检测和产生 u_r 将受到运放相位性能的严重局限。此时，可采用图 6-24 所示的电路。该电路通过 M_1 和 M_2 做正交分解，得到 u_O 的 I、Q 分量，分别使用积分控制器控制正交合成电路的输入，最终正交合成输出的信号将使得电桥平衡。在图 6-24 中，积分控制器的时间常数根据需求的测试响应时间确定，通常可在100ms 左右。

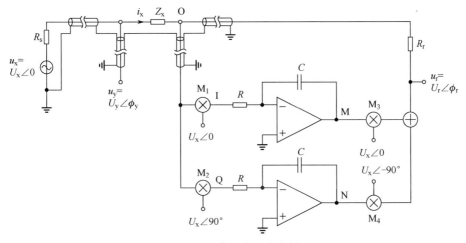

图 6-24　高频自平衡电桥

6.5.2 自平衡电桥测量的矫正

除了 6.5.1 节提到的乘法器和放大器的失调，自平衡电桥的主要误差来源为测试端口（走线、电缆和夹具）的寄生参数，若它们是线性的，则可以等效为在被测元件前增加了图 6-25 所示的双端口网络。

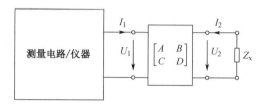

图 6-25　自平衡电桥测试端口寄生参数的等效

设此双端口网络的传输参数为 $\begin{bmatrix} A & B \\ C & D \end{bmatrix}$，有

$$\begin{bmatrix} U_1 \\ I_1 \end{bmatrix} = \begin{bmatrix} A & B \\ C & D \end{bmatrix} \begin{bmatrix} U_2 \\ -I_2 \end{bmatrix} \tag{6-42}$$

测量值为

$$Z_x' = \frac{U_1}{I_1} = \frac{AU_2 - BI_2}{CU_2 - DI_2} \tag{6-43}$$

而实际值为

$$Z_x = \frac{U_2}{-I_2} \tag{6-44}$$

可得

$$Z_x = \frac{DZ_x' - B}{A - CZ_x'} \tag{6-45}$$

如果能预先做开路矫正（$Z_x \to \infty$）和短路矫正（$Z_x = 0$），则

$$\begin{cases} A - CZ_O' = 0 \\ DZ_S' - B = 0 \end{cases}$$

即

$$\begin{cases} C = A / Z_O' \\ B = DZ_S' \end{cases} \tag{6-46}$$

其中，Z_O' 为开路矫正时的测量值；Z_S' 为短路时的测量值，则

$$Z_x = \frac{D\left(Z_x' - Z_S'\right)}{A\left(1 - Z_x'/Z_O'\right)} = \frac{DZ_O'\left(Z_x' - Z_S'\right)}{A\left(Z_O' - Z_x'\right)} \tag{6-47}$$

大多数情况可以认为双端口网络是对称的，即 $A = D$，此时

$$Z_x = Z_O' \cdot \frac{Z_x' - Z_S'}{Z_O' - Z_x'} \tag{6-48}$$

有了开路矫正和短路矫正时的测量值 Z_O' 和 Z_S'，即可通过被测元件的测量值 Z_x' 得到被测元件的真实值 Z_x。

若要进一步矫正不对称性，则可采用一个已知阻抗的参考元件 Z_R 再做一个预先矫正。

$$Z_R = \frac{DZ_R' - B}{A - CZ_R'} \tag{6-49}$$

与式（6-46）联合带入式（6-45）中，可解得

$$Z_x = Z_R \cdot \frac{Z_x' - Z_S'}{Z_O' - Z_x'} \cdot \frac{Z_O' - Z_R'}{Z_R' - Z_S'} \tag{6-50}$$

参考元件 Z_R，通常应选择与可能的被测元件阻抗接近的元件，并要足够精确和稳定。

6.6　频谱测量

频谱测量的目标是绘制出待测信号的功率谱密度曲线或功率谱曲线，当然纵坐标的单位可以换算为多种单位。混频检波是宽带频谱分析的主流方法，虽然随着数字处理技术的发展，越来越多的仪器采用模数转换后进行傅里叶分析的方法做频谱测量,但中频之前的部分仍依赖于模拟混频方法，数字化主要还是中频及之后的部分。

6.6.1　混频检波法

混频检波法也称为扫频检波法、扫频调谐法，其原理如图 6-26 所示。输入滤波器挑选待测频带的信号进入整个电路，f_0 和 f_{L1} 混频后，一般选择差频 $f_1 = |f_0 - f_{L1}|$ 通过中频滤波器，f_1 称为中频（中等的频率之意），最后由检波电路，测得中频的有效值，检波电路可以是有效值检测或幅值检测。产生 f_{L1} 的源称为本振（本机振荡）。

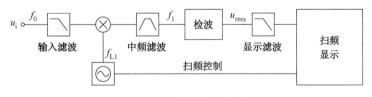

图 6-26　混频检波法的原理

中频滤波器的带宽 f_{RB} 称为解析带宽或分辨带宽（RBW），通过改变 f_{L1}，即可选择输入信号中，中心频率为 $f_{L1} \pm f_1$，带宽为 f_{RB} 的成分通过中频滤波器，并检波得到这些成分的有效值，即功率。通过 f_{L1} 的大范围扫频，即可测量并绘制出大频率范围的功率谱。若要获得功率密度谱，则需要将检测得到的功率除以中频滤波器的等效噪声带宽（噪声解析带宽）。

解析带宽决定了中频滤波器的响应时间，限制了本振扫频的速度。通常中频滤波器的响应时间为正比于解析带宽的倒数，设为 k / f_{RB}，若整个扫频时间为 t_{sw}、测量带宽为 f_{sp}，则扫

频速率为 f_{sp}/t_{sw}，频率在中频滤波器通带内停留的时间为 $f_{RB}/f_{sp} \cdot t_{sw}$，显然这个时间必须大于中频滤波器的响应时间。

$$\frac{f_{RB}t_{sw}}{f_{sp}} > \frac{k}{f_{RB}}$$

因而

$$t_{sw} > \frac{kf_{sp}}{f_{RB}^2} \tag{6-51}$$

k 由具体的滤波器特性决定，通常为 $2\sim3$。

中频滤波器的过渡带滚降决定了它对通带周边信号的抑制能力，称为选择性。通常定义为 -3dB 带宽和 -60dB 带宽之比，越大越好，极限为 1，选择性越好的中频滤波器，响应时间越长，在相同解析带宽下更容易分辨临近的不同频率。

显示滤波器用于平滑最终显示的曲线，在小解析带宽下测量被噪声影响的微小信号时比较有用。对于数字化检波和显示的仪器，在测量带宽远大于解析带宽时，可以获得的有效数据量可远多于显示设备的水平分辨率。这时，数字域实现的显示滤波相当于显示抽样前的抗混叠滤波，可用来消除显示混叠。在数字化检波和显示的仪器中，也有其他一些方法可以实现从检测数据到显示数据的转换（或挑选）。

（1）直接采样：直接从显示像素对应的频率范围内的 N 个检测数据中抽取出中央的一个用于显示，会发生显示混叠。

（2）峰值或谷值检测。在显示像素对应的 N 个检测数据中找到最大值或最小值，用于显示。

（3）交替检测：坐标为偶数（或奇数）的显示像素取对应的 N 个检测数据中的最大值，坐标为奇数（或偶数）的显示像素取对应的 N 个检测数据中的最小值，因像素连线的栅格化效应，最终显示效果类似于在一纵列像素中将峰值和谷值连线。

（4）平均检测：取对应的 N 个检测数据的平均值用于显示，等效于 sinc 响应的低通滤波。

为使测量频带下限能够较低，通常输入滤波器是低通滤波器，被混频滤波选择的信号频率实际为 $f_{L1}-f_1$，输入滤波器要负责滤除 $f_{L1}+f_1$ 的成分，如图 6-27 所示。图 6-27 中两个实线反映了在不同的本振 f_{L1} 频率下，没有输入滤波器时，能够通过中频滤波器的输入信号频率。

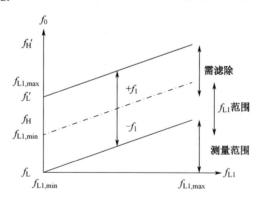

图 6-27 混频器输入频率、本振频率和中频的关系

容易知道，测量频率上限为 $f_{L1,max}-f_1$，需要被滤除的频率下限为 $f_{L1,min}+f_1$。对于输入

滤波器来说，显然要求

$$f_{L1,min} + f_1 > f_{L1,max} - f_1$$

即

$$f_1 > \frac{f_{L1,max} - f_{L1,min}}{2} = \frac{f_{in,BW}}{2} \qquad (6-52)$$

并留有足够余量。若无法满足，则需要用多组输入滤波器分频段工作。

要求较高时，还需要考虑乘法器的非线性引入的谐波及其乘积项，这时情况将变得复杂，通常需要将中频 f_1 提高很多，具体原理这里不做介绍。

从图 6-27 中可以看到，若频率测量范围较宽，则中频 f_1 频率也需要较大，此时要做到足够小的解析带宽，就要求中频滤波器 Q 值极高，难以实现。解决方法是多次混频逐级滤波，图 6-28 所示为测量频带为 0～500MHz 的例子。许多成品频谱测量仪甚至会用到 3～4 级混频。

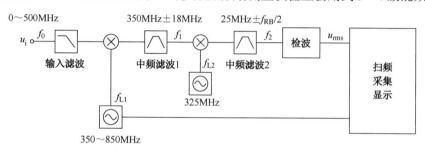

图 6-28 两级中频的混频检波频谱测量

6.6.2 傅里叶变换

当前单片 ADC 的带宽和采样率已经做到数吉赫兹，采用 ADC 对宽带信号直接采集，利用傅里叶变换分析频谱也是可行的。傅里叶变换的频率分辨率（解析带宽）直接由数据的采样率和变换的长度决定，这使得傅里叶变换法容易做到更窄的解析带宽。现代频谱分析仪通常结合扫频检波法和傅里叶分析法，前者用于应对宽范围频谱检索，后者用于应对具体小范围内的高解析分析。

在实际应用中，傅里叶变换采用的是快速傅里叶变换算法，若处理器的计算能力足够，则可以保证不丢弃 ADC 连续采集的任何一个数据，实现信号的实时分析。这是扫频检波法不具备的优点，因为扫频检波法一个时间点仅关注一个频点。傅里叶变换还可以获得不同频率成分的相对相位信息。

图 6-29 所示为直接傅里叶变换测频谱的原理。

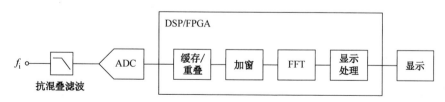

图 6-29 直接傅里叶变换测频谱的原理

　　FFT 变换的数据输入输出通常是突发式的，通常需要块式数据输入或带有块缓存的流式数据输入，为了避免后续加窗对块数据两端的衰减导致的信息损失，通常转换也不是一块接着一块地进行，往往需要做重叠，如重叠变换长度的一半。

　　被测数据通常具有一定随机性，无法保证进入傅里叶变换的部分与信号的基频同步，甚至被测信号根本没有周期性，对信号直接进行傅里叶变换，会产生频谱泄露效应，对待变换的数据进行加窗处理可有效缓解频谱泄露问题。

　　所谓加窗处理，是指将长度为 L 的数据，与长度同为 L 的窗函数数据逐元素相乘，常用的窗函数有矩形窗（等同于不加窗）、平顶窗、汉宁窗、凯泽尔窗等。它们的定义和用于傅里叶分析时的特性如表 6-2 所示。

表 6-2　几种常用窗函数的定义和用于傅里叶频谱分析时的特性

窗	定义 $n \in [0, N]$，$N = L-1$	频率分辨	幅度准确
矩形窗	$w[n] = 1$	优	差
汉宁窗	$w[n] = \sin^2 \dfrac{\pi n}{N}$	良	中
凯泽尔窗	$w[n] = \dfrac{I_0\left(\pi\alpha\sqrt{1-(2n/N-1)^2}\right)}{I_0(\pi\alpha)}$	中	良
平顶窗	$w[n] = a_0 + \displaystyle\sum_{k=1}^{4} (-1)^k a_k \cos\dfrac{2k\pi n}{N}$	差	优

　　其中，凯泽尔窗可指定参数 α，通常取 $5/\pi \sim 10/\pi$ 之间，凯泽尔窗定义式中的 $I_0(\cdot)$ 函数为第一类零阶修正贝塞尔函数。

$$I_0(x) = 1 + \sum_{r=1}^{\infty}\left(\frac{(x/2)^r}{r!}\right)^2 \tag{6-53}$$

　　平顶窗定义中的系数（Matlab 采用的）
$$\{a_0, a_1, a_2, a_3, a_4\} \approx \{0.215579, 0.416632, 0.277263, 0.083579, 0.006947\}$$

　　最后的显示处理部分，除了 6.6.1 节讲到的从检测数据（转换后数据）到显示数据的转换，对于实时频谱测量，因为大量实时数据快速显示，对于使用者观察没有实际意义，所以还要做一些实时频谱测量特有的处理，主要包括以下几种。

　　（1）存储以备后续分析。

　　（2）密度图显示，将一段时间的显示图像叠加，概率大的像素着暖色调，概率小的像素着冷色调，可以不丢失偶发信号。

　　（3）瀑布图显示，通常纵轴为时间轴，横轴为频率轴，图像以一定的速率沿时间轴滚动，而功率则以像素的色调或亮度表达。

　　根据 3.4 节的介绍，若 ADC 采样率为 f_s，FFT 长度为 L，结果为 $X[k]$，则频谱分辨率为

$$f_{RB} = \frac{f_s}{L} \tag{6-54}$$

在取式（3-119）中 $a=-1, b=1$ 时，$|X[0]|$ 是信号中的直流成分，$2|X[k]|$（$k \neq 0$）是频率为 $\frac{kf_s}{L}$ 成分的幅度，$\arg(X[k])$（$k \neq 0$）是频率 $\frac{kf_s}{L}$ 成分的相对相位。

图 6-30 所示为扫频检波法和傅里叶变换法结合的原理（以图 6-28 为例修改）。通过扫频检波通道，可以实现对全测量频带的频谱扫描，若 f_{L1} 固定，则可通过 FFT 通道进行实时频谱分析。经过混频后，FFT 能分析的带宽降低至第 1 级中频滤波器的带宽，但因带宽降低，在同样成本下，ADC 的其他性能（如信噪比）可以得到提高，使得实时频谱分析的性能得到提高。

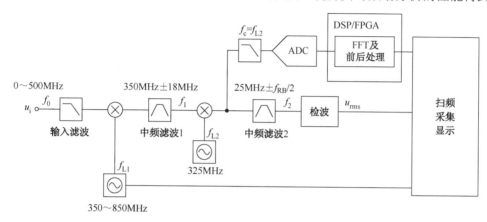

图 6-30 混频检波法和傅里叶变换结合的频谱测量

如果 ADC 采样率为第 2 级中频的 4 倍，即 $f_s = 4f_2$ 时，若本振源 1 的频率固定为 f_{L1}，则输入频率 f_0 对应到 ADC 输入信号的频率为

$$f_{sig,ADC} = f_{L1} - f_0 - f_{L2} \in [0, 2f_2) \tag{6-55}$$

FFT 分析的频带为

$$f_{0,FFT} \in (f_{L1} - f_{L2} - 2f_2, f_{L1} - f_{L2}] \tag{6-56}$$

以图 6-30 中标注的频率数值为例，在 f_{L1} 为 350MHz 时，$f_{0,FFT} \in (-25\text{MHz}, 25\text{MHz}]$，受限于中频滤波器的带宽，实际有用频带为 $[0, 18\text{MHz}]$，在 f_{L1} 为 850MHz 时，$f_{0,FFT} \in (475\text{MHz}, 525\text{MHz}]$，受限于输入滤波器，实际有用频带为 $(475\text{MHz}, 500\text{MHz}]$。

频率分辨率为 $f_s / L = 4f_2 / L$，变换后数据索引 k 与输入频率的关系为

$$f_{sig,ADC} = f_{L1} - f_0 - f_{L2} = \frac{kf_s}{L} \tag{6-57}$$

即

$$f_0 = f_{L1} - f_{L2} - \frac{kf_s}{L} \tag{6-58}$$

一些新型频谱分析仪还在数字域做正交解调及其他各种解调甚至通信协议解码，可用于各类通信信号的分析。

6.7　矢量网络测量

矢量网络测量通常用于测量两端口网络的散射参数，而散射参数可转换为幅度响应、相位响应、阻抗参数、导纳参数、混合参数、传输参数、驻波比等。

6.7.1　散射参数

散射参数反映了网络端口的反射波和入射波的关系，对于两端口网络，如图 6-31 所示。

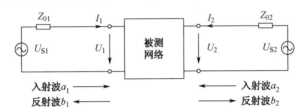

图 6-31　散射参数

端口 1 和端口 2 的入射波 $a_{1,2}$ 和反射波 $b_{1,2}$ 定义为

$$\begin{cases} a_k = \dfrac{U_k + Z_{0k} I_k}{\sqrt{2\left(Z_{0k} + Z_{0k}^*\right)}} \\[4mm] b_k = \dfrac{U_k - Z_{0k}^* I_k}{\sqrt{2\left(Z_{0k} + Z_{0k}^*\right)}} \end{cases}, \quad k = 1,2 \tag{6-59}$$

其中，Z_{0k}^* 为 Z_{0k} 的共轭；U_k、I_k 均为复数。对于常见的两端匹配到相同实阻抗 Z_0 的情况：

$$\begin{cases} a_k = \dfrac{U_k + Z_0 I_k}{2\sqrt{Z_0}} \\[4mm] b_k = \dfrac{U_k - Z_0 I_k}{2\sqrt{Z_0}} \end{cases} \tag{6-60}$$

以下均以两端匹配到相同实阻抗为例。

两端口网络的散射参数 $\boldsymbol{S}$ 是一个 2×2 矩阵，表达了从入射波列向量 $\boldsymbol{a} = \begin{pmatrix} a_1 & a_2 \end{pmatrix}^{\mathrm{T}}$ 到反射波列向量 $\boldsymbol{b} = \begin{pmatrix} b_1 & b_2 \end{pmatrix}^{\mathrm{T}}$ 的变换。

$$\boldsymbol{b} = \begin{bmatrix} b_1 \\ b_2 \end{bmatrix} = \boldsymbol{Sa} = \begin{bmatrix} S_{11} & S_{12} \\ S_{21} & S_{22} \end{bmatrix} \begin{bmatrix} a_1 \\ a_2 \end{bmatrix} \tag{6-61}$$

同时根据式（6-60），可以有

$$\begin{cases} S_{11} = \dfrac{b_1}{a_1}\bigg|_{a_2=0} = \dfrac{U_1 - Z_0 I_1}{U_1 + Z_0 I_1} = \dfrac{2U_1 - U_{S1}}{U_{S1}} \\[3mm] S_{12} = \dfrac{b_1}{a_2}\bigg|_{a_1=0} = \dfrac{U_1 - Z_0 I_1}{U_2 + Z_0 I_2} = \dfrac{2U_1}{U_{S2}} \\[3mm] S_{21} = \dfrac{b_2}{a_1}\bigg|_{a_2=0} = \dfrac{U_2 - Z_0 I_2}{U_1 + Z_0 I_1} = \dfrac{2U_2}{U_{S1}} \\[3mm] S_{22} = \dfrac{b_2}{a_2}\bigg|_{a_1=0} = \dfrac{U_2 - Z_0 I_2}{U_2 + Z_0 I_2} = \dfrac{2U_2 - U_{S2}}{U_{S2}} \end{cases} \tag{6-62}$$

散射参数向其他参数的转换将在附录中给出。

6.7.2　矢量网络测量的原理

图 6-32 所示为矢量网络测量的基本原理。在射频微波领域，Z_0 通常是 50Ω，也有用 75Ω、600Ω 的场合。开关（继电器或模拟开关）处于图 6-32 中位置时，用于测量 S_{11} 和 S_{21}，切换位置后，可测量 S_{22} 和 S_{12}。

根据式（6-62），利用图 6-32 即可完成被测网络散射参数的测量，当然所有的 U_S、U_1、U_2 均为矢量，都需要利用正交分解来获得它们的模和相角。

在实际应用中，在低频段，图 6-32 所示原理是可行的，但在高频段，继电器或模拟开关本身也会引入衰减。另外，为了能适应不同的被测网络，源 U_S 还需要程控幅度（功率），往往采用集成程控衰减器完成，这也会引入衰减，这些衰减往往又是频率的函数，在需要扫频绘制散射参数频率曲线的时候，会造成矫正困难。

高频矢量网络测量电路，一般采用定向耦合器直接获取入射波和反射波。图 6-33 所示为单向定向耦合器的一种符号和典型测试电路。

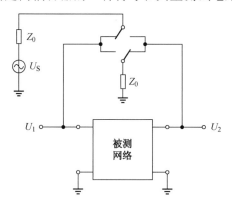

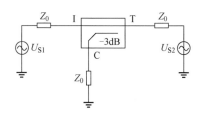

图 6-32　矢量网络测量的基本原理　　　　　图 6-33　单向定向耦合器的一种符号和典型测试电路

其中，端口"I"为输入端口，"T"为传输端口，"C"为耦合端口。

从 I 端口进入的功率，除部分传输到端口 T 输出之外，将有一部分耦合到端口 C 输出，耦合端口输出功率与输入端口输入功率之比称为耦合系数。

$$T_C(\text{dB}) = 10\lg\frac{P_C}{P_I} \tag{6-63}$$

耦合系数通常会标注在定向耦合器符号上，如图 6-33 中的 "-3dB"。

传输端口输出功率与输入端口输入功率之比称为插入损耗（简称插损）。

$$T_L(\text{dB}) = -10\lg\frac{P_T}{P_I} \tag{6-64}$$

对于理想的定向耦合器，$P_T + P_C = P_I$。

反过来，从 T 端口进入的功率，除部分传输到端口 I 输出之外，将在定向耦合器内消耗一部分，而 C 端口将不输出功率。这种情况下，输入端口输出功率和传输端口输入功率之比，称为反向插损。

$$T_R(\text{dB}) = -10\lg\frac{P_I}{P_T} \tag{6-65}$$

耦合端口输出功率与传输端口输入功率之比，称为隔离度。

$$T_I(\text{dB}) = -10\lg\frac{P_C}{P_T} \tag{6-66}$$

射频定向耦合器一般采用波导或微带线构成，这里不做介绍。在频率不太高（如 100kHz～500MHz），隔离度要求不太高时，也可用变压器构成，如图 6-34 所示。其理论耦合系数为 -3dB，插损为 3dB，实际电路通常能做到约 20dB 的隔离度。此外，也有由变压器制成的成品定向耦合器，如 Mini-Circuits 的 TCD、ADC 系列。

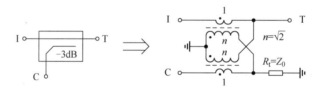

图 6-34　变压器构成的 -3dB 定向耦合器

图 6-35 所示为采用定向耦合器的矢量网络测量电路原理。注意，其中标注的 a_1、b_1、a_2 和 b_2 并非被测网络的准确数值，它还受到定向耦合器的插损、耦合系数和隔离度的影响。

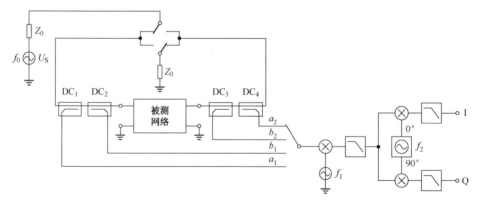

图 6-35　采用定向耦合器的矢量网络测量电路原理

图 6-35 中，采用 4 : 1 模拟开关将后面混频解调部分分时复用，因 f_0 频率可能较高，通常在进行正交解调之前先采用一级混频器，将信号搬移到中频后，一般可由 ADC 采集，在 FPGA 或 DSP 中完成正交解调。图 6-35 中，源 f_0 和 f_1 通常可采用 PLL 频率合成，若 f_2 在数字域完成，则可采用 DDFS 或坐标旋转机。显然，要求 $f_0 = f_1 + f_2$，因为散射参数测量关注的是 a_1、b_1、a_2 和 b_2 的相对关系，并不需要 f_0 和 f_1、f_2 同源，有微小的频差是可以接受的。

6.7.3　矢量网络测量的矫正

对于较高频率，如数十兆赫兹以上，矢量网络测量的结果容易受到测试电缆、连接器、定向耦合器的非理想因素等的影响，一般每次仪器开机、替换测试电缆或连接器，都需要对其进行矫正，以剔除上述影响因素。

矢量网络测量的误差模型和矫正方法有很多种，这里仅介绍常用的"12 项"等效模型和矫正方法。

"12 项"等效模型将前向（端口 1 至端口 2）和逆向（端口 2 至端口 1）测量路径上的误差，各等效为 6 个散射参数，共计 12 个，如图 6-36 所示。这 12 个散射参数，需要在矫正过程中测量并解算获得，在测量过程中再通过它们修正测量值。

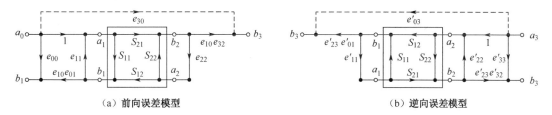

（a）前向误差模型　　　　　　　　　　　　（b）逆向误差模型

图 6-36　矢量网络测量的"12 项"散射参数误差模型

根据图 6-36，可以解算得

$$\begin{cases} S_{11m} = \dfrac{b_0}{a_0} = e_{00} + e_{10}e_{01} \cdot \dfrac{S_{11} - e_{22}\Delta_S}{1 - e_{11}S_{11} - e_{22}S_{22} + e_{11}e_{22}\Delta_S} \\[3mm] S_{21m} = \dfrac{b_3}{a_0} = e_{30} + e_{10}e_{32} \cdot \dfrac{S_{21}}{1 - e_{11}S_{11} - e_{22}S_{22} + e_{11}e_{22}\Delta_S} \\[3mm] S_{22m} = \dfrac{b_3}{a_3'} = e_{33}' + e_{23}'e_{32}' \cdot \dfrac{S_{22} - e_{11}'\Delta_S}{1 - e_{11}'S_{11} - e_{22}'S_{22} + e_{11}'e_{22}'\Delta_S} \\[3mm] S_{12m} = \dfrac{b_0'}{a_3'} = e_{03}' + e_{23}'e_{01}' \cdot \dfrac{S_{12}}{1 - e_{11}'S_{11} - e_{22}'S_{22} + e_{11}'e_{22}'\Delta_S} \end{cases} \tag{6-67}$$

其中，$\Delta_S = S_{11}S_{22} - S_{12}S_{21}$，$S_{11m}$、$S_{21m}$、$S_{22m}$、$S_{12m}$ 为测量值。

通过以下矫正和解算步骤即可获取所有误差散射参数。

（1）将端口 1 短路，即 $S_{11} = -1$，测量得 $S_{11m,s1}$。

（2）将端口 1 开路，即 $S_{11} = 1$，测量得 $S_{11m,o1}$。

（3）将端口 1 用 Z_0 端接，即 $S_{11} = 0$，测量得 $S_{11m,m1}$。

（4）在（1）～（3）步中，$S_{21} = S_{12} = S_{22} = 0$、$\Delta_S = 0$，通过（1）～（3）步，可得关于

S_{11m} 的 3 个方程，解得 e_{00}、e_{11} 和 $e_{10}e_{01}$。

（5）对端口 2 重复（1）～（4）步，解得 e'_{33}、e'_{22} 和 $e'_{23}e'_{32}$。

（6）在两个端口均用 Z_0 端接时：①测量得 S_{21m} 即为 e_{30}；②测量得 S_{12m} 即为 e'_{03}。

（7）将两个端口直连，即 $S_{11} = S_{22} = 0$、$S_{21} = S_{12} = 1$：①测量 S_{11m}，可解得 $e_{22} = \left(S_{11m} - e_{00}\right)/$ $\left(S_{11m}e_{11} - e_{00}e_{11} + e_{10}e_{01}\right)$；②测量 S_{21m}，可解得 $e_{10}e_{32} = \left(S_{21m} - e_{30}\right)\cdot\left(1 - e_{11}e_{22}\right)$；③测量 S_{22m}，可解得 $e'_{11} = \left(S_{22m} - e'_{33}\right)/\left(S_{22m}e'_{22} - e'_{33}e'_{22} + e'_{23}e'_{32}\right)$；④测量 S_{12m}，可解得 $e'_{23}e'_{01} = \left(S_{12m} - e'_{03}\right)\cdot$ $\left(1 - e'_{22}e'_{11}\right)$。

而后，在每次实际测量中，将测到的关于被测网络的 S_{11m}、S_{12m}、S_{21m} 和 S_{22m}，通过解式（6-67），即可得到被测网络的真实散射参数 S_{11}、S_{12}、S_{21} 和 S_{22}。

$$\begin{cases} S_{11} = \dfrac{A\left(1 + Be'_{22}\right) - e_{22}CD}{E} \\[3mm] S_{12} = \dfrac{D\left(1 + A\left(e_{11} - e'_{11}\right)\right)}{E} \\[3mm] S_{21} = \dfrac{C\left(1 + B\left(e'_{22} - e_{22}\right)\right)}{E} \\[3mm] S_{22} = \dfrac{B\left(1 + Ae_{11}\right) - e'_{11}CD}{E} \end{cases} \tag{6-68}$$

其中

$$\begin{cases} A = \left(S_{11m} - e_{00}\right)/\left(e_{10}e_{01}\right) \\ B = \left(S_{22m} - e'_{33}\right)/\left(e'_{23}e'_{32}\right) \\ C = \left(S_{21m} - e_{30}\right)/\left(e_{10}e_{32}\right) \\ D = \left(S_{12m} - e'_{03}\right)/\left(e'_{23}e'_{01}\right) \\ E = \left(1 + Ae_{11}\right)\left(1 + Be'_{22}\right) - CDe_{22}e'_{11} \end{cases} \tag{6-69}$$

6.8　测量系统中常用的数值处理方法

6.8.1　曲线拟合

在测量系统中，若未能确切知道被测参量（实际值）和检测值（观测值）的明确关系，或者因为误差、系统的非线性导致被测参量和检测值的关系出现非线性、非预期，则可以通过测量一定数量的参考样本（已知实际值的样本），利用曲线拟合方法，获得两者关系较准确的近似。所谓检测值，未必需要是根据系统特性逆向计算得到的、期望与被测参量相等的测量值，也可以是电路检测点（如 ADC 输入）的测量值或经过部分关系明确、误差较小的换算得到的中间量。

这里介绍线性最小二乘拟合，是最为常用和简单的数值处理方法。

若有数量为 M 的参考样本，则实际值为

$$y_i = y(x_i) + \varepsilon_i, \quad i = 0, 1, 2, \cdots, M-1 \tag{6-70}$$

其中，x_i 为观测值；$y(\cdot)$ 为待拟合的两者的关系；ε_i 为误差。

首先，推断或猜测的系统特性，假定 $y(\cdot)$ 为 N 个（$N \leqslant M$）不同函数 $f_j(\cdot)$ 的线性组合

$$y(x) = \sum_{j=0}^{N-1} \beta_j f_j(x) \tag{6-71}$$

例如，两个函数 $f_0(x) = 1$ 和 $f_1(x) = x$ 的组合

$$y(x) = \beta_0 + \beta_1 x$$

即为直线拟合。若再增加一项 $f_2(x) = x^2$，则为二次拟合。$f_j(x)$ 也可以是其他一元函数，如正弦、余弦、对数、指数等。

那么

$$\hat{\boldsymbol{\beta}} = \left(\boldsymbol{X}^{\mathrm{T}} \boldsymbol{X} \right)^{-1} \boldsymbol{X}^{\mathrm{T}} \boldsymbol{y} \tag{6-72}$$

是所有可能的 $\boldsymbol{\beta} = \begin{pmatrix} \beta_0 & \beta_1 & \cdots & \beta_{N-1} \end{pmatrix}^{\mathrm{T}}$ 中，使得误差的方均最小的。其中

$$\hat{\boldsymbol{\beta}} = \begin{pmatrix} \hat{\beta}_0 & \hat{\beta}_1 & \cdots & \hat{\beta}_{N-1} \end{pmatrix}^{\mathrm{T}} \tag{6-73}$$

$$\boldsymbol{y} = \begin{pmatrix} y_0 & y_1 & \cdots & y_{M-1} \end{pmatrix}^{\mathrm{T}} \tag{6-74}$$

$$\boldsymbol{X} = \begin{bmatrix} f_0(x_0) & f_1(x_0) & \cdots & f_{N-1}(x_0) \\ f_0(x_1) & f_1(x_1) & \cdots & f_{N-1}(x_0) \\ \vdots & \vdots & & \vdots \\ f_0(x_{M-1}) & f_1(x_{M-1}) & \cdots & f_{N-1}(x_{M-1}) \end{bmatrix} \tag{6-75}$$

其中，$\boldsymbol{y}$ 为实际值 y_i 构成的列向量；$\boldsymbol{X}$ 为由检测值和函数构造的矩阵，$X_{ij} = f_j(x_i)$。

在实际应用中，通过测量样本，得到实际值 $\{y_i\}$ 和对应的检测值 $\{x_i\}$ 后，即可构造矩阵 $\boldsymbol{X}$，通过式（6-72）算得相对最佳的 $\{\beta_j\}$，获得拟合曲线 $y(x) = \sum_{j=0}^{N-1} \beta_j f_j(x)$。

6.8.2 过约束与优化

过约束和优化在数学上是非常广泛的一类问题，方法和应用也很多，这里仅对测试测量中可能涉及的基本应用和方法进行说明。

在一些测试测量中，为了测得一个或数个被测量，可能同时获得多个不同的检测值，如果被测量 y_i 的数量少于检测值，而每一个检测值 x_i 都与一个或多个被测量有关。

$$x_i = g_i(y_0, y_1, y_2, \cdots, y_{N-1}), \ i = 0, 1, 2, \cdots, M-1 \tag{6-76}$$

其中，$M > N$。也就是方程 $g_i(\cdot)$ 比未知数 y_j 多，如果方程之间相互无关，这样的问题，称为过约束问题。

将 $\{x_i\}$ 和 $\{y_i\}$ 组成列向量，式（6-76）也可写作

$$x = G(y) \tag{6-77}$$

或写作更一般的形式

$$H(y) = G(y) - x = 0 \tag{6-78}$$

在实践中，因为检测误差和 $g_i(\cdot)$ 本身不够准确的原因，几乎不可能找到一组被测向量 y 使其满足方程组 $H(y) = 0$。

但我们可以定义这样一个目标。例如，找到 y 的某个估计 $\hat{y}$，使得 $H(\hat{y}) = \varepsilon$ 的方均最小，就可以认为 $\hat{y}$ 是这种意义下最好的了。更具体一点，我们需要定义一个目标函数，对于"使得 $H(\hat{y}) = \varepsilon$ 的方均最小"，目标函数为

$$F(y) = H^{\mathrm{T}}(y)H(y) = \sum_{i=0}^{M-1}(g_i - x_i)^2 \tag{6-79}$$

目标则是找到 $\hat{y}$ 使得 $F(y)$ 最小。

这种设定一个目标函数，使其最小化的问题，称为优化问题。

有时，$H(y)$ 中各元素（检测值）的权重可能不一样，一些检测值可能确知更精确，另一些则确知误差较大，则目标函数还可定义为

$$F_w(y) = H^{\mathrm{T}}(y)QH(y) = \sum_{i=0}^{M-1}w_i(g_i - x_i)^2 \tag{6-80}$$

其中，矩阵 $Q = \mathrm{diag}(w_0, w_1, \cdots, w_{M-1})$，是由权重构成的对角阵，若已知检测值的方差 σ_i^2，则可以设定 $w_i = \sigma_i^{-2}$。

如果 $F(y)$ 在 $y^{(0)}$ 附近可微，那么可以通过下面这个迭代过程找到局部最优 $\hat{y}$。

$$y^{(k+1)} = y^{(k)} - \gamma \nabla F\left(y^{(k)}\right) = y^{(k)} - \gamma J_H^{\mathrm{T}}\left(y^{(k)}\right)H\left(y^{(k)}\right) \tag{6-81}$$

其中，γ 为迭代步长系数；∇ 为向量微分算子；$\nabla F\left(y^{(k)}\right)$ 为 $F(\cdot)$ 在 $y^{(k)}$ 处的梯度；J_H 为雅可比矩阵。

$$J_H^{\mathrm{T}}(y) = \begin{bmatrix} \dfrac{\partial h_0}{\partial y_0} & \cdots & \dfrac{\partial h_{M-1}}{\partial y_0} \\ \vdots & \ddots & \vdots \\ \dfrac{\partial h_0}{\partial y_{N-1}} & \cdots & \dfrac{\partial h_{M-1}}{\partial y_{N-1}} \end{bmatrix} \tag{6-82}$$

若 γ 足够小，则

$$\hat{y} = \lim_{k \to \infty} y^{(k)} \tag{6-83}$$

这个方法称为梯度下降法，意为沿着 $F(\boldsymbol{y})$ 的负梯度的方向，即 $F(\boldsymbol{y})$ 下降的方向，以步长 $\gamma\nabla F(\boldsymbol{y})$ 搜索极小值。

在实际应用中，$\boldsymbol{G}(\cdot)$、$\boldsymbol{x}$、$\boldsymbol{H}(\cdot)$、$\boldsymbol{J}_H(\cdot)$ 均已知或可事先算得，确定 $\boldsymbol{y}^{(0)}$ 和 γ 之后，即可迭代运用式（6-81）获得 $\hat{\boldsymbol{y}}$ 的近似值。通常 $\boldsymbol{y}^{(0)}$ 可设置为 $\boldsymbol{y}$ 所在空间实际范围的中央，γ 应根据所需的精度通过实验确定，γ 越小，收敛越慢，结果误差越小。

例如，通过平面上矩形范围 4 角上的 4 个测距传感器的检测值计算被测物的坐标，如图 6-37 所示。

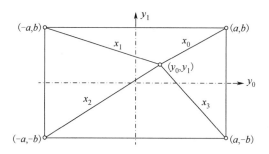

图 6-37　通过 4 个测距传感器检测被测物的坐标

检测值有 4 个，设为 $\boldsymbol{x}=\begin{pmatrix}x_0 & x_1 & x_2 & x_3\end{pmatrix}^{\mathrm{T}}$，坐标有两个值，设为 $\boldsymbol{y}=\begin{pmatrix}y_0 & y_1\end{pmatrix}^{\mathrm{T}}$，则

$$\boldsymbol{x}=G(\boldsymbol{y})=\begin{pmatrix}g_0(y_0,y_1)\\g_1(y_0,y_1)\\g_2(y_0,y_1)\\g_3(y_0,y_1)\end{pmatrix}=\begin{pmatrix}\sqrt{(y_0-a)^2+(y_1-b)^2}\\\sqrt{(y_0+a)^2+(y_1-b)^2}\\\sqrt{(y_0+a)^2+(y_1+b)^2}\\\sqrt{(y_0-a)^2+(y_1+b)^2}\end{pmatrix} \tag{6-84}$$

$$\boldsymbol{H}(\boldsymbol{y})=\boldsymbol{G}(\boldsymbol{y})-\boldsymbol{x}=\begin{pmatrix}\sqrt{(y_0-a)^2+(y_1-b)^2}-x_0\\\sqrt{(y_0+a)^2+(y_1-b)^2}-x_1\\\sqrt{(y_0+a)^2+(y_1+b)^2}-x_2\\\sqrt{(y_0-a)^2+(y_1+b)^2}-x_3\end{pmatrix} \tag{6-85}$$

$$\boldsymbol{J}_H^{\mathrm{T}}(\boldsymbol{y})=\begin{pmatrix}\dfrac{y_0-a}{g_0} & \dfrac{y_0+a}{g_1} & \dfrac{y_0+a}{g_2} & \dfrac{y_0-a}{g_3}\\[3mm]\dfrac{y_1-b}{g_0} & \dfrac{y_1-b}{g_1} & \dfrac{y_1+b}{g_2} & \dfrac{y_1+b}{g_3}\end{pmatrix} \tag{6-86}$$

$$\nabla F(\boldsymbol{y}) = \boldsymbol{J}_H^{\mathrm{T}}(\boldsymbol{y}) H(\boldsymbol{y})$$

$$= \begin{pmatrix} (y_0 - a)\left(2 - \dfrac{x_0}{g_0} - \dfrac{x_3}{g_3}\right) + (y_0 + a)\left(2 - \dfrac{x_1}{g_1} - \dfrac{x_2}{g_2}\right) \\[3mm] (y_1 - b)\left(2 - \dfrac{x_0}{g_0} - \dfrac{x_1}{g_1}\right) + (y_1 + b)\left(2 - \dfrac{x_2}{g_2} - \dfrac{x_3}{g_3}\right) \end{pmatrix} \qquad (6\text{-}87)$$

在实际用编程语言实现时，可将这个公式编制为包含 6 个形参（4 个 x 和两个 y）和两个输出的函数（$\nabla F(\boldsymbol{y})$ 的两个元素），如代码 6-1 中 Gradient 函数所示。FindY 函数则是利用式（6-81）编制的迭代计算过程，迭代的终止条件为新 $\boldsymbol{y}$ 与上一次计算的 $\boldsymbol{y}$ 的距离小于 0.5mm。注意，如果 γ 过大，将导致迭代过程无法结束，在实际应用时，可通过实验选择合理的 γ 和终止条件。

代码 6-1　梯度下降法的案例代码

```
1    #define GAMMA 0.2f
2    #define A 0.5f
3    #define B 0.5f
4    #define G0(y0,y1) sqrtf(((y0)-A)*((y0)-A)+((y1)-B)*((y1)-B))
5    #define G1(y0,y1) sqrtf(((y0)+A)*((y0)+A)+((y1)-B)*((y1)-B))
6    #define G2(y0,y1) sqrtf(((y0)+A)*((y0)+A)+((y1)+B)*((y1)+B))
7    #define G3(y0,y1) sqrtf(((y0)-A)*((y0)-A)+((y1)+B)*((y1)+B))
8    void Gradient(float x0, float x1, float x2, float x3,
9              float y0, y1, float *y0o, float *y1o) {
10       float g0 = G0(y0, y1), g1 = G1(y0, y1);
11       float g2 = G2(y0, y1), g3 = G3(y0, y1);
12       *y0o = (y0 - A) * (2 - x0 / g0 - x3 / g3)
13           + (y0 + A) * (2 - x1 / g1 - x2 / g2);
14       *y1o = (y1 - B) * (2 - x0 / g0 - x1 / g1)
15           + (y1 + B) * (2 - x2 / g2 - x3 / g3);
16    }
17    void FindY(float x0, float x1, float x2, float x3,
18              float y0, float y1, float *y0o, float *y1o) {
19       float gy0, gy1, y0nxt, y1nxt, stp;
20       do {
21           Gradient(x0, x1, x2, x3, y0, y1, &gy0, &gy1);
22           y0nxt = y0 - GAMMA * gy0;
23           y1nxt = y1 - GAMMA * gy1;
24           stp = (y0nxt - y0) * (y0nxt - y0)
25               + (y1nxt - y1) * (y1nxt - y1);
26           y0 = y0nxt;
27           y1 = y1nxt;
28       } while(stp > 0.5e-3f * 0.5e-3f);
29       *y0o = y0;
30       *y1o = y1;
    }
```

表 6-3 所示为一个具体计算实例的过程。其中，被测物实际位置

$$\boldsymbol{y} = \begin{pmatrix} 0.2\mathrm{m} & 0.3\mathrm{m} \end{pmatrix}^{\mathrm{T}}$$

测得有误差的检测值：

$$\boldsymbol{x} = \begin{pmatrix} 0.36\mathrm{m} & 0.73\mathrm{m} & 1.07\mathrm{m} & 0.85\mathrm{m} \end{pmatrix}^{\mathrm{T}}$$

设定的初始值为 $\boldsymbol{y}^{(0)} = \begin{pmatrix} 0 & 0 \end{pmatrix}^{\mathrm{T}}$，$\gamma = 0.2$，终止条件为步进距离小于 $0.5\mathrm{mm}$。可以看到，在经过 13 次迭代后，$\boldsymbol{y}^{(13)} \approx \begin{pmatrix} 0.204\mathrm{m} & 0.299\,\mathrm{m} \end{pmatrix}^{\mathrm{T}}$。

表 6-3　图 6-37 的迭代过程

迭代次数	y_0 /m	y_1 /m	$\sqrt{\mathrm{stp}}$ /m
1	0.083439	0.11738	0.144014
2	0.137651	0.191163	0.091558
3	0.170308	0.235737	0.055257
4	0.188312	0.261896	0.031756
5	0.197515	0.277079	0.017754
6	0.201894	0.28593	0.009875
7	0.203802	0.291161	0.005568
8	0.204515	0.294309	0.003228
9	0.204688	0.296241	0.001939
10	0.204642	0.297448	0.001208
11	0.204524	0.298215	0.000776
12	0.2044	0.29871	0.00051
13	0.204291	0.299032	0.00034

第 7 章

常用电路单元模块

　　本章介绍一些常用电路单元模块，它们均具有较高实用性或可重用性，可直接用作一些电路系统中的单元，或者为电路系统设计做参考。大多数电路并不复杂，涉及的原理基本都在前面的章节中介绍过了。

　　作为电路系统中的单元，这些模块通常遵循一定的规范，对于读者来说，在设计电路系统中的单元电路时，也应有自己的一套规范。本章介绍的模块一般遵循以下几点。

　　①模拟部分双电源常用±5V 或±15V，单电源常用 5V。

　　②数字部分电源，功耗小的直接由数字接口的接插件供电，功耗大的单独供电，常用3.3V、5V。

　　③模拟输入或匹配阻抗，或者阻抗≥600Ω，一般不要求高阻输入。

　　④模拟输出要么匹配阻抗，要么是低阻输出。

　　⑤电源接插件，按电压由低到高在接插件上依引脚编号排列。

　　⑥所有用于信号输入、输出的接插件中，必须有地。

7.1　低噪声线性稳压电源

7.1.1　线性电压调整器

　　线性稳压电源，或者说线性电压调整电路，是通过在电路中串入晶体管，通过调整其 C-E 压降或 D-S 压降，来保证电路输入电压变化时，输出电压不变的电路。其原理如图 7-1 所示，调整功能是通过 BJT 负反馈[图 7-1（a）]或运放负反馈[图 7-1（b）]实现的，串入的调整压降的晶体管称为调整管。

　　输入电压与输出电压之差称为线性电压调整电路的压差。因流过调整管的电流和输出给负载的电流是基本相等的，在不考虑电路自身功耗的前提下，线性电压调整电路的效率为

$$\eta \approx \frac{U_{\mathrm{i}}}{U_{\mathrm{o}}} \tag{7-1}$$

　　与电路本身无关，完全取决于给它的供电电压和需求的输出电压，而且压差越小，效率越高。

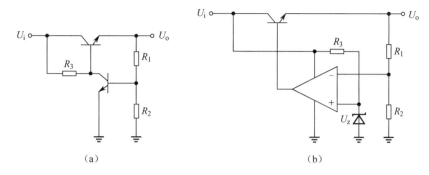

图 7-1　线性电压调整电路原理

对于图 7-1（a），输出电压为

$$U_o \approx 0.6V \cdot \frac{R_1 + R_2}{R_2} \qquad (7-2)$$

R_3 应能在最小压差、最大输出电流的情况下，为调整管提供足够的基极电流。

对于图 7-1（b），输出电压为

$$U_o = U_z \cdot \frac{R_1 + R_2}{R_2} \qquad (7-3)$$

R_3 只需要为稳压二极管提供足够的反向击穿电流即可，如果将稳压二极管替换为集成参考源（如 TL341 等），输出电压将更为稳定。

虽然当前开关式稳压电源因效率高更为常用，但在电路系统设计中，一些对噪声敏感的模拟电路常常需要独立使用低噪声的电源为其供电，线性电压调整器具有无纹波、低噪声的特点，是最为合适的。许多半导体厂商都生产大量适应不同电压范围、电流范围的线性电压调整器。

7.1.2　低噪线性稳压模块

低噪线性稳压模块采用低噪声、低压差（LDO）线性稳压芯片 TPS7A3001（负电压）和 TPS7A4901（正电压），输出电流最大 150mA，输入电压范围为 ±3V 至 ±36V，其电源抑制比在 1MHz 时仍能达到 40dB 以上，噪声密度小于 $100nV / \sqrt{Hz}$（400Hz 以上）。其主要用途是在电路系统中，为噪声敏感的模拟电路单元供电。其电路如图 7-2 所示。

表 7-1 所示为其端口描述。

表 7-1　双路线性稳压电源模块端口描述

引脚	名称	功能描述
P1.1	VIN+	正电源输入，范围为 3～36V
P1.3	VIN−	负电源输入，范围为 −36～−3V
P2.1	VOUT+	正电源输出
P2.3	VOUT−	负电源输出

TPS7A3001 和 TPS7A4901 的使能端在模块中直接接输入，上电即工作。

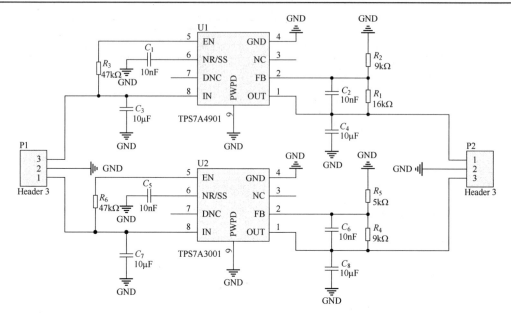

图 7-2 使用 TPS7A3001 和 TPS7A4901 的双路线性稳压电源模块

正电源输出电压可由 R_2 设定：

$$U_{o+} \approx 1.19\text{V} \times \left(1 + \frac{R_1}{R_2}\right) \tag{7-4}$$

负电源输出电压可由 R_4 设定：

$$U_{o-} \approx -1.18\text{V} \times \left(1 + \frac{R_4}{R_5}\right) \tag{7-5}$$

TPS7A3001 和 TPS7A4901 封装底部均有大焊盘可用于散热，在应用中，若压差较大，则应将其妥善焊接至 PCB 上的大面积铜箔，以利于散热。

7.2 四象限稳压稳流电路

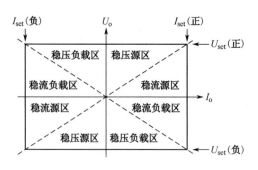

图 7-3 四象限稳压稳流器的输出特性

所谓四象限稳压稳流电路，是指同时具备双极性稳压和双极性稳流的直流电源/负载。在 (I_o, U_o) 位于第 1、3 象限时，它是一个电源，在 (I_o, U_o) 位于第 2、4 象限时，它是一个电子负载。U_o 和 I_o 当中至少有一个会等于设定的电压 U_{set} 和设定的电流 I_{set}，它会根据外部源和回路电阻自动适应。其输出特性如图 7-3 所示。

该模块通过两个外部输入的电压设定稳定电压 U_o 和稳定电流 I_o，电路如图 7-4 所示。注意，双 9V 供电端口未画出。

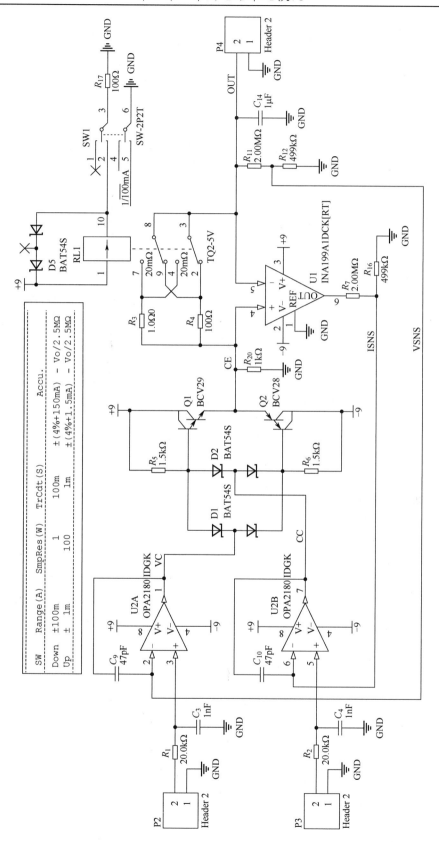

图 7-4　四象限稳压稳流电路

对于图 7-4 中参数

$$U_{\mathrm{o}} = 5u_{\mathrm{V}}, \qquad\qquad\qquad\qquad u_{\mathrm{V}} \in [-1\mathrm{V}, 1\mathrm{V}]$$

$$I_{\mathrm{o}} = \begin{cases} 100\mathrm{mA/V} \cdot u_{\mathrm{I}}, & \mathrm{SW1\ Down} \\ 1\mathrm{mA/V} \cdot u_{\mathrm{I}}, & \mathrm{SW1\ Up} \end{cases}, \qquad u_{\mathrm{I}} \in [-1\mathrm{V}, 1\mathrm{V}] \qquad (7\text{-}6)$$

其中，u_{V} 通过 P2 输入，u_{I} 通过 P3 输入。

更改 R_{11} 和 R_{12} 的分压比可以更改稳定电压和其控制电压的比例系数，更改电流取样电阻 R_3 或 R_4 可以更改稳定电流和其控制电压的比例系数。

U1 是电流测量专用仪放 INA199，运放 U2A 和运放 U2B 分别与电容 C_9、C_{10} 构成积分器，分别负责稳压和稳流的闭环控制，稳压和稳流状态的自动切换则主要由两只双二极管 D1 和 D2 实现。

7.3　运放参数测量

运放参数测量模块是综合运用 4.4 节中参数测量原理设计的运放参数测量模块。电路如图 7-5 所示。该电路可实现全程控测试，所有功能、量程切换均由光耦继电器实现，电路中所有的光耦继电器型号为 AQY210E，均被拆分为两个子元件绘制，如图 7-5 中 S1A 和 S1B 为同一个元件的两个部分。

运放 U1 为双运放，为 DUT 提供电源，以实现共模抑制比和电源抑制比测量，电源电压将由 P1 接口上的 PSDC、PSPAC 和 PSNAC 电压决定，正电源为

$$U_{\mathrm{VS+}} = 10U_{\mathrm{PSDC}} + U_{\mathrm{PSPAC}} \qquad (7\text{-}7)$$

负电源为

$$U_{\mathrm{VS-}} = -10U_{\mathrm{PSDC}} + U_{\mathrm{PSPAC}} \qquad (7\text{-}8)$$

运放 U2 为辅助运放，在所有测量中为 DUT 提供输入工作点。

表 7-2 所示为其端口列表及说明。

表 7-2　集成运放参数测量模块端口列表及说明

端口	名称	类型	说明
P1.2	ACIN	模拟输入	开环增益测量的交流输入或直流输入，根据 DUT 参数的不同，可输入幅值数毫伏特至数伏特的正弦信号或直流
P1.4	PSNAC	模拟输入	共模抑制比和电源抑制比测量的交流输入，将被以一倍增益叠加到 DUT 的负电源轨上。根据 DUT 参数的不同，可输入幅值数毫伏特至 1V 的正弦信号或直流
P1.6	PSPAC	模拟输入	共模抑制比和电源抑制比测量的交流输入，将被以一倍增益叠加到 DUT 的正电源轨上。根据 DUT 参数的不同，可输入幅值数毫伏特至 1V 的正弦信号或直流
P1.8	PSDC	模拟输入	DUT 的供电电压将等于 $\pm10 \times U_{\mathrm{PSDC}}$。根据 DUT 的供电电压给定直流
P2.2	S_VOSN	数字输入	控制输入失调电压测量中用到的开关 S1
P2.3	S_VOSP	数字输入	控制输入失调电压测量中用到的开关 S2
P2.4	S_LOOP	数字输入	控制 DUT 的闭环开关 S3，用于共模抑制比和电源抑制比的测量
P2.5	S_IBNR	数字输入	控制 DUT 反相输入端偏置电流测量的量程
P2.6	S_IBPR	数字输入	控制 DUT 同相输入端偏置电流测量的量程
P2.7	S_VOSR	数字输入	控制输入失调电压测量的量程
P2.8	S_DCG	数字输入	控制直流开环增益测量中用到的开关 S7
P3.2	DCOUT	模拟输出	所有直流参数测量的输出
P3.4	ACOUT	模拟输出	所有交流参数测量的输出
P4.1,3	±18V	电源输入	正负 18V 电源输入，如果 DUT 电源电压较低，也可以降低电源输入电压

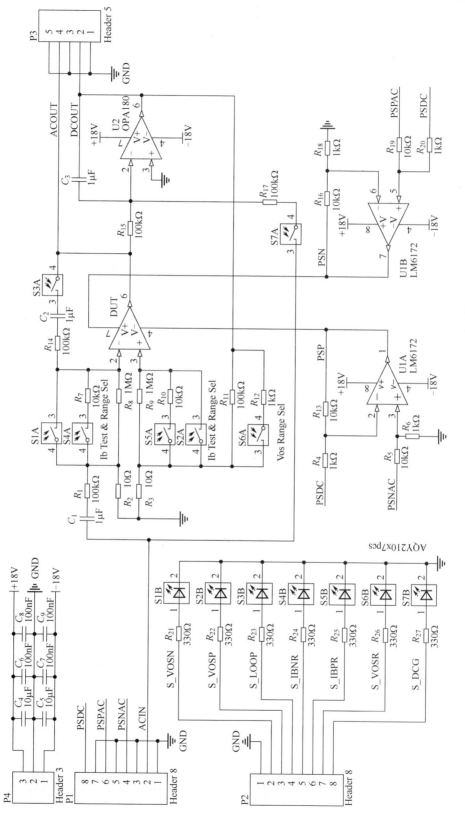

图 7-5　集成运放参数测量模块电路

表 7-3 所示为其工作模式表。

表 7-3 集成运放参数测量模块工作模式表

测量项目	S1	S2	S3	S6	S7	V+	V-	ACIN	检测量
U_{OS}	ON	ON	OFF	量程	OFF	VCC	VEE	0	DCOUT
I_{OS}, I_b	ON/OFF	ON/OFF	OFF	量程	OFF	VCC	VEE	0	DCOUT
A_O, DC	ON	ON	OFF	量程	ON	VCC	VEE	0/DC	DCOUT
A_O, AC	ON	ON	OFF	ON	OFF	VCC	VEE	Sin	ACOUT
CMRR, DC	ON	ON	OFF	量程	OFF	VCC/VCC+DC	VEE/VEE+DC	0	DCOUT
CMRR, AC	ON	ON	ON	ON	OFF	VCC+Sin	VEE+Sin	0	ACOUT
PSRR, DC	ON	ON	OFF	量程	OFF	VCC/VCC+DC	VEE/VEE−DC	0	DCOUT
PSRR, AC	ON	ON	ON	ON	OFF	VCC+Sin	VEE−Sin	0	ACOUT

输入失调电压与 DCOUT 电压 u_{DC} 的关系

$$U_{OS} \approx \begin{cases} \dfrac{u_{DC}}{10001}, & S_6 = \text{OFF} \\ \dfrac{u_{DC}}{101}, & S_6 = \text{ON} \end{cases} \tag{7-9}$$

输入偏置电流和输入失调电流与 DCOUT 电压 u_{DC} 的关系

$$\begin{cases} I_b = \dfrac{I_{b+} + I_{b-}}{2} \\ I_{OS} = I_{b+} - I_{b-} \end{cases} \tag{7-10}$$

式中

$$I_{b+} \approx \begin{cases} \Delta u_1 / 10.01\text{G}\Omega, & S_{4,5} = \text{OFF}, & S_6 = \text{OFF} \\ \Delta u_1 / 100.01\text{M}\Omega, & S_{4,5} = \text{ON}, & S_6 = \text{OFF} \\ \Delta u_1 / 101\text{M}\Omega, & S_{4,5} = \text{OFF}, & S_6 = \text{ON} \\ \Delta u_1 / 1.01\text{M}\Omega, & S_{4,5} = \text{ON}, & S_6 = \text{ON} \end{cases} \tag{7-11}$$

$$I_{b-} \approx \begin{cases} -\Delta u_2 / 10.01\text{G}\Omega, & S_{4,5} = \text{OFF}, & S_6 = \text{OFF} \\ -\Delta u_2 / 100.01\text{M}\Omega, & S_{4,5} = \text{ON}, & S_6 = \text{OFF} \\ -\Delta u_2 / 101\text{M}\Omega, & S_{4,5} = \text{OFF}, & S_6 = \text{ON} \\ -\Delta u_2 / 1.01\text{M}\Omega, & S_{4,5} = \text{ON}, & S_6 = \text{ON} \end{cases} \tag{7-12}$$

式中

$$\begin{cases} \Delta u_1 = u_{DC,S1OFF} - u_{DC,S1ON} \\ \Delta u_2 = u_{DC,S2OFF} - u_{DC,S2OFF} \end{cases} \tag{7-13}$$

直流开环增益与 DCOUT 电压 u_{DC} 的关系（此时 u_{ACIN} 给直流）

$$A_{O,DC} \approx \begin{cases} -\Delta u_{ACIN} / \Delta u_{DC} \cdot 101, & S_6 = \text{ON} \\ -\Delta u_{ACIN} / \Delta u_{DC} \cdot 10001, & S_6 = \text{OFF} \end{cases} \tag{7-14}$$

交流开环增益与 ACOUT 交流电压 U_{ACOUT} 和 ACIN 输入交流电压 U_{ACIN} 的关系

$$A_{O,AC} = -\frac{U_{ACOUT}}{U_{ACIN}} \cdot 10001 \tag{7-15}$$

通过外部给定 U_{ACIN} 的范围和测量 U_{ACOUT} 的范围都可以较大，因而不需要专门做量程切换，这里 U_{ACIN} 和 U_{ACOUT} 均为复数，可以计算模和辐角。

直流共模抑制比与 DCOUT 电压 u_{DC} 的关系

$$\text{CMRR}_{DC} = \begin{cases} \left| \dfrac{101A_{O,DC}u_{PSDC}}{(101+A_{D,DC})u_{DC}} \right|, & S_6 = \text{ON} \\[4mm] \left| \dfrac{10001A_{O,DC}u_{PSDC}}{(10001+A_{D,DC})u_{DC}} \right|, & S_6 = \text{OFF} \end{cases} \tag{7-16}$$

式中，$u_{PSDC} = u_{PSPDC} = u_{PSNDC}$，为通过 PSPAC 和 PSNAC 端口给 DUT 电源引脚提供的相同直流电压。

交流共模抑制比与 ACOUT 交流电压 U_{ACOUT} 的关系

$$\text{CMRR}_{AC} = \frac{10001A_{O,AC}U_{PSAC}}{(10001+A_{D,AC})U_{ACOUT}} \tag{7-17}$$

式中，$U_{PSAC} = U_{PSPAC} = U_{PSNAC}$，为通过 PSPAC 和 PSNAC 端口给 DUT 电源引脚提供的同相交流电压，它们和 U_{ACOUT} 均为复数，可以计算模和辐角。

直流电源抑制比与 DCOUT 电压 u_{DC} 的关系

$$\text{PSRR}_{DC} = \begin{cases} \left| \dfrac{202A_{O,DC}u_{PSDC}}{(101+A_{D,DC})u_{DC}} \right|, & S_6 = \text{ON} \\[4mm] \left| \dfrac{20002A_{O,DC}u_{PSDC}}{(10001+A_{D,DC})u_{DC}} \right|, & S_6 = \text{OFF} \end{cases} \tag{7-18}$$

式中，$u_{PSDC} = u_{PSPDC} = -u_{PSNDC}$，为通过 PSPAC 和 PSNAC 端口给 DUT 电源引脚提供的相反的直流电压。

交流电源抑制比与 ACOUT 交流电压 U_{ACOUT} 的关系

$$\text{PSRR}_{AC} = -\frac{20002A_{O,AC}U_{PSAC}}{(10001+A_{D,AC})U_{ACOUT}} \tag{7-19}$$

式中，$U_{PSAC} = U_{PSPAC} = -U_{PSNAC}$，为通过 PSPAC 和 PSNAC 端口给 DUT 电源引脚提供的反相交流电压，它们和 U_{ACOUT} 均为复数，可以计算模和辐角。

7.4　高精度 ADC、DAC

高精度 ADC、DAC 是测量电路中必不可少的器件，主要用于测量电压量和输出一些控制电压。所谓"高精度"，是指分辨位宽为 16 位或以上，而采样率通常不会太高，一般采用串行数据总线，如 I^{2}C 或 SPI。

7.4.1 高精度 ADC

本模块采用 16bit，最高 100ksps 采样率的 ADS8867，其宽共模的真差分输入使得在单电源供电下，输入几乎无须调理电路即可适应各种形式的输入，包括差分、单端单极性输入、单端双极性输入。ADS8867 精密 ADC 模块电路电路如图 7-6 所示。

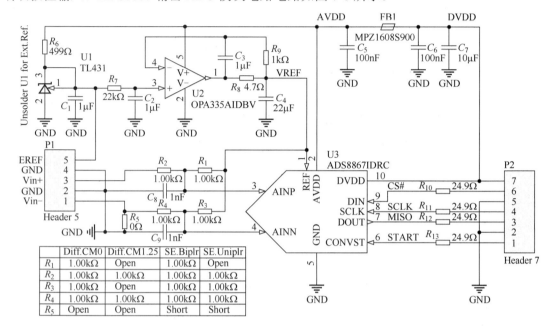

图 7-6　ADS8867 精密 ADC 模块电路

表 7-4 所示为其端口说明。

表 7-4　ADS8867 精密 ADC 模块端口说明

端口	名称	类型	说明
P1.1	Vin−	模拟输入	差分输入时的反相输入端，单端输入时将被短接到地
P1.3	Vin+	模拟输入	差分输入时的同相输入端，单端输入时的输入端
P1.5	EREF	模拟输入	外部参考电压输入，使用外部参考电压输入时，不应焊接 U1，输入范围为 2.5～5V
P2.1	START	数字输入	START 的上升沿将使得 ADS8867 启动一次转换
P2.3	MISO	数字输出	SPI 总线的数据输出
P2.4	SCLK	数字输入	SPI 总线的时钟输入
P2.6	CS#	数字输入	SPI 总线的片选输入
P2.7	DVDD	电源输入	3.3V 电源输入，允许范围为 3.0～3.6V

在电路中，$R_1 \sim R_5$ 的焊接与否用来决定输入的形式。

（1）差分输入，每个输入均为双极性，R_5 开路，$R_1 \sim R_4$ 如图 7-6 所示焊接。

$$\frac{Z_{\text{out}}}{65536} \cdot 4U_{\text{REF}} = u_{\text{in}+} - u_{\text{in}-} = u_{\text{Diff,in}} \tag{7-20}$$

其中，$u_{\text{in}+}, u_{\text{in}-} \in \left[-U_{\text{REF}}, U_{\text{REF}}\right]$，$U_{\text{Diff,in}} \in \left[-2U_{\text{REF}}, 2U_{\text{REF}}\right)$，$Z_{\text{out}}$ 为输出数据，2 的补码形式，

$Z_{\mathrm{out}} \in \left[-32768, 32767 \right]$。

（2）差分输入，每个输入为单极性，R_5 开路，R_1、R_3 不焊接。此时

$$\frac{Z_{\mathrm{out}}}{65536} \cdot 2U_{\mathrm{REF}} = u_{\mathrm{in+}} - u_{\mathrm{in-}} = u_{\mathrm{Diff,in}} \tag{7-21}$$

其中，$u_{\mathrm{in+}}, u_{\mathrm{in-}} \in \left[0, U_{\mathrm{REF}} \right]$，$U_{\mathrm{Diff,in}} \in \left[-U_{\mathrm{REF}}, U_{\mathrm{REF}} \right)$，$Z_{\mathrm{out}}$ 为输出数据，2 的补码形式，$Z_{\mathrm{out}} \in \left[-32768, 32767 \right]$。

（3）双极性单端输入，$R_1 \sim R_5$ 如图 7-6 所示焊接。此时

$$\frac{Z_{\mathrm{out}}}{65536} \cdot 4U_{\mathrm{REF}} = u_{\mathrm{in+}} \tag{7-22}$$

其中，$u_{\mathrm{in+}} \in \left[-U_{\mathrm{REF}}, U_{\mathrm{REF}} \right]$，$Z_{\mathrm{out}}$ 为输出数据，2 的补码形式，$Z_{\mathrm{out}} \in \left[-16384, 16384 \right]$，实际只使用了输入的一半动态范围。

（4）单极性单端输入，R_1 断开，$R_2 \sim R_5$ 如图 7-6 所示焊接。此时

$$\frac{Z_{\mathrm{out}} + 16384}{65536} \cdot 2U_{\mathrm{REF}} = u_{\mathrm{in+}} \tag{7-23}$$

其中，$u_{\mathrm{in+}} \in \left[0, U_{\mathrm{REF}} \right]$，$Z_{\mathrm{out}}$ 为输出数据，2 的补码形式，$Z_{\mathrm{out}} \in \left[-16384, 16384 \right]$，实际只使用了输入的一半动态范围。

对于高精度 ADC，参考电压是很重要的，该模块采用 TL431 低成本参考电压源产生 2.5V 参考电压，其准确度和温度稳定性不是十分优良，用于高精密测量系统中，或许需要在每次系统上电后，进行误差矫正。若对电压准确度和温度稳定性要求更高，则可不焊接电路中的 TL431，改用外部参考电压输入，外部参考电压范围为 2.5～5V。因 ADS8867 的参考电压输入端明确要求 10μF 以上电源去耦电容，而绝大多数参考电压源因为稳定性问题不能驱动如此大的容性负载，所以使用了 SOT23-5 封装的小型精密运放 OPA335AIDBV 做一级缓冲。

7.4.2　高精度 DAC

本模块采用双路 16bit，最高输出数据率 100ksps 的 DAC8562 或 DAC8563，它们本身为单端单极性输出，前者上电输出为零，后者上电输出为中点，模块另采用了一片低失调低温漂的运放 OPA2735 为其做输出信号调理，使得双电源供电下，可输出双极性信号。DAC8563 精密 DAC 模块电路如图 7-7 所示。

DAC8563 内部包含 2.5V 参考电压，极大地简化了电路，DAC8563 上电时输出中点电压，经 OPA2735 转换后，上电时输出为零。

在电路中 DAC8563 采用 3.3V 供电，它在使用内部参考时，输出默认有两倍增益，范围为 $\left[0V, 5V \right]$，在 3.3V 下无法达到，因而上电后，需要通过 SPI 总线将其输出增益设置为 1。此时，其输出范围为 $\left[0V, 2.5V \right]$。

运放 OPA2735 做 $u_{\mathrm{o}} = u_{\mathrm{DAC}} - U_{\mathrm{ref}} / 2$ 的电压变换，最终输出为双极性的 $\left[-1.25V, 1.25V \right]$，如要更改输出范围，可参考 4.2.2 节重新设计 OPA2735 周边电路。

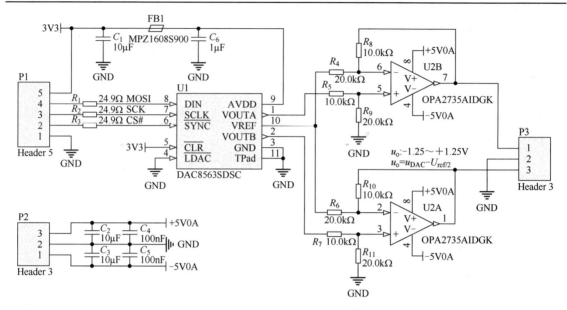

图 7-7　DAC8563 精密 DAC 模块电路

根据图 7-7 中参数，最终输出电压为

$$u_o = \frac{Z_{in} - 32768}{65536} \times 2.5\text{V}$$

（7-24）

其中，Z_{in} 为输入数据，是二进制偏移形式，$Z_{in} \in [0, 65535]$。

7.5　高速 ADC 和 DAC

高速 ADC 和 DAC 通常需要配合 FPGA 或带有高速同步接口的 DSP 来使用，本节分别介绍使用 ADC4225 和 DAC900 的高速 ADC 和 DAC 的参考电路。

7.5.1　高速 ADC

图 7-8 所示为采用 ADS4225 的双路高速 ADC 单元电路，其最高采样率为 125Msps。该电路是从一块 FPGA 开发板的配套底板电路中截出，两板之间由板对板高速连接器连接。

模块电源通过板对板连接器由 FPGA 开发板给出，经两片 TPS7A4901 变换为 ADS4225 所需的 1.8V 模拟和数字供电。ADS4225 工作所需的时钟通过板对板连接器由核心板上的时钟源给出，其数据接口为串行 DDR LVDS。

ADS4225 的输入差分电压满幅幅值为 1V，电路输入端电压满幅幅值也是 1V，输入阻抗为 50Ω。

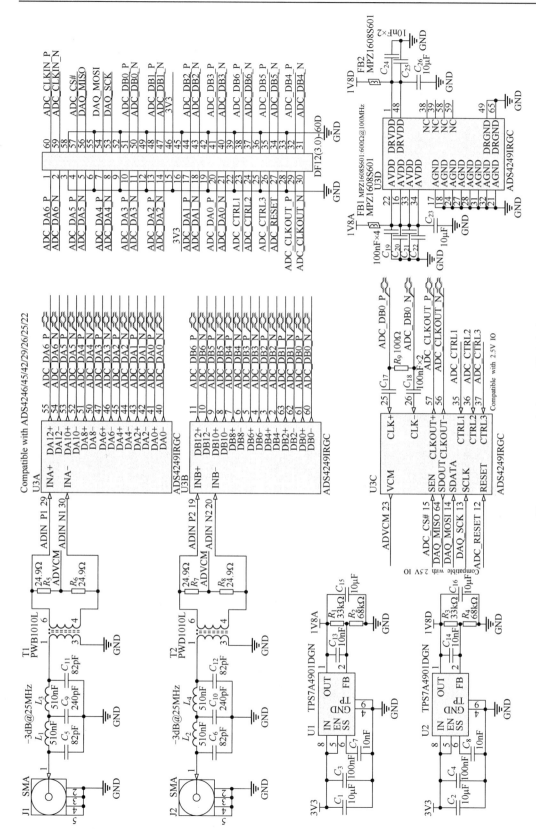

图 7-8　ADS4225 高速 ADC 单元电路

7.5.2　高速 DAC

图 7-9 所示为采用 DAC900 的高速 DAC 模块，其最高输出采样率为 165Msps。

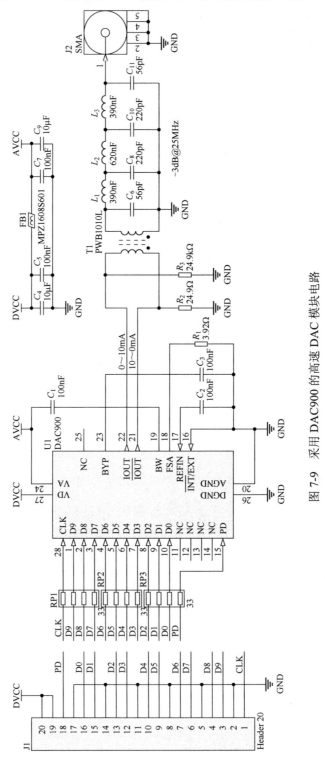

图 7-9　采用 DAC900 的高速 DAC 模块电路

整个模块通过 FFC 电缆接口供电，供电电压为 3.3V。R_1 用来设置差分电流输出端口的最大电流为 $i_{FS} = 32 \cdot 1.24 \text{V} / R_1$，在图 7-9 中 $R_1 = 3.92\text{k}\Omega$，对应输出电流满幅值约为 10.1mA，电路输出阻抗为 50Ω，匹配阻抗后，输出电压满幅幅值为 250mV。

7.6　多功能乘法 DAC

所谓乘法型 DAC，是指参考电压输入带宽较大的权电阻网络 DAC，合理设计电路，可以实现：普通 DAC；数字域信号和参考输入信号的乘法；程控增益放大器、程控衰减器。

多功能乘法 DAC 模块电路如图 7-10 所示。其采用了 TI 的 12 位乘法型数模转换器 DAC7811，也可替换为 16 位的型号 DAC8811。在图 7-10 中，运放采用 DAC7811 数据手册中推荐的 OPA2277，也可替换为其他型号。注意，图 7-10 中 DAC7811 原理符号中的电阻和电位器仅为示意性，并非代表它的确切功能。

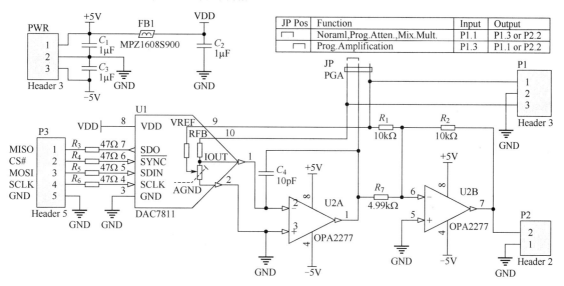

图 7-10　DAC7811 多功能乘法 DAC 模块电路

表 7-5 所示为其端口说明。

表 7-5　DAC7811 多功能乘法 DAC 模块端口说明

端口	类型	功　能　说　明
PWR.1,3	电源	$\pm 5\text{V}$ 电源，$\pm 3.3\text{V}$ 至 $\pm 5.5\text{V}$ 均可
P3.1	数字输出	SPI 总线 MISO 信号，全供电范围接受 3.3V-LVCMOS 电平
P3.2	数字输入	SPI 总线 CS#信号，全供电范围接受 3.3V-LVCMOS 电平
P3.3	数字输入	SPI 总线 MOSI 信号，全供电范围接受 3.3V-LVCMOS 电平
P3.4	数字输入	SPI 总线 SCLK 信号，全供电范围接受 3.3V-LVCMOS 电平，最大时钟频率为 50MHz

续表

端口	类型	功 能 说 明
P1.1	模拟输入	数模转换模式、程控衰减模式、乘法器模式的输入，双极性
	模拟输出	程控增益模式的输出，双极性
P1.3	模拟输出	数模转换模式的输出，单极性
	模拟输入	程控增益模式的输入，双极性
P2.2	模拟输出	数模转换模式下和乘法器模式下的双极性输出

电路工作模式由跳线 JP 配合 P1 接口实现不同的功能。

（1）JP 处于默认位置，从 P1.1 输入 u_{ref}，从 P1.3 输出 u_{o}

$$u_{\mathrm{o}} = -\frac{Z_{\mathrm{in}}}{4096} \cdot u_{\mathrm{ref}} \qquad (7\text{-}25)$$

① 若 u_{ref} 固定，则电路是普通的单极性输出数模转换。

② 若 u_{ref} 输入双极性信号，则电路是程控衰减器，增益为 $-Z_{\mathrm{in}}/4096$。

（2）JP 处于默认位置，从 P1.1 输入 u_{ref}，从 P2.2 输出 u_{o}

$$u_{\mathrm{o}} = \frac{Z_{\mathrm{in}} - 2048}{2048} \cdot u_{\mathrm{ref}} \qquad (7\text{-}26)$$

① 若 u_{ref} 固定，则电路是普通的二进制偏移输入、双极性输出数模转换。

② 如果 u_{ref} 输入双极性信号，并将数字域有符号数据 $Z' \in [-2048, 2047]$ 加上 2048 后作为数据输入 $Z_{\mathrm{in}} = Z' + 2048$，从 Z' 的角度

$$u_{\mathrm{o}} = Z' \cdot u_{\mathrm{ref}} / 2048 \qquad (7\text{-}27)$$

电路是混合域四象限乘法器。

（3）JP 处于非默认位置，从 P1.3 输入信号 u_{i}，从 P1.1 输出信号，此时

$$u_{\mathrm{o}} = -\frac{4096}{Z_{\mathrm{in}}} \cdot u_{\mathrm{i}} \qquad (7\text{-}28)$$

电路是增益为 $-4096/Z_{\mathrm{in}}$ 的程控放大器。

7.7 开关电容滤波

该模块是由 TLC04 构成的 4 阶巴特沃斯低通滤波器，给予不同频率的时钟，可实现不同的截止频率。其电路如图 7-11 所示。TLC04 的输入端增加了 RC 滤波器，起到抗混叠作用。

TLC04 可由外部输入时钟，也可由片内振荡器电路配合片外 RC 产生时钟。若由 P2.2 提供时钟，则电路中的 R_4、C_2 不应焊接，若由 R_4、C_2 配合片上振荡电路产生时钟，则 Q1 和 R_2 不应焊接。

TLC04 在双电源供电时，需要输入双极性的时钟，在电路中采用 Q1、R_1 和 R_2 构成共基极开关电路，可将常见的 0～3.3V 电平变换到 −5～3.3V，以满足 TLC04 的需求。

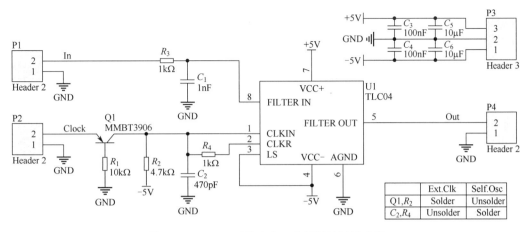

图 7-11　TLC04 开关电容 4 阶低通滤波器电路

根据 TLC04 的数据手册，电路的截止频率为

$$f_{\mathrm{c}} = f_{\mathrm{clk}} / 50 \approx \frac{1}{84.5 R_4 C_2} \tag{7-29}$$

7.8　VGA、AGC 和宽带乘法器

该模块使用 VCA820、VCA821、VCA822 或 VCA824 构成 VGA、AGC，使用 VCA822 或 VCA824 还可构成宽带四象限乘法器。VCA820 和 VCA821 为对数式增益控制，更适合用作 AGC。VCA822 和 VCA824 为线性增益，可用作乘法器。VCA820 和 VCA822 的标称带宽为 150MHz，VCA821 和 VCA824 则为 420MHz。

VCA82x 多功能 VGA 模块电路如图 7-12 所示。其中并未使用跳线，功能需要通过焊接与不焊接 R_1 和 Q1 来选择。

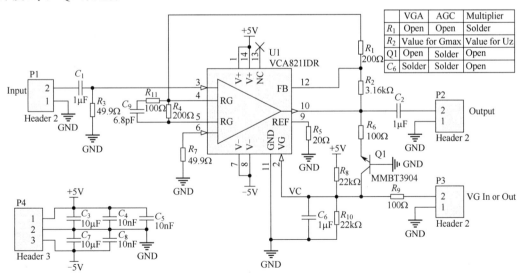

图 7-12　VCA82x 多功能 VGA 模块电路

电路可实现的功能有以下几种。

① VGA，留空 R_1 和 Q1，使用 VCA820、VCA821、VCA822 或 VCA824 均可。

② AGC，留空 R_1，焊接 Q1，建议使用 VCA820 或 VCA821。

③ 四象限乘法器，焊接 R_1，留空 Q1、C_6，根据需求调整 R_8、R_9 和 R_{10}，只能使用 VCA822 或 VCA824。

对于 VGA 和 AGC 功能，电路的最大增益为

$$G_{max} = \frac{2R_2}{R_4}$$

使用图 7-12 中所示电路参数时，$G_{max} = 31.6$，即 30dB。

对于乘法器功能，R_2 用来设置标尺电压为

$$U_z = 1V \cdot \frac{R_4}{R_2}$$

在 AGC 功能下，输出信号的幅度固定为 0.6V 左右，由 Q1 的 B-E 压降决定。在图 7-12 中，Q_1 接成共基极开关，当增益过大，信号幅度增大，导致谷值小于−0.6V 时，Q1 开通，将对 C_6 放电，VC 电压降低，增益降低，直至信号谷值对 C_6 的脉冲放电与 R_8、R_{10} 对 C_6 的持续充电电量相互抵消时，VC 保持稳定，此时输出信号的幅度应约为 0.6V。电路增益下降较快，而增益上升较慢，增益上升时间由 R_8、R_{10} 和 C_6 电路的时间常数决定，对于图 7-12 中电路，约为

$$\tau_{Gfall} \approx C_6 \cdot (R_8 \parallel R_{10}) \approx 11ms$$

因而，能够处理的信号周期应远小于 11ms，即信号频率 $f_{sig} \gg 90Hz$，图 7-12 中输入耦合的高通滤波器截止频率约为 3.2kHz。

在 AGC 功能下，通过测量 P3 中 VG 的电压，结合 VCA82x 芯片的增益与控制电压的关系，还可以大致推算输入信号的幅度。

7.9 峰、谷值检测

7.9.1 低频峰值检测和比较

低频峰值检测和比较模块主要用于较低频率交流信号的过零比较和峰值检测，如 50Hz 工频信号。其电路如图 7-13 所示。图 7-13 中参数适用于应对 50Hz 工频信号。

模块在双 5V 供电下工作，工作模式由 R_2、R_3、R_4、R_6 和 C_4 的焊接与否来决定。作为比较器使用时，输出电平为 3.3V，并有一定迟滞，这个迟滞是非对称的，下限为 0V，对于图 7-13 中元件参数，上限约为 16.5mV，可通过 R_4 调节，但要保证 LM311 的输出 BJT 截止时，比较输出（线网 Cmp）分压约为 3.3V。

作为峰值检测时，当输入电压高于电容 C_4 上保持的电压时，BJT 导通为 C_4 充电，当输入电压高于电容 C_4 上保持的电压时，C_4 通过 R_4 放电，对于图 7-13 中参数，C_4 电压，即输出电压下降的时间常数约为 10s。值得注意的是，这个模块的峰值检测输出并非低阻输出，与后级电路连接时应予注意，若有必要，则可增加运放做同相电压跟随后输出。

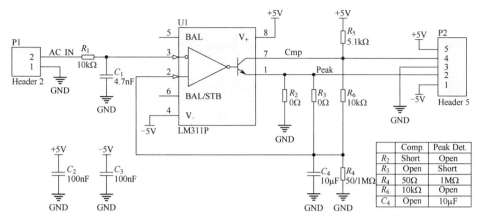

图 7-13 低频峰值检测和过零比较模块电路

7.9.2 高频峰、谷值检测

图 7-14 所示为高频峰、谷值检测模块电路,其原理见 6.1.2 节。电路实际能满足最高 10MHz 信号的峰值或谷值检测。

该电路使用高速比较器芯片 TL3016,为满足谷值检测的需要,使其输出能够低到地以下,将其接成了数据手册中描述的单电源模式(负电源引脚与地引脚相连),但在电路中将其整体供电电压下移了 2.9V,使其工作在双 2.9V 模式下,输出范围应为 $-2.3 \sim 1.5$V,加上二极管 BAP51-04W 的正向压降约为 0.9V,实际能检测的峰值最大为 0.6V,谷值最小为 -1.4V。

峰值检测或谷值检测由跳线 JP1 选择,跳至 BAP51-04W 的阳极时,为峰值检测;跳至 BAP51-04W 的阴极时,为谷值检测。

输入为双 5V,不应超过双 5.5V,双 2.9V 供电由标称 2.1V 的稳压二极管 1N5221 串联提供。

电容放电有通过 R_3 放电和通过 DISC 端口控制光耦继电器放电两种方式,可选其一使用。

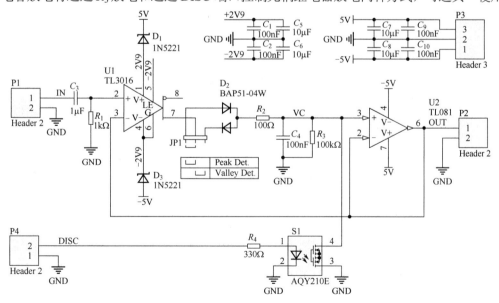

图 7-14 高频峰、谷值检测模块电路

7.10　模拟噪声发生器

　　模拟噪声发生器模块使用稳压二极管作为噪声源，通过 3 级放大将噪声放大到方均根值约 1V，其电路如图 7-15 所示。

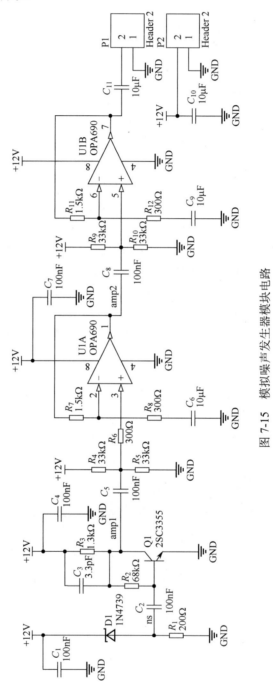

图 7-15　模拟噪声发生器模块电路

　　电路的第一级为 BJT 共射极放大电路，原理参见图 2-91，这里增加了电容 C_3，为其增加了一个高频零点，用来提升放大器的高频响应，补偿噪声源的高频衰减，这一级的增益可做到 30 倍以上。第二极和第三极为运算放大器，均做同相放大，一共提供约 36 倍的增益。因稳压二极管 D_1 的品牌型号个体差异，实际需要的增益为 200 倍到 1000 倍，在实际调试中，往往需要根据实际情况通过 R_7 和 R_{11} 调整后两级的增益，如果输出有效值不需要太大，也可省去最后一级。通过调试，该电路实际噪声带宽能做到 10MHz 以上。

第 8 章
经典赛题案例

本章介绍全国大学生电子设计竞赛 2011—2017 年的 6 个经典的信号处理和测量方向的赛题，题目介绍的方案大多是从全国一等奖作品中提炼出来的。

8.1 简易数字信号传输特性分析仪（2011E）

简易数字信号传输特性分析仪是 2011 年全国大学生电子设计竞赛本科组 E 题，题目名为"分析仪"，属于测量类赛题，但题目来源的背景是数字通信。

8.1.1 背景知识介绍

题目中涉及的伪随机信号、噪声相关知识在第 3 章已有较系统的介绍，这里介绍与数字信号传输、眼图和曼彻斯特编码相关的知识。

在信号传输的过程中，无论数字或模拟信号，总是受到信道非理想特性的影响，使得信号质量下降，这些非理想因素包括带宽有限、带内幅频特性不平坦、非线性失真、多径效应、干扰和噪声等。

对于数字信号，在理想情况下应有快速稳定的上升沿和下降沿，平坦的高低电平（以二进制信号为例），足够的高低电平差。稳定的上升沿和下降沿可以使得接收端明确码元的边界，足够的高低电平差可以使得接收端容易判断电平的高低。但经过非理想信道传输的数字信号，上升沿和下降沿会因带宽限制而变得缓慢，幅频特性不平坦会导致波形畸变（因谐波比例变化），非线性会引入谐波失真，多径效应会使得不同延迟不同强弱的信号叠加引起各种错乱，干扰和噪声既会影响跳沿的稳定，也会影响接收端判决电平。

本题使用低通滤波器模拟信道的有限带宽，用伪随机信号发生器来模拟信道受到噪声干扰。眼图则是用来观察接收端信号质量的一种方法。如图 8-1 所示，以信号的跳沿为触发条件，将信号的一些跳沿对齐，重复叠加显示在示波器的屏幕上。这时，信号叠加在一起显示，形成类似眼睛的形状，称为"眼图"。很明显，"眼睛"上下张开的程度，即是高低电平的最小差异，称为"眼幅度"，决定了接收端判决的难易程度，"眼睛"左右张开的程度，反映了跳沿相位的稳定性，决定了码元边界判定，即码元同步的难易程度。

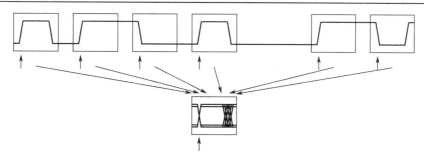

图 8-1　跳沿触发形成"眼图"

这种以信号本身跳沿作为触发对齐条件的眼图，仅反映信号本身的特性。若以接收机恢复出的码元同步信号（通常为每个码元一个脉冲，并对齐到码元中央或边界的信号）为触发条件形成眼图，则同时也反映了接收机恢复的同步信号的稳定性和准确性，如图 8-2 所示。

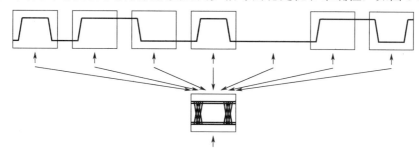

图 8-2　以同步信号作为触发条件形成"眼图"

通常模拟信道传输的模拟信号都是带宽有限无直流的，数字信道如果传输原始数据，数据流可能长时间电平恒定，相当于短时存在直流分量，不利于接收端自适应地找到高低电平的判决阈值。另外，原始数据流带宽较宽，在数据连续 0～1 变化时，信号频率相对高，而长时间电平固定时，信号频率相对低，要完好地传输，对信道的宽带和平坦性提出了要求。解决这些问题的方法是对原始数据流进行编码，使得编码后数据跳变均匀无直流，曼彻斯特编码则是众多数据编码方式中的一种，简单且应用广泛，曼彻斯特编码由源码数据和时钟异或或同或得到，码率翻倍，保证每个码元周期内都有跳变，并在码"0"中央和"1"中央有不同极性的跳沿，如图 8-3 所示。

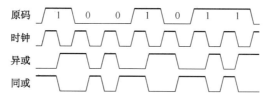

图 8-3　曼彻斯特编码的产生

理想的二进制数字信号是矩形波，上升沿和下降沿斜率无穷大，带宽无穷大（无穷多个奇次谐波），实际传输数字信号所需的带宽，通常根据其上升沿和下降沿的时间 t_r 来定义，t_r 定义为信号从电平范围的 10%（或 90%），上升（或下降）至 90%（或 10%）的时间，而传输它需要的带宽则通常取经验值

$$f_{BW} = \frac{0.5}{t_r} \tag{8-1}$$

在极限情况下，t_r 接近码元周期，则所需带宽为码率的一半。

本题的难点在于发挥部分，在未知信号频率的前提下提取同步信号（也称为时钟恢复），以及在保证同步信号提取无误的前提下，最大限度地增大噪声幅度。

对曼彻斯特编码进行时钟恢复和解码有一些比较简单的方法是依赖于事先确知信号的大致频率，在本题中是无法使用的。本题可使用的时钟恢复方法主要有锁相环法和测周计数法。

要提高噪声幅度，可使用带通或低通滤波器对进入时钟恢复部分的宽带噪声限带，降低其有效值。

8.1.2 同步信号恢复原理

本节介绍锁相环法和测周计数法。前者可用集成芯片和分立元件制作，也可数字化后在 FPGA 内实现，具有一定复杂性；后者使用 FPGA 实现，原理较为简单。

1. 锁相环法

锁相环法使用曼彻斯特编码数据作为鉴相器的参考时钟输入，从 VCO 输出恢复的时钟。但是，如果采用 5.7.1 节中介绍的常规鉴频鉴相器，输出的时钟频率将是曼彻斯特编码数据跳变率的平均值的一半，为使输出时钟相位稳定，环路滤波器带宽需要很低，为使输出时钟与数据率一致，还需要利用时钟合成原理，在时钟反馈环和输出增加分频器，较为麻烦。

这里可以采用霍格鉴相器，它在数据跳变时，会输出相位"滞后"和相位"超前"信号，用以控制电流源对环路滤波电容充放电，而在数据无跳变时，不会输出任何信号，最终输出时钟将与数据率同频，而且上升沿将对齐到数据码元中央。采用霍格鉴相器的锁相环原理如图 8-4 所示。注意，其中 VCO 的初始频率应低于数据率，否则可能会锁定到数据率的整数倍。

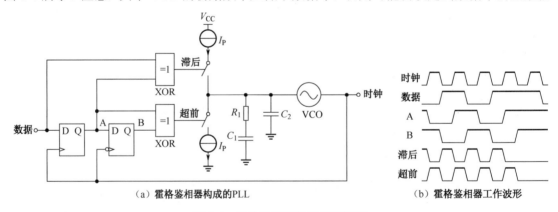

(a) 霍格鉴相器构成的 PLL　　　　(b) 霍格鉴相器工作波形

图 8-4　霍格鉴相器的锁相环原理

霍格鉴相器、电流源和环路滤波器可用 74 系列 IC 和分立元件制作，而 VCO 可利用 CD4046 等集成锁相环芯片内部的 VCO，也可以将全部原理在 FPGA 内部实现。VCO 可用 DDS 实现，省略正弦查找表，使用相位累加器最高位输出即可，环路滤波器部分的传输函数为

$$\frac{U_{\text{VCO}}(s)}{I_{\text{CP}}(s)} = \frac{1 + C_1 R_1 s}{(C_1 + C_2)s + C_1 C_2 R_1 s^2} \qquad (8\text{-}2)$$

在依据 5.7.1 节原理设计 C_1、C_2 和 R_1 之后，可以采用双线性变换等方法将其离散化获得 z 域传函，实际将是一个二阶 IIR 滤波器，采用 3.3.1 节介绍的二阶 IIR 结构将其实现即可。具体实现之前，应先明确定义电流量和电压量在数字域的表达形式和换算关系。

2. 测周计数法

测周计数包括测周和相位计数两个部分，采用纯数字逻辑实现，其原理如图 8-5 所示。

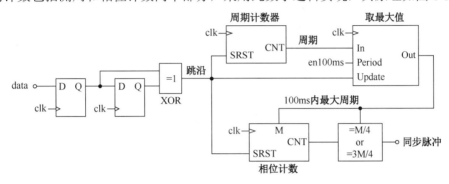

图 8-5 测周和相位计数法恢复曼彻斯特编码时钟的工作原理

其中，测周计数器在高频工作时钟（如 100MHz）驱动下，测量输入编码相邻跳变的时间间隔，即跳变周期，"取最大值"部分负责找出一段时间（如 100ms）内的最大跳变周期，这个跳变周期则是曼彻斯特编码码元周期的两倍。虽然取最小值应能够获得码元周期的一倍，但容易受到噪声引发的非预期跳沿的影响，取最大值则不大会受到影响——在 100ms 的统计时间内，只要存在一个干净的两周期固定电平即可。

获得两倍码元周期后，使用一个模等于两倍码元周期的计数器即可实现同步时钟输出，称为相位计数器，相位计数器在计数值超过预计的原码码元周期的 3/4 时，若遇到曼彻斯特编码的跳沿则清零重新计数。无论初始时是否在正确的跳沿上清零，一旦遇到长跳沿间隔，即能正确同步到原码的相位。在码元跳变时，相位计数器清零，其余时间自由计数，那么，计数值等于模的 1/4 或 3/4 处，即为码元的中央，如图 8-6 所示。

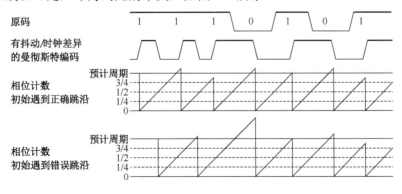

图 8-6 测周计数法恢复曼彻斯特编码时钟的工作波形

8.1.3　方案设计

根据题目给出的框图和要求，整个作品可拆分为三大部分分别进行制作，最后联调，整个作品框图如图 8-7 所示。

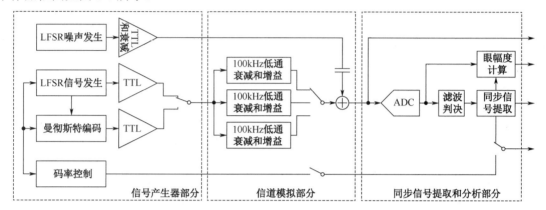

图 8-7　简易数字信号传输性能分析仪作品框图

（1）信号发生器部分：由一块 FPGA 开发板和部分周边电路构成，采用数字逻辑实现 LFSR 噪声发生、信号发生和曼彻斯特编码。当前绝大多数 FPGA 或 MCU 的 IO 输出电平为 3.3V-LVCMOS，输出高电平非常接近 3.3V，本身是满足 TTL 电平要求的输出高电平不小于 2.4V 的要求的，但是为与大多数 TTL 电平的芯片能输出 5V 的特性一致，增加了 TTL 电平转换电路，将其放大至 5V。电平转换可使用 5V 供电的数字逻辑缓冲器 IC，如 74HC244。

（2）信道模拟部分：主要包括 3 个低通滤波器及求和电路。题目要求通带以外衰减达到 40dB / dec 及以上，因而至少应采用二阶滤波器，为求稳妥，可设计制作 3 阶有源滤波器，题目对滤波器的响应类型没有要求，可采用巴特沃斯响应或贝塞尔响应。滤波器的增益可采用先放大后衰减的方式，直接使用电位器调节。求和电路用运放实现。

（3）同步信号提取和分析部分：整个提取分析部分在数字域完成，由输入调理部分、时钟恢复部分和眼幅度测量部分构成。输入调理包括带通滤波和比较整形电路。同步信号提取采用比较简单的测周计数法，使用 FPGA 逻辑实现。对于眼幅测量，可采集码元中央附近的多个数据，并采多组，去均值（去直流）后，将正最小值和负最大值做差即可。

8.1.4　软硬件实现

1. 码率控制

在 FPGA 中，为保证纯同步逻辑实现，并保证码率能足够精确，整个逻辑工作在较高频率，如 50MHz 或 100MHz。M 序列产生模块、曼彻斯特编码模块的输出码率由周期性使能信号控制，并不使用真实的码元时钟，为方便后续曼彻斯特编码，实际产生了两个单周期使能信号标记源码时钟的上升沿时刻和下降沿时刻，这两个单周期使能信号由可变模的计数器给出，可以方便地更改码元频率，如代码 8-1 所示。

代码 8-1　数据率控制模块

```verilog
module datarate_ctrl
(   input clk, input [12:0] div, output en_f, en_r
);
    reg [12:0] cnt;
    always@(posedge clk) begin
        if(cnt < div - 1'b1) cnt <= cnt + 1'b1;
        else cnt <= 1'b0;
    end
    assign en_f = (cnt == (div - 1'b1));
    assign en_r = (cnt == ((div >> 1) - 1'b1));
endmodule
```

2．M 序列产生

M 序列由 LFSR 产生，其原理在第 3 章已有介绍，这里给出用于 FPGA 实现的 Verilog HDL 代码供参考，如代码 8-2 所示。

代码 8-2　LFSR 模块

```verilog
module lfsr #(parameter W = 8, parameter POLY = 9'h11D)(
    input clk, rst, en_r, out);
    reg [W-1:0] sreg;
    assign out = sreg[0];
    always@(posedge clk) begin
        if(rst) sreg <= 1'b1;
        else begin
            if(en_r) begin
                if(out) sreg <= (sreg >> 1) ^ (POLY >> 1);
                else sreg <= sreg >> 1;
            end
        end
    end
endmodule
```

3．曼彻斯特编码

曼彻斯特编码可由原码和其时钟异或得到，但在 FPGA 中实现时，应注意采用同步逻辑，避免因竞争冒险导致输出毛刺，Verilog HDL 参考代码如代码 8-3 所示。其中，"ck"用于模拟源码时钟。

代码 8-3　曼彻斯特编码模块

```verilog
module man_coder
(   input clk, input en_f, input en_r,
    input in, output reg out
);
    reg ck;
    always@(posedge clk) begin
        if(en_f) ck <= 1'b0;
```

```
            else if(en_r) ck <= 1'b1;
        end
        always@(posedge clk) begin
            out <= in ^ ck;
        end
    endmodule
```

4. TTL 电平变换

TTL 电平变换采用 SN74HCT244，对于伪随机信号通道，衰减控制使用电位器，其电路如图 8-8 所示。为保证输出阻抗小，便于连接后续电路，采用了一片 THS4631 运放用作电压跟随。

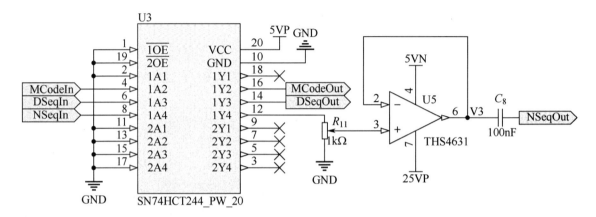

图 8-8 SN74HCT244 电平转换电路

5. 滤波器

滤波器采用 3 阶巴特沃斯低通滤波器，其电路如图 8-9 所示。为使最后一级运放能输出要求达到的 0～20V 范围，电路采用了非对称双电源，–5V 和 25V 供电。滤波器后可直接使用电位器进行整体增益控制。3 个滤波器的选择通过跳线 P8 和 P4 实现。

6. 接收端信号采集

接收端信号采集 A/D 转换电路如图 8-10 所示。接收端信号直接通过高速 ADC 采集到 FPGA 中处理，一方面在 FPGA 内做数字带通滤波器，与过零比较送至同步信号恢复部分；另一方面采集码元中央附近的多个数据用于计算眼幅度。

7. 同步信号恢复

基本原理在前面已经讲过，这里给出各个模块的 Verilog HDL 代码供参考，它们的工作时钟为 50MHz。

代码 8-4 是包含测周计数器和统计最大值部分的代码。

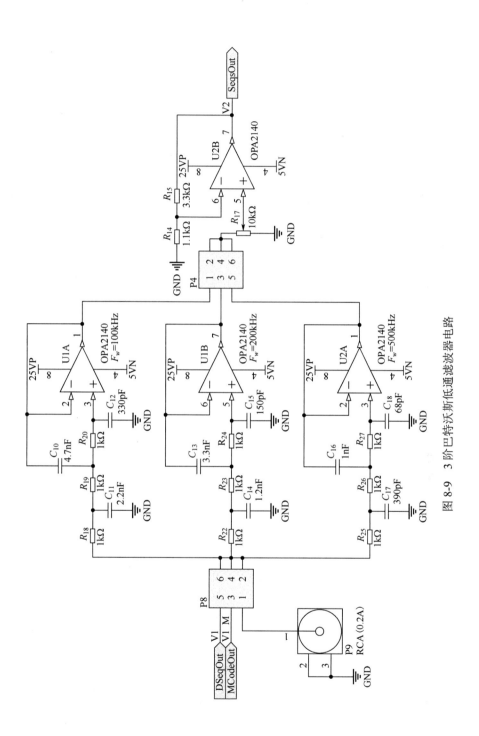

图 8-9　3 阶巴特沃斯低通滤波器电路

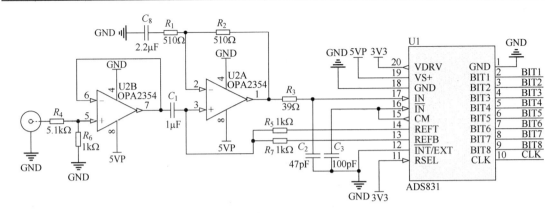

图 8-10　接收端信号采集 A/D 转换电路

代码 8-4　曼彻斯特编码时钟恢复的测周模块

```verilog
module max_period_mea
(   input clk, input code_edge, output reg [15:0] period);
    reg [15:0] cnt, p_temp; reg [23:0] cnt_for_100ms;
    initial begin cnt <= 1'b0; p_temp <= 1'b0;
        cnt_for_100ms <= 1'b0; period <= 1'b0; end
    wire en_100ms = (cnt_for_100ms == 1'b0);
    always@(posedge clk) begin
        if(cnt_for_100ms < 24'd4999999)
            cnt_for_100ms <= cnt_for_100ms + 1'b1;
        else cnt_for_100ms <= 1'b0; end
    always@(posedge clk) begin
        if(code_edge) cnt <= 1'b0;
        else cnt <= cnt + 1'b1; end
    always@(posedge clk) begin
        if(en_100ms) begin
            p_temp <= 1'b0; period <= p_temp; end
        else if(code_edge) begin
            if(cnt > p_temp) p_temp <= cnt; end end
endmodule
```

代码 8-5 是实例化了上述模块并包含计数比较输出同步信号部分的完整时钟恢复模块。注意，最终输出的同步信号是单周期使能信号，若需要输出近似 50%占空比的时钟，读者可自行修改。

代码 8-5　测周计数法恢复曼彻斯特编码的模块

```verilog
module man_clk_rec_easy
(   input clk, input man_code, output man_sync);
    reg [1:0] man_code_dly;
    wire man_code_edge = ^man_code_dly;
    always@(posedge clk) begin
        man_code_dly = {man_code_dly[0], man_code}; end
    wire [15:0] prd;
    max_period_mea inst_p_mea
    (   .clk(clk), .code_edge(man_code_edge), .period(prd));
    reg [15:0] cnt;
```

```
always@(posedge clk) begin
    if(man_code_edge) begin
        if(cnt > (prd - (prd >> 2)) || cnt < (prd >> 2))
        cnt <= 1'b0; end
    else begin
        cnt <= cnt + 1'b1;
        end
    assign man_sync = (cnt == (prd - (prd >> 2)) || cnt == (prd >> 2));
endmodule
```

图 8-11 所示为测周计数法模块的仿真波形。

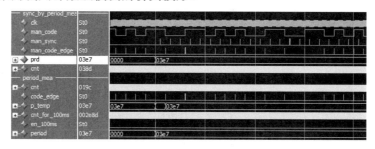

图 8-11　测周计数法模块的仿真波形

简易数字信号传输性能分析仪的最终作品如图 8-12 所示。

图 8-12　简易数字信号传输性能分析仪的最终作品

图 8-13 所示为信道模拟部分的电路板的正反两面。该电路板是采用热转印法，用过硫酸钠溶液腐蚀而成，层间连接为自焊导线。

图 8-13　信道模拟部分的电路板的正反两面

8.2 简易频率特性测试仪（2013E）

简易频率特性测试仪是 2013 年全国大学生电子设计竞赛本科组 E 题。该题是矢量网络测量的简化，一方面，仅测量 S_{21}，仅做幅频和相频特性显示；另一方面，频率不算太高，可直接将激励信号和响应信号做正交解调获得幅度和相位信息，可以不做中频变换，矫正方法也可以更简单直接。测量原理在题目原文中已给出明确框图。

8.2.1 原理分析

1. 频率特性测量

正交解调的原理在第 6 章已有详述，这里针对本题，结合图 8-14，做具体的计算。

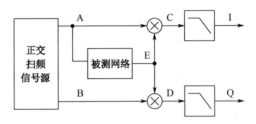

图 8-14　简易频率特性测试仪原理

假定正交扫频信号源输出两路信号为

$$\begin{cases} u_A = U_A \cdot \cos(\omega t) \\ u_B = U_B \cdot \sin(\omega t) \end{cases} \tag{8-3}$$

若被测网络的幅度响应，即增益为 A，相位响应，即相移为 ϕ，则经过被测网络输出的信号为

$$u_E = AU_A \cos(\omega t + \phi) \tag{8-4}$$

乘法器之后

$$\begin{cases} u_C = \dfrac{AU_A^2}{2U_{z1}}\left(\cos(\phi) + \cos(2\omega t + \phi)\right) \\ u_D = \dfrac{AU_AU_B}{2U_{z2}}\left(-\sin(\phi) + \sin(2\omega t + \phi)\right) \end{cases} \tag{8-5}$$

经低通滤波器后

$$\begin{cases} u_I = \dfrac{AU_A^2}{2U_{z1}}\cos\phi \\ u_Q = -\dfrac{AU_AU_B}{2U_{z2}}\sin\phi \end{cases} \tag{8-6}$$

通过式（8-6），即可解算 A 和 ϕ。

通常，应有 $U_A = U_B$ 和 $U_{z1} = U_{z2}$，但万一电路制作不完善，它们差异明显，则需要考虑它们的不同，便于做误差矫正。

2. 误差矫正

若能让正交信号源的两路输出同相信号，并以直连线替代被测网络（$A=1$，$\phi=0$），则

$$\begin{cases} u_A' = U_A \cdot \cos(\omega t) \\ u_B' = U_B \cdot \cos(\omega t) \\ u_E' = U_A \cdot \cos(\omega t) \end{cases} \tag{8-7}$$

经乘法器和滤波器之后

$$\begin{cases} u_I' = \dfrac{U_A^2}{2U_{z1}} \\ u_Q' = \dfrac{U_A U_B}{2U_{z2}} \end{cases} \tag{8-8}$$

在矫正过程中，可扫频将这两个值关于频率的数组记录下来，在后续测量计算中替代式（8-6）中对应部分即可。

$$\begin{cases} u_I = A u_I' \cos\phi \\ u_Q = -A u_Q' \sin\phi \end{cases} \tag{8-9}$$

因而有

$$\begin{cases} A = \sqrt{\left(u_I / u_I'\right)^2 + \left(u_Q / u_Q'\right)^2} \\ \phi = \mathrm{atan2}\left(-u_Q / u_Q',\ u_I / u_I'\right) \end{cases} \tag{8-10}$$

此外，还可以用直连线代替被测网络，完整地测量一遍直连线的幅频和相频响应，将其作为仪器的"固有偏差"，在后续测量中，将其扣除。

3. 被测网络

被测网络是一个 LC 串联谐振电路，其中的电路参数需要根据题目要求经过计算获得，如图 8-15 所示。

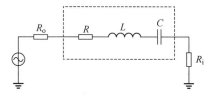

图 8-15　被测 LC 串联谐振电路

设电感为 L、电容为 C，回路电阻为 $R_s = R + R_o + R_i$，复阻抗的模为

$$|Z| = \sqrt{R_s{}^2 + (\omega L - \frac{1}{\omega C})^2} \tag{8-11}$$

$\omega L = \dfrac{1}{\omega C}$ 时，串联谐振，中心频率为

$$f_0 = \frac{1}{2\pi\sqrt{LC}} \tag{8-12}$$

为使中心频率为 20MHz

$$LC = \frac{1}{4\pi^2 f_0{}^2} \approx 6.33 \times 10^{-17} \cdot FH \tag{8-13}$$

品质因素为

$$Q = \frac{\omega_0 L}{R_s} = \frac{\omega_0 L}{R + R_o + R_i} \tag{8-14}$$

因 $R + R_o + R_i \geqslant 100\Omega$，故

$$L \geqslant \frac{R_s \cdot Q}{\omega_0} \approx 3.18\mu H \tag{8-15}$$

最大增益为

$$20\log_{10}\left(2\frac{R_i}{R_s}\right) \geqslant -1dB \tag{8-16}$$

根据品质因素 $Q = \dfrac{\omega_0 L}{R_s}$，有

$$20\log_{10}\left(2\frac{QR_i}{\omega_0 L}\right) \geqslant -1dB \tag{8-17}$$

因而

$$L \leqslant 3.57\mu H \tag{8-18}$$

所以有电感、电容和电阻的范围为

$$\begin{cases} 3.18\mu H \leqslant L \leqslant 3.57\mu H \\ 17.7pF \leqslant C \leqslant 19.9pF \\ 0 \leqslant R \leqslant 12.2\Omega \end{cases} \tag{8-19}$$

实际制作可取中间值。

8.2.2　方案设计

整体测量方案题目中已经给出，这里讨论各部分具体方案。

1．正交信号源部分

对于 1～40MHz 的频率范围，采用 DDS 是比较合适的选择。DDS 可采用专用 IC 或使用 FPGA 逻辑实现，用 DAC 输出。但是，受限于 FPGA 逻辑的最高工作频率，要输出 40MHz 频率会对重构滤波器提出过高要求，用专用 DDS 芯片是最好的选择。

2．正交解调部分

整个正交解调部分可以由模拟电路实现，也可以由全数字实现。全数字实现可以用 3 个 ADC 将三路输入直接数字化后在数字域做乘法和滤波器，这里不做具体介绍。

对于模拟方案，乘法器可使用专用乘法器芯片或使用 VCA 芯片构成，而低通滤波器采用一阶 RC 即可。一方面，其截止频率应远低于 2MHz；另一方面，为了保证扫频速率，其时间常数不应太小，根据题目要求的扫频范围、步进和时间计算，RC 之积应小于 5ms。

简易频率特性测试仪作品框图如图 8-16 所示。

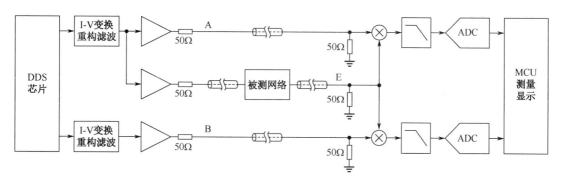

图 8-16　简易频率特性测试仪作品框图

非常值得注意的是，在图 8-16 中 A 路电缆长度、B 路电缆长度及被测网络一路电缆长度和应尽量相等，对于 40MHz 信号，在电缆中的波长为 $\dfrac{c}{\sqrt{\varepsilon \cdot 40\text{MHz}}}$，通常只有 2～3m，1cm 的长度偏差将导致近 2° 的相位偏差。

8.2.3　硬件实现

正交信号源部分采用专用 DDS 芯片 AD9854，其输出为差分电流，经过简单的电阻 I-V 变换后，由 9 阶 LC 低通滤波做重构滤波，最后由电流反馈型运放 OPA2695 放大输出。正交信号源部分电路如本书末的插页所示。

乘法器部分采用 VCA822 制作，滤波器为一阶 RC 滤波器，截止频率约为 1.6kHz，输出经运放做电压范围变换后交由 MCU 的内置 ADC 采集。其电路如图 8-17 所示。

简易频率特性测试仪的最终作品如图 8-18 所示。

图 8-19 所示为正交信号源部分的电路板的正反两面。

图 8-20 所示为正交解调和滤波部分的电路板的正反两面。

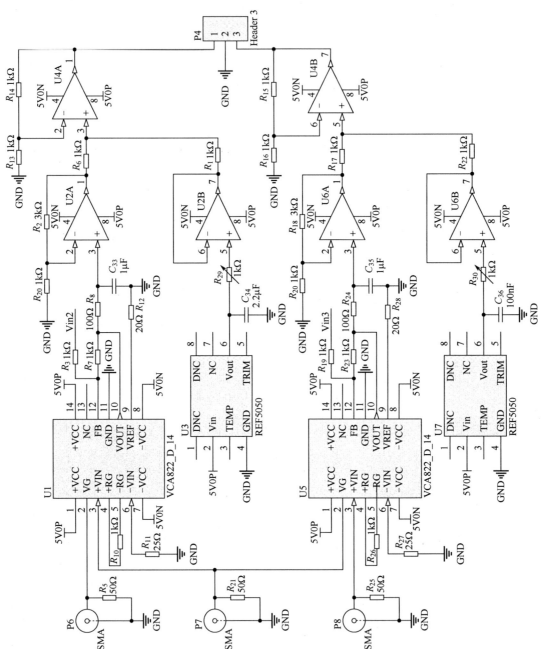

图 8-17　正交解调和滤波部分的电路

图 8-18　简易频率特性测试仪的最终作品

图 8-19　正交信号源部分的电路板的正反两面

图 8-20　正交解调和滤波部分的电路板的正反两面

8.3　数字频率计（2015F）

数字频率计是 2015 年全国大学生电子设计竞赛本科组 F 题。

8.3.1　原理分析

频率、相差（题目中的时间间隔）、占空比测量的基本原理在第 6 章已有详细介绍。

本题的难点在于很宽的频率范围和信号幅度范围，因而频率分段、信号幅度调整是必不可少的。

对于发挥部分最高达到 100MHz 的频率，直接用可编程逻辑器件来测量可能都存在困难，因而可用专用分频器芯片进行分频后测量，而对于较低频率，可直接测量。

在相位和占空比测量中，如果直接将信号过比较器，幅度大小不同的信号过比较器之后上升沿和下降沿时间可能不一致，这对高频信号的相位和占空比测量有很大的影响，因而需要先对幅度进行调整，再进行比较或饱和放大。对信号幅度的调整可采用 AGC，将信号放大到固定幅度之后，可直接用运放调整到适合数字电路的逻辑电平。

8.3.2　方案设计

考虑发挥部分，作品整体分为频率测量、占空比测量和时间间隔测量三大部分。频率测量覆盖频率范围宽，分频段处理，低频段可直接用比较器或饱和放大，高频段经 AGC 后由运放放大整形，最后由分频器分频送入数字部分。占空比测量也分段处理，除没有分频器之外，与频率测量基本相同，实际制作也可与频率测量部分复用。时间间隔测量部分要求不高，直接使用比较器即可。

数字部分采用一片 CPLD 实现等精度测频和占空比、相差测量，计数数据交由 MCU 解算和显示。

数字频率计作品整体框图如图 8-21 所示。

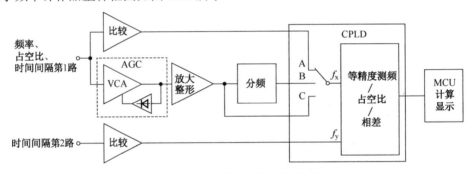

图 8-21　数字频率计作品整体框图

在做频率测量时，f_x 依次选择 A 和 B 进行测量，根据情况选择使用哪一路的测量结果，若通过 B 点测得的数值很小（频率过低），或者多次测量差异很大（临界频率），则使用 A 点的测量结果，若通过 A 点测得的数值很小（频率过高），或者多次测量差异很大（临界频率），则使用 B 点的测量结果。

做占空比测量时，依据频率测量的结果，若为低频，则用 A 点的测量结果；若为高频，则用 C 点的测量结果。

做时间间隔测量时，选择 A 点进行测量。

AGC 可使用 VCA821 等 VGA 芯片实现，比较可采用专用比较器或使用运放做饱和放大。

分频器可采用专用分频芯片，如 CDCM1804，在 LVCMOS 电平的时钟输入时，最高可接受 200MHz 频率，可通过外部引脚的悬空、电阻下拉或直接下拉来选择工作模式和分频比。

CPLD 使用了 EPM1270T144，将等精度测频和占空比、相差测量功能在其中实现，并实现与 MCU 的接口。

8.3.3　硬件实现

该作品案例在实现时，为频率测量、占空比测量和时间差测量分别单独制作了信号调理单路，其中频率测量和占空比测量电路在 AGC 和放大部分是一样的。

AGC 和放大部分的电路如图 8-22 所示，图中采用的正是 VCA821 数据手册中推荐的 AGC 电路，目标峰峰值为 1.65V。最后通过参考源和运放将其放大两倍并增加偏置到 1.65V，满足 3.3V-LVCMOS 电平需求。

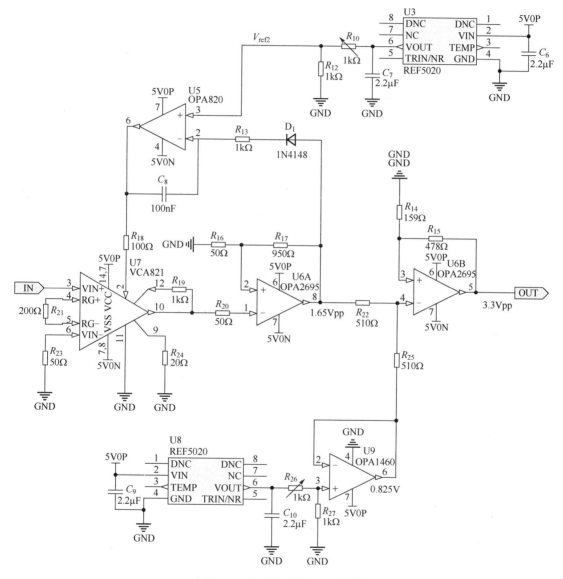

图 8-22　AGC 和放大部分的电路

对于高频频率测量部分，则继续增加单非门和分频器，其电路如图 8-23 所示。

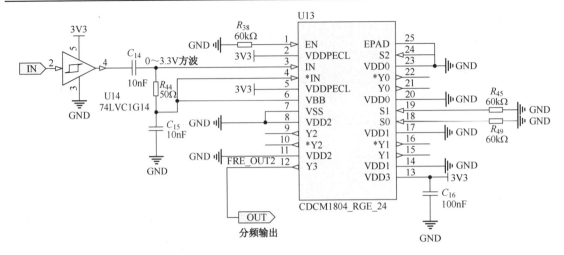

图 8-23　分频部分的电路

低频频率测量使用运放做饱和放大，电路如图 8-24 所示，所采用的运放 OPA698 可通过第 5、8 引脚限制输出幅度。

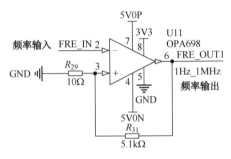

图 8-24　OPA698 做饱和放大电路

低频段占空比测量使用比较器，其电路如图 8-25 所示。

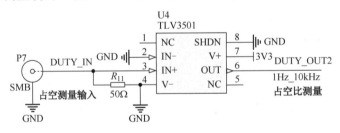

图 8-25　占空比测量使用比较器的电路

时间间隔测量则使用了一片双比较器，其电路如图 8-26 所示。

数字频率计的最终作品如图 8-27 所示，中央为 CPLD 板，其上方为占空比测量的信号调理部分，右方为频率测量的信号调理部分，左侧为时间间隔测量的信号调理部分，两者的 AGC 电路均单独形成模块，图 8-28 所示为数字频率计 CPLD 部分的电路板。

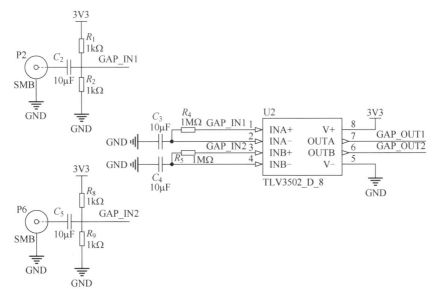

图 8-26　时间间隔测量使用的双比较器电路

图 8-27　数字频率计的最终作品

图 8-28　数字频率计 CPLD 部分的电路板

图 8-29 所示为频率测量的信号调理部分和其 AGC 部分的电路板。

图 8-29　频率测量的信号调理部分和其 AGC 部分的电路板

图 8-30 所示为占空比测量的信号调理部分及其 AGC 部分电路板。

图 8-30   占空比测量的信号调理部分及其 AGC 部分电路板

图 8-31 所示为时间间隔测量的信号调理部分。

图 8-31   时间间隔测量的信号调理部分

8.4   自适应滤波器（2017E）

自适应滤波器是 2017 年全国大学生电子设计竞赛本科组 E 题。

8.4.1   自适应滤波器的原理

自适应滤波器是能够依据外部信号自动调节自身系数的滤波器，通常为数字滤波器，且以 FIR 滤波器最为常用。

图 8-32 所示为自适应滤波器的一般原理。$x[n]$ 为输入，$y[n]$ 为输出，$d[n]$ 为参考信号，参考信号与输出做差得到 $e[n]$，用于更新滤波器的系数，通常目标是使得 $e[n]$ 为 0，或者功率最小化。

自适应滤波器的应用主要分为系统识别、线性预测等几大类，此题即是系统识别的典型应用之一——噪声抑制。考虑图 8-33 所示的系统，若自适应滤波器最终能使 $e[n]$ 为零，则自适应滤波器的传输特性将与"未知系统"一致，这称为系统识别。在实际应用中，许多"未知系统"中也可以是包含光学系统、声学系统等非电路系统。

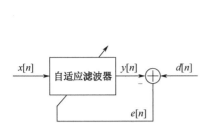

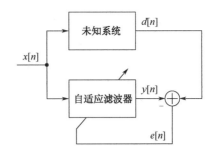

图 8-32　自适应滤波器的一般原理　　　　　　图 8-33　自适应滤波器用于未知系统识别

再考虑图 8-34 所示系统，未知系统 1 有两个信号输入，一个是有用信号 $u[n]$，另一个是噪声 $v[n]$，它们对输出的贡献是线性叠加的关系。如果能够获取一个只与 $v[n]$ 相关的信号 $x[n]$，在确知 $u[n]$ 为 0 的时候对自适应滤波器进行训练，它便能识别从 $x[n]$ 到 $d[n]$ 的系统特性 $H_2(z)/G(z)$，此后在同时存在 $u[n]$ 和 $v[n]$ 时，即可从 $d[n]$ 中消除噪声贡献的成分。

在同时存在 $u[n]$ 和 $v[n]$ 时，一般应让自适应滤波器停止更新系数，需要采用一些其他方法或途径来判定 $d[n]$ 中是否存在有效信号的成分。

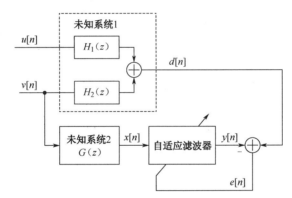

图 8-34　自适应滤波器用于噪声抑制

本题正是这样一个系统，其中 $H_1(z) = H_2(z)$，即是移相器的响应，而 $G(z) = 1$。

实现自适应滤波器的关键在于其系数更新算法，即如何根据 $e[n]$ 计算得到新的系数。这样的算法有多种，这里介绍其中一种——最小均方法（LMS）。

如果 L 阶 FIR 滤波器系数为

$$\boldsymbol{h}[n] = \begin{pmatrix} h_0[n] & h_1[n] & \dots & h_L[n] \end{pmatrix}^{\mathrm{T}} \tag{8-20}$$

注意，由于系数是时变的，因而每一个系数都是采样序列。

那么根据 FIR 滤波器的原理，输出为

$$y[n] = \boldsymbol{h}^{\mathrm{T}}[n]\boldsymbol{x}[n] \tag{8-21}$$

其中，$\boldsymbol{x}[n] = \begin{pmatrix} x[n] & x[n-1] & \dots & x[n-L] \end{pmatrix}^{\mathrm{T}}$。

新的系数为

$$\boldsymbol{h}[n+1]=\boldsymbol{h}[n]+2\mu e[n]\boldsymbol{x}[n] \tag{8-22}$$

其中，$e[n]=d[n]-y[n]$，$e[n]\boldsymbol{x}[n]$ 称为梯度，μ 称为步长。

通常初始系数 $\boldsymbol{h}[0]$ 可取为零，μ 越大系数收敛越快，但最终误差也大，还可能不稳定。

式（8-22）即为系数更新的 LMS，采用 LMS 的自适应滤波器也称为 LMS 自适应滤波器。至于 LMS 的由来、有效性、稳定性这里不讨论。若将 LMS 中的系数更新步长用 $\boldsymbol{x}[n]$ 的功率归一化，即除以功率，则称为归一化的 LMS（NLMS）。

图 8-35 所示为 LMS 自适应滤波器的数据流程。

直接按图 8-35 在时域上实现的高阶 LMS 自适应滤波器，较其频域实现复杂度高。与 3.7.2 节类似地，采用重叠保留法的 LMS 自适应滤波器的频域流程如图 8-36 所示，可用 FPGA 或 DSP 实现。对性能要求不高时，其中的梯度约束部分也可以省略，其作用是保证滤波器的频域系数对应的时域系数数量不变。

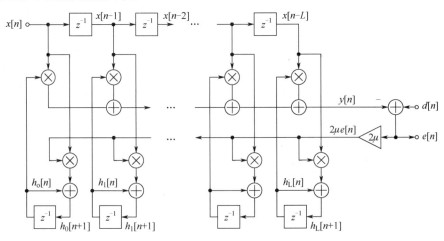

图 8-35　LMS 自适应滤波器的数据流程

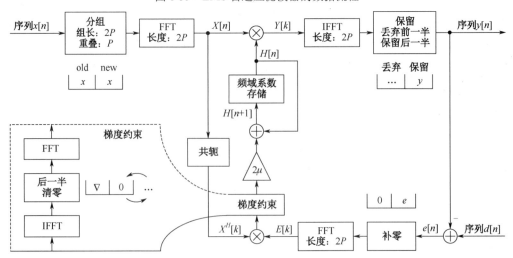

图 8-36　采用重叠保留法的 LMS 自适应滤波器的频域流程

8.4.2　其他方案

本题的有用信号限定为正弦，噪声限定为正弦、方波或三角波，未知系统确定为移相器，实际可有稍简单一些的方法，如图 8-37 所示。

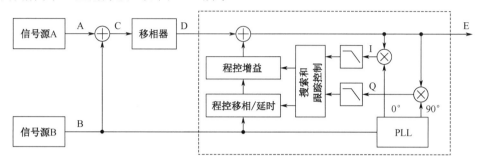

图 8-37　正交相关和最小值搜索方案

在图 8-37 中，使用锁相环产生与 B 点信号基频同频同相的正弦信号和 90° 相差的正弦信号与 E 点信号做正交混频，如果在图 8-37 中低通滤波器截止频率小于 A、B 的最小频差，E 输出中的 A 成分与 B 正交相关后对 I、Q 无贡献，而 E 输出中的 B 成分大小将正比于 $\sqrt{I^2+Q^2}$，因而可以使用 MCU 控制图 8-37 中的程控移相和程控增益部分，使得 $\sqrt{I^2+Q^2}$ 最小。具体的搜索过程可以首先微小改变相移和增益，检测 $\sqrt{I^2+Q^2}$ 的变化趋势，找到调整的方向，然后逐步调整找到使 $\sqrt{I^2+Q^2}$ 最小的相移和增益。注意并不能直接用 B 点信号和其 90° 移相信号与 E 点信号混频，因为信号源 A 的频率可能等于信号源 B 输出的方波或三角波的谐波频率。

该方法可主要用模拟电路实现，也可经 ADC 采集后在数字域实现。因为滤波器截止频率必须很低，所以时间常数至少在 100ms 量级，搜索过程可能比较耗时。

8.4.3　方案设计

采用 LMS 自适应滤波的作品整体框图如图 8-38 所示。

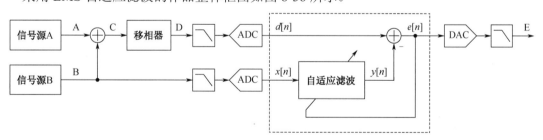

图 8-38　采用 LMS 自适应滤波器的作品整体框图

移相器可使用两级一阶全通滤波器实现，其原理和电路实现参见第 3 章和第 4 章，两级中控制中心频率的电阻可用一个双联电位器。

LMS 自适应滤波器能实现的最大时延为其阶数乘以采样周期，移相器最大延时为 50μs，如果系统采样率定为 1Msps，那么自适应滤波器至少要有 50 阶，为留有足够裕量，并便于 FFT

算法实现，可取 127 阶（128 个系数）。

8.4.4　软硬件实现

　　整个自适应滤波器采用 Xilinx 的 Artix-7 FPGA 实现，FFT 和复数乘法运算由数字逻辑实现，并采用 Microblaze 软核和 DMA 控制算法流程和数据流。自适应滤波器中 FPGA 内部的系统框图如图 8-39 所示。

　　模拟部分硬件主要有加法器、移相器、ADC、DAC 和它们前后的信号调理。

　　图 8-40 所示为加法器和移相器部分的电路。

　　图 8-41 所示为 ADC 部分的电路，所用的 ADC 型号为 ADS8861，其分辨位宽 16 位，采样率最高 1Msps，共有两路。

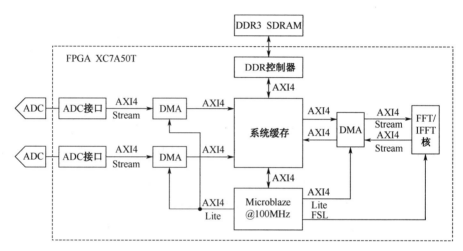

图 8-39　自适应滤波器中 FPGA 内部的系统框图

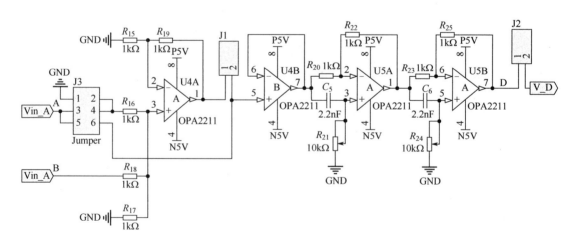

图 8-40　加法器和移相器部分的电路

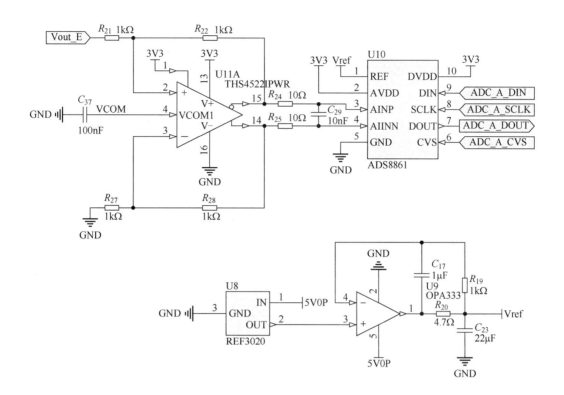

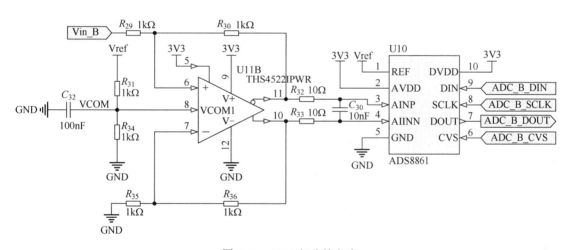

图 8-41　ADC 部分的电路

图 8-42 所示为 DAC 部分的电路。参考源与 ADC 部分共用，所用的 DAC 型号为 DAC8811。
最终作品如图 8-43 所示。

图 8-44 所示为加法器和移相器部分电路板的正反两面。

ADC 和 DAC 部分合在一块电路板上，如图 8-45 所示。

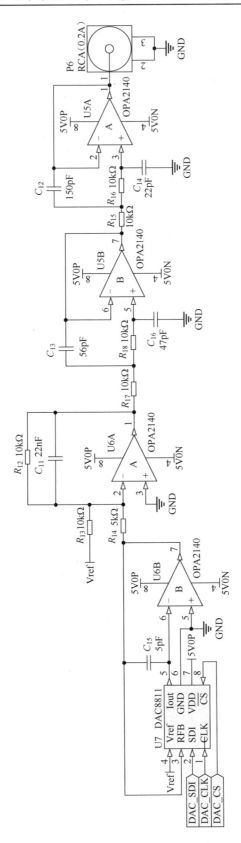

图 8-42 DAC 部分的电路

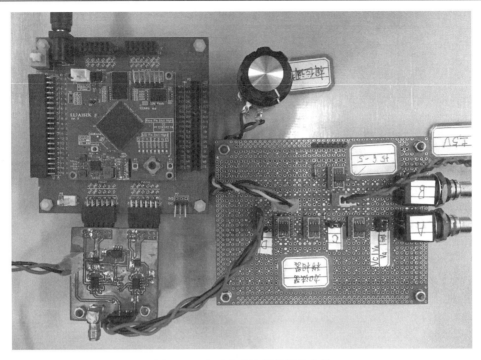

图 8-43 自适应滤波器的最终作品

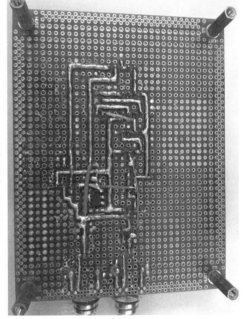

图 8-44 加法器和移相器部分电路板的正反两面

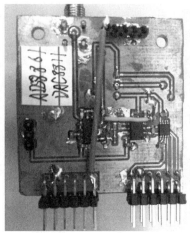

图 8-45　ADC 和 DAC 部分电路板的正反两面

8.5　增益可控射频放大器（2015D）

该题是 2015 年全国大学生电子设计竞赛 D 题，主要考察内容是模拟电路设计和制作能力，对电路制作工艺要求较高。

8.5.1　方案设计

1. 放大器部分

放大器部分可采用 VGA 芯片 VCA821 制作，因 VCA821 的输出幅度无法达到题目要求，后级还应增加放大器。题目要求的输出有效值为 2V，如果使用高速运放，在阻抗匹配时，要求运放输出摆幅达到11.3V_{pp}，且最大输出电流要达到 110mA 以上，鲜有运放能达到这样的要求，可采用专用射频增益 IC，如 TRF37C75，可实现固定 18dB 增益，而最大输出功率为 19.5dBm（1dB 压缩点），即有效值约为 2.11V，可满足题目要求。

增益控制则由 MCU 通过 DAC 输出控制电压实现。

放大器部分的电路如图 8-46 所示。VCA821 实现 –20～20dB 的可控增益范围，后两级分别用电流反馈型运放和射频增益 IC 实现14dB 和18dB 的增益。注意，TRF37C75 电路符号内的原理仅为示意。在图 8-47 中，P3、P4 为级间测试端口，为匹配阻抗并减小测试时对电路的影响，使用了 1/20 衰减。在图 8-47 中 PJ2 为焊锡跳线，如果测试时输出接口未接负载，需用焊锡短接它以使用 R_{16} 作为负载。

2. 滤波器部分

题目要求的通带范围为 40～200MHz，且在 20MHz 和 270MHz 时有至少 32dB 的衰减，因为 40MHz 和 200MHz 间隔较大，可以分为 40MHz 高通和 200MHz 低通两部分分别设计制作。40MHz 高通的过渡带滚降为

$$\frac{32\text{dB}}{\log_{10}\left(40/20\right)} \approx 106.3\text{dB} / \text{dec}$$

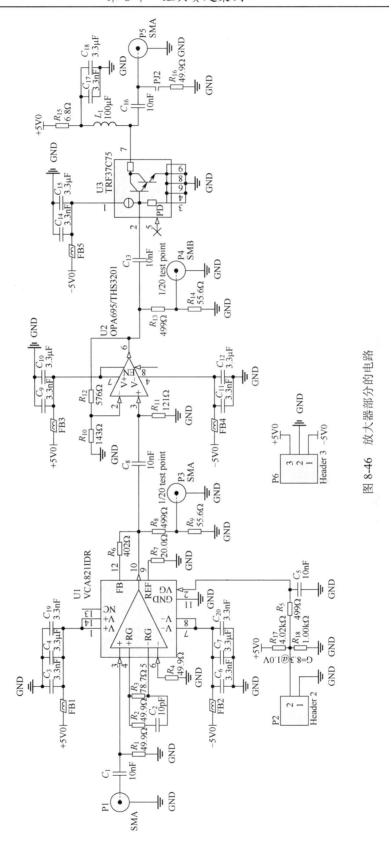

图 8-46　放大器部分的电路

因而至少应采用 6 阶滤波器或使用阶数稍低的椭圆滤波器等，这里采用 5 阶椭圆滤波器，设计的通带截止频率 36MHz，阻带截止频率 22MHz，允许带内波动 0.2dB，阻带衰减约 –50dB，其电路如图 8-47 所示。其中，电容采用接近的 E24 分布值，电感采用感值接近的成品电感或自行绕制。

200MHz 低通滤波器的过渡带滚降为

$$\frac{32\text{dB}}{\lg(270/200)} \approx 246\text{dB}/\text{dec}$$

因而至少应采用 13 阶滤波器或使用阶数稍低的椭圆滤波器等，这里采用 7 阶椭圆滤波器，设计通带截止频率 220MHz，阻带截止频率 253MHz，并允许带内波动 0.2dB，阻带衰减约 –50dB，其电路如图 8-48 所示。其中，电容采用 E12 分布值，电感自行绕制。

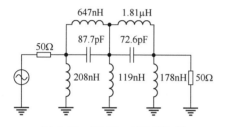

图 8-47　40MHz 高通滤波器

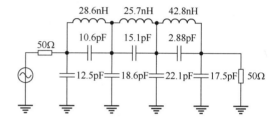

图 8-48　200MHz 低通滤波器

自行绕制电感的计算和调整方法在 2.4.5 节已有详述，测量可用高频 LCR 电桥（测试频率应与截止频率接近），或者将被测电感与合适容量的标准精密电容组成串联谐振电路，用矢量网络分析仪找谐振点换算，如图 8-49 所示，其 S_{11} 的幅频曲线谷值频率即为谐振频率。绕制时先按 1.1～1.2 倍感量密绕在合适直径的直柄钻头柄上，取出后，边测量边拉伸，直至达到要求。

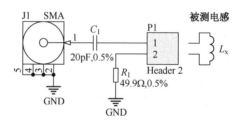

图 8-49　与精确电容串联谐振测电感

8.5.2　硬件实现

放大器部分采用双面覆铜板用热转印和化学腐蚀法制作，PCB 正面设计如图 8-50 所示，反面使用整层敷铜作为地平面，正面需接地的元件引脚应尽量就近打孔穿短导线焊接到反面地平面上，确保回流路径简短。注意，VCA821 的数据手册中要求其下方地平面开窗，避免引脚分布电容导致稳定性问题，这是对多层板地平面间距小（通常在 0.2mm 以下）而言，这里双面覆铜板底层地平面距离顶层有约 1.6mm 间距，影响甚小，未做开窗处理，实测稳定。

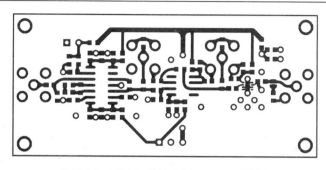

图 8-50　可控增益放大器 PCB 正面设计

可控增益放大电路板正反面分别如图 8-51 和图 8-52 所示。

图 8-51　可控增益放大电路板（正面）

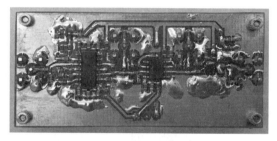

图 8-52　可控增益放大电路板（反面）

滤波器部分采用单面通用板（"洞洞板"）焊接，相邻的空芯电感应保持垂直，避免产生互感。5 阶椭圆 40MHz 高通滤波电路板和 7 阶椭圆 200MHz 低通滤波电路板如图 8-53 和图 8-54 所示。

图 8-53　5 阶椭圆 40MHz 高通滤波电路板

图 8-54　7 阶椭圆 200MHz 低通滤波电路板

40MHz 高通滤波器所用的 649nH 电感和 1.82μH 电感使用漆包线在 Micrometals T37-2 磁芯上绕 13 匝和 22 匝得到，208nH、118nH 和 178nH 电感采用 220nH、120nH 和 180nH，1608 封装的贴片电感。

200MHz 低通滤波器所用的 28.7nH 电感和 25.5nH 电感使用 0.8mm 直径的漆包线在 2.5mm（相当于线圈直径 3.3mm）钻头柄上密绕 5 匝后拉伸得到，43.2nH 电感使用 0.8mm 漆包线在 3.5mm 钻头柄上密绕 4 匝后拉伸得到。

所有电容均采用 1608 封装的贴片电容。

两个滤波器的实测特性如图 8-55 和图 8-56 所示，虽与设计值有偏差，但符合题目要求。

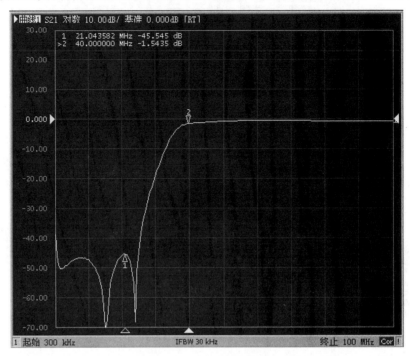

图 8-55　40MHz 高通滤波器实测幅频响应

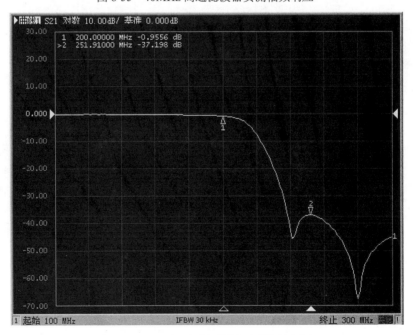

图 8-56　200MHz 低通滤波器实测幅频响应

8.6　80～100MHz 频谱仪（2015E）

80～100MHz 频谱仪是 2015 年全国大学生电子设计竞赛本科组 E 题。

8.6.1　方案设计

频谱测量的原理在第 6 章已详细介绍。本题要求被测频段为 80～100MHz，本振频段为 90～110MHz，暗示中频频率为 10MHz。根据第 6 章的式（6-52），中频频率应大于被测频带带宽的一半，因而，如果恰为 10MHz，考虑中频滤波器的带宽，输入在 80MHz 附近和 100MHz 附近将有混叠。实际可以将本振频率稍做宽一些，如做到 90～110.7MHz，而采用 10.7MHz 的中频频率，兼顾基础部分对本振源的要求和发挥部分对频谱测量的要求。在 10.7MHz 频点，还有成品陶瓷滤波器可用，其 3dB 带宽约为 100kHz，与题目要求的 100kHz 分辨率也吻合。虽然分辨率并非解析带宽（或分辨带宽）之意，但解析带宽一般应与分辨率接近或更小，否则，要求比解析带宽过小的分辨率也无意义。

80～100MHz 频谱仪的整体结构如图 8-57 所示。

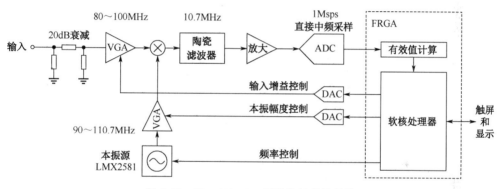

图 8-57　80～100MHz 频谱仪的整体结构

本振源采用锁相环频率合成芯片 LMX2581 和一片 VCA824 构成，前者可合成频率 50MHz～3.76GHz 的信号，后者用于控制输出幅度以达到题目要求的范围。

为适应较大幅度范围的输入，信号输入首先经过"Π"型电阻网络衰减 20dB，然后由一片 VCA821 做程控增益，这个程控增益与幅频曲线的对数纵轴平移或线性纵轴缩放联动。信号与本振经 VCA824 构成的混频后，由 10.7MHz 陶瓷滤波滤出中频，放大和调理后，直接由 30MHz 带宽，1Msps 的 12 位 ADC 采样进入 FPGA 做有效值统计计算。此外，也可使用有效值检测芯片直接检测陶瓷滤波器输出的 10.7MHz 中频，再由低采样率 ADC 采集。

8.6.2　硬件实现

本振源中 LMX2581 部分的电路如图 8-58 所示，程控增益部分的电路如图 8-59 所示。

信号衰减、放大和混频部分的电路如图 8-60 所示。

中频滤波、放大和 ADC 部分的电路如图 8-61 所示。陶瓷滤波器型号为 SFELF10M7KKA0B0，它需要前后匹配阻抗匹配到 330Ω。

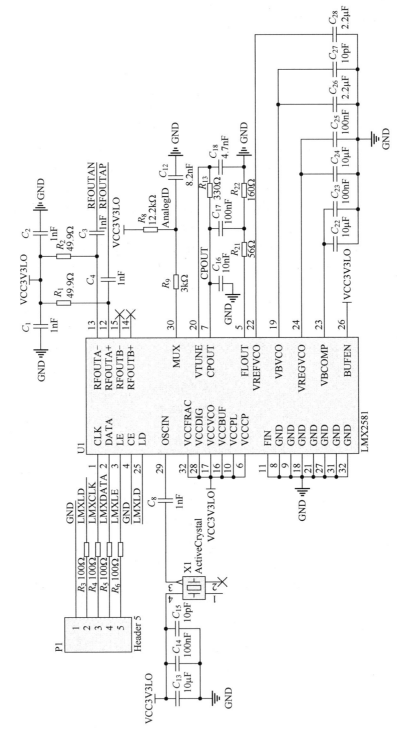

图 8-58　本振源中 LMX2581 部分的电路

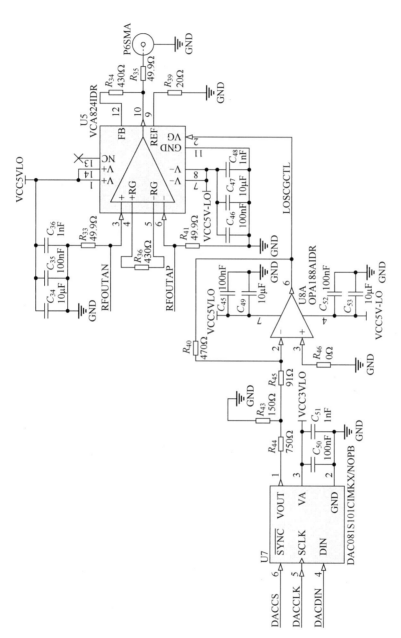

图 8-59　本振源中程控增益部分的电路

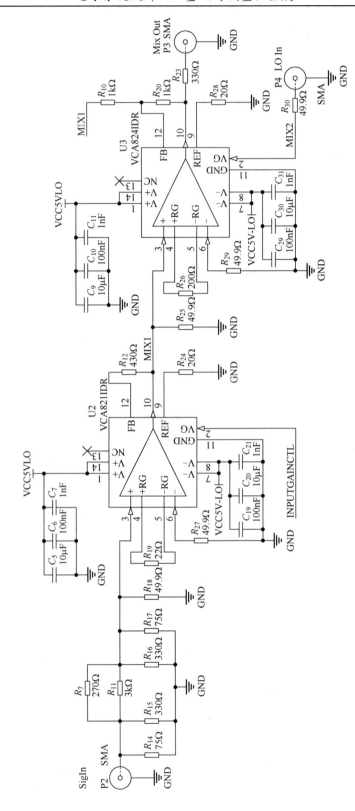

图 8-60 信号衰减、放大和混频部分的电路

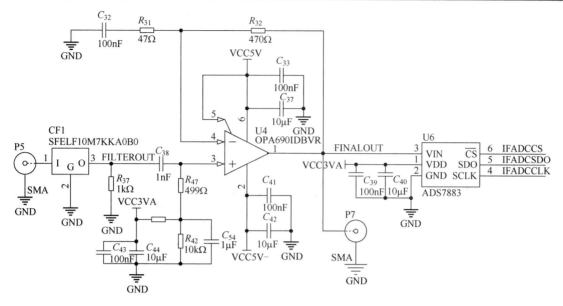

图 8-61　中频滤波、放大和 ADC 部分的电路

附录 A
国际单位制词头

国际单位制词头可前缀于任何单位符号上，用于表示相应的乘数，在工程技术中应用广泛。

符号	乘数	中文词头	英文词头
y	10^{-24}	幺-	yocto-
z	10^{-21}	仄-	zepto-
a	10^{-18}	阿-	atto-
f	10^{-15}	飞-	femto-
p	10^{-12}	皮-	pico-
n	10^{-9}	纳-	nano-
u	10^{-6}	微-	micro-
m	10^{-3}	毫-	milli-
c	10^{-2}	厘-	centi-
d	10^{-1}	分-	deci-
da	10^{1}	十-	deca-
h	10^{2}	百-	hecto-
k	10^{3}	千-	kilo-
M	10^{6}	兆-	mega-
G	10^{9}	吉-	giga-
T	10^{12}	太-	tera-
P	10^{15}	拍-	peta-
E	10^{18}	艾-	exa-
Z	10^{21}	泽-	zetta-
Y	10^{24}	尧-	yotta-

附录 B

双端口网络的散射参数向
其他参数的转换

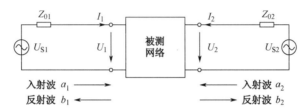

入射波和反射波的定义为

$$\begin{cases} a_k = \dfrac{U_k + Z_{0k} I_k}{\sqrt{2\left(Z_{0k} + Z_{0k}^*\right)}} = \dfrac{U_k + Z_{0k} I_k}{2\sqrt{Z_{0k}}}\bigg|_{Z_{0k} \in \mathbb{R}} \\[4mm] b_k = \dfrac{U_k - Z_{0k}^* I_k}{\sqrt{2\left(Z_{0k} + Z_{0k}^*\right)}} = \dfrac{U_k - Z_{0k} I_k}{2\sqrt{Z_{0k}}}\bigg|_{Z_{0k} \in \mathbb{R}} \end{cases}, \quad k = 1, 2$$

散射参数 $\boldsymbol{S}$ 的定义为

$$\begin{bmatrix} b_1 \\ b_2 \end{bmatrix} = \boldsymbol{S} \begin{bmatrix} a_1 \\ a_2 \end{bmatrix} = \begin{bmatrix} S_{11} & S_{12} \\ S_{21} & S_{22} \end{bmatrix} \begin{bmatrix} a_1 \\ a_2 \end{bmatrix}$$

阻抗参数 $\boldsymbol{Z}$ 的定义为

$$\begin{bmatrix} U_1 \\ U_2 \end{bmatrix} = \boldsymbol{Z} \begin{bmatrix} I_1 \\ I_2 \end{bmatrix} = \begin{bmatrix} Z_{11} & Z_{12} \\ Z_{21} & Z_{22} \end{bmatrix} \begin{bmatrix} I_1 \\ I_2 \end{bmatrix}$$

导纳参数 $\boldsymbol{Y}$ 的定义为

$$\begin{bmatrix} I_1 \\ I_2 \end{bmatrix} = \boldsymbol{Y} \begin{bmatrix} U_1 \\ U_2 \end{bmatrix} = \begin{bmatrix} Y_{11} & Y_{12} \\ Y_{21} & Y_{22} \end{bmatrix} \begin{bmatrix} U_1 \\ U_2 \end{bmatrix}$$

混合参数 $\boldsymbol{H}$ 的定义为

$$\begin{bmatrix} U_1 \\ I_2 \end{bmatrix} = \boldsymbol{H} \begin{bmatrix} I_1 \\ U_2 \end{bmatrix} = \begin{bmatrix} h_{11} & h_{12} \\ h_{21} & h_{22} \end{bmatrix} \begin{bmatrix} I_1 \\ U_2 \end{bmatrix}$$

传输参数 A、B、C、D 的定义为

$$\begin{bmatrix} U_1 \\ I_1 \end{bmatrix} = \begin{bmatrix} A & B \\ C & D \end{bmatrix} \begin{bmatrix} U_2 \\ -I_2 \end{bmatrix}$$

1. 散射参数转换为幅度和相位响应

S_{21} 和 S_{12} 的模和辐角即是网络的前向和逆向的幅度和相位响应。

2. 散射参数转换为反射系数

S_{11} 和 S_{22} 即是端口 1 和端口 2 的电压反射系数。

3. 散射参数转换为驻波比

端口 1 的电压驻波比为

$$R_{\text{VSW1}} = \frac{1+|S_{11}|}{1-|S_{11}|}$$

端口 2 的电压驻波比为

$$R_{\text{VSW2}} = \frac{1+|S_{22}|}{1-|S_{22}|}$$

4. 散射参数转换为阻抗参数

$$Z_{11} = \frac{\left(Z_{01}^* + S_{11}Z_{01}\right)\left(1 - S_{22}\right) + S_{12}S_{21}Z_{01}}{\Delta}$$

$$Z_{12} = \frac{2S_{12}\sqrt{R_{01}R_{02}}}{\Delta}$$

$$Z_{21} = \frac{2S_{21}\sqrt{R_{01}R_{02}}}{\Delta}$$

$$Z_{22} = \frac{\left(Z_{02}^* + S_{22}Z_{02}\right)\left(1 - S_{11}\right) + S_{12}S_{21}Z_{02}}{\Delta}$$

其中，$\Delta = \left(1 - S_{11}\right)\left(1 - S_{22}\right) - S_{12}S_{21}$，$R_{01}$ 和 R_{02} 分别为 Z_{01} 和 Z_{02} 的实部。

5. 散射参数转换为导纳参数

$$Y_{11} = \frac{\left(Z_{02}^* + S_{22}Z_{02}\right)\left(1 - S_{11}\right) + S_{12}S_{21}Z_{02}}{\Delta}$$

$$Y_{12} = \frac{-2S_{12}\sqrt{R_{01}R_{02}}}{\Delta}$$

$$Y_{21} = \frac{-2S_{21}\sqrt{R_{01}R_{02}}}{\varDelta}$$

$$Y_{22} = \frac{\left(Z_{01}^* + S_{11}Z_{01}\right)\left(1 - S_{22}\right) + S_{12}S_{21}Z_{01}}{\varDelta}$$

其中，$\varDelta = \left(Z_{01}^* + S_{11}Z_{01}\right)\left(Z_{02}^* + S_{22}Z_{02}\right) - S_{12}S_{21}Z_{01}Z_{02}$，$R_{01}$ 和 R_{02} 分别为 Z_{01} 和 Z_{02} 的实部。

6. 散射参数转换为混合参数

$$h_{11} = \frac{\left(Z_{01}^* + S_{11}Z_{01}\right)\left(Z_{02}^* + S_{22}Z_{02}\right) - S_{12}S_{21}Z_{01}Z_{02}}{\varDelta}$$

$$h_{12} = \frac{2S_{12}\sqrt{R_{01}R_{02}}}{\varDelta}$$

$$h_{21} = \frac{-2S_{21}\sqrt{R_{01}R_{02}}}{\varDelta}$$

$$h_{22} = \frac{\left(1 - S_{11}\right)\left(1 - S_{22}\right) - S_{12}S_{21}}{\varDelta}$$

其中，$\varDelta = \left(1 - S_{11}\right)\left(Z_{02}^* + S_{22}Z_{02}\right) + S_{12}S_{21}Z_{02}$，$R_{01}$ 和 R_{02} 分别为 Z_{01} 和 Z_{02} 的实部。

7. 散射参数转换为传输参数

$$A = \frac{\left(Z_{01}^* + S_{11}Z_{01}\right)\left(1 - S_{22}\right) + S_{12}S_{21}Z_{01}}{2S_{21}\sqrt{R_{01}R_{02}}}$$

$$B = \frac{\left(Z_{01}^* + S_{11}Z_{01}\right)\left(Z_{02}^* + S_{22}Z_{02}\right) - S_{12}S_{21}Z_{01}Z_{02}}{2S_{21}\sqrt{R_{01}R_{02}}}$$

$$C = \frac{\left(1 - S_{11}\right)\left(1 - S_{22}\right) - S_{12}S_{21}}{2S_{21}\sqrt{R_{01}R_{02}}}$$

$$D = \frac{\left(1 - S_{11}\right)\left(Z_{02}^* + S_{22}Z_{02}\right) + S_{12}S_{21}Z_{02}}{2S_{21}\sqrt{R_{01}R_{02}}}$$

其中，R_{01} 和 R_{02} 分别为 Z_{01} 和 Z_{02} 的实部。

附录 C

使用 E24 电阻并联得到 E96 分布值

若实验室没有常备全系列的 E96 分布电阻，则可使用两个 E24 分布的 1% 允差电阻并联得到 E96 分布值。下表列出了两个 E24 电阻值与所需 E96 值在同一或相邻十倍程内误差最小的并联方案（除了 8.66 无法实现）。

E96 值	E24 电阻 1	E24 电阻 2	并联值	误差/%	E96 值	E24 电阻 1	E24 电阻 2	并联值	误差/%
1.00	1.0		1.000	−0.00	3.16	3.3	75.0	3.161	0.03
1.02	1.2	6.8	1.020	0.00	3.24	6.2	6.8	3.243	0.09
1.05	1.1	24.0	1.052	0.17	3.32	3.6	43.0	3.322	0.06
1.07	1.1	39.0	1.070	−0.02	3.40	6.8	6.8	3.400	0.00
1.10	1.1		1.100	0.00	3.48	5.1	11.0	3.485	0.13
1.13	1.2	20.0	1.132	0.18	3.57	6.8	7.5	3.566	−0.10
1.15	1.3	10.0	1.150	0.04	3.65	4.3	24.0	3.647	−0.09
1.18	1.2	68.0	1.179	−0.07	3.74	3.9	91.0	3.740	−0.01
1.21	1.5	6.2	1.208	−0.18	3.83	6.2	10.0	3.827	−0.07
1.24	1.3	27.0	1.240	0.02	3.92	7.5	8.2	3.917	−0.07
1.27	1.3	56.0	1.271	0.04	4.02	4.3	62.0	4.021	0.03
1.30	1.3		1.300	0.00	4.12	4.7	33.0	4.114	−0.14
1.33	1.8	5.1	1.330	0.03	4.22	5.1	24.0	4.206	−0.33
1.37	1.5	16.0	1.371	0.10	4.32	8.2	9.1	4.313	−0.16
1.40	2.0	4.7	1.403	0.21	4.42	5.1	33.0	4.417	−0.06
1.43	1.5	30.0	1.429	−0.10	4.53	5.6	24.0	4.541	0.23
1.47	1.5	75.0	1.471	0.04	4.64	5.6	27.0	4.638	−0.04
1.50	1.5		1.500	0.00	4.75	5.1	68.0	4.744	−0.12
1.54	2.4	4.3	1.540	0.02	4.87	8.2	12.0	4.871	0.03
1.58	2.2	5.6	1.580	−0.03	4.99	9.1	11.0	4.980	−0.20
1.62	1.8	16.0	1.618	−0.12	5.11	7.5	16.0	5.106	−0.07
1.65	3.3	3.3	1.650	0.00	5.23	10.0	11.0	5.238	0.15
1.69	2.0	11.0	1.692	0.14	5.36	9.1	13.0	5.353	−0.13

续表

E96 值	E24 电阻 1	E24 电阻 2	并联值	误差/%	E96 值	E24 电阻 1	E24 电阻 2	并联值	误差/%
1.74	1.8	51.0	1.739	−0.08	5.49	11.0	11.0	5.500	0.18
1.78	2.0	16.0	1.778	−0.12	5.62	8.2	18.0	5.634	0.24
1.82	2.7	5.6	1.822	0.09	5.76	6.2	82.0	5.764	0.07
1.87	3.6	3.9	1.872	0.11	5.90	6.8	43.0	5.872	−0.48
1.91	2.0	43.0	1.911	0.06	6.04	9.1	18.0	6.044	0.07
1.96	2.2	18.0	1.960	0.02	6.19	6.8	68.0	6.182	−0.13
2.00	2.0		2.000	0.00	6.34	11.0	15.0	6.346	0.10
2.05	2.2	30.0	2.050	−0.02	6.49	13.0	13.0	6.500	0.15
2.10	2.2	47.0	2.102	0.08	6.65	12.0	15.0	6.667	0.25
2.15	4.3	4.3	2.150	0.00	6.81	9.1	27.0	6.806	−0.06
2.21	3.9	5.1	2.210	0.00	6.98	8.2	47.0	6.982	0.03
2.26	2.4	39.0	2.261	0.04	7.15	8.2	56.0	7.153	0.04
2.32	2.4	68.0	2.318	−0.08	7.32	8.2	68.0	7.318	−0.03
2.37	2.7	20.0	2.379	0.37	7.50	15.0	15.0	7.500	0.00
2.43	4.3	5.6	2.432	0.10	7.68	10.0	33.0	7.674	−0.07
2.49	2.7	33.0	2.496	0.23	7.87	13.0	20.0	7.879	0.11
2.55	5.1	5.1	2.550	0.00	8.06	11.0	30.0	8.049	−0.14
2.61	3.0	20.0	2.609	−0.05	8.25	11.0	33.0	8.250	0.00
2.67	5.1	5.6	2.669	−0.03	8.45	13.0	24.0	8.432	−0.21
2.74	3.3	16.0	2.736	−0.16	8.66	9.1	180.0	8.662	0.02
2.80	5.6	5.6	2.800	0.00	8.87	16.0	20.0	8.889	0.21
2.87	3.3	22.0	2.870	−0.02	9.09	13.0	30.0	9.070	−0.22
2.94	3.3	27.0	2.941	0.02	9.31	13.0	33.0	9.326	0.17
3.01	4.3	10.0	3.007	−0.10	9.53	13.0	36.0	9.551	0.22
3.09	4.3	11.0	3.092	0.05	9.76	13.0	39.0	9.750	−0.10

参 考 文 献

[1] 康华光. 电子技术基础模拟部分[M]. 5 版. 北京：高等教育出版社，2006.

[2] Bruce Carter, Ron Mancini. 运算放大器权威指南[M]. 3 版. 姚剑清，译. 北京：人民邮电出版社，2010.

[3] Franco S. 基于运算放大器和模拟集成电路的电路设计[M]. 3 版. 刘树棠，朱茂林，荣玫，译. 西安：西安交通大学出版，2009.

[4] Robert T Paynter, B J Toby Boydell. 电子技术从交、直流电路到分立器件及运算放大电路[M]. 姚建红，张秀艳，译. 北京：科学出版社，2008.

[5] Ulrich Tietze, Christoph Schenk, Eberhard Gamm. 电子电路设计原理与应用（卷 I 器件模型和基本电路）[M]. 2 版. 张林，邓天平，张浩，等译. 北京：电子工业出版社，2013.

[6] Ulrich Tietze, Christoph Schenk, Eberhard Gamm. 邓天平，瞿安连，译. 电子电路设计原理与应用（卷 II 应用电路）[M]. 第 2 版. 北京：电子工业出版社，2015.

[7] 瞿安连. 电子电路分析与设计[M]. 武汉：华中科技大学出版社，2010.

[8] Charles K Alexander, Matthew N O Sadiku. 电路基础[M]. 3 版. 关欣，宋晓伟，杨蕾，等译. 北京：人民邮电出版社，2009.

[9] 谢自美. 电子线路设计、实验、测试[M]. 2 版. 武汉：华中科技大学出版社，2002.

[10] B P Lathi. 线性系统与信号[M]. 刘树棠，王薇洁，译. 西安：西安交通大学出版社，2006.

[11] 余道衡，徐承和. 电子电路手册[M]. 北京：北京大学出版社，1996.

[12] Behzad Razavi. 模拟 CMOS 集成电路设计[M]. 陈贵灿，程军，张瑞智，等译. 西安：西安交通大学出版社，2003.

[13] 远坂俊昭. 测量电子电路设计——模拟篇[M]. 彭军，译. 北京：科学出版社，2006.

[14] Sanjit K Mitra. 数字信号处理——基于计算机的方法（英文改编版）[M]. 阔永红，改编. 北京：电子工业出版社，2006.

[15] 樊昌信，曹丽娜. 通信原理[M]. 6 版. 北京：国防工业出版社，2009.

[16] John J Shynk. Frequency-Domain and Multirate Adaptive Filter. IEEE SP Magazine 1053-588, 1992.

[17] Keysight Technologies. Impedance Measurement Handbook,A guide to measurement technology and techniques (6th Edition). https://literature.cdn.keysight.com/litweb/pdf/5950-3000. pdf, 2018.

[18] Gade, Svend & Herlufsen, Henrik. Use of weighting functions in DFT/FFT analysis (Part I). Technical Review - Bruel&Kjaer (ISSN 007-2621 BV 0031-11), 1987.

[19] Joel Dunsmore. 微波器件测量手册[M]. 陈新，等译. 北京：电子工业出版社，2014.

[20] Dean A Frickey. Conversions Between S,Z,Y,h, ABCD and T Parameters which are Valid for Complex Source and Load Impedances. IEEE Transactions on Microwave Theory and Techniques. Vol 42, No 2. February, 1994.

反侵权盗版声明

电子工业出版社依法对本作品享有专有出版权。任何未经权利人书面许可，复制、销售或通过信息网络传播本作品的行为；歪曲、篡改、剽窃本作品的行为，均违反《中华人民共和国著作权法》，其行为人应承担相应的民事责任和行政责任，构成犯罪的，将被依法追究刑事责任。

为了维护市场秩序，保护权利人的合法权益，我社将依法查处和打击侵权盗版的单位和个人。欢迎社会各界人士积极举报侵权盗版行为，本社将奖励举报有功人员，并保证举报人的信息不被泄露。

举报电话：（010）88254396；（010）88258888

传　　真：（010）88254397

E-mail：　dbqq@phei.com.cn

通信地址：北京市万寿路 173 信箱

　　　　　电子工业出版社总编办公室

邮　　编：100036

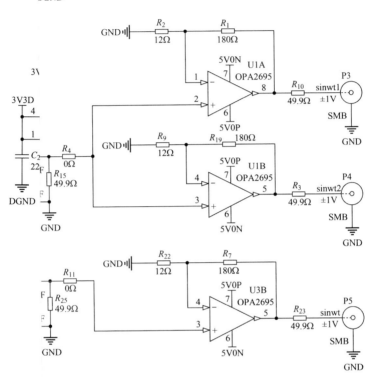

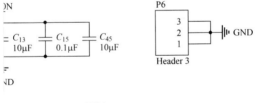

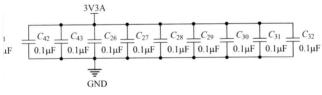